中国电子教育学会高教分会推荐
普通高等教育电子信息类“十三五”课改规划教材

现代通信原理

主编　乔延华　杜　青
参编　苗艳华　李建娜
　　　郝张红　沈振惠
主审　刘正光　赵　琳

西安电子科技大学出版社

内 容 简 介

本书系统地阐述了现代通信的基本原理、基本技术，并结合实际应用及 MATLAB 仿真实例更进一步地阐释了通信的相关技术。

全书共 9 章：绪论、信号分析基础和信道、模拟调制传输系统、信源编码、数字基带传输系统、数字调制传输系统、同步原理、信道编码、现代数字调制技术。每章均有习题。

本书可作为应用型本科学校通信、电子等相关专业的本科生教材，也可作为高等职业技术学校学生教材，还可作为通信工程技术人员的参考用书。

图书在版编目(CIP)数据

现代通信原理/乔延华，杜青主编. 一西安：西安电子科技大学出版社，2017.2
普通高等教育电子信息类“十三五”课改规划教材
ISBN 978 - 7 - 5606 - 4322 - 9

Ⅰ. ① 现… Ⅱ. ① 乔… ② 杜 Ⅲ. ① 通信原理
Ⅳ. ① TN911

中国版本图书馆 CIP 数据核字(2017)第 020841 号

策　　划　毛红兵
责任编辑　王　静
出版发行　西安电子科技大学出版社(西安市太白南路 2 号)
电　　话　(029)88242885　88201467　　邮　　编　710071
网　　址　www.xduph.com　　电子邮箱　xdupfxb001@163.com
经　　销　新华书店
印刷单位　陕西华沐印刷科技有限责任公司
版　　次　2017 年 2 月第 1 版　2017 年 2 月第 1 次印刷
开　　本　787 毫米×1092 毫米　1/16　印张　19.5
字　　数　475 千字
印　　数　1～3000 册
定　　价　35.00 元
ISBN 978 - 7 - 5606 - 4322 - 9/TN
XDUP　4614001 - 1

“现代通信原理”一直都是高等学校电子、通信与信息类各专业的一门重要的学科基础课，该课程既要为后续专业技术课程提供必要的通信系统的基础知识和理论依据，又要为提高学生的专业素质和毕业后的继续学习、更新知识打好基础，所以其一直是电子信息类专业非常重要的核心课程。很多高校都把“现代通信原理”课程设为考研的专业课，也足以证明该课程的核心基础地位。

目前，有很多经典的现代通信原理教材被广大高校所选用，但这些教材内容上的复杂性和枯燥性决定了它们并不太适用于应用型本科院校的学生。为了适应应用型本科的培养目标，帮助学生深入理解概念，提高学生分析问题、解决问题的能力，多位应用型本科院校的资深教师通过一年多时间的反复商讨，编撰了此书。

本书系统全面地介绍了通信系统中的基本概念、工作原理、主要技术及分析方法，并引入实际应用和仿真实例，能提高学生学习的兴趣，帮助学生加深对通信理论的理解和分析。本书与同类书相比，具有如下特色：

(1) 本书以培养应用型人才为目的，以“实用、够用”为度，以讲清概念、强化应用为教学重点，内容体系更趋合理，力求科学性、先进性、系统性和实用性的统一。

(2) 本书语言通俗易懂，由浅入深，简明透彻，概念清晰，重点突出，尽量简化或省略复杂的数学推导。

(3) 本书内容既包括经典内容，又力求充分反映国内外通信技术的最新发展。

(4) 在每一章的开始章节引入了本章理论所对应实际中的应用，提高学生学习本章内容的兴趣。

(5) 在每一章结尾补充了相关章节的 MATLAB 编程及仿真实例，可以帮助学生加深对通信理论的理解和分析，并可借助书本所学知识用仿真的手段解决通信系统中出现的实际问题。

(6) 本书每一章都配有适量的例题、习题，加强学生对理论的理解。

本书由乔延华、杜青担任主编，由刘正光、赵琳担任主审。苗艳华编写了第 1 章，李建娜编写了第 2 章，郝张红编写了第 3 章，乔延华编写了第 4、5、7 章，杜青编写了第 6、8 章，沈振惠编写了第 9 章。

本书可作为通信工程、电子信息工程、计算机等电子信息类专业“通信原理”、“现代通信理论”、“数字通信”等课程的教材，也可作为相关工程技术人员的参考书。另外，本书配有《现代通信原理习题解析》(西安电子科技大学出版社,2017)一书，可帮助读者自学。

在本书的编写过程中，得到了学校各位领导的大力支持，刘正光教授、戴冬冰副院长、赵琳老师更为本书提出了很多宝贵的意见，在此表示衷心的感谢；此外，还要感谢天津理工大学中环信息学院贺艳老师的大力支持；本书的编写也参考了一些国内外优秀教材，在此对原作者表示诚挚的谢意。

由于编者水平有限，书中难免有不足之处，希望读者批评指正。

编　者

2016 年 9 月

目录

第1章　绪　论

基本要求

◆ 熟悉通信、通信系统的概念。
◆ 掌握通信系统的组成、信息及其度量。
◆ 掌握衡量通信系统的性能指标。
◆ 熟悉 MATLAB 软件。

1.1　通信概述

1.1.1　通信的实际应用

随着信息技术的不断发展，通信技术也有了极大的提高和改善。目前，通信的发展主要在于通信网络技术逐渐成熟，更多地进入到千家万户。我国的通信网络技术可以从三个方面来进行说明，分别是通信介质、通信模块和数据通信。通信介质是网络进行通信的媒介，是传输信息的载体，例如日常生活中常用的双绞线、同轴电缆、光缆、红外线、微波和卫星通信等。通信介质对网络信息的传输有一定的影响，如果通信介质的特性较差的话，就可能使网络通信的传输效果和质量得不到保证。通信模块可以使客户迁移至一个全融合园区网络，将语音、视频和数据信息有机地结合在一起，从整体上提高通信的质量，降低通信基础设施的投入和运行成本，为新的应用环境提供了可能。数据通信是指对两个通信实体进行数据的传输和交换，传输数据的信号是数字信号。

通信技术的快速发展方便了人们的学习、工作和生活。近些年，一些边远地区也建设了地面网络，提高了通信线路的质量，从而能够传输高速数据。在当前科学技术发展的新形势下，通信技术未来的发展及实际应用，受到了人们的广泛关注。下面对于通信技术未来的发展及实际应用进行详细的阐述。

1. 多种形式的通信技术得到了互补发展

第二代、第三代、第四代移动通信技术和无线局域网、超宽带等技术得到了互补的发展。第四代移动通信技术能够满足高速率的需求，第三代移动通信技术能够满足广域无缝覆盖和强漫游的移动性需求，第二代移动通信技术能够满足日常通信电话及低速无线网络的需求，无线局域网能够满足中距离的较高速数据接入的需求，而超宽带能够满足近距离的超高速无线接入的需求。目前，可视电话和数字电视都已经实现，它们是对实时性要求很高的多媒体通信技术，对带宽也有很高的要求。其中，数字电视需要实时传输高质量的电视节目，对带宽的要求最高。未来将会出现更多的通信技术，人们可以综合利用这些技术实现更多的功能和实际应用。通过多种形式的通信技术的互补发展，有利于促进通信技术的均衡全面发展。

2. 多种形式的通信技术会为用户提供更加个性化的服务方式

政府为各种企业提供了更多的无线频率资源，推进不同技术相关频谱的规划和应用工作，有利于各种企业按照各自的发展策略和市场需求，对自身的无线通信网络进行综合规划，这对于企业实现自身资源的优化配置，起着举足轻重的作用。

3. 物联网的应用为通信技术注入新的活力

所谓物联网，就是将所有物品通过射频识别(RFID)、红外感应器、全球定位系统、激光扫描器等信息传感设备与互联网进行无缝连接，从而能够进行智能化识别和管理。在世界范围内，许多市场上的移动通信业务增长量都已经逐渐减缓，与此同时，物联网技术飞速发展。物联网的发展，毫无疑问会带动通信技术更快的发展，并且能够扩大通信技术的实际应用范围。由于物联网是物体和物体之间连接起来的网络，因此，广泛应用于图书馆的条码扫描、智能大厦的门禁卡以及超市的商品识别等，都促进了通信技术应用范围的扩大。

随着社会经济的快速发展以及通信技术的广泛应用，人们的工作、学习和生活也变得更加便利。未来通信技术将具有更广阔的发展前景，它正在从单一窄带业务的通信技术网，发展成为一个将电信、广播、计算机融合起来的宽带通信技术网络。

1.1.2 通信的定义

通信就是把消息从一地传送到另一地。譬如说从甲地传送消息到乙地，那么甲地称为发信端，乙地称为接收端。以最简单的通信方式——面对面交谈为例，讲话是传达消息的一种方式，发话人是消息的来源，称为信源，语音通过空气传到对方，而传递消息的媒介称为信道，听话者听到后获得消息，是消息的归宿，称为信宿，这样就完成了消息的传递。电通信(电信)是指利用“电”来传递信息的方式，即指利用有线电、无线电、光和其他电磁系统，对于消息、情报、指令、文字、图像、声音或任何性质的消息进行传输。通信系统是指完成信息传输过程的全部设备和传输媒介的总和。

1.2 通信系统的组成

1.2.1 通信系统的一般组成

通信系统的一般模型如图 1－1 所示。

信源：消息的产生地，其作用是把各种消息转换成原始电信号。

发送设备：将原始电信号转换为适于在信道中传输的信号，一般包括变换、编码和调制过程。

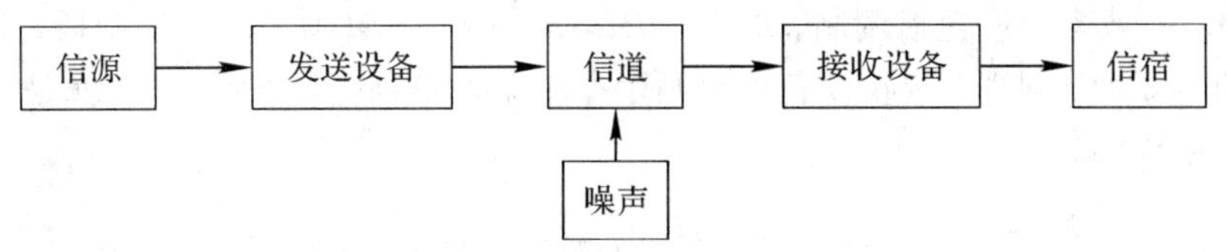

图 1－1　通信系统的基本模型

信道：将信号由发送设备传输到接收设备的媒介或途径。信道可分为有线信道和无线信道，例如自由空间的短波无线电信道、双绞线、电缆或光纤，以及卫星或微波等，都是常见的实际信道。

接收设备：将信号转换为原始电信号，一般包括解调、译码等过程。

信宿：信息的归宿点，其作用是将接收设备恢复出的电信号转换成相应的消息。

噪声：它与上述组成部件不同，它不是有意加入设备的，而是通信系统中各种设备以及信道中固有的，并且是不希望存在的。在通信系统中，某些噪声与信号相比可以忽略(如发信机中)，所以不考虑噪声的影响。然而有些噪声与信号功率相当，甚至超过信号，这样的噪声将严重降低通信系统的性能，通信系统设计的主要任务就是减弱噪声的影响。通信系统中的噪声从来源来看，包括系统中各部件自身产生的内部噪声和外部噪声源对系统的作用而引起的外部噪声。由于信道对传输信号有衰减，在信道输出端，信号常常被减弱，同时外部噪声往往从信道引入，加之有内部噪声，在这里噪声的影响最为严重。因此把噪声抽象为从信道加入，对分析通信系统性能是合适的，而且这样处理噪声也为分析问题带来了方便。

通信系统的组成，反映了通信系统的共性，通常也把它称为通信系统的基本模型。对通信系统原理的研究，通常就是以通信系统的模型为基础而展开的。通信系统中待传输的消息形式是多种多样的，它可以是符号、文字、语音或图像等。为了实现消息的传输和交换，首先需要把消息转换为相应的电信号(以下简称信号)。通常，这些信号是以它的某个参量的变化来表示消息的。按照信号参量的取值方式不同，信号可分为两类，即模拟信号与数字信号。模拟信号的某个参量与消息相对应而连续取值，例如电话机话筒输出的语音信号、电视摄像机输出的电视图像信号等都属于模拟信号。数字信号的参量是离散取值的，例如计算机、电传机输出的信号就是数字信号。

这样，根据通信系统所传输的是模拟信号还是数字信号，可以相应地把通信系统分成模拟通信系统与数字通信系统。也就是说，信道中传输模拟信号的系统称为模拟通信系统，信道中传输数字信号的系统称为数字通信系统。当然，以上的分类方法是以信道传输信号的差异为标准的，而不是根据信源输出的信号来划分的。如果在发送端先把模拟信号变换成数字信号，即进行模/数(A/D)转换，然后就可用数字方式进行传输，在接收端再进行相反的变换——数/模(D/A)转换，以还原出模拟信号。

模拟信号和数字信号通常都要经过调制形成模拟调制信号和数字调制信号，以适应信道的传输特性。在短距离的有线传输场合，也可以用基带传输的方式。本书将按以上分类方法对通信系统的组成、基本工作原理及性能进行深入的讨论。

1.2.2　模拟通信系统的组成

模拟通信系统的模型与图 1－1 所示相仿，其方框图如图 1－2 所示。对应于图 1－2 中的发送设备，一般来说应包括调制、放大、天线等，但这里只画了一个调制器，目的是为了突出调制的重要性。同理，接收设备也只画了一个解调器。这样，图 1-2 就是一个最简化的模拟通信系统模型。

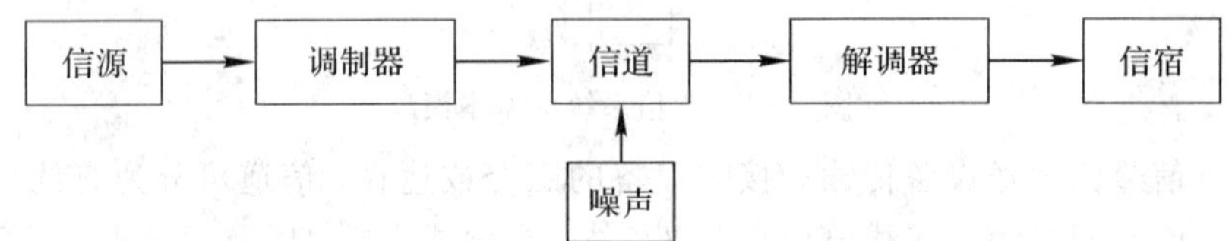

图 1-2　模拟通信系统模型

调制器：将具有低频分量的原始信号进行频谱搬移，变换成适合在信道传输的频带信号，这种变换过程称为调制，变换后的信号称为已调信号，又称频带信号，其频谱具有带通形式且中心频率远离零频。未经过调制的原始信号又称基带信号，其频谱从零频附近开始，如语音信号为 300～3400 Hz，图像信号为 0～6 MHz。

解调器：将频带信号恢复成基带信号。

1.2.3　数字通信系统的组成

凡是信号的某一参量只能取有限个值，并且常常不直接或者不准确地与消息对应的信号称为数字信号。例如：莫尔斯电报信号，该信号的幅度只能取 0 V 和 AV 两个值，它是靠取值变化的排列表示消息的，因此它只能间接地与消息发生联系，它是数字信号。

数字通信系统是利用数字信号来传递信息的通信系统，系统模型如图 1-3 所示。

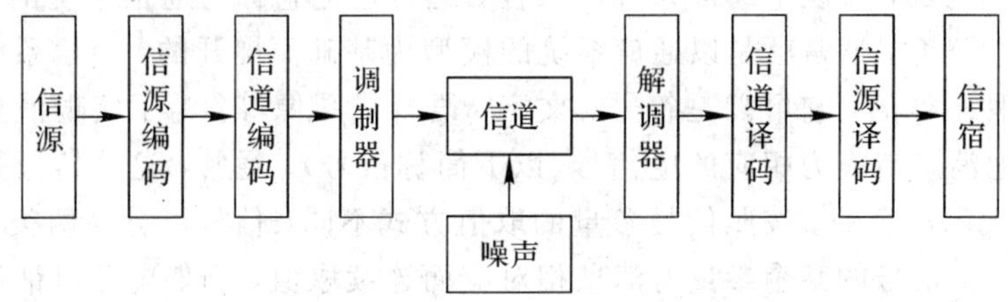

图 1-3　数字通信系统模型

信源编码：包括 A/D 转换和数据压缩，主要目的是提高数字信号传输的有效性。接收端信源译码则是信源编码的逆过程。信源编码是指用适当的编码方法降低数字信号的码元速率，以提高数字信号传输的有效性。另外，如果信源是数据处理设备，还要进行并/串变换；如果信源产生的是模拟信号，则先要进行 A/D 转换。此外，数据扰乱、数据加密等都是在信源编码器内完成的。

信道编码：增加系统的冗余度，目的是提高数字信号传输的可靠性。接收端信道译码是其相反的过程。信道编码是指在信息码组中按一定的规则附加一些码，接收端根据相应的规则进行检错和纠错，以提高数字信号传输的可靠性。信道编码又称差错控制编码。

但是有的实际数字通信系统并非包括所有环节，如图 1-3 所示的通信系统称为数字频带传输系统，图中如果不包括调制器和解调器，则称为数字基带传输系统；图中如果包括 A/D 转换环节，则称为模拟信号的数字化传输系统。

1.2.4 数字通信系统的优、缺点

与模拟通信相比，数字通信有如下优点：

(1) 抗干扰能力强，尤其在中继时，数字信号还可以再生，从而消除噪声的积累。

(2) 由于数字集成电路，特别是大、中规模集成电路技术日益成熟，数字通信设备越来越易于制造，且成本低、体积小、可靠性高。

(3) 可以设法控制传输中的差错，不但可以发现而且还能纠正传输中的差错，因而大大提高了传输质量。

(4) 便于同计算机连接，采用现代计算机技术对数字信息进行处理，以便实现通信现代化、自动化。

(5) 数字信息易于加密且保密性强。

(6) 与模拟通信相比，数字通信可以传输种类更多的消息，使通信系统变得通用、灵活。

但是数字通信也有它的不足之处，就是目前它比模拟通信要占据更宽的频带。比如一路模拟电话通常只占据 4 kHz 带宽，但一路数字电话可能要占据几十千赫兹带宽，可以认为数字通信的许多优点是以信号频带为代价而换取的。本书的重点为数字通信，但考虑到目前还存在大量模拟通信系统，因此对模拟通信的内容也会适当兼顾。

1.3 通信系统的分类与通信方式

1.3.1 通信系统的分类

通信系统的分类方法很多，这里仅讨论由通信系统模型所引出的分类。

按消息的物理特征分类：通信系统通常可以分为电报通信系统、电话通信系统、数据通信系统、图像通信系统等。这些通信系统可以是专用的，但通常是兼容的或并存的。由于电话通信最为发达，因而其他通信系统常借助于公共的电话通信系统进行。

按调制方式分类：根据是否采用调制，通信系统可分为基带传输系统和频带传输系统。基带传输系统是将未经调制的信号直接传送，如音频市内电话等；频带传输系统是对各种信号调制后传输的总称。

按信号特征分类：按信道中传输的是模拟信号还是数字信号，相应地通信系统可分成模拟通信系统与数字通信系统两类。

按传输媒介分类：按传输媒介不同，通信系统可分为有线通信系统和无线通信系统两类。

按信号复用方式分类：传送多路信号有三种常用的复用方式，即频分复用、时分复用、码分复用等。频分复用是用频谱搬移的方法使不同信号占据不同的频率范围；时分复用是用脉冲调制的方法使不同信号占据不同的时间区间；码分复用则是用一组正交的脉冲序列分别携带不同信号。传统的模拟通信中都采用频分复用。随着数字通信的发展，时分复用通信系统的应用越来越广泛。码分复用多用于空间扩频通信系统中，目前广泛用于移动通信系统中。

1.3.2 通信方式

1. 按消息传送的方式与时间的关系分类

按消息传送的方式与时间的关系分类，通信方式可分为单工通信、双工通信、半双工通信三种。

单工通信是指消息只能单方向传输的工作方式，例如遥控、遥测、广播、电视等。

双工通信是指通信双方可同时进行收、发消息的工作方式，例如电话、手机等。

半双工通信是指通信双方都能收、发消息，但不能同时进行收、发的工作方式，例如使用同一载频工作的无线电对讲机就是按这种通信方式工作的。

2. 按数字信号码元排列方法分类

按数字信号码元排列方法分类，通信方式可分为串行传输和并行传输。

串行传输是指数字信号码元序列按时间顺序一个接一个地在信道中传输。一般的远距离数字通信大多采用串行传输方式，因为这种方式只需占用一条通路。

并行传输是指将数字信号码元序列分割成两路或者两路以上的数字信号，码元序列同时在信道中传输。一般的近距离数字通信可采用并行传输方式。

1.4 信息及其度量

前面已经提到，按照参量取值的特点可将电信号分为模拟信号和数字信号。能用连续的函数值表示的电信号为模拟信号，只能用离散的函数值表示的信号为数字信号。例如常见的文字和数字，它们只具有有限个不同的符号，通常用一组二进制数表示这些符号，符号的组合就组成了消息。

通信系统通过传输信号而传递了消息，其传输能力该如何度量呢？通信系统传输的具体对象是消息，其最终的目的在于通过消息的传送使收信者获知信息。这里所说的信息，指的是收信者在收到消息之前对消息的不确定性。消息是具体的，而信息是抽象的。为了对通信系统的传输能力进行定量的分析和衡量，就必须对一信息进行定量的描述。不同的消息含有不同数量的信息，同一个消息对不同的接收对象来说，信息的多少也不同，所以对信息的度量应当是客观的。

衡量信息多少的物理量称为信息量。首先，信息量的大小与消息所描述事件的出现概率有关。若某一消息的出现概率很小，当收信者收到时就会感到很突然，那么该消息的信息量就很大。若消息出现的概率很大，收信者事先已有所估计，则该消息的信息量就较小。若收到完全确定的消息则没有信息量。因此，信息量应该是消息出现概率的单调递减函数。其次，如果收到的不只是一个消息，而是若干个互相独立的消息，则总的信息量应该是每个消息的信息量之和，这就意味着信息量还应满足相加性的条件。再者，对于由有限个符号组成的离散信源来说，随着消息长度的增加，其可能出现的消息数目却是按指数增加的。基于以上的认识，对信息量作如下定义：若一个消息 x 出现的概率为 $P(x)$，则这一消息所含的信息量为

$$I=\log_a \frac{1}{P(x)}=-\log_a P(x) \tag{1-1}$$

当上式中的对数以2为底时，信息量的单位为比特(bit)，简记为b；对数以e为底时，信息量的单位为奈特(nit)；对数以10为底时，信息量单位为哈特莱(hartley)。目前应用最广泛的单位是比特。

消息是用符号表达的，所以消息所含的信息量即符号所含的信息量。

例1-1 表1-1给出英文字母出现的概率，求字母e和q的信息量。

表1-1 英文字母出现的概率

符号	概率	符号	概率	符号	概率
空格	0.2	s	0.052	y，w	0.012
e	0.105	h	0.047	g	0.011
t	0.072	d	0.035	b	0.0105
o	0.0654	i	0.029	v	0.008
a	0.063	c	0.023	k	0.003
n	0.059	f，u	0.0225	x	0.002
l	0.055	m	0.021	j，q，z	0.001
r	0.054	p	0.0175		

解：由表1-1可知，e的出现概率为$P(\mathrm{e})=0.105$，可计算其信息量$I(\mathrm{e})$，即有

$$I(\mathrm{e})=-\mathrm{lb}P(\mathrm{e})=-\mathrm{lb}0.105=3.25(\mathrm{b})$$

q的出现概率$P(\mathrm{q})=0.001$，其信息量为

$$I=-\mathrm{lb}P(\mathrm{q})=-\mathrm{lb}0.001=9.97(\mathrm{b})$$

在通信系统中，当传送M个等概率的消息之一时，每个消息出现的概率为$1/M$，任一消息所含的信息量为

$$I=-\log_a \frac{1}{M}=\log_a M \tag{1-2}$$

若$M=2^k$，则

$$I=\mathrm{lb}2^k=k(\mathrm{b}) \tag{1-3}$$

对于二进制数字通信系统($M=2$)，当二进制信号0和1的出现概率相等时，则每个二进制信号都有1 b的信息量。

上述是等概率条件下的信息量，下面讨论非等概率条件下的信息量。设信息源中包含有n个信息符号，每个消息x_i出现的概率为$P_i(x)$，则各消息出现的概率为

$$\begin{bmatrix} x_1,\ x_2,\ \cdots,\ x_n \\ P_1(x),\ P_2(x),\ \cdots,\ P_n(x) \end{bmatrix}，\text{且有} \sum_{i=1}^{\infty} P_i(x)=1$$

则x_1，x_2，$x_3\cdots x_n$所包含的信息量分别为$-\mathrm{lb}P_1(x)$，$-\mathrm{lb}P_2(x)$，…，$-\mathrm{lb}P_n(x)$。于是，每个符号所包含的信息量的统计平均值，即平均信息量为

$$\begin{aligned} H(x)&=P_1(x)[-\mathrm{lb}P_1(x)]+P_2(x)[-\mathrm{lb}P_2(x)]+\cdots+P_n(x)[-\mathrm{lb}P_n(x)] \\ &=\sum_{i=1}^{n} P_i(x)[-\mathrm{lb}P_i(x)]\ (\mathrm{b}/\text{符号}) \end{aligned} \tag{1-4}$$

由于式中$H(x)$与热力学中熵的定义式相类似，故在信息论中又通常称为信息源的熵，其单位为b/符号。

例 1-2 一信息源由 4 个符号 0、1、2、3 组成，它们出现的概率分别为 3/8、1/4、1/4、1/8，且每个符号的出现都是独立的。若消息序列长为 57 个符号，其中 0 出现 23 次，1 出现 14 次，2 出现 13 次，3 出现 7 次。试求该消息序列所包含的信息量和平均信息量。

解：由于消息序列中出现符号 x_i 的信息量为 $-n_i \mathrm{lb} P_i(x)$（n_i 和 $P_i(x)$ 分别为消息序列中符号 x_i 出现的次数和概率），消息序列所包含的信息量为每个符号出现信息量的和，即

$$
\begin{aligned}
I &= \sum_{i=1}^{n} n_i[-\mathrm{lb} P_i(x)] = -23\ \mathrm{lb}\frac{3}{8} - 14\ \mathrm{lb}\frac{1}{4} - 13\ \mathrm{lb}\frac{1}{4} - 7\ \mathrm{lb}\frac{1}{8} \\
&= 32.55 + 28 + 26 + 21 = 107.55\ (\mathrm{b})
\end{aligned}
$$

消息序列的平均信息量为

$$
\begin{aligned}
H(x) &= \sum_{i=1}^{n} P_i(x)[-\mathrm{lb} P_i(x)] \\
&= -\frac{3}{8}\mathrm{lb}\frac{3}{8} - \frac{1}{4}\mathrm{lb}\frac{1}{4} - \frac{1}{4}\mathrm{lb}\frac{1}{4} - \frac{1}{8}\mathrm{lb}\frac{1}{8} = 1.906\ (\mathrm{b}/符号)
\end{aligned}
$$

上述介绍的离散消息的分析方法也可用于对连续消息进行分析。因为抽样定理告诉我们，对于一个频带有限的连续信号，可用每秒一定数目的离散抽样值代替。这就是说一个连续消息经抽样后成为离散消息，这样我们就可以利用分析离散消息的方法来处理连续消息。

1.5 通信系统的主要性能指标

1.5.1 一般通信系统的性能指标

在设计或评估通信系统时，往往要设计通信系统的主要性能指标，否则就无法衡量其质量的好坏。通信系统的性能指标即通信系统的有效性、可靠性、适应性、标准性、经济性及维护使用等。如果考虑所有这些因素，那么通信系统的设计就要包括很多项目，系统性能的评价也就很难进行。尽管对通信系统可以有很多的实际要求，但是，从消息传输的角度来说，通信的有效性与可靠性将是主要的性能指标。这里所说的有效性主要是指消息传输的“数量”和“速度”问题，而可靠性主要是指消息传输的“质量”问题。然而，这是两个相互矛盾的问题，这对矛盾通常只能根据实际要求取得相对的统一。例如，在满足一定可靠性指标下，尽量提高消息的传输速度；或者在维持一定的有效性指标下，使消息传输质量尽可能提高。由于模拟通信系统和数字通信系统所传输的信号不同，这两个指标的具体内容是不同的。

1.5.2 模拟通信系统的性能指标

1. 有效性

模拟通信系统的有效性用有效传输带宽来度量，同样的消息采用不同的调制方式时，需要不同的频带宽度。频带宽度越窄，则有效性越好。如传输一路模拟电话，单边带信号只需要 4 kHz 带宽，而标准调幅或双边带信号则需要 8 kHz 带宽，因此在一定频带内用单边带信号传输的路数比常规调幅信号多一倍，也就是可以传输更多的消息。显然，单边带系统的有效性比标准调幅系统要好。

2. 可靠性

模拟通信系统的可靠性用接收端最终的输出信噪比来度量。信噪比越大，通信质量越高。如普通电话要求信噪比在 20 dB 以上，电视图像则要求信噪比在 40 dB 以上。信噪比是由信号功率和传输中引入的噪声功率决定的。不同调制方式在同样信道条件下所得到的输出信噪比是不同的。例如，调频信号的抗干扰性能比调幅信号好，但调频信号所需的传输带宽却宽于调幅信号。

1.5.3　数字通信系统的性能指标

1. 有效性

数字通信系统的有效性用传输速率来衡量，传输速率越快，有效性就越好。传输速率有两种：码元传输速率和信息传输速率。

1）码元传输速率 R_B

数字通信系统中传输的是数字信号，即信号波形数是有限的，但数字信号有多进制与二进制之分。如 4PSK 系统中，有 4 种不同的数字信号，称为四进制数字信号；而在 2PSK 系统中，只有两种不同的数字信号，称为二进制数字信号。不管是多进制数字信号，还是二进制数字信号，每一个数字信号我们都称之为码元。码元传输速率 R_B 是指每秒钟传输的码元个数，单位为波特(Baud)，记为 B。码元传输速率简称传码率，或称符号速率。

$$R_B=\frac{1}{T_b}\ (\mathrm{B}) \tag{1-5}$$

式中，T_b 为码元间隔。通常在给出码元速率时，有必要说明码元的进制。

2）信息传输速率 R_b

信息传输速率 R_b 定义为单位时间内传递的信息量或比特数，单位为比特/秒，可记为 bit/s，或 b/s。信息传输速率简称传信率，或称比特率。

对于二进制数字通信系统，传送的是二进制码元，如果两种不同的码元等概率出现，则每一种码元出现的概率是 1/2，每一个码元携带的信息量就是 1 b，所以系统的信息速率在数值上等于码元速率，但两者的含义还是不同的，单位也是不同的。例如，若码元速率为 600 B，那么二进制时的信息速率为 600 b/s。

对于 M 进制数字系统，传送的是 M 进制码元，如果 M 种不同的码元等概率出现，则每一种码元出现的概率为 $1/M$，每一个码元携带的信息量 lb$M$ b，所以信息速率为

$$R_b=R_B\times \mathrm{lb}M(\mathrm{b/s}) \tag{1-6}$$

如果 M 种码元出现的概率不相等，则信息速率与码元速率之间的关系为

$$R_b=R_B\times H(x)(\mathrm{b/s}) \tag{1-7}$$

例如，若码元速率为 600 B，那么等概率四进制时的信息速率为 1200 b/s。相反，若信息速率为 1800 b/s，那么等概率八进制时的码元速率为 600 B。

3）频带利用率 η

比较不同通信系统的有效性，单看它们的传输速率是不够的，还应看在这样的传输速率下所占信道的频带宽度。所以，真正衡量数字通信系统传输效率的应当是传输速率与频

带宽度之比，即单位频带内的传输速率，定义为频带利用率：

$$\eta=\frac{R_B}{B}\ (\mathrm{B/Hz})\quad 或\quad \eta=\frac{R_b}{B}\ (\mathrm{b/(s\cdot Hz)}) \tag{1-8}$$

式中，B 为所需的信道带宽。

2. 可靠性

数字通信系统的可靠性用差错率来衡量，差错率越大，可靠性就越差。差错率也分两种：误码率和误信率。

1）误码率

误码率是指接收的错误码元数在传送总码元数中所占的比例，或者更确切地说，误码率是码元在传输系统中被传错的概率，即

$$P_e=\frac{接收的错误码元数}{传输总码元数} \tag{1-9}$$

2）误信率

误信率又称误比特率，是指错误接收的信息量在传送信息总量中所占的比例，或者说，它是码元的信息量在传输系统中被丢失的概率，即

$$P_b=\frac{接收的错误码元比特数}{传输总比特数} \tag{1-10}$$

不同业务的数字通信系统对信号误信率的要求是不同的。例如，对数字电话，要求 $P_b=10^{-6}\sim10^{-3}$。对计算机的数据传输，要求 $P_b<10^{-9}$。如果信道达不到要求，应当考虑加信道编码。同样地，数字通信系统的有效性与可靠性之间也是一对矛盾。信道编码由于增加了一些多余的码元而提高了可靠性，在信息速率不变的情况下增加了信道上的码元速率，也就增加了信号的带宽。这也是用系统的有效性换取系统的可靠性的例子。

1.6 MATLAB 在通信仿真中的应用

MATLAB 是目前国际上流行的用于科学研究、工程计算的软件。它起源于矩阵运算，并已经发展成为一种高度集成的计算机语言。MATLAB 具有强大的数学运算能力、方便实用的绘图功能及高度集成性的语言。除具备卓越的数值计算能力之外，它还提供了专业水平的符号计算、文字处理、可视化建模仿真、实时控制等功能。MATLAB 的基本数据单位是矩阵，它的指令表达式与数学工程中常用的表达式十分相似，因此用 MATLAB 来解决运算问题要比用 C、Fortran 等语言方便得多。可以预见，在科学运算、自动控制、科学绘图、通信仿真等领域，MATLAB 语言将长期保持其独一无二的地位。

在通信领域 MATLAB 的优势更明显，因为通信领域中很多问题是研究系统性能的，传统的方法是要构建一个实验系统，然后采用各种方法进行测量，才能得到所需的数据，这不仅需要花费大量的资金构建实验系统，而且系统构建周期长，系统参数的调整也十分困难。MATLAB 的出现使得通信系统的仿真能够用计算机模拟来实现，免去构建实验系统的不便，操作十分简便。用户只需要输入不同的参数就能得到不同情况下系统的性能，并且 MATLAB 在结构的观测和数据的存储方面也比传统的方式有优势。因而 MATLAB 在通信仿真领域得到越来越广泛的应用。

1.6.1 MATLAB软件的使用方法

启动MATLAB进入到如图1-4所示的界面，但是这只是文件引索和命令执行窗口。用户可以通过点击【File】→【New】→【Blank M-file】，或者按下“Ctrl+N”键，或者直接点击“新建空白M文件”键，进入到如图1-5所示的界面，也就是M程序编辑窗口，这就是仿真过程中要用到的界面。

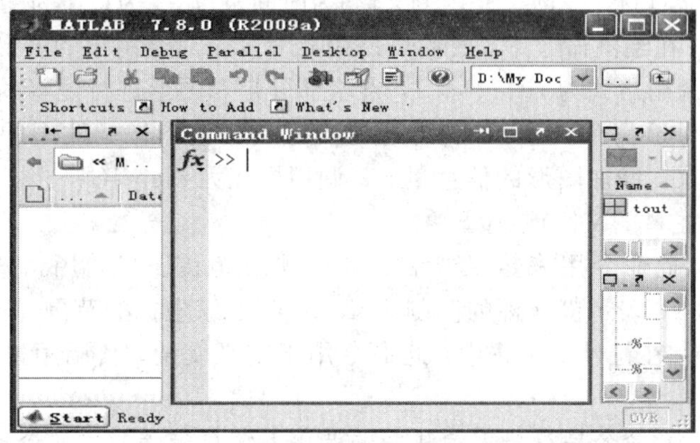

图1-4 MATLAB启动界面

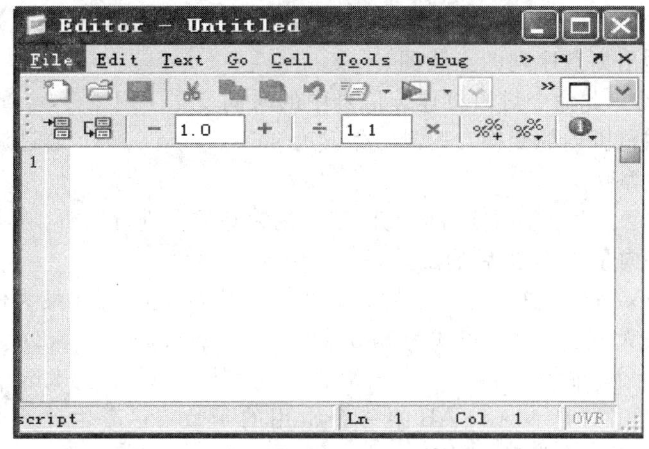

图1-5 M程序编辑窗口

进入图1-5所示界面以后，就可开始进行编写程序了。键入编写好的程序，点击【File】→【Save As…】保存程序，输入文件名称，系统会以.m为后缀对文件进行保存。保存之后，MATLAB要对程序进行编译，点击【Debug】→【Run】，或者直接按“F5”就可以进行编译。编译成功，会听到“嘀”的一声，随之弹出程序运行结果。如果编译不成功，则会在图1-4所示窗口显示出哪一行出现了错误。用户需对指出的错误进行修改，再次进行编译。

MATLAB为用户提供了专业的通信工具箱(Communications Toolbox)，该工具箱用于设计和分析通信系统物理层的算法。工具箱包括100多个MATLAB函数，可用于通信算法的开发、系统分析及设计，例如信源编码及量化、高斯白噪声信道模型、差错控制编码等。在仿真过程中，用户要利用MATLAB语言编程来实现信号处理等通信过程，所以，对MATLAB中的简单常用指令必须有一个比较好的了解。下面对一些常用指令做简单的介绍。

(1) function 命令。在 MATLAB 中，它的自带函数不能完成所有功能，更多的时候需要自己编写程序来实现需要的功能，这时就要用到此命令，其调用格式为 function ****( )，括号前面为函数名称，括号中为函数中要用到的变量。

(2) plot 命令。plot 命令是 MATLAB 中用来绘制用向量表示法表示的连续信号的波形。它的功能是将向量点用直线依次连接起来。其调用格式为 plot(k, f)，其中 k 和 f 是向量。

(3) ezplot 命令。ezplot 命令是用来绘制用符号运算表示法表示的连续信号的波形。其调用格式为 ezplot(f, [t1, t2])，其中[t1, t2]为时间范围，f 为以 t 为变量的函数。

(4) title 命令。在绘图命令中，我们可以用此命令来对绘制出的波形做注释，以便后期进行图形处理。其调用格式为 title('…')，省略部分是对图形进行注释的文字。

(5) xlabel、ylabel 命令。这两个命令也是对绘制的波形做标注用的，用于标注两个坐标轴的未知数的意义，增加图形的信息量。其调用格式为 xlabel('… ')，ylabel('…')，省略部分是对坐标轴做注释的文字或字母。

(6) axis 命令。此命令用来定义绘制的波形坐标范围。其调用格式为 axis([k1, k2, g1, g2])，其中 k1，k2 表示横坐标的范围，g1，g2 表示纵坐标的范围。

(7) syms 命令。在符号表示法中，此命令用于定义变量。其调用格式为 syms t，意思是定义一个变量 t。

(8) sym 命令。此命令是符号表示法中的调用系统自带函数的命令。其调用格式为 f=sym('…')，省略部分为系统能识别的常用信号，如正弦信号等。

(9) stem 命令。此命令专门用来绘制离散序列的波形。其调用格式为 stem(k, f)，调用此命令可以绘制出离散序列的点状图。

(10) subs 命令。此命令可以将连续信号中的时间变量 t 用 t-t0，at 等来替换，从而可以完成信号在时域范围内的变换。其调用格式为 subs(f, t, t-t0)，通过调用此函数可以把信号作移位、伸展等变换。

(11) fliplr 命令。此命令用来将向量以零时刻为基准点进行反折。其调用格式为 f=fliplr(f1)这样 f 就是向量 f1 反折后的函数。

(12) min、max 命令。这两个命令用来算出向量中的最小值和最大值，或者得出两个值中的较小值和较大值。其调用格式为 min(k)，max(k)，min(k1, k2)，max(k1, k2)。

(13) length 命令。此命令用于计算向量的长度。其调用格式为 length(f)。

(14) ones 函数。这是 MATLAB 中一个常用的函数，它产生元素全部为 1 的矩阵，本书中用此函数来表示离散阶跃序列，或者定义连续的门信号。其调用格式为 n=0：5；ones(1, n)表示长度为整数 n 的阶跃序列。k=1:p:8；ones(1, length(k))，表示长度为 k 的门信号。

(15) subplot 命令。在 MATLAB 绘图过程中，有时候为了便于观测图形的变化，需要在波形显示窗口显示多个信号的波形，这时可以调用 subplot 命令。其调用格式为 subplot(n1, n2, k)，如定义一个 subplot(2, 2, 1)，就可以在显示窗口中显示 k=2×2 个波形。

(16) conv 函数。这个函数用来计算两个序列的卷积和，调用此函数，可以计算出两个给定的序列的卷积和，其调用格式为 f=conv(f1, f2)。

1.6.2 Simulink 在通信仿真中的应用

Simulink 是 MATLAB 产品家族中的一个重要组成部分。该软件的名称主要表明了其两个主要功能：仿真和连接。Simulink 提供了一些按功能分类的系统模块，用户只需用箭头连接所选模块就可以完成框图系统仿真的全部过程，然后利用 Simulink 提供的功能对系统进行仿真和分析。这样可以让用户把精力从语言的编程上转到系统模型的构建上。

Simulink 中提供了通信系统的建模、仿真和分析优化的 Simulink 专业库(Communications Blockset)。库中包含 13 个子库，近 170 个模块，如图 1-6 所示。该模块库提供了完整的模拟/数字通信系统建模、仿真和分析优化图形所需的模块，可用于通信系统中从信源到信道，包括编码、调制、发射、接收等各个部分的建模、仿真分析。

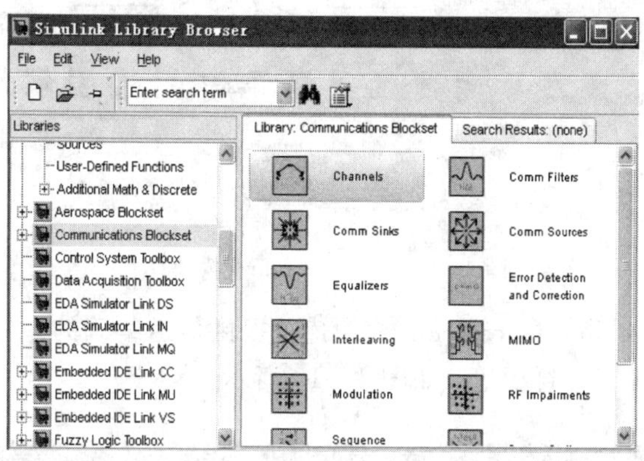

图 1-6　Communications Blockset

1. 各子库的功能

(1) Comm Sources 模块库：提供多种信号源，这些模块分为 3 类：噪声产生模块、随机数据源和序列生成模块，如图 1-7 所示。

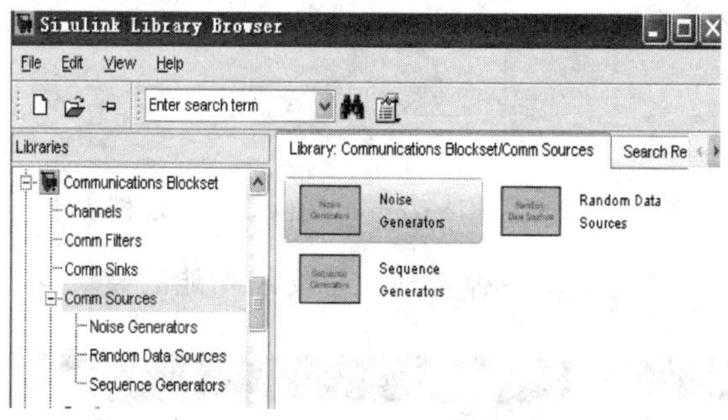

图 1-7　Comm Sources 模块库

(2) Comm Sinks 模块库：提供 4 个信宿模块，用于绘制信号的眼图、发散图和轨迹图，计算误码率，如图 1-8 所示。

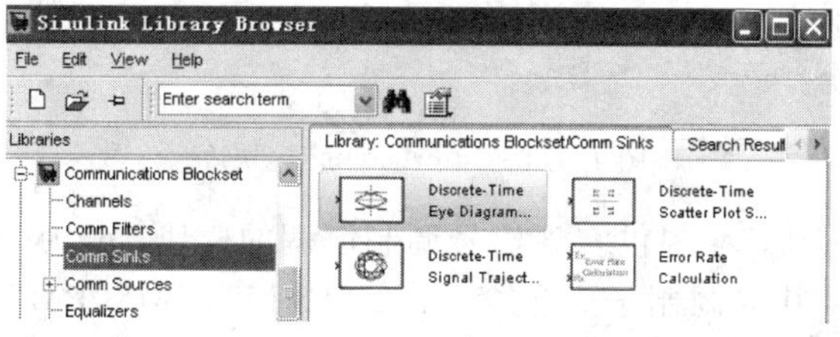

图 1-8　Comm Sinks 模块库

(3) Source Coding 模块库：提供信源量化、编码的模块，包括采样量化编/解码器、差分脉冲编/解码器、A 律压缩/扩张器、μ 律压缩/扩张器，如图 1-9 所示。

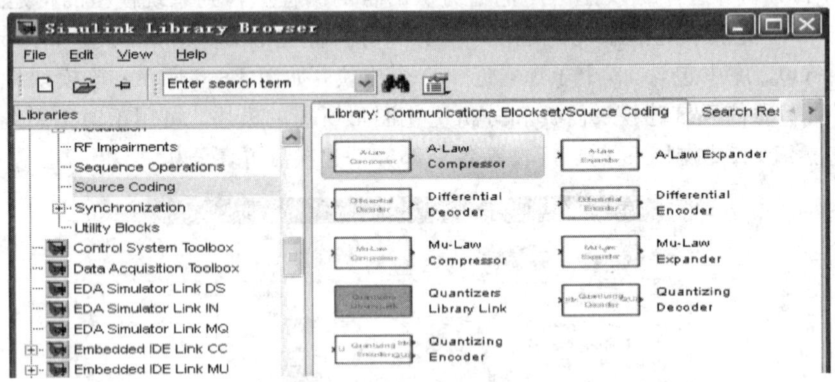

图 1-9　Source Coding 模块库

(4) Error Detection and Correction 模块库：提供信道编码的差错控制和纠错模块，包括 Hamming、BCH、循环、卷积等，如图 1-10 所示。

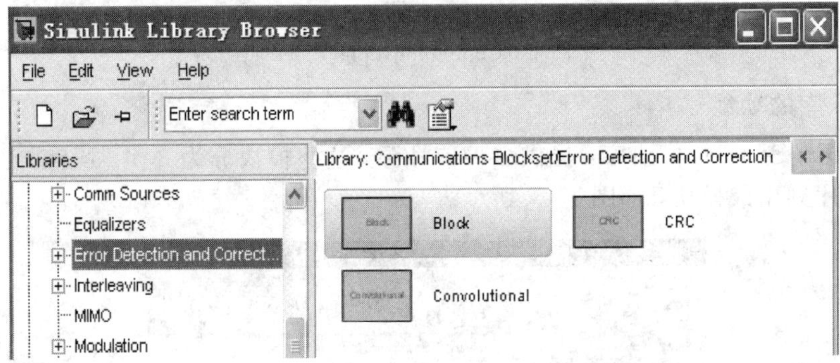

图 1-10　Error Detection and Correction 模块库

(5) Interleaving 模块库：提供各种实现信号交织功能的模块，如图 1-11 所示。

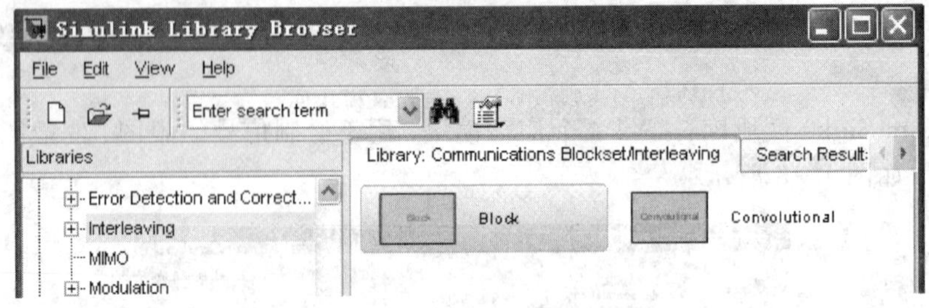

图 1-11　Interleaving 模块库

(6) Modulation 模块库：提供实现信号调制解调的模块，分为模拟频带调制和数字基带调制两个子库，数字基带调制子库包含“AM”“CPM”“FM”“PM”“TCM”5 种调制的模块，如图 1-12 所示。

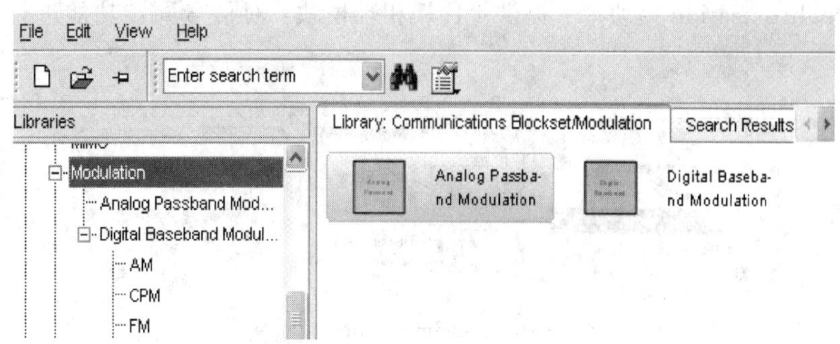

图 1 - 12　Modulation 模块库

(7) Comm Filters 模块库：提供发送/接收滤波器模块，如图 1 - 13 所示。

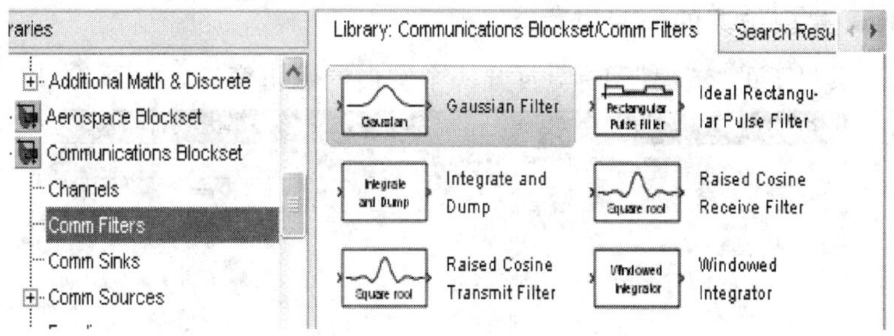

图 1 - 13　Comm Filters 模块库

(8) Channels 模块库：提供了 4 种常见信道模块，即 AWGN 信道模块、二进制对称信道模块、多径瑞利衰落信道模块和伦琴衰落信道模块，如图 1 - 14 所示。

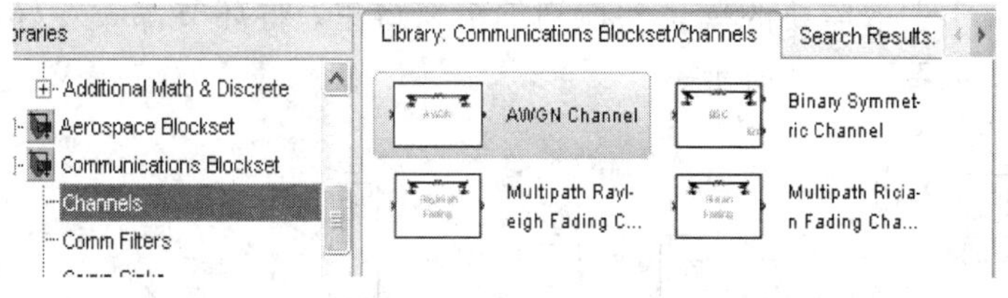

图 1 - 14　Channels 模块库

(9) RF Impairments 模块库：对射频信号的各种衰落进行仿真，如图 1 - 15 所示。

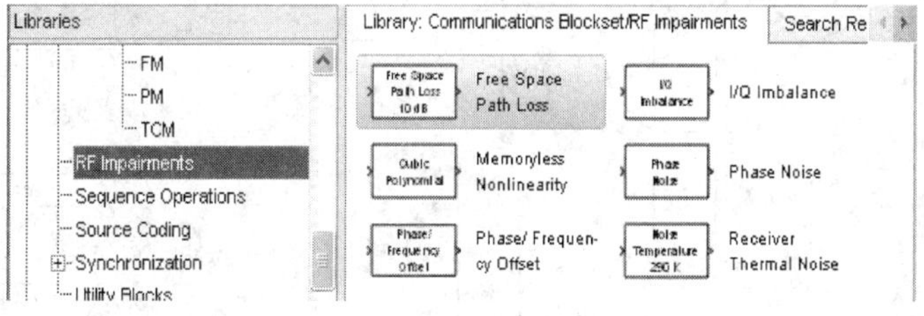

图 1 - 15　RF Impairments 模块库

(10) Synchronization 模块库：提供 4 种锁相环模块，对信号同步功能进行仿真，如图 1－16 所示。

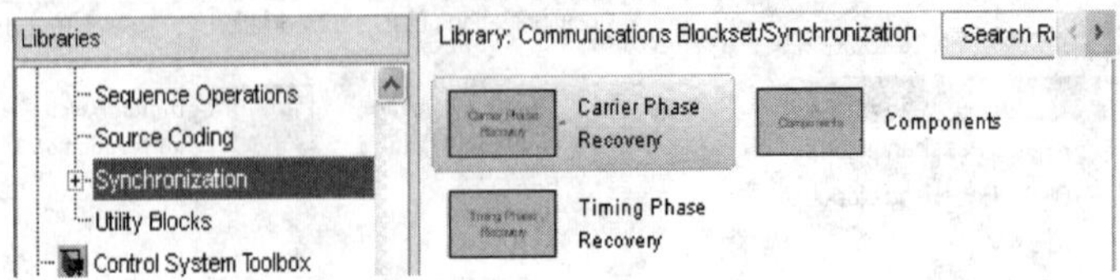

图 1－16　Synchronization 模块库

(11) Equalizers 模块库：提供多种均衡器模块。

(12) Sequence Operations 模块库：提供顺序运行模块。

(13) Utility Blocks 模块库：提供了 10 种常用的转换函数模块。

2. Simulink 建模仿真的一般过程

(1) 单击工具栏上的"新建"图标，打开一个空白的编辑窗口，如图 1－17 所示。

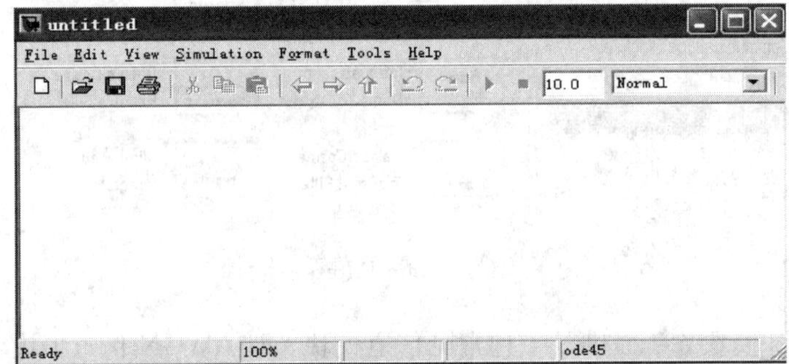

图 1－17　空白编辑窗口

(2) 在模块库中选取需要的模块并拖到编辑窗口里，将环节都布置好，并修改编辑窗口中模块的参数，如图 1－18 所示。

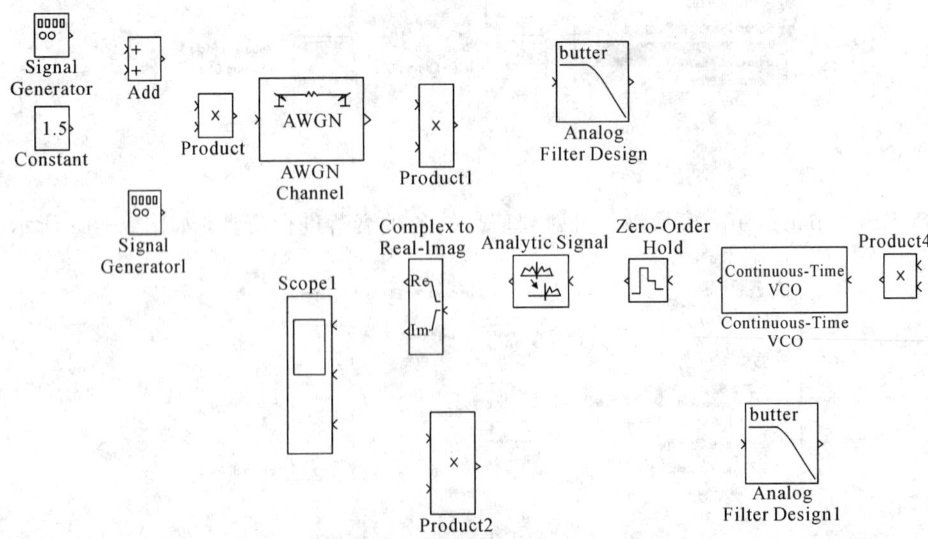

图 1－18　选取需要的模块并进行处置

(3) 用箭头将各个模块连接起来，如图 1-19 所示。连接的方法是：从上一个模块的连线点开始按住左键不放，拖到下一个连接模块的连线点释放，自动生成箭头。

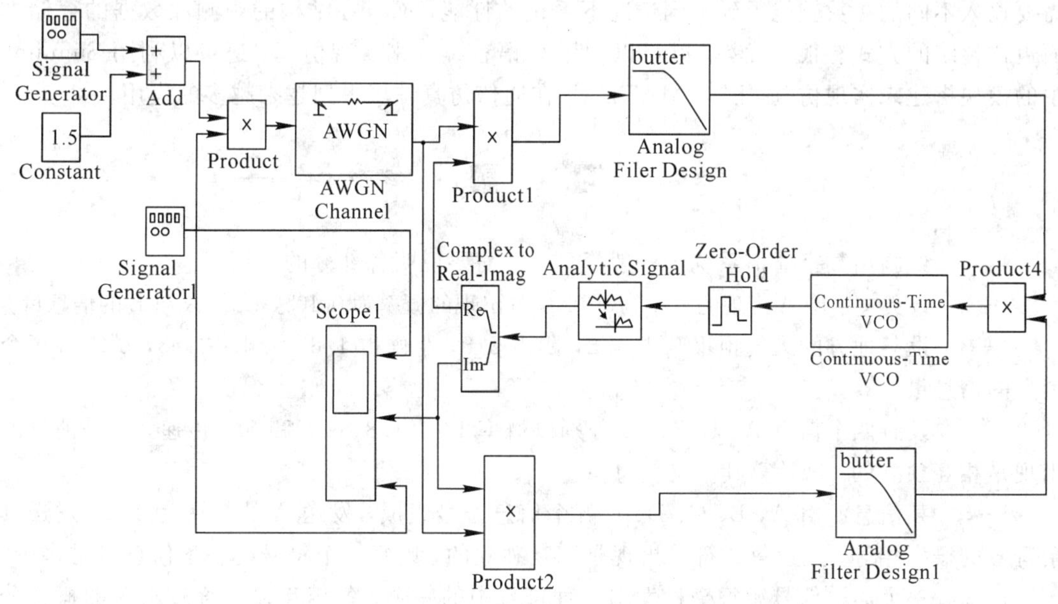

图 1-19　连接各个模块

(4) 单击"start simulation"按钮进行仿真分析，在仿真的同时，可以观察仿真结果，如果发现错误，可以立即单击"stop"按钮停止仿真，对参数进行修正，调整至满意后将模型保存为 *.mdl 文件。

本章小结

通信是指将消息有效而可靠地由一地传输到另一地的过程。根据携载消息的信号参量是连续取值还是离散取值，信号可分为模拟信号和数字信号。通信系统有不同的分类方法，按照信道中所传输的是模拟信号还是数字信号，相应地，通信系统可分成模拟通信系统和数字通信系统。

数字通信已成为当前通信技术的主流。与模拟通信相比，数字通信系统具有抗干扰能力强，可消除噪声积累；差错可控；数字处理灵活，可以将来自不同信源的信号综合到一起传输，易集成，成本低，保密性好等优点。其缺点是占用带宽大，同步要求高。

按消息传递的方向与时间关系分类，通信方式可分为单工、半双工及全双工通信。按数据代码排列的顺序分类，通信方式可分为并行传输和串行传输。

信息量是对消息发生的概率(不确定性)的度量。一个二进制码元含 1 b 的信息量；一个 M 进制码元含有 $\text{lb}M$ 比特的信息量。等概率发送时，信源的熵有最大值。

有效性和可靠性是通信系统的两个主要指标。两者相互矛盾而又相对统一，且可互换。在模拟通信系统中，有效性可用带宽衡量，可靠性可用输出信噪比衡量。在数字通信系统中，有效性用码元速率、信息速率和频带利用率表示，可靠性用误码率、误信率表示。

信息速率是每秒发送的比特数，码元速率是每秒发送的码元个数。码元速率小于等于信息速率。在讨论效率时，信息速率更为重要，而码元速率决定了发送信号所需的带宽。

MATLAB在通信系统仿真中的应用使得通信实验及研究非常便利，它操作简单，只需要输入不同的参数就能得到不同情况下系统的性能，而且在结构的观测和数据的存储方面也比传统的方式有很多优势。既可以利用C语言编程来实现仿真，还可以利用Simulink中的模块搭建来实现仿真，因而MATLAB在通信仿真领域得到越来越多的应用。

习　题

1-1　试画出数字通信系统的一般模型，并简要说明各部分的作用。

1-2　设英文字母A出现的概率为0.023，B出现的概率为0.105，试求A与B的信息量。

1-3　设某地方的天气预报晴占4/8，阴占2/8，小雨占1/8，大雨占1/8，试求各每个消息的信息量。

1-4　设有四个信息A、B、C、D分别以概率1/4、1/8、1/8和1/2传递，每一消息的出现是相互独立的。试计算其平均信息量。

1-5　某信息源由A、B、C、D、E五个信息符号组成，发送A的概率为1/2，发送其余符号的概率相等，且设每一符号出现是相互独立的，则每一个符号的平均信息量是多少？

1-6　一个离散信号源每毫秒发出4种符号中的一个，各相互独立符号出现的概率分别为0.4、0.3、0.2、0.1。求该信号源的平均信息量与信息传输速率。

1-7　设一信息源的输出由128个不同的符号组成，其中16个出现的概率为1/32，其余112个出现概率为1/224，信息源每秒钟发1000个符号，且每个符号彼此独立，试计算该信息源的平均信息速率。

1-8　八进制数字信号在2分钟内共传送72 000个码元，则每个码元所含信息量为多少？信息速率为多少？

1-9　设一数字传输系统传递二进制码元的速率为1200 B，试求该系统的信息传输速率，若将该系统改为八进制码元传递，传递码元的速率仍为1200 B，此时信息传输速率又为多少？

1-10　已知二进制数字信号的传输速率为2400 b/s。试问变换成四进制数字信号时，传输速率为多少波特？

1-11　四进制数字信号的信息传输速率为800 b/s，若传送1小时后，接收到40个错误码元，其误码率为多少？

1-12　若二进制信号以40 000 B速率传送，则30 s可传输的信息量为多少？若在100 s的时间内，接收到4个错误码元，则系统误码率为多大？

第 2 章　信号分析基础和信道

基本要求

- 熟悉信号的分类、能量谱密度、功率谱密度、相关性等信号基础知识。
- 熟悉信道定义、分类。
- 掌握信道容量的计算。
- 使用 MATLAB 软件对信道进行仿真分析。

通信系统传输的是与原始信息相对应的电信号，因此通信系统的根本问题是研究信号在系统中的传输和变换。通信的过程是信号和噪声通过通信系统的过程，因此分析与研究通信过程离不开对信号、噪声和系统的分析。

信道是通信系统必不可少的组成部分，信道特性将直接影响通信的质量，因此，讨论信道特性对研究信号传输原理很有必要。

2.1　实际应用中的传输介质

在各种通信系统中，用于信号传输的物理介质有很多种，每一种介质的带宽、时延、损耗、抗干扰能力、费用以及安装维护难度等特性都各不相同。下面简要介绍几种常用的传输介质。

1. 有线介质

有线介质通常包括明线、对称电缆、同轴电缆和光纤等。

(1) 明线：是指平行而相互绝缘的架空裸线线路。与电缆相比，其传输损耗低，但易受气候和天气的影响，并且对外界噪声干扰较敏感，频带窄。

(2) 对称电缆：也称双绞线电缆。双绞线电缆是由两根铜线或铝线各自封装在彩色塑料皮内相互扭绞而成的传输媒质，传输损耗比明线大得多，但其传输特性比较稳定。目前，电缆已经逐渐代替了明线。

(3) 同轴电缆：由同轴的两个导体构成，外导体是一个圆柱形的空管，内导体是金属线，它们之间填充着介质，应用非常广泛。实际应用中，同轴电缆的外导体是接地的，对外界干扰具有较好的屏蔽作用，所以同轴电缆抗电磁干扰性能较好，具有传输特性稳定、频带宽、损耗大的特点。

(4) 光纤：以光导纤维为传输媒介，以光波为载波的信道，具有极宽的通频带，能够提供极大的传输容量。光纤具有损耗低、频带宽、线径细、重量轻、可弯曲、半径小、不怕腐蚀、节省有色金属以及不受电磁干扰等优点。利用光纤代替电缆可节省大量有色金属。

光纤信道一般由光源、光纤线路及光调制器/光电探测器组成。

实际用的光纤通常是由介质纤芯及包在它外面的用另一种介质材料做成的包层构成。从结构上来说，目前实际用的光纤可分为均匀光纤及非均匀光纤两类。均匀光纤纤芯的折射系数为 n_1，包层的折射系数为 n_2，纤芯和包层中的折射系数都是均匀分布的，但两者是不等的，在交界面上成阶梯形突变，因此均匀光纤又称阶跃光纤。

由于光纤的物理性质非常稳定，而且不受电磁干扰，因此光纤信道的传输特性非常稳定。

2. 无线介质

无线介质是指可以传播无线信号的大气。无线通信中，通常以无线电波和光波作为信号传输载体，即把欲传送的电信号变成无线电波或光信号。下面简单介绍几种无线传输信道。

(1) 无线视距中继。无线视距中继指工作频率在超短波和微波波段时，电磁波基本上沿直线传播。当微波天线高度为 50 m 左右时，直视通信距离约为 50 km，因此需要依靠中继方式延伸通信距离。它主要用于长途干线、移动通信网及某些数据的收集，被广泛用来传输多路电话及电视。

(2) 短波电离层反射信道。所谓短波，是指波长为 10～100 m(相应的频率为 3～30 MHz)的电磁波。它既可以沿地表面传播(称为地波传播)，也可以由电离层反射传播(称为天波传播)。地波传播一般是近距离的，限于几十千米范围；而天波传播借助于电离层的一次反射和多次反射可传输几千千米，乃至上万千米。当短波无线电波射入电离层时，由于折射现象会使电波产生反射，返回地面，从而形成短波电离层反射信道。

(3) 对流层散射信道。对流层散射信道是一种超视距的传播信道，其传播距离为 100～500 km，可工作在超短波和微波波段。设计良好的对流层散射信道可提供 12～240 个频分复用(FDM)的话路，可靠性可达 99.9%。

对流层是大气层的最底层，通常是指从地面算起 10～12 km 的大气层。在对流层中，由于大气湍流运动等原因引起大气层的不均匀性，当电磁波射入对流层时，这种不均匀性就会引起电磁波的散射，一部分电磁波向接收端方向散射，起到中继作用。

2.2 信号分析基础

2.2.1 信号的分类

在通信系统中，信号是信息的载体和表达形式，也是传输、处理的对象。信号的形式多重多样，但根据其本身的特点，可作以下分类。

1. 确知信号和随机信号

根据信号参数的确知程度，可将信号分为确知信号和随机信号两大类。

确知信号是指无论是过去、现在和未来的任何时间，其取值总是唯一确定的。例如，一个正弦波形，当幅度、频率和初相均为确定值时，它就属于确知信号，是一个完全确定的时间函数，其变化规律可以用确知的函数表达式进行描述。

随机信号是指其全部或某个参量具有随机性的时间信号，亦即信号的某一个或多个参量具有不确定取值，因此在它未发生之前或未对它进行具体测量之前，这种取值是不可预测的。通信系统中传输的信号和噪声都是随机信号，写不出确定的数学表达式。随机信号只能采用一定的数学手段，如概率分布函数、概率密度函数、数学期望、方差或自相关函数等来间接描述。这种随机过程的数学模型，对通信系统中的信号和噪声的分析是非常有用的。

2. 周期信号和非周期信号

对于信号 $f(t)$，若存在某一最小值 T，满足条件：

$$f(t)=f(t-T),\quad -\infty<t<\infty \tag{2-1}$$

则称该信号为周期信号。若 T 值不存在，则称该信号为非周期信号。通信系统中常用于测试的正(余)弦信号、雷达中的矩形脉冲系列都是周期信号，而语音信号、开关的启或闭所造成的瞬态则是非周期信号。

3. 基带信号与频带信号

从信源发出的信号是原始的电波形，主要能量集中在低频段，甚至含有丰富的直流分量，没有经过任何调制(频谱搬移)，因此称为基带信号，如语音、视频信号等。它们均可由低通滤波器取出或限定，故又称为低通型信号。为了适应绝大多数信道的传输，特别是无线通信信道，需将携带源信息的基带信号频谱搬移到某一指定的高频载波附近，成为带通型信号，或者说，以载波的某个参量(振幅、频率或相位)变化受控于基带信号或数字码流，使载波的参量随基带信号的变化而变化，这种受控后的载波就称为已调信号。它就是带通型的频带信号，其频带被限制在以载频为中心的一定带宽范围内。

4. 能量信号和功率信号

在通信系统中，电信号的功率用归一化的功率值来表示。

归一化的功率值是指假设电压或电流信号通过电阻为 1Ω 时获得的功率。设电压或电流信号为 $f(t)$，则归一化功率为

$$P(t)=f^2(t)$$

取一时间间隔 T，T 时间内的能量为

$$E_T=\int_{-\frac{T}{2}}^{\frac{T}{2}} f^2(t)\mathrm{d}t \tag{2-2}$$

在时间间隔 T 内对应的平均功率为

$$P_T=\frac{E_T}{T}=\frac{1}{T}\int_{-\frac{T}{2}}^{\frac{T}{2}} f^2(t)\mathrm{d}t \tag{2-3}$$

当 $f(t)$ 在无限长时间内能量有限且不为 0 时，该信号称为能量信号。其数学描述公式为

$$E=\lim_{T\to\infty}\int_{-\frac{T}{2}}^{\frac{T}{2}} f^2(t)\mathrm{d}t \tag{2-4}$$

实际应用中，发送信号的能量多是有限的，如非周期的确定信号是能量信号。

如果信号在整个时间域中都存在，其能量是无限的，称之为功率信号。其数学定义公式为

$$P=\lim_{T\to\infty}\frac{1}{T}\int_{-\frac{T}{2}}^{\frac{T}{2}}f^2(t)\mathrm{d}t \tag{2-5}$$

功率是能量传递的速率，它决定着发射机的电压和无线系统中必须考虑的电磁场强度。

一般周期信号和随机信号都属于功率信号。通信系统中的信号和噪声的模型是随机信号，其能量也是无限的，属于功率信号。

信号的能量和功率在通信系统中是很重要的参数，该参数可以简化对各种信号和噪声的数学分析。模拟信号多归类为功率信号，功率是一个有效的参数；功率不能用于描述数字信号，多采用码元能量(功率在码元持续时间上的积分)来描述数字信号波形的参数。

2.2.2 功率谱密度、能量谱密度和相关概念

在通信工程中，我们经常遇到信号功率和能量的计算问题。计算信号功率和能量可以在时域进行，也可以在频域进行，为此，引入功率谱密度和能量谱密度。通信工程中还常常应用功率谱和能量谱确定信号的带宽。

1. 能量谱密度

假设能量信号 $f(t)$的频谱为 $F(\omega)$，则信号的能量谱密度定义为

$$E_{\mathrm{f}}(\omega)=|F(\omega)|^2(\mathrm{J/Hz}) \tag{2-6}$$

由式(2-6)可见，信号的能量谱密度只与信号幅度谱有关，而与其相位谱无关。于是，能量信号 $f(t)$的能量为

$$E=\int_{-\infty}^{+\infty}f^2(t)\mathrm{d}t=\frac{1}{2\pi}\int_{-\infty}^{+\infty}E_{\mathrm{f}}(\omega)\mathrm{d}\omega=\int_{-\infty}^{+\infty}E_{\mathrm{f}}(f)\mathrm{d}f \tag{2-7}$$

根据傅里叶变换，由式(2-7)可以推得

$$\begin{aligned}E&=\int_{-\infty}^{+\infty}f^2(t)\mathrm{d}t=\int_{-\infty}^{+\infty}f(t)\left[\frac{1}{2\pi}\int_{-\infty}^{+\infty}F(\omega)\mathrm{d}\omega\right]\mathrm{d}t=\frac{1}{2\pi}\int_{-\infty}^{+\infty}F(\omega)\left[\int_{-\infty}^{+\infty}f(t)\mathrm{d}t\right]\mathrm{d}\omega\\&=\frac{1}{2\pi}\int_{-\infty}^{+\infty}F(\omega)F(-\omega)\mathrm{d}\omega=\frac{1}{2\pi}\int_{-\infty}^{+\infty}F(\omega)F^*(\omega)\mathrm{d}\omega=\frac{1}{2\pi}\int_{-\infty}^{+\infty}|F(\omega)|^2\mathrm{d}\omega\end{aligned} \tag{2-8}$$

式(2-8)称为帕塞瓦尔定理。帕塞瓦尔定理表明，从时域和频域计算信号的能量(或功率)是等价的。

2. 功率谱密度

对时间信号 $f(t)$在区间$(-T/2, T/2)$上截取函数 $f_T(t)$，且有 $f_T(t)\leftrightarrow F_T(\omega)$，则信号 $f(t)$的平均功率为

$$S=\lim_{T\to+\infty}\frac{1}{T}\int_{-\frac{T}{2}}^{\frac{T}{2}}|f(t)|^2\mathrm{d}t=\frac{1}{2\pi}\int_{-\infty}^{+\infty}\lim_{T\to\infty}\frac{|F_T(\omega)|^2}{T}\mathrm{d}\omega \tag{2-9}$$

一般定义：

$$P_{\mathrm{f}}(\omega)=\lim_{T\to+\infty}\frac{|F_T(\omega)|^2}{T}\quad(\mathrm{W/Hz}) \tag{2-10}$$

式(2-10)为信号的功率谱密度，它代表了信号功率沿频率轴的分布，则功率信号的平均功率为

$$S=\frac{1}{2\pi}\int_{-\infty}^{+\infty}P_{\mathrm{f}}(\omega)\mathrm{d}\omega=\int_{-\infty}^{+\infty}P_{\mathrm{f}}(f)\mathrm{d}f \tag{2-11}$$

3. 相关的概念

相关是描述信号波形之间相似性或关联性的一种测度。相关有自相关和互相关之分。所谓自相关，是指一个信号与延迟之后的同一个信号的关联程度；所谓互相关，是指一个信号与延迟之后的另一个信号的关联程度。

若 $f(t)$为能量信号，则其自相关函数定义为

$$R(\tau)=\int_{-\infty}^{+\infty} f(t)f(t+\tau)\mathrm{d}t \tag{2-12}$$

若 $f(t)$为功率信号，则其自相关函数定义为

$$R(\tau)=\lim_{T\to+\infty}\frac{1}{T}\int_{-\frac{T}{2}}^{\frac{T}{2}} f(t)f(t+\tau)\mathrm{d}t \tag{2-13}$$

自相关函数具有如下性质：

(1) 自相关函数是一个偶函数，即 $R(\tau)=R(-\tau)$。

(2) $|R(\tau)|\leqslant R(0)$。这是因为 $R(0)$表明信号最相关，而对于其他任意 τ，$R(\tau)$的值不可能超过这个最相关的值。

(3) $R(0)=\int_{-\infty}^{+\infty} f^2(t)\mathrm{d}t=E$ 或 $R(0)=\lim\limits_{T\to+\infty}\frac{1}{T}\int_{-\frac{T}{2}}^{\frac{T}{2}} f^2(t)\mathrm{d}t=S$。

设 $f_1(t)$、$f_2(t)$为两个不同的能量信号，则其互相关函数定义为

$$R_{12}(\tau)=\int_{-\infty}^{+\infty} f_1(t)f_2(t+\tau)\mathrm{d}t \tag{2-14}$$

设 $f_1(t)$、$f_2(t)$为两个不同的功率信号，则其互相关函数定义为

$$R_{12}(\tau)=\lim_{T\to+\infty}\frac{1}{T}\int_{-\frac{T}{2}}^{\frac{T}{2}} f_1(t)f_2(t+\tau)\mathrm{d}t \tag{2-15}$$

互相关函数具有如下性质：

(1) 当 τ 为任意值时，若 $R_{12}(\tau)=0$，则两个时间信号互不相关。

(2) 当 $\tau\neq0$ 时，$R_{12}(\tau)\neq R_{21}(\tau)$，而有 $R_{12}(\tau)=R_{21}(-\tau)$。

(3) 当 $\tau=0$ 时，有 $R_{12}(0)=R_{21}(0)$。

自相关函数与能量谱密度函数、功率谱密度函数的关系如下。

设能量信号 $f_1(t)\leftrightarrow F_1(\omega)$，$f_2(t)\leftrightarrow F_2(\omega)$，则

$$R_{12}(\tau)\leftrightarrow F_1^*(\omega)F_2(\omega)\text{且 }R(\tau)\leftrightarrow|F(\omega)|^2 \tag{2-16}$$

由式(2-6)知，$|F(\omega)|^2$ 是能量信号的能量谱，可知自相关函数和能量谱密度是一对傅里叶变换对，即

$$R(\tau)\leftrightarrow E_{\mathrm{f}}(\omega) \tag{2-17}$$

用同样的方法分析可知，对于功率信号，其自相关函数和功率谱密度也是一对傅里叶变换对，即

$$R(\tau)\leftrightarrow P_{\mathrm{f}}(\omega) \tag{2-18}$$

2.3 信　　道

信号的传输离不开信道，而信道的噪声是不可避免的，它对于信号的传输有着非常不良的影响，通常认为它是一种有源干扰。而信道本身的传输特性不良可以看做是一种无源干扰。

2.3.1 信道的定义

信道是指以传输媒介(质)为基础的信号通路。具体地说，信道是指由有线或无线电线路提供的信号通路；除包括传输媒质外，还可以包括有关的变换装置(如发送设备、接收设备、馈线与天线、调制器、解调器等)，这种扩大范围的信道称为广义信道，而仅含传输媒质的信道称为狭义信道。在讨论通信的一般原理时，我们采用广义信道，简称信道。

2.3.2 信道的分类

由信道的定义可看出，信道可大体分成两类：狭义信道和广义信道。

1. 狭义信道

狭义信道通常按具体媒介的不同可分为有线信道和无线信道。

(1) 有线信道。有线信道是指传输媒介为明线、对称电缆、同轴电缆、光缆及波导等一类能够看得见的媒介。有线信道是现代通信网中最常用的信道之一，如对称电缆(又称电话电缆)广泛应用于(市内)近程传输。

(2) 无线信道。无线信道的传输媒质比较多，它包括短波电离层反射、对流层散射等。可以这样认为，凡不属于有线信道的媒质均为无线信道的媒质。无线信道的传输特性没有有线信道的传输特性稳定和可靠，但无线信道具有方便、灵活、通信者可移动等优点。

2. 广义信道

广义信道按照它所包含的功能划分，可以分为调制信道和编码信道。

(1) 调制信道。调制信道用于研究调制和解调，它是指从调制器输出端到解调器输入端的部分，如图 2-1 所示。调制信道中包含的所有部件和传输媒质，仅仅实现了把已调信号由调制器输出端传输到解调器输入端，因此可以把调制信道看做是传输已调信号的一个整体。

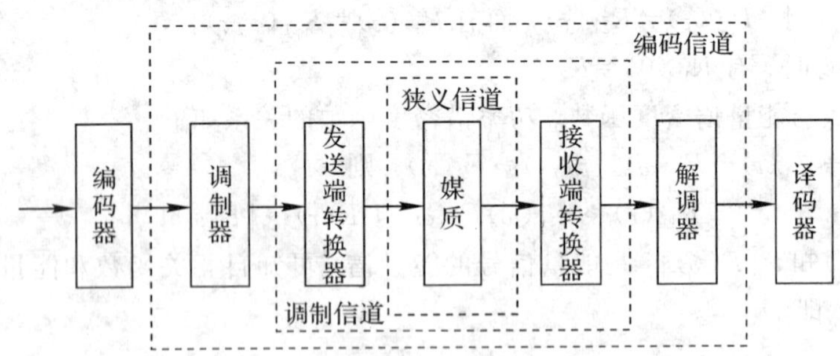

图 2-1 调制信道与编码信道

(2) 编码信道。从编码和解码的角度来看，编码器是把信源所产生的消息信号转换为数字信号；解码器则是把数字信号恢复成原来的消息信号；而编码器输出端至解码器输入端之间的所有部件仅仅起到了传输数字信号的作用，所以可以把编码信道看做是传输数字信号的一个整体。

2.3.3 信道的模型

为了分析信道的一般特性及其对信号传输的影响，我们在信道定义的基础上，引入调

制信道和编码信道的数学模型。

1. 调制信道模型

调制信道传送的是已调信号。经大量考查发现，调制信道具有以下共同特性：

(1) 它们具有一对(或多对)输入端和一对(或多对)输出端。

(2) 绝大多数的信道是线性的，即满足叠加原理。

(3) 信道具有衰减(或增益)频率特性和相移(或时延)频率特性。在某些信道如短波信道中，衰减特性随时间而变化。

(4) 即使没有信号输入，在信道的输出端仍有一定的功率输出(噪声)。

考虑以上共性，调制信道的模型可以用图 2-2 表示。

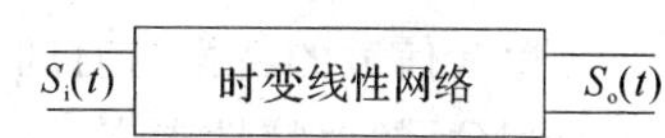

图 2-2　调制信道模型

以二对端信道模型为例，它的网络输入、输出关系可以表示为

$$S_o(t)=f[S_i(t)]+n(t) \tag{2-19}$$

式(2-19)中，$S_i(t)$是输入的已调信号，$S_o(t)$是信道的输出信号，$n(t)$为加性噪声(或称加性干扰)，它与 $S_i(t)$不发生依赖关系。

$f[S_i(t)]$由网络的特性确定，它表示信号通过网络时，输出信号与输入信号之间建立的某种函数关系。

假定 $f[S_i(t)]=k(t)S_i(t)$成立，则有

$$S_o(t)=k(t)S_i(t)+n(t) \tag{2-20}$$

由式(2-20)可见，信道对信号的影响可以归纳为两点：一是乘性干扰 $k(t)$，二是加性干扰 $n(t)$。不同的信道，其 $k(t)$及 $n(t)$不同，信道的特性不同。经大量观察表明，调制信道可分为两大类：一类是恒(定)参(量)信道，即 $k(t)$可看成不随时间变化或基本不变化；另一类是随(机)参(量)信道，它是非恒参信道的统称，其 $k(t)$随机变化快。通常，把我们前面所列的架空明线、电缆、波导、中长波地波传播、超短波及微波视距传播、卫星中继、光导纤维以及光波视距传播等传输媒质构成的信道称为恒参信道，其他媒质构成的信道称为随参信道。

2. 编码信道模型

编码信道包括调制信道、调制器和解调器。前述调制信道对信号的影响只是幅度的增减和时间的延迟，因此有时把调制信道看做一种模拟信道。而编码信道对所传输信号的影响则是一种数字序列的变换，即经编码信道输出的数字序列不同于编码器输出的数字序列，所以应把编码信道看做数字信道。因为包含调制信道，故它要受调制信道的影响。

例如，在常见的二进制数字传输系统中，一个简单的二进制编码信道模型如图 2-3 所示，在这里假设解调器每个输出码元的差错发生是相互独立的，或者说，这种信道是无记忆的，即某一码元的差错与其前后码元是否发生差错无关。其中 $P(0/0)$、$P(1/0)$、$P(0/1)$和 $P(1/1)$称为信道转移概率，$P(0/0)$和 $P(1/1)$称为正确转移概率，$P(1/0)$、$P(0/1)$称为错误转移概率。根据概率的性质可知：

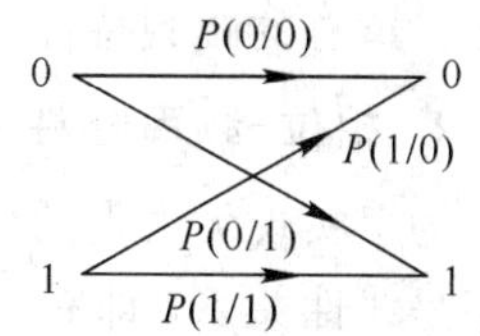

图 2-3　二进制编码信道模型

$$P(0/0)=1-P(1/0) \tag{2-21}$$

$$P(1/1)=1-P(0/1) \tag{2-22}$$

转移概率完全由编码信道的特性决定，一个特定的编码信道有相应的转移概率关系。应当指出，编码信道的转移概率一般需要对实际编码信道作大量的统计分析才能得到。

2.3.4 恒参信道

恒参信道是指传输特性参数不随时间变化或变化极其缓慢的信道。如 2.1 节中介绍的各种有线信道和部分无线信道(如无线视距中继等)均属于恒参信道。

恒参信道的特性与时间无关，是一个非时变线性网络，该网络的传输特性可用幅度-频率及相位-频率特性来表示。

1. 幅度-频率特性

幅度-频率特性是指已调信号中各频率分量在通过信道时带来不同的衰减(或增益)，造成输出信号的失真。

理想无失真传输信道，它的传输函数应满足

$$H(\omega)=Ke^{-j\omega t_d} \tag{2-23}$$

其中，K 是传输系数，t_d 是延迟时间，它们都与频率无关。

由式(2-23)可知，幅频特性

$$|H(\omega)|=K=\text{常数}$$

因此，理想无失真传输信道的幅频特性如图 2-4 所示，它是一条水平线。

但是，这种理想的幅度-频率特性在实际中是不存在的。首先，信道不可能具有无限宽的传输频带，它的低端和高端都要受到限制，通常称这种频率的限制为下截频和上截频；其次，即使是在有效的传输频带内，不同频率处的衰减(或增益)也不可能完全相同。图 2-5 是一个典型的音频信道的幅度-频率特性曲线。

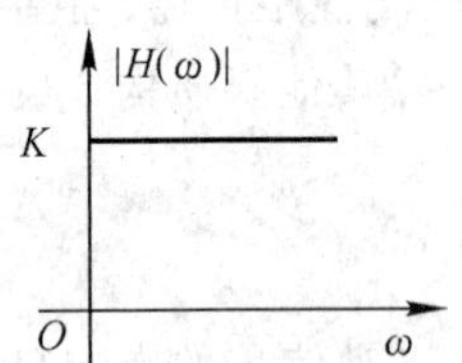

图 2-4 理想的幅度-频率特性

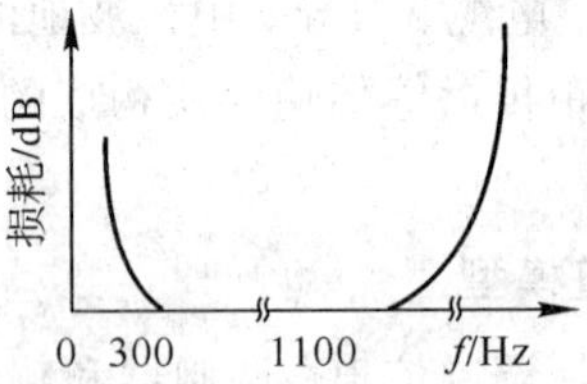

图 2-5 典型的音频信道的幅度-频率特性曲线

这种信道的不均匀衰减会使传输信号的各个频率分量受到不同的衰减，引起传输信号的失真，但是这种失真可以通过信道均衡来加以改善。所谓信道均衡，就是用一个补偿网络使信道总的幅频特性趋于平坦。

2. 相位-频率特性

为了实现无失真的信号传输，除了要求满足幅频特性为常数外，还要求信道的相位和频率呈线性关系，即有

$$\varphi(\omega)=-\omega t_d \tag{2-24}$$

式(2-24)中，t_d 为延迟时间，与频率无关。

注意，实际信道的相频特性并不是线性的，因而信号通过信道时会产生相位失真。

信道的相位-频率特性还可等效地利用群时延-频率特性来表示。所谓群时延-频率特性是指相位-频率特性的导数，即

$$\tau(\omega)=\frac{\mathrm{d}\varphi(\omega)}{\mathrm{d}\omega} \tag{2-25}$$

式中，$\varphi(\omega)$为相位-频率特性，$\tau(\omega)$为群时延-频率特性。

从式(2-24)中可以看出，对于理想的无失真信道，其相频特性是线性的，则群时延-频率特性是一条水平直线，如图 2-6 所示。

在实际的信道中，群时延-频率特性并不总是一条水平直线，因此，当信号通过这样的信道时，不同的频率分量会有不同的时延，从而引起信号的失真。一个典型的群时延-频率特性曲线如图 2-7 所示。

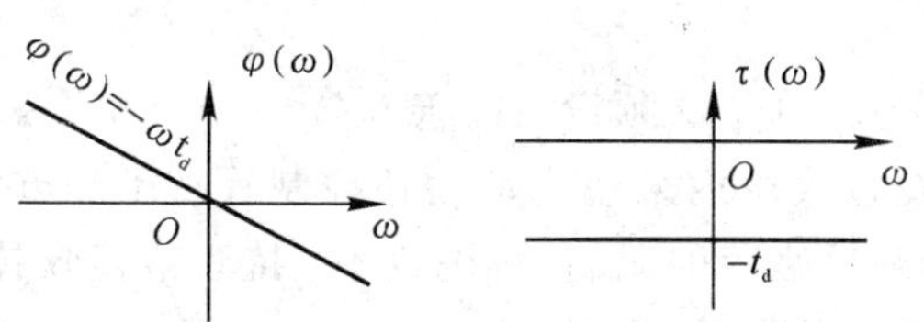

图 2-6　理想的无失真信道的相位-频率特性及群时延-频率特性

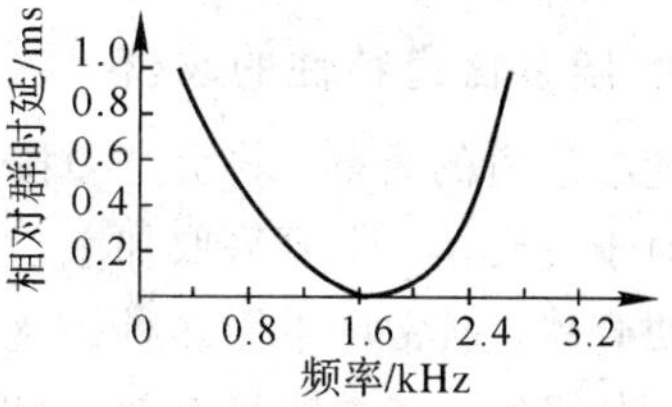

图 2-7　实际信道的群时延-频率特性曲线

群时延失真如同幅频失真一样，也是一种线性失真，因此也可以通过均衡加以补偿。

2.3.5　变参信道

1. 变参信道

变参信道的参数随时间变化，所以它的特性比恒参信道要复杂，对传输信号的影响也较为严重。影响信道特性的主要因素是传输媒介，如电离层的反射和散射，对流层的散射等。

2. 与变参信道相关的定义

(1) 衰落：在变参信道中，传输媒介参数随气象条件和时间的变化而随机变化，如电离层对电波的吸收特性随年份、季节、白天和黑夜在不断地变化，因而对传输信号的衰减也在不断地发生变化，这种变化通常称为衰落。

(2) 慢衰落：因为上述信道参数的变化相对而言是十分缓慢的，所以称这种衰落为慢衰落。慢衰落对传输的信号影响可以通过调节设备的增益来补偿。

变参信道的传输媒介，无论是电离层反射还是对流层散射，它们的共同特点：由发射点出发的电波可能经多条路径到达接收点，这种现象称为多径传播，如图 2-8 所示。

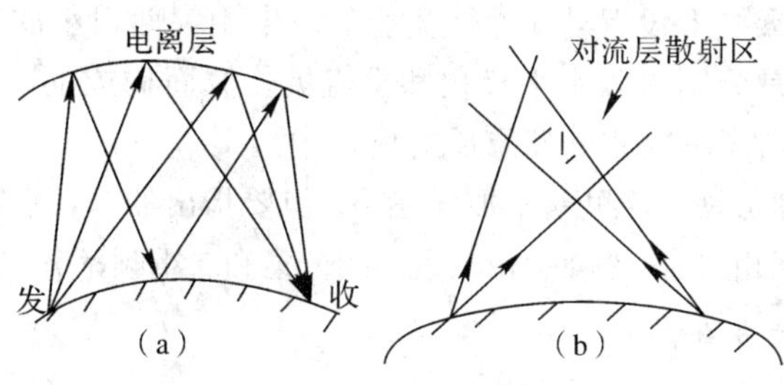

图 2-8　多径传播路径示意图

(3) 多径效应：因为各条路径的衰减和时延都在随时间变化，所以接收点合成信号的强弱也必然随时间不断地变化，这种现象就是所谓的多径效应。

(4) 快衰落：由多径效应所引起的信号变化比慢衰落要快得多，故称之为快衰落。

(5) 频率选择性衰落：在多径传播时，由于各条路径的等效网络传播函数不同，于是各网络对不同频率的信号衰减也就不同的，这就使接收点合成信号的频谱中某些分量衰减特别严重，这种现象称为频率选择性衰落。

(6) 时间弥散：由于多径传播使到达接收点的各路径信号的波形时延不同，这样会使原发送的信号波形在接收端合成时被展宽，这种现象称为时间弥散。

时间弥散对数字信号影响严重。如果数字信号波形是非归零的，传输时就可能由于时间弥散现象造成前后数字波形重叠，出现码间串扰。

3. 随参信道特性的改善

随参信道的衰落，将会严重降低通信系统的性能，必须设法改善。

对于慢衰落，主要采取加大发射功率和在接收机内采用自动增益控制等技术和方法。对于快衰落，通常可采用多种措施，例如，各种抗衰落的调制/解调技术、抗衰落接收技术及扩频技术等。其中明显有效且常用的抗衰落措施是分集接收技术。

下面简单介绍分集接收的原理。

1) 分集接收的基本思想

前面说过，快衰落信道中接收的信号是到达接收机的各径分量的合成。这样，如果能在接收端同时获得几个不同的合成信号，并将这些信号适当合并构成总的接收信号，将有可能大大减小衰落的影响。这就是分集接收的基本思想。

在此，分集的含义是：分散得到几个合成信号，而后集中(合并)处理这些信号。理论和实践证明，只要被分集的几个合成信号之间是统计独立的，那么经适当的合并后就能使系统性能大为改善。

2) 分散得到合成信号的方式

为了获取互相独立或基本独立的合成信号，一般利用不同路径或不同频率、不同角度、不同极化等接收手段来实现，于是大致有如下几种分集方式。

(1) 空间分集。在接收端架设几副天线，天线间要求有足够的距离(一般在100个信号波长以上)，以保证各天线上获得的信号基本相互独立。

(2) 频率分集。用多个不同载频传送同一个消息，如果各载频的频差相隔比较远，则各分散信号也基本互不相关。

(3) 角度分集。这是利用天线波束不同指向上的信号互不相关的原理形成的一种分集方法，例如：在微波面天线上设置若干个反射器，产生相关性很小的几个波束。

(4) 极化分集。这是分别接收水平极化和垂直极化波而构成的一种分集方法。一般说，这两种波是相关性极小的(在短波电离层反射信道中)。

当然，还有其他分集方法，这里就不加详述了。但要指出的是，分集方法均不是互相排斥的，在实际使用时可以互相组合。例如，由二重空间分集和二重频率分集组成四重分集系统等。

3) 集中合成信号的方式

对各分散的合成信号进行集中的方法有多种，最常用的有：

(1) 最佳选择式：从几个分散信号中设法选择其中信噪比最好的一个作为接收信号。

(2) 等增益相加式：将几个分散信号以相同的支路增益进行直接相加，相加后的结果作为接收信号。

(3) 最大比值相加式：控制各支路增益，使它们分别与本支路的信噪比成正比，然后再相加获得接收信号。

以上合并方式在改善总接收信噪比上均有差别，最大比值相加式性能最好，等增益相加式次之，最佳选择式最差。

从总的分集效果来说，分集接收除能提高接收信号的电平外(例如二重空间分集在不增加发射机功率的情况下，可使接收信号电平增加一倍左右)，主要是改善了衰落特性，使信道的衰落平滑了、减小了。例如，无分集时，若误码率为 10^{-2}，则在用四重分集时，误码率可降低至 10^{-7}左右。由此可见，用分集接收方法对随参信道进行改善是非常有效的。

2.4　信道中的噪声

信道中存在的不需要的电信号统称为噪声。通信系统中的噪声是叠加在信号上的，没有传输信号时，通信系统也有噪声，噪声永远存在于通信系统中。噪声可以看成是信道中的一种干扰，也称为加性干扰，因为它是叠加在信号之上的。噪声对于信号的传输是有害的，它能使模拟信号失真，使数字信号发生错码，并限制信息的传输速率。

按来源不同，噪声可分为人为噪声和自然噪声两大类。

人为噪声是指来源于人类活动造成的其他信号干扰源，如：开关接触(通断)噪声、工业点火干扰及荧光灯干扰等。

自然噪声是指自然界存在的各种电磁波源，如：闪电、大气中的电暴、银河系噪声及其他各种宇宙噪声等。此外，还有一种很重要的自然噪声，即热噪声。热噪声来自一切电阻性元器件中电子的热运动，例如导线、电阻和半导体器件等均产生热噪声。所以热噪声是无处不在的，它不可避免地存在于一切电子设备中。

热噪声是由于导体中组成传导电流的自由电子无规则的热运动而引起的。在任何时刻，通过导体每个截面的电子数目的代数和是不等于零的，即由自由电子的随机热骚动带来一个大小和方向都不确定(随机)的电流即起伏电流(噪声电流)，它们流过导体就产生一个与其电阻成正比的随时间而变化的电压即起伏电压(噪声电压)。

按噪声性质分类，噪声可以分为脉冲噪声、窄带噪声和起伏噪声三类。脉冲噪声是突发性地产生的，幅度很大，其持续时间比间隔时间短得多，其频谱较宽。电火花就是一种典型的脉冲噪声。窄带噪声可以看做是一种非所需的连续的已调正弦波，或简单地看做是一个振幅的单一频率的正弦波，通常它来自相邻电台或其他电子设备，其频谱或频率位置通常是确知的或可以测知的。起伏噪声是遍布在时域和频域内的随机噪声，包括热噪声、电子管内产生的散弹噪声和宇宙噪声等。

以上三种噪声中，窄带噪声不是所有的信道中都有的，且较易防止；脉冲噪声虽然对模拟通信的影响不大，但在数字通信中，一旦突发脉冲噪声，由于它的幅度大，会导致一连串误码，造成严重的危害，通常采用纠错编码技术来减轻这一危害；起伏噪声是信道所固有的一种连续噪声，既不能避免，又始终起作用，因此在讨论噪声对于通信系统的影响时，主要是考虑起伏噪声，特别是热噪声的影响。由于热噪声在相当宽的范围内具有平坦的功率谱，而且服从高斯分布，所以可将它近似地表示为高斯白噪声。

1. 白噪声

白噪声是指它的功率谱密度在全频域$(-\infty, +\infty)$是常数，即

$$S_n(\omega)=\frac{n_0}{2} \tag{2-26}$$

因为这种噪声类似于光学中的白光，在全部可见光谱范围内基本上是连续的和均匀的，白噪声由此引申而来。

需要指出，这里定义的白噪声功率谱密度是均匀分布在$(-\infty, +\infty)$的整个频率轴上的，是双边功率谱。当噪声功率只分布在正频率范围内时，功率谱密度为 n_0，是单边功率谱。

根据维纳-欣钦定理，可以得到白噪声的自相关函数为

$$R_n(\tau)=\frac{1}{2\pi}\int_{-\infty}^{+\infty}\frac{n_0}{2}e^{j\omega\tau}d\omega=\frac{n_0}{2}\delta(\tau) \tag{2-27}$$

由式(2-27)可见，理想白噪声的自相关函数是位于 $\tau=0$ 处的冲激，强度为 $n_0/2$。当 $\tau\neq0$时，$R_n(\tau)=0$，即白噪声随机过程内任何两个不同的样本函数之间都互不相关。白噪声的功率谱密度和自相关函数如图 2-9 所示。

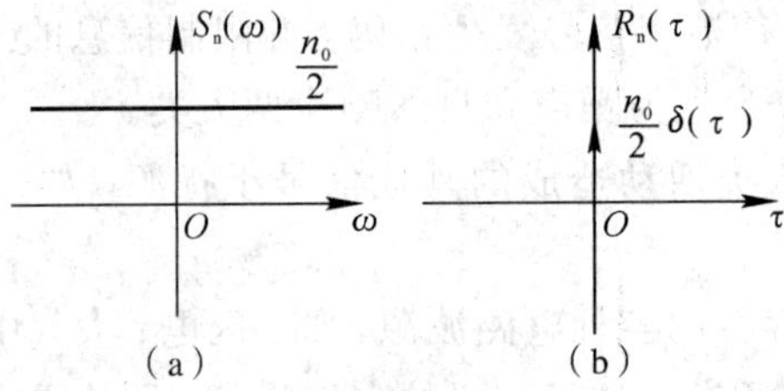

图 2-9 白噪声的功率谱密度和自相关函数

为了使今后分析问题简明起见，一律将起伏噪声定义为高斯白噪声。于是，起伏噪声的功率仅取决于所经过的系统带宽。

2. 窄带噪声

在实际的通信系统中，许多电路都可以等效为一个窄带网络。窄带网络的带宽 W 远远小于其中心频率 ω_0。当高斯白噪声通过窄带网络时，其输出噪声只能集中在中心频率 ω_0 附近的带宽 W 之内，这种噪声称为窄带噪声。窄带噪声的功率谱及波形图如图 2-10 所示。

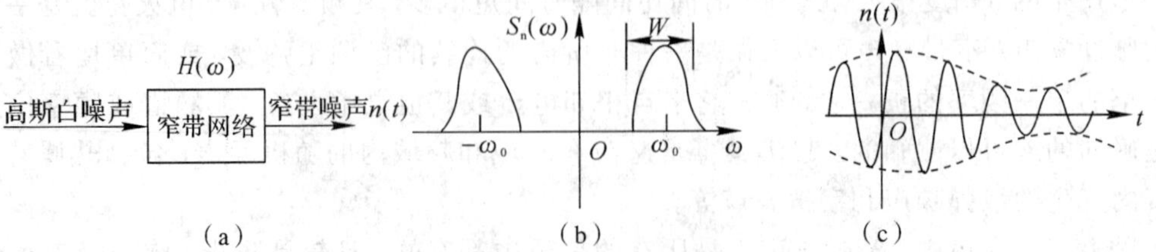

图 2-10 窄带噪声的功率谱及波形示意图

如果用示波器观察窄带噪声的波形，可以发现它是一个振幅和相位都在缓慢变化、频率近似等于 ω_0 的正弦波，波形如图 2-10(c)所示。窄带噪声可写成如下形式：

$$n(t)=R(t)\cos[\omega_0 t+\varphi(t)] \tag{2-28}$$

式中，$R(t)$和 $\varphi(t)$分别表示随机包络和相位，它们都是随机过程，且变化与 $\cos\omega_0 t$ 相比要缓慢得多。将式(2-28)展开可得

$$\begin{aligned}n(t)&=R(t)\cos\varphi(t)\cos\omega_0 t-R(t)\sin\varphi(t)\sin\omega_0 t\\&=n_c(t)\cos\omega_0 t-n_s(t)\sin\omega_0 t\end{aligned} \tag{2-29}$$

式中

$$n_c(t)=R(t)\cos\varphi(t) \tag{2-30}$$

$$n_s(t)=R(t)\sin\varphi(t) \tag{2-31}$$

式中，$n_c(t)$与载波 $\cos\omega_0 t$ 同相，称为 $n(t)$的同相分量；$n_s(t)$与载波 $\cos\omega_0 t$ 差 $\pi/2$，故称为 $n(t)$的正交分量。窄带噪声的包络和相位可分别表示为

$$R(t)=\sqrt{n_c^2(t)+n_s^2(t)} \tag{2-32}$$

$$\varphi(t)=\arctan\frac{n_s(t)}{n_c(t)} \tag{2-33}$$

$n_s(t)$和 $n_c(t)$在性质上都是低通型噪声。

窄带噪声 $n_c(t)$和 $n_s(t)$的功率谱与 $n(t)$的功率谱之间的关系为

$$S_{nc}(\omega)=S_{ns}(\omega)\begin{cases}S_n(\omega-\omega_0)+S_n(\omega+\omega_0), & |\omega|\leqslant\dfrac{W}{2}\\ 0, & \text{其他}\end{cases} \tag{2-34}$$

由此可得出

$$\overline{n_c^2(t)}=\overline{n_s^2(t)}=\overline{n^2(t)} \tag{2-35}$$

2.5　信道容量

信道容量是指信道能够传输的最大平均信息速率，反映了信道可靠传输信息的能力，单位为 b/s、kb/s、Mb/s。无差错信道(无噪声、信道特性理想)的信道容量可以无限大，表明信道可以容许信息源以任意大的速率发送信息。实际信道都是有差错信道(存在噪声、信道特性非理想)，如果信道受到加性高斯白噪声的干扰，传输信号的功率和带宽都受到限制，信道的容量该为多少呢？对于这个问题，香农在信息论中给出了回答。

假设信道带宽为 B(Hz)，信号功率为 S(W)，而信道中的干扰信号为加性白噪声，噪声功率为 N(W)，则可以证明该信道的信道容量为

$$C=B\,\mathrm{lb}(1+\frac{S}{N})\quad(\mathrm{b/s}) \tag{2-36}$$

这就是信息论中的信道容量公式——香农公式，它表明当信号与信道加性白噪声的平均功率给定时，在一定频带宽度 B 上，单位时间内可能传输的信息量的极限数值。只要传输速率小于等于信道容量，则总可以找到一种信道编码方法，实现无差错传输；若传输速率大于信道容量，则不可能实现无差错传输。

设噪声的单边功率谱密度为 n_0(W/Hz)，信道的带宽为 B(Hz)，信号功率为 S(W)，则通过这种信道无差错传输的最大信息速率 C 可以改写为

$$C=B\,\mathrm{lb}\left(1+\frac{S}{n_0 B}\right) \tag{2-37}$$

由式(2－37)可见，连续信道的容量 C 和信道带宽 B、信号功率 S 及噪声功率谱密度 n_0 三个因素有关。

当 $S\to\infty$ 或 $n_0\to 0$ 时，$C\to\infty$。但是，当 $B\to\infty$ 时，C 将趋向何值？

令 $x=S/n_0B$，式(2－34)可以改写为

$$C=\frac{S}{n_0}\frac{Bn_0}{S}\mathrm{lb}\left(1+\frac{S}{n_0B}\right)=\frac{S}{n_0}\mathrm{lb}(1+x)^{1/x}$$

$$\lim_{B\to\infty}C=\lim_{x\to 0}\frac{S}{n_0}\mathrm{lb}(1+x)^{1/x}=\frac{S}{n_0}\mathrm{lbe}\approx 1.44\frac{S}{n_0} \tag{2-38}$$

式(2－38)表明，当给定 S/n_0 时，若带宽 B 趋于无穷大，信道容量不会趋于无限大，而只是 S/n_0 的 1.44 倍。这是因为当带宽 B 增大时，噪声功率也随之增大。

例 2－1 已知黑白电视图像信号每帧有 30 万个像素；每个像素有 8 个亮度电平；各电平独立地以等概率出现；图像每秒发送 25 帧。若要求接收图像信噪比达到 30 dB，试求所需传输带宽。

解：因为每个像素独立地以等概率取 8 个亮度电平，故每个像素的信息量为

$$I_{\mathrm{P}}=-\mathrm{lb}\frac{1}{8}=3\ (\mathrm{b})$$

并且每帧图像的信息量为

$$I=300\ 000\times 3=900\ 000\ (\mathrm{b})$$

因为每秒传输 25 帧图像，所以要求传输速率为

$$R_{\mathrm{b}}=25\times 900\ 000=2.25\times 10^7\ (\mathrm{b/s})$$

信道的容量 C 必须不小于 R_{b} 值。将上述数值代入式(2－36)有

$$2.25\times 10^7=B\ \mathrm{lb}(1+1000)$$

最后得出所需带宽为 $B\approx 2.26(\mathrm{MHz})$。

2.6 本章 MATLAB 仿真实例

例 2－2 利用 Simulink 建立高斯白噪声信道的仿真模型。

在 Simulink 库的通信模块集(Communications Blockset)的信道中提供了 4 种信道模块。在此主要介绍加性高斯白噪声信道。

Initial Seed：加性高斯白噪声信道模块初始化种子。

Mode：模式设定。可以设置 5 种噪声方差模式中的其中一种：Signal to noise ratio (E_b/N_0) 模式，Signal to noise ratio (E_s/N_0) 模式，Signal to noise ratio (SNR) 模式，Variance from mask 模式或者 Variance from port 模式。

E_b/N_0(dB)：加性高斯白噪声信道模块的信噪比，单位为 dB。本项只有当“Mode”设定为 Signal to noise ratio(E_b/N_0)情况下有效。

E_s/N_0(dB)：加性高斯白噪声信道模块的信噪比，单位为 dB。本项只有当“Mode”设定为 Signal to noise ratio(E_s/N_0)情况下有效。

SNR(dB)：加性高斯白噪声信道模块的信噪比，单位为 dB。本项只有当“Mode”设定为 Signal to noise ratio(SNR)情况下有效。

Number of bits per symbol：加性高斯白噪声信道模块每个输出字符的比特数。本项只

有当“Mode”设定为 Signal to noise ratio(E_b/N_0)情况下有效。

Input signal power(watts)：加性高斯白噪声信道模块输入信号的平均功率，单位为 W。本项只有在参数“Mode”设定为 Signal to noise ratio (E_b/N_0、E_s/N_0)时，表示输入符号的均方根功率；设定为 Signal to noise ratio(SNR)时，表示输入抽样信号的均方根功率。

Symbol period(s)：加性高斯白噪声信道模块每个输入符号的周期，单位为 s。本项只有在参数“Mode”设定为 Signal to noise ratio(E_b/N_0、E_s/N_0)情况下有效。

Variance：加性高斯白噪声信道模块产生的高斯白噪声信号的方差。本项只有在参数“Mode”设定为 Variance from mask 时有效。

如图 2-11 所示，系统仿真设置为 0.001 s 固定步长，即系统仿真采样率为 1000 Hz。信号源采用[Bernoulli Binary Generator]模块产生速率为 100 b/s 的单极性二进制随机信号。在该模块中设置产生的 1、0 的概率相等，为 0.5，采样时间间隔为 0.01 s。

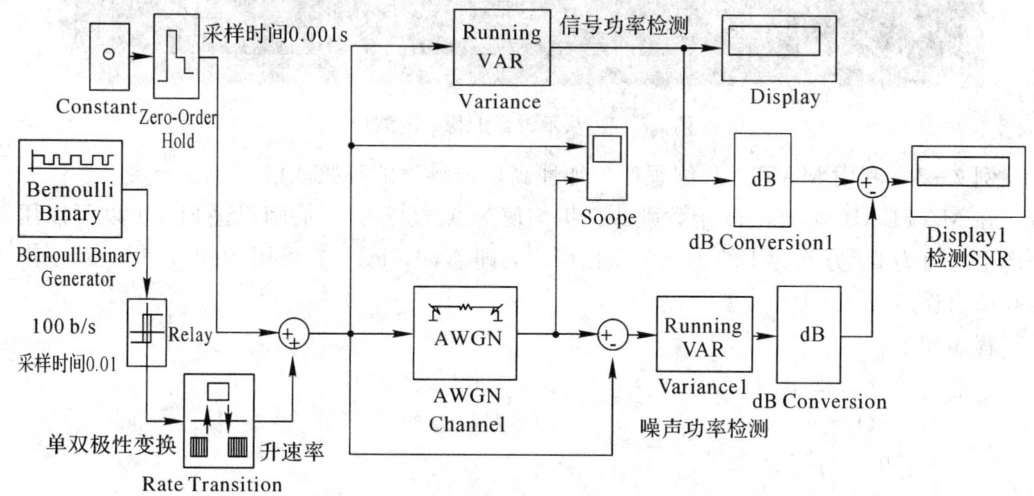

图 2-11　AWGN 信道测试模型

为了使得输入 AWGN 信道模块的信号为采样速率达到 1000 Hz 的双极性波形，首先用[Relay]模块将信号转换为双极性的，然后用[Rate Transition]模块使得系统采样速率提高到 1000 Hz。取值为零的[Constant]模块以及采样时间为 0.001 s 的[Zero-Order Hold]模块通过加法器模块为[Rate Transition]模块提供输出端速率参考值。这样，进入[AWGN Channel]模块的波形采样率为 1000 Hz。因为取值为±1 的双极性信号的功率为 1，所以在[AWGN Channel]模块中设置输入信号功率为 1 W，输入符号周期为 0.01 s。对于二进制输入信号，$E_s/N_0=E_b/N_0$，故选择信道模式为[E_s/N_0]模式，并根据题设要求设置[E_s/N_0 (dB)]参数为 20 dB。产生噪声的随机种子可任意设置。为了计算信道输出的信噪比，模型中，将信道输入端和输出端的信号相减得到信道中的纯噪声分量，以[Variance]和[Variance1]模块分别计算出输入信号和信道噪声的功率，再以[dB Conversion]模块和减法器计算出 SNR。[dB Conversion]模块的输入信号设置为功率属性(Power)。仿真时间长度可设置为 50 s。执行模型后，检测出的信号功率约为 1 W，SNR 约为 13 dB，与理论分析结果相同。示波器对比显示了信道输入、输出端口处的波形，如图 2-12 所示。

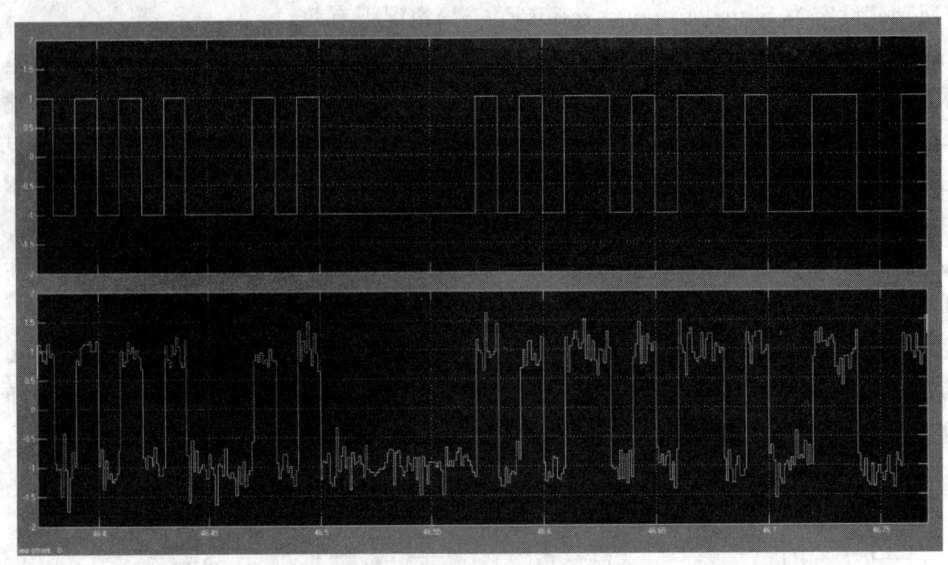

图 2-12　从示波器上得到的波形

例 2-3　利用 MATLAB 编程产生加性高斯白噪声的正弦波信号。

在 MATLAB 中，randn 函数默认产生均值为 0、方差为 1 的随机序列，所以可以用其来产生均值为 0、方差为 1 的正态分布白噪声，即 $N(0, 1^2)$。亦可用 wgn()和 awgn()来生成高斯白噪声。

程序如下：

```
x=(0:0.01:2);                    %采样频率 100 Hz
y1=sin(10*pi*x);                 %产生频率为 5 Hz 的 sin 函数
axis([0, 2, 0, 1])
figure(1)
plot(x, y1, 'b');
z1=0.1*randn(1, 201);            %产生方差 N(0, 0.1^2)高斯白噪声 b=0.01/0.1/1
figure(2)
plot(x, z1, 'b');
y2=y1+z1;                        %加性高斯白噪声的正弦波
figure(3)
plot(x, y2, 'b')
```

仿真结果如图 2-13～图 2-15 所示，图 2-13 为产生的正弦波信号，图 2-14 为产生的高斯白噪声，图 2-15 为加性高斯白噪声的正弦波。

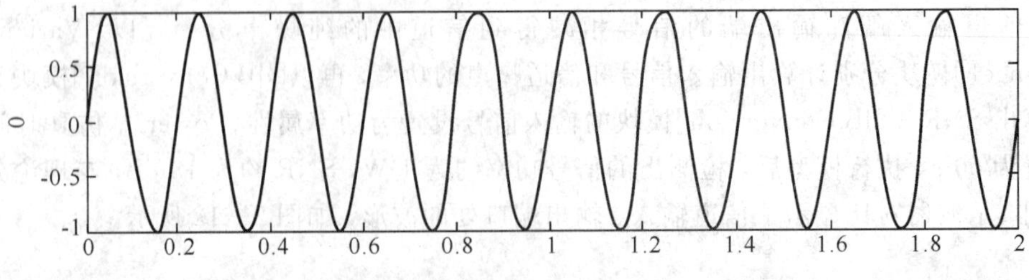

图 2-13　产生的正弦波信号

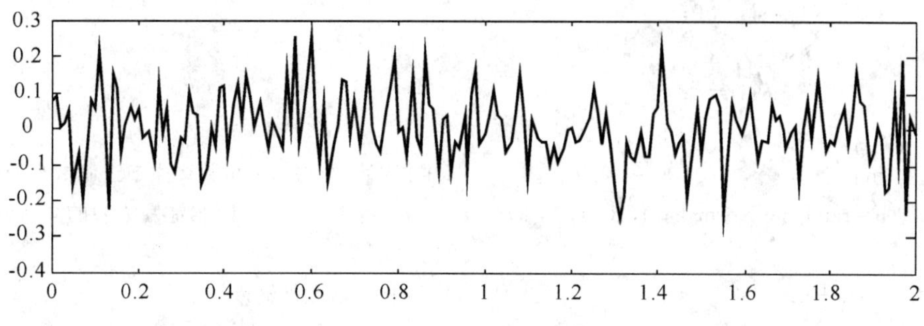

图 2-14　产生的高斯白噪声

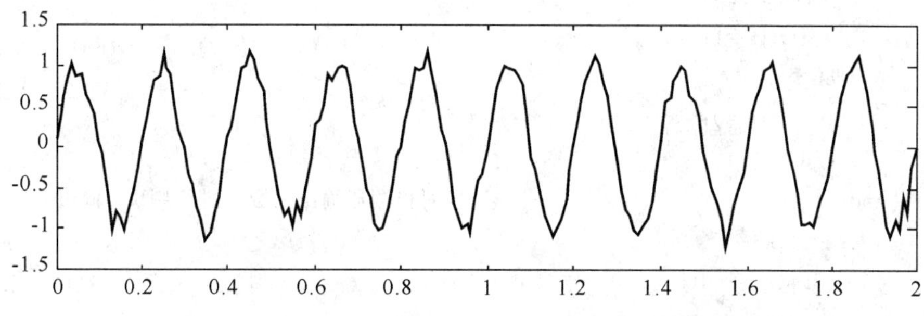

图 2-15　加性高斯白噪声的正弦波

使用单极性信号的二进制基带通信系统，绘制误码率与信噪比关系图，如图 2-16 所示。

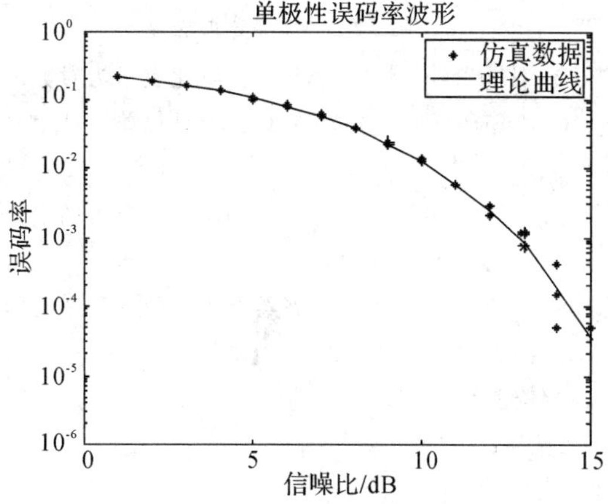

图 2-16　误码率与信噪比关系

仿真程序如下：

```
k=20000;                          %k 表示产生的随机数的个数
E=1;                              %E 表示比特能量，进行归一化，设为 1
for j=1:30;                       %产生 30 个不同的 N
    N(j)=1/(10^(0.1*j));          %设定 N 的值
    d(j)=sqrt(E*N(j)/2);          %标准差
    count=0;
  m=rand(1, k);                   %产生 k 个在(0, 1)之间均匀分布的随机数
    for i=1:k
        if(m(i)>0)&&(m(i)<0.5)
```

```
            s(i)=0;
        else
            s(i)=1;
        end
    end                                       %根据产生的均匀随机数产生二进制数据源s
    n=random('Normal', 0, d(j), 1, k);        %产生k个均值为0，标准差为d(j)的高斯分布
                                              随机数n
    r=s+n;                                    %r为检测器数据输入
    for i=1:k
        if r(i)>0.5
            t(i)=1;
        else
            t(i)=0;
        end
    end                                       %对检测器输出的数据进行判决，输出t
    for i=1:k
        if s(i)~=t(i)
        count=count+1;
        end
    end
p1(j)=count/k;                                %计算误码率
x(j)=10*log10(1/(2*d(j)^2))                   %将信噪比表示为对数形式，单位为dB
p2(j)=0.5*erfc(1/(2*sqrt(2)*d(j)))            %理论上计算单极性信号误码率的公式
end
semilogy(x, p1, '*');                         %绘制实验中测得的误码率与信噪比的曲线图
hold on
semilogy(x, p2, 'g');                         %绘制理论值误码率与信噪比的曲线图
axis ([0, 15, 1e-6, 1])
legend('仿真数据','理论曲线')
title('单极性误码率波形');
xlabel('信噪比/dB');
ylabel('误码率');
```

由单极性信号的误码率和信噪比的曲线图可知，实际测得的误码率与理论值比较接近，单极性信号的判决门限为0.5，可知单极性信号受到信道特性变化的影响。

本章小结

在通信系统中，根据信号参数的确知程度，信号可分为确知信号和随机信号两大类。随机信号只能采用一定的数学手段，如概率分布函数、概率密度函数、数学期望、方差或自相关函数等来间接描述。这种随机过程的数学模型，对通信系统中的信号和噪声的分析是非常有用的。平均功率、功率谱密度等信号分析基础知识的应用在本书中贯穿始终。

信道是通信系统的主要组成部分，它的特性会影响信号传输质量，它是通信系统中噪声的主要来源。信道分为狭义和广义信道。狭义信道是指信号的传输媒介，一般分为有线信道和无线信道。广义信道是指从研究消息传输的观点出发把信道范围加以扩大后的信道，一般可分为调制信道和编码信道，这是本书研究的重点。

噪声是影响通信系统可靠性的最主要因素，加性噪声中的起伏噪声是信号传输需要消除的主要对象，本书中所讲到的起伏噪声均为高斯白噪声。

信道容量是指信道能够传输的最大平均信息量，也是信道最主要的性能指标。香农公式是有关信道容量及其限制因素的重要公式，由香农公式可知，带宽、信噪比是信道容量的决定因素。带宽和信噪比可以互换，增大带宽可以降低信噪比而使信道容量保持不变。但是，无限增大带宽，并不能无限增大信道容量。当 S/n_0 给定时，无限增大带宽，信道容量只趋近于 $1.44S/n_0$(b/s)。

本章最后，利用 Simulink 建立了高斯白噪声信道的仿真模型并进行了仿真，利用 MATLAB 编程产生加性高斯白噪声的正弦波信号，并比较了误码率，使学生对信道的概念及仿真分析有了更好的理解。

习　题

2－1　无线信道有哪几种？

2－2　信道中噪声有哪几种？

2－3　试述信道容量的定义。

2－4　热噪声是如何产生的？

2－5　什么是调制信道？什么是编码信道？说明两者的关系。

2－6　在二进制数字信道中，若设发送“1”码与“0”码的概率 $P(1)$ 与 $P(0)$ 相等，$P(1/0)=10^{-4}$，$P(0/1)=10^{-5}$，试求总的差错概率。

2－7　具有 4 kHz 带宽的某高斯信道，若信道中信号功率与噪声功率之比为 63，试计算其信道容量。

2－8　已知某标准音频线路带宽为 3.4 kHz。

(1) 设要求信道的 $S/N=30$ dB，试求这时的信道容量是多少。

(2) 设线路上的最大信息传输速率为 4800 b/s，试求所需最小信噪比为多少。

2－9　有一信息量为 1 Mb 的消息，需在某信道传输，设信道带宽为 4 kHz，接收端要求信噪比为 30 dB，问传送这一消息需用多少时间？

2－10　具有 6.5 MHz 带宽的某高斯信道，若信道中信号功率与噪声功率谱密度之比为 45.5 MHz，试求其信道容量。

2－11　某终端有 128 个可能的输出符号，这些符号相互独立且等概率出现。终端的输出送给计算机，终端与计算机的连接采用话音级电话线，带宽 $B=3000$ Hz，输出信噪比 $S/N=10$ dB。

(1) 求终端与计算机之间的信道容量。

(2) 求终端允许输出的最大符号速率。

第3章 模拟调制传输系统

基本要求

◆熟悉调制、解调的概念。

◆掌握 AM、DSB、SSB 等幅度调制系统的调制解调原理及其抗噪声性能。

◆掌握 FM 频率调制系统的调制解调原理及其抗噪声性能。

◆掌握频分复用原理。

◆熟悉模拟调制传输系统的仿真方法。

3.1 模拟调制传输系统的实际应用

3.1.1 调幅广播

调幅是使载波的幅度按照调制信号的变化规律而变化，但是载波频率和相位保持不变的调制方法。模拟幅度调制是无线电最早的远距离传输技术。在幅度调制中，以声音信号控制高频率正弦信号的幅度，并将幅度变化的高频率正弦信号放大后经过天线发射出去，成为电磁波辐射。电磁波的频率 f(Hz)、波长 λ(m)、传播速度 c(m/s)之间的关系为

$$f=\frac{c}{\lambda} \tag{3-1}$$

其中，c 是光在空气中的传播速度，$c=3\times10^8$ m/s。

若是要有效地发送和接收信号，天线的等效长度至少要达到波长的四分之一。声音转换成电信号后，其波长在 15～15 000 km 之间，实际中不能利用这样长度的天线进行有效的信号收、发，因此需要将类似声音信号这样的低频信号搬移到较高的频段上去，以便通过较短的天线收、发。例如：移动通信所使用的 900 MHz 频率段上的电磁波信号长度约为 0.33 m，其收、发天线的尺寸应为波长的四分之一，即约 8 cm。而调幅广播中，电磁波的频率范围为 550～1605 kHz，短波约为 3～30 MHz，其波长在几十米到几百米之间，相应的天线要长一些。大量实验发现，人耳对语音频率敏感区域约为 300～3400 Hz，为了节约频带带宽资源，国际标准中将电话通信的传输频带规定为 300～3400 Hz。调幅广播除了传输语音之外，还要播送音乐节目，这就需要更宽的频带。一般而言，调幅广播的传输频率范围约为 100～6000 Hz。

3.1.2　调频广播

调频广播的质量明显优于调幅广播。在普通单声道的调频广播中，取调制信号的最高频率 f_m 为 15 kHz，最大频偏 Δf 为 75 kHz，由卡森公式可算出调频信号的带宽为

$$B=2(f_H+\Delta f_{max})=2(15+75)=180(\text{kHz}) \tag{3-2}$$

规定各电台之间的频道间隔为 200 kHz。

双声道立体声调频广播与单声道调频广播是兼容的，左声道信号 L 和右声道信号 R 的最高频率也为 15 kHz。左声道和右声道相加形成和信号(L＋R)，相减形成差信号(L－R)。差信号对 38 kHz 的副载波进行双边带调制，连同和信号(L＋R)形成一个频分复用信号，作为调频立体声广播的调制信号，其形成过程如图 3－1 所示，频谱如图 3－2 所示。0～15 kHz用于传送和(L＋R)信号，23～53 kHz 用于传送差(L－R)信号，59～75 kHz 则用于辅助信道。(L－R)信号的载波频率为 38 kHz，在 19 kHz 处发送一个单频信号用做立体声指示，并作为接收端提取同频同相相干载波使用。在普通调频广播中只发送 0～15 kHz 的(L＋R)信号。

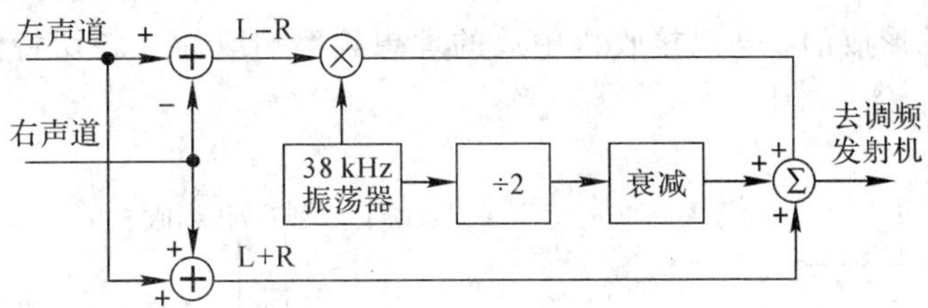

图 3－1　立体声广播信号的形成过程

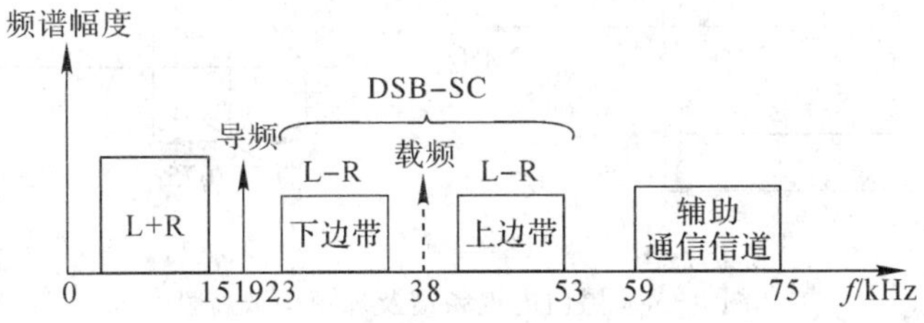

图 3－2　立体声广播信号频谱

接收立体声广播后先进行鉴频，得到频分复用信号。对频分复用信号进行相应的分离，以恢复出左声道信号 L 和右声道信号 R，其原理框图如图 3－3 所示。

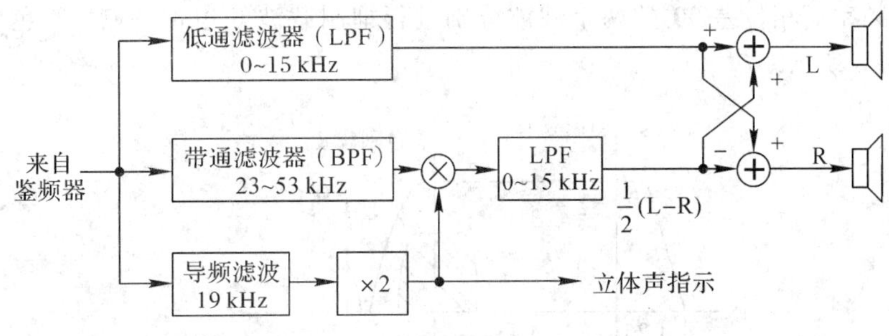

图 3－3　立体声广播信号的解调

3.1.3 地面广播电视

由电视塔发射的电视节目称为广播电视，也称为地面广播电视。电视信号由不同种类的信号组合而成，这些信号的特点不同，所以采用了不同的调制方式。图像信号是 0～6 MHz宽带视频信号，为了节省已调信号的带宽，又因为难以采用单边带调制，所以采用残留边带调制，并插入很强的载波。接收端可用包络检波的方法恢复图像信号，因而使接收机得到简化。伴音信号则采用宽带调频方式，不仅保证了伴音信号的音质，而且对图像信号的干扰也很小。伴音信号的最高频率 $f_m = 15$ kHz，最大频偏 $\Delta f = 50$ kHz，用卡森公式可计算出伴音调频信号的频带宽度为

$$B = 2(f_m + \Delta f) = 2 \times (15 + 50) = 130(\text{kHz}) \qquad (3-3)$$

我国黑白电视的频谱如图 3-4(a)所示，残留边带的图像信号和调频的伴音信号形成一个频分复用信号。图像信号主边带标称带宽为 6 MHz，残留边带标称带宽为 0.75 MHz，为使滤波器制作容易，底宽定为 1.25 MHz。图像载频与伴音载频相距 6.5 MHz，伴音载频与邻近频道的间隔为 0.25 MHz，电视信号总频宽为 8 MHz。残留边带信号在载频处的互补特性是在接收端形成的，电视接收机中放的理想频率响应为一斜切特性，如图 3-4(b)所示。

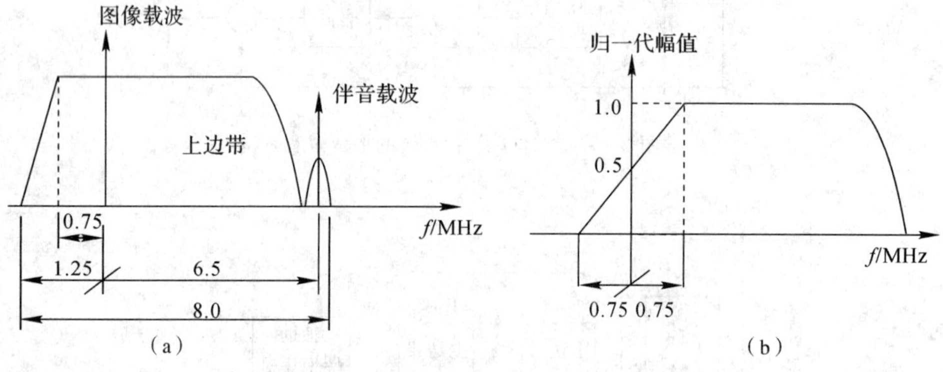

图 3-4　黑白电视频谱及理想中放特性

在彩色电视信号中，除了亮度信号即黑白电视信号以外，还有两路色差信号 R－Y(红色与亮度之差)和 B－Y(蓝色与亮度之差)。在我国彩色电视使用 PAL 制(即逐行倒相制)，这两路信号色差信号用 4.43 MHz 彩色副载波进行正交的抑制载波双边带调制，即两路信号采用相同频率而相位差 90°的两个载波分别进行抑制载波双边带调制。彩色电视信号的频谱如图 3-5 所示。

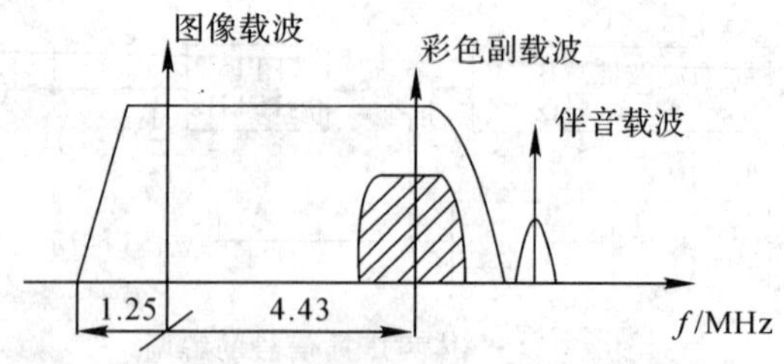

图 3-5　彩色电视信号的频谱

3.1.4　载波电话系统

在一对传输线上同时传输多路模拟电话，称为载波电话。多路载波电话采用单边带调制的频分复用方式，相应的复用设备称为载波机。在数字电话使用之前，载波电话曾被大量应用于长途通信，是频分复用的一种典型应用。在载波电话系统中，每路电话信号限带于 0.3～3.4 kHz，单边带调制后其带宽与调制信号相同。为了在各路信号间留有保护间隔，以允许滤波器有可能实现的过渡带，因此每路取 4 kHz 作为标准频带。

考虑到大容量载波电话在传输中合路和分路的方便，载波电话有一套标准的等级，如表 3-1 所示。

表 3-1　多路载波电话分群等级

分群等级	容量(路数)	带宽/kHz	基本带宽/kHz
基群	12	48	60～108
超群	60=5×12	240	312～552
基本主群	300=5×60	1200	812～2044
基本超主群	900=3×300	3600	8516～12 388
12 MHz 系统	2700=3×900	10 800	—
60 MHz 系统	10 800=12×900	43 200	—

基群由 12 路电话信号构成，5 个基群构成 1 个超群，即超群有 60 路，2 个超群构成 120 路，以此类推。常用的有 300 路、960 路、1800 路等载波机。载波通信系统频谱搬移过程如图 3-6 所示。图 3-6(a)表示先将 3 个话路合成一个前群，然后再将 4 个前群合成一个基群。图 3-6(b)表示将 5 个基群合成一个超群的频谱搬移过程。同样，由超群再进行单边带调制能合成更大的群组。

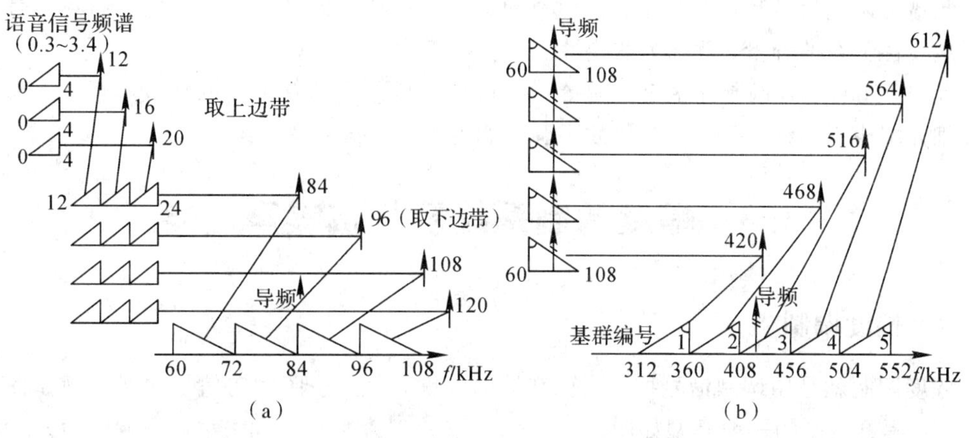

图 3-6　载波电话频谱图

3.2 调制的基本概念

由于信号源信号频率较低，在许多信道中不适合直接传输，因此，在通信系统的发送端通常需要进行调制，将信号源信号转换成适于信道传输的信号。调制在通信系统中具有十分重要的作用。通过调制，不仅可以实现频谱搬移，使已调信号满足信道传输的要求，同时还有利于实现信道复用，而且它对系统的传输有效性和可靠性有着很大的影响。调制方式往往决定了一个通信系统的性能。

3.2.1 调制的概念

调制就是将原始电信号加到载波上，使其转换成适合在信道中传输的形式的过程，即让信号源的原始电信号去控制载波的某个(或某些)参数，使其按照信号源信号的变化规律而变化的过程。信号源的信号称为基带信号，也叫作调制信号。通过调制的载波称为已调信号。

3.2.2 调制的分类

调制的种类很多，分类方法也不一致。广义的调制分为基带调制和带通调制(也称为载波调制)。在无线通信和其他大多数场合中，调制一般均指载波调制。通常调制可以分为下面几种：

按照调制信号的形式分类，调制可以分为模拟调制和数字调制。如果调制信号是模拟信号就称为模拟调制，如果调制信号是数字信号就称为数字调制。

按照载波信号的形式分类，调制可以分为连续波(Continuous Wave，CW)调制和脉冲调制。如果载波是连续波(通常是正弦波)就称为连续波调制。连续波调制又可以分为幅度调制、频率调制和相位调制，后两者统称为角度调制。如果载波是脉冲序列就称为脉冲调制，脉冲调制也可以按类似的方法分类。

按照调制前、后信号频谱关系分类，调制可以分为线性调制和非线性调制。如果调制后信号的频谱为调制信号(基带信号)频谱的平移及线性变换，就称为线性调制。如果已调信号频谱与调制信号频谱之间不存在这种对应关系，已调信号频谱中出现与调制信号频谱无对应线性关系的分量，就称为非线性调制。

此外，还有复合调制和多重调制等。不同的调制方式具有不同的特点和性能。本章主要详细介绍模拟连续波调制。有关数字调制的内容将在第 6 章介绍。

3.3 幅度调制系统及其抗噪声性能

3.3.1 幅度调制

幅度调制就是用调制信号控制正弦载波的幅度，使其按照调制信号的变化规律而变化的过程。幅度调制的一般模型如图 3－7 所示。它由一个乘法器和一个冲激响应为 $h(t)$ 的带通滤波器组成。其中，$f(t)$ 为调制信号；$c(t)$ 为载波信号；$h(t)$ 为带通滤波器的冲激响应；$S(t)$ 为已调信号。

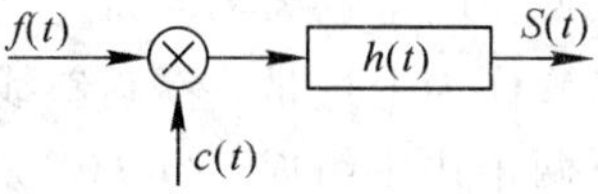

图 3-7　幅度调制的一般模型

正弦载波信号可以表示为

$$c(t)=\cos(\omega_0 t+\theta_0) \tag{3-4}$$

式中，ω_0——载波角频率；

θ_0——载波的初始相位。为简化起见，以后令 $\theta_0=0$。

那么，幅度调制信号(已调信号)$S(t)$可以表示为

$$S(t)=[f(t)\cos(\omega_0 t+\theta_0)]*h(t) \tag{3-5}$$

其中，* 表示卷积。

设调制信号 $f(t)$的频谱为 $F(\omega)$，带通滤波器的频谱为 $H(\omega)$，则由式(3-5)可以得到已调信号 $S(t)$的频谱 $S(\omega)$，即

$$S(\omega)=\frac{1}{2}[F(\omega-\omega_0)+F(\omega+\omega_0)]H(\omega) \tag{3-6}$$

由以上表达式可以看出，幅度已调信号在波形上，它的幅度随着调制信号的变化而呈正比变化；在频谱上，它的频谱完全是调制信号频谱在频域内的简单搬移及线性变换。因此，幅度调制通常又称为线性调制。

适当选择带通滤波器的冲激响应 $h(t)$和调制信号 $f(t)$，可以得到不同的幅度调制信号。例如，标准调幅(AM)、抑制载波双边带调幅(SC-DSB)、单边带调幅(SSB)和残留边带调幅(VSB)信号等。

1. 标准调幅

1) AM 信号的时域表达式及频谱

在图 3-7 中，如果滤波器为全通网络($H(\omega)=1$)，调制信号 $f(t)$叠加直流分量 A_0，则输出的信号就是标准双边带调幅信号(AM)。AM 已调信号时域表达式可以表示为

$$S_{AM}(t)=[A_0+f(t)]\cos(\omega_0 t) \tag{3-7}$$

AM 已调信号频域表达式为

$$S_{AM}(\omega)=\pi A_0[\delta(\omega+\omega_0)+\delta(\omega-\omega_0)]+\frac{1}{2}[F(\omega+\omega_0)+F(\omega-\omega_0)] \tag{3-8}$$

$f(t)$可以是确知信号，也可以是随机信号，但通常认为平均值为 0。

AM 信号的典型波形如图 3-8 所示，从图上可以看出，AM 信号波形的包络与输入基带信号 $f(t)$成正比，故用包络检波的方法很容易恢复原始调制信号。但为了保证包络检波时不发生失真，必须满足：

$$A_0\geqslant|f(t)|_{max} \tag{3-9}$$

否则将会出现过调幅现象而带来失真。

令

$$\beta_{AM}=\frac{|f(t)|_{max}}{A_0} \tag{3-10}$$

由式(3-9)可知，$\beta_{AM}\leqslant 1$，β_{AM}称为调幅指数。

当 $f(t)$是确知信号时，AM 调幅信号的频谱如图 3-9 所示。图中假设调制信号 $f(t)$的

上限频率为 ω_m，显然，调制信号 $f(t)$的带宽为 $B_f=\omega_m$。

我们常把频谱中画斜线的部分称为上边带，不画斜线的部分称为下边带。AM 信号的频谱 $S_{AM}(\omega)$由载频分量和上、下两个边带组成。当 $f(t)$是实函数时，上、下边带是完全对称的。显然，无论是上边带还是下边带，都含有原调制信号的完整信息，故 AM 信号是带有载波的双边带信号。它的带宽为基带信号带宽的两倍，即

$$B_{AM}=B_f=2\omega_m=2f_m \tag{3-11}$$

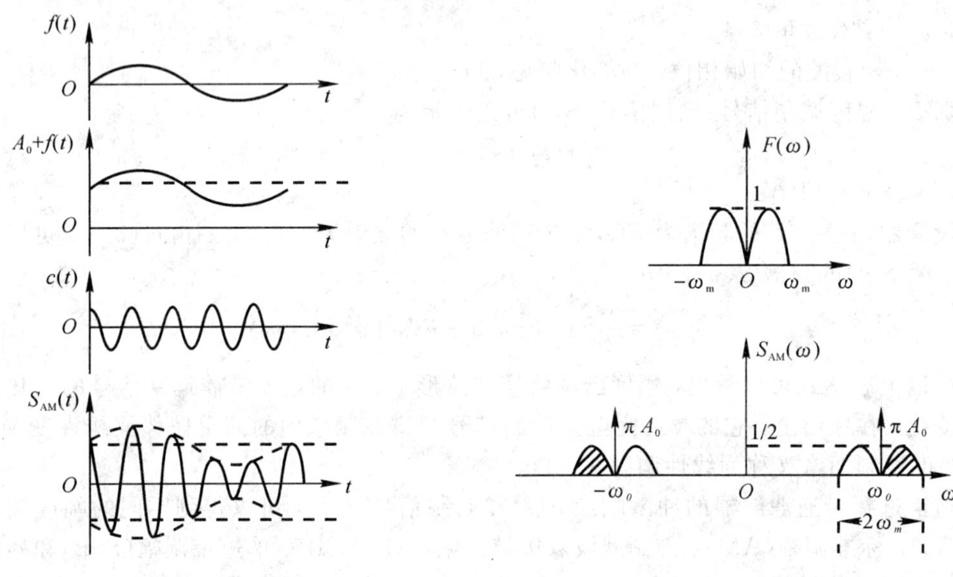

图 3-8　AM 调幅波形

图 3-9　AM 调幅频谱

2）功率分配

AM 调幅信号在 1 Ω 电阻上的平均功率 P_{AM}应等于 $S_{AM}(t)$的均方值。当 $f(t)$为确知信号时，$S_{AM}(t)$的均方值即为其平方的时间平均，即

$$P_{AM}=\overline{S_{AM}^2(t)} \tag{3-12}$$

将式(3-7)代入上式，得

$$\begin{aligned}P_{AM}&=\overline{[A_0+f(t)]^2\cos^2\omega_0 t}\\&=\overline{A_0^2\cos^2\omega_0 t}+\overline{f^2(t)\cos^2\omega_0 t}+\overline{2f(t)A_0\cos^2\omega_0 t}\end{aligned} \tag{3-13}$$

通常假设调制信号没有直流分量，即$\overline{f(t)}=0$，而且 $f(t)$是与载波无关的较为缓慢变化的信号。另外，

$$\cos^2\omega_0 t=\frac{1}{2}(1+\cos 2\omega_0 t) \tag{3-14}$$

$$\overline{\cos 2\omega_0 t}=0 \tag{3-15}$$

所以

$$P_{AM}=\frac{A_0^2}{2}+\frac{\overline{f^2(t)}}{2}=P_c+P_f \tag{3-16}$$

式中，$P_c=A_0^2/2$ 为载波功率，$P_f=\overline{f^2(t)}/2$ 为边带功率。

由式(3-16)可知，AM 调幅信号的平均功率包括载波功率和边带功率。调制效率定义为

$$\eta_{AM}=\frac{P_f}{P_{AM}}=\frac{\overline{f^2(t)}}{A_0^2+\overline{f^2(t)}} \tag{3-17}$$

显然，AM 信号的调制效率总是小于 1。

AM 调幅信号中载波分量并不携带信息，只有边带功率分量与调制信号有关，但载波分量却占据了大部分功率，这部分功率是白白浪费掉的。如果抑制载波分量的传送，则可得到另一种调制方式，即抑制载波双边带调制。

当 $f(t)$为随机信号时，已调信号的频域表示必须用功率谱来描述。在这本书里，我们不作介绍。

2. 抑制载波双边带调幅

在幅度调制的一般模型中，如果滤波器为全通网络($H(\omega)=1$)，调制信号 $f(t)$中没有直流分量，则输出的已调信号就是无载波分量的双边带调幅信号，称为抑制载波双边带调制信号，简称双边带(DSB)信号。DSB 已调信号时域表达式为

$$S_{DSB}(t)=f(t)\cos\omega_0 t \tag{3-18}$$

当 $f(t)$为确知信号时，DSB 已调信号频域表达式为

$$S_{DSB}(\omega)=\frac{1}{2}[F(\omega+\omega_0)+F(\omega-\omega_0)] \tag{3-19}$$

其波形和频谱分别如图 3-10 和图 3-11 所示。

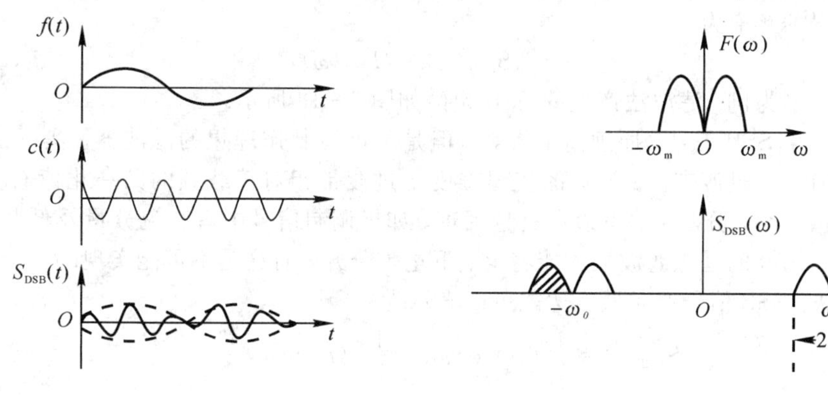

图 3-10 DSB 调幅波形

图 3-11 DSB 调幅频谱

因为 $P_c=0$，所以

$$P_{DSB}=P_f=\frac{\overline{f^2(t)}}{2},\ B_{DSB}=2\omega_m=2f_m$$

则调制效率为

$$\eta_{DSB}=\frac{P_f}{P_{DSB}}=1$$

由图 3-10 可知，抑制载波双边带调幅信号的时间波形的包络不再与调制信号形状一致。抑制载波的双边带调幅信号虽然节省了载波功率，但是已调信号的频谱带宽仍然是调制信号的两倍，与常规双边带调幅相同。从图 3-11 可知，上、下边带是完全对称的，所携带的信息也相同，因此，可以用一个边带来传输全部信息，即单边带调幅(SSB)。

3. 单边带调幅

如前所述，单边带调幅是只传送双边带调制信号中的一个边带。得到单边带调幅信号的方法有很多，其中最基本的方法有滤波法和相移法。

1）SSB 信号的产生

（1）滤波法。滤波法就是让双边带信号通过一个单边带滤波器，滤除掉不要的边带，即可得到单边带调幅信号。滤波法是最简单的也是最常用的方法。

滤波法的原理图如图 3-12 所示。

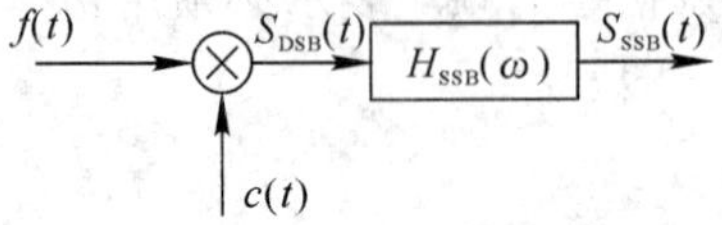

图 3-12　滤波法的原理图

图 3-12 中，$H_{\mathrm{SSB}}(\omega)$为单边带滤波器的传递函数，对于保留上边带的单边带调幅来说，有

$$H_{\mathrm{SSB}}(\omega)=\begin{cases}1, & |\omega|>\omega_0\\ 0, & |\omega|\leqslant\omega_0\end{cases} \tag{3-20}$$

如果保留下边带，则有

$$H_{\mathrm{SSB}}(\omega)=\begin{cases}1, & |\omega|<\omega_0\\ 0, & |\omega|\geqslant\omega_0\end{cases} \tag{3-21}$$

单边带信号的频谱为

$$S_{\mathrm{SSB}}(\omega)=S_{\mathrm{DSB}}(\omega)\cdot H_{\mathrm{SSB}}(\omega) \tag{3-22}$$

以上边带调制为例，滤波法产生的 SSB 频谱如图 3-13 所示。

用滤波法产生 SSB 信号，原理简单直观，但是不可能制作理想的滤波器。实际滤波器从通带到阻带有一个过渡带。滤波器的实现难度与过渡带相对于载频的归一化值有关，过渡带的归一化值越小，分割上、下边带就越困难。如果调制信号中有直流分量及低频分量，则需要用过渡带为 0 的理想滤波器才能将上、下边带分开，而这是不可能实现的。

（2）相移法。SSB 信号的时域表达式可以表示为

$$S_{\mathrm{SSB}}(t)=\frac{1}{2}f(t)\cos\omega_0 t\mp\frac{1}{2}\hat{f}(t)\sin\omega_0 t \tag{3-23}$$

其中，“－”对应上边带信号，“＋”对应下边带信号。$\hat{f}(t)$是 $f(t)$的希尔伯特变换，把 $f(t)$的所有频率分量均相移$-\pi/2$。

由式(3-23)可以得到用相移法生成的 SSB 信号模型，如图 3-14 所示。图中，$H_{\mathrm{h}}(\omega)$为希尔伯特滤波器，它是一个宽带相移网络，对每个频率分量都能相移$-\pi/2$。

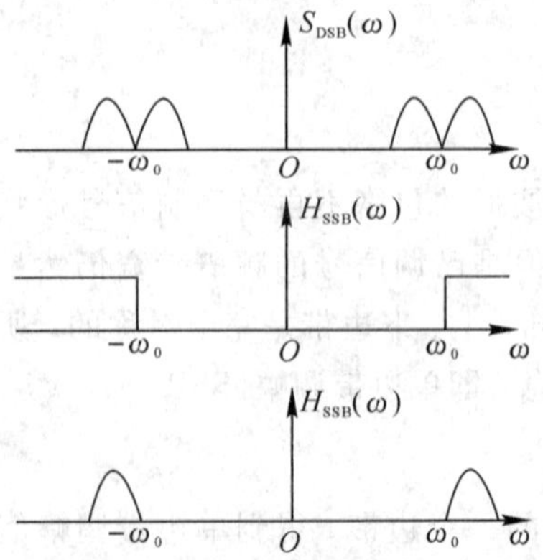

图 3-13　滤波法产生的 SSB 频谱

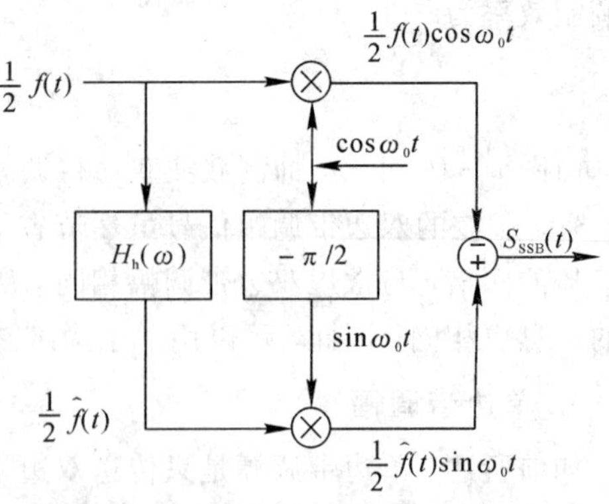

图 3-14　相移法生成的 SSB 信号模型

2）SSB 信号的带宽、功率和调制效率

从 SSB 信号调制原理可以清楚地知道，SSB 信号的带宽是 DSB 信号带宽的一半，与基带信号带宽相同，即

$$B_{\mathrm{SSB}}=\frac{1}{2}B_{\mathrm{DSB}}=B_{\mathrm{f}}=f_{\mathrm{m}} \tag{3-24}$$

因为 SSB 信号仅包含一个边带，所以 SSB 信号的功率为 DSB 信号的一半，即

$$P_{\mathrm{SSB}}=\frac{1}{2}P_{\mathrm{DSB}}=\frac{1}{4}\overline{f^{2}(t)} \tag{3-25}$$

因为 SSB 信号不包含载波功率成分，所以单边带幅度调制的效率也为 1。

4. 残留边带调幅

残留边带调制是介于单边带调制与双边带调制之间的一种调制方式，在残留边带中除了传送一个边带外，还保留了另外一个边带的一部分。它比单边带滤波器容易实现，代价是传输带宽增宽了一些。

用滤波器实现残留边带调制的原理图如图 3－15 所示。

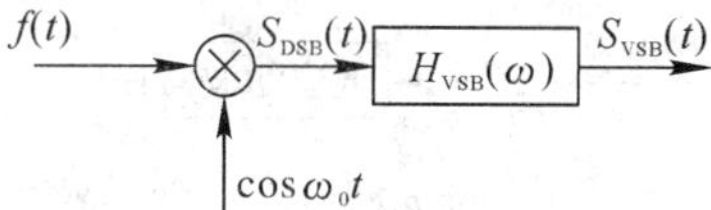

图 3－15　用滤波器实现残留边带调制的原理图

图中的 $H_{\mathrm{VSB}}(\omega)$是残留边带滤波器，为了保证解调时无失真地得到调制信号，残留边带滤波器的传输函数 $H_{\mathrm{VSB}}(\omega)$必须满足：

$$H_{\mathrm{VSB}}(\omega+\omega_0)+H_{\mathrm{VSB}}(\omega-\omega_0)=常数，\ |\omega|\leqslant\omega_{\mathrm{H}} \tag{3-26}$$

式(3－26)表示残留边带滤波器的传输函数 $H_{\mathrm{VSB}}(\omega)$在载频 ω_0 附近必须具有互补对称性。满足该条件的典型实例如图 3－16 所示。图 3－16(a)是残留部分上边带时滤波器的传递函数。图 3－16(b)是残留部分下边带时滤波器的传递函数。

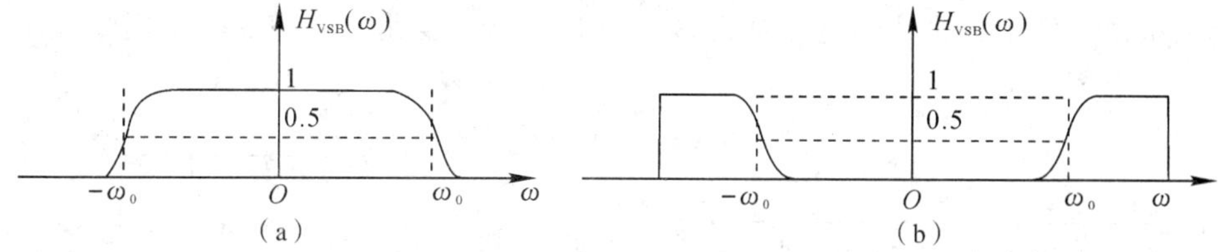

图 3－16　残留边带滤波器特性

根据滤波法生成 VSB 信号的原理可知，VSB 信号的频谱为

$$\begin{aligned}S_{\mathrm{VSB}}(\omega)&=S_{\mathrm{DSB}}(\omega)\cdot H_{\mathrm{VSB}}(\omega)\\&=\frac{1}{2}[F(\omega-\omega_0)+F(\omega+\omega_0)]H_{\mathrm{VSB}}(\omega)\end{aligned} \tag{3-27}$$

3.3.2　调幅系统的解调

调制过程的逆过程叫作解调。不同的调制方法需要采用不同的解调方法。

1. AM 信号的解调

AM 信号的解调方法有两种：相干解调和包络检波解调。

1）相干解调

由 AM 信号的频谱可以看出，只要将已调信号的频谱搬回到原点位置，就可以得到原始的调制信号频谱，从而恢复出原始信号。解调中的频谱搬移同样可以用调制时的乘法运算来实现。

已调信号乘以一个同频同相的载波，得到

$$S_{AM}(t)\cdot\cos\omega_0 t=[A_0+f(t)]\cdot\cos\omega_0 t\cdot\cos\omega_0 t=\frac{1}{2}[A_0+f(t)](1+\cos 2\omega_0 t) \tag{3-28}$$

然后通过一个低通滤波器，就可以将高频部分滤除掉，无失真地恢复出原始的调制信号。

$$f_o(t)=\frac{1}{2}[A_0+f(t)] \tag{3-29}$$

这种解调方法称为同步解调或相干解调，相干解调的原理框图如图 3-17 所示。

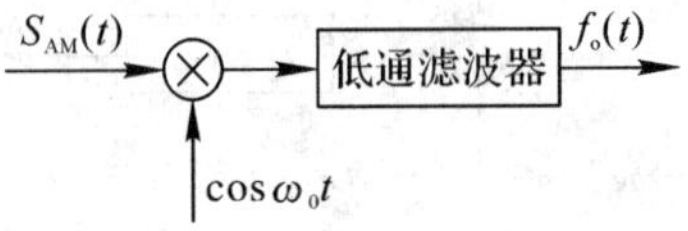

图 3-17　相干解调的原理框图

相干解调的关键是必须产生一个与调制时同频同相的载波。如果条件不满足，则会破坏原始信号的恢复。

2）包络检波法解调

由 AM 信号的波形可以看出，AM 信号的包络与输入基带信号 $f(t)$ 成正比，故可以用包络检波法恢复原始调制信号。包络检波器一般由半波或全波整流器和低通滤波器组成，如图 3-18 所示。

串联型包络检波器的具体电路如图 3-19 所示，主要由二极管 D、电阻 R 和电容 C 组成。

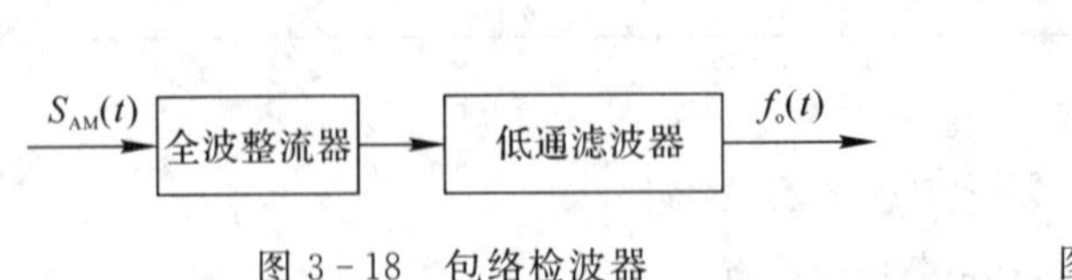

图 3-18　包络检波器

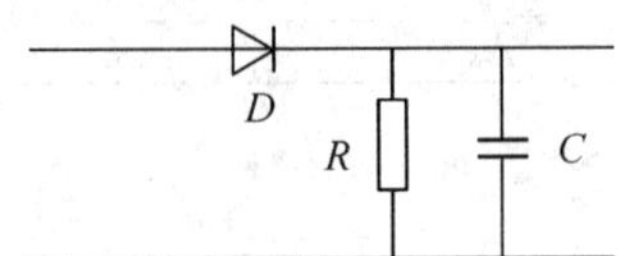

图 3-19　串联型包络检波器的具体电路

当 RC 满足下面条件时，

$$\frac{1}{\omega_0}\ll RC\ll\frac{1}{\omega_m} \tag{3-30}$$

包络检波器的输出与输入信号的包络近似相同，即

$$f_o(t)\approx A_0+f(t) \tag{3-31}$$

包络检波器输出电压波形如图 3-20 所示，通常含有频率为 ω_0 的波纹，可以用低通滤

波器滤除。

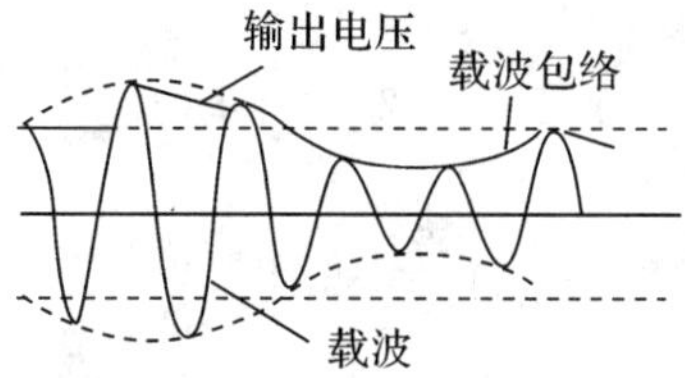

图 3-20　包络检波器输出电压波形

包络检波法属于非相干解调，解调效率高，解调电路简单，而且接收端不需要与发送端同频同相的载波信号，大大降低实现难度。故几乎所有的调幅式接收机都采用这种电路。

2. DSB 信号的解调

DSB 信号只能采用相干解调，其模型与 AM 信号相干解调时完全相同，如图 3-17 所示。此时，乘法器的输出为

$$S_{DSB}(t)\cdot\cos\omega_0 t=f(t)\cdot\cos\omega_0 t\cdot\cos\omega_0 t=\frac{1}{2}f(t)(1+\cos 2\omega_0 t) \tag{3-32}$$

经过低通滤波器滤除高频部分，得

$$f_o(t)=\frac{1}{2}f(t) \tag{3-33}$$

即可以无失真地恢复出原始信号。

3. SSB 信号的解调

SSB 信号也只能采用相干解调，其模型与 AM 信号相干解调时完全相同，如图 3-17 所示。此时，乘法器的输出为

$$\begin{aligned}S_{SSB}(t)\cdot\cos\omega_0 t&=\frac{1}{2}[f(t)\cos\omega_0 t\mp\hat{f}(t)\sin\omega_0 t]\cos\omega_0 t\\&=\frac{1}{2}f(t)\cos^2\omega_0 t\mp\frac{1}{2}\hat{f}(t)\sin\omega_0 t\cos\omega_0 t\\&=\frac{1}{4}f(t)+\frac{1}{4}f(t)\cos 2\omega_0 t+\frac{1}{4}\hat{f}(t)\sin 2\omega_0 t\end{aligned} \tag{3-34}$$

经过低通滤波器滤除高频部分，得

$$f_o(t)=\frac{1}{4}f(t) \tag{3-35}$$

即可以无失真地恢复出原始信号。

4. VSB 信号的解调

显然，VSB 信号也不能采用简单的包络检波法解调，只能采用相干解调，其模型与 AM 信号相干解调时完全相同，如图 3-17 所示。此时，乘法器的输出 $S'_{VSB}(t)$ 为

$$S'_{VSB}(t)=S_{VSB}(t)\cos\omega_0 t \tag{3-36}$$

相应的频域表达式为

$$S'_{VSB}(\omega)=\frac{1}{2}[S_{VSB}(\omega-\omega_0)+S_{VSB}(\omega+\omega_0)] \tag{3-37}$$

将式(3-27)代入式(3-37)得

$$
\begin{aligned}
S'_{\mathrm{VSB}}(\omega) &= \frac{1}{4}H_{\mathrm{VSB}}(\omega-\omega_0)[F(\omega-2\omega_0)+F(\omega)] \\
&\quad +\frac{1}{4}H_{\mathrm{VSB}}(\omega+\omega_0)[F(\omega+2\omega_0)+F(\omega)] \\
&= \frac{1}{4}F(\omega)[H_{\mathrm{VSB}}(\omega-\omega_0)+H_{\mathrm{VSB}}(\omega+\omega_0)] \\
&\quad +\frac{1}{4}[F(\omega-2\omega_0)H_{\mathrm{VSB}}(\omega-\omega_0)+F(\omega+2\omega_0)H_{\mathrm{VSB}}(\omega+\omega_0)]
\end{aligned} \tag{3-38}
$$

低通滤波器滤除上式第二项，得

$$F_0(\omega)=\frac{1}{4}F(\omega)[H_{\mathrm{VSB}}(\omega-\omega_0)+H_{\mathrm{VSB}}(\omega+\omega_0)] \tag{3-39}$$

由上式可知，为了保证相干解调的输出无失真地恢复调制信号 $f(t)$，必须满足条件

$$H_{\mathrm{VSB}}(\omega-\omega_0)+H_{\mathrm{VSB}}(\omega+\omega_0)=k \tag{3-40}$$

其中，k 是常数。这正是残留边带滤波器传输函数所要满足的互补对称条件。如果 $k=1$，则

$$F_o(\omega)=\frac{1}{4}F(\omega) \tag{3-41}$$

即

$$f_o(t)=\frac{1}{4}f(t) \tag{3-42}$$

即可无失真地恢复原始信号。

3.3.3 调幅系统的抗噪声性能

由上面的章节介绍的通信系统的一般模型可知，已调信号在传输过程中会受到各种干扰。其中最常见、最容易分析处理的干扰是加性干扰。所谓加性干扰，就是在接收到的已调信号上线性叠加了一个干扰。本节将主要讨论当信道中存在加性高斯白噪声时，各种幅度调制系统的抗噪声性能。

由于加性高斯白噪声只对接收的信号产生影响，故调制系统的抗噪声性能是利用解调器的抗噪声能力来衡量，通常用信噪比来度量。所谓信噪比，就是指信号与噪声的平均功率之比。

解调器抗噪声性能分析模型如图 3-21 所示。图中 $S(t)$为已调信号，$n(t)$为传输过程中叠加的高斯白噪声。带通滤波器的作用是滤除已调信号频带以外的噪声。经过带通滤波器后，进入解调器输入端的信号仍可认为是 $S(t)$，噪声经过带通滤波器后变成带通型噪声 $n_i(t)$，噪声的带宽与已调信号的带宽是相同的。解调器输出的信号为 $S_o(t)$，噪声为 $n_o(t)$。

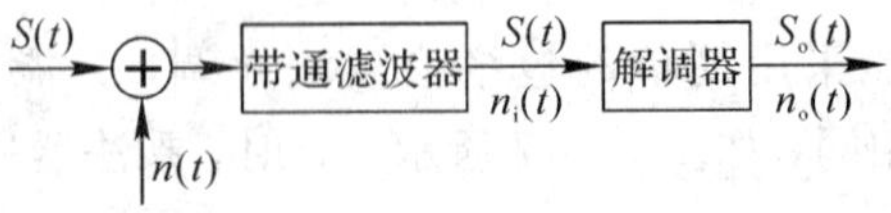

图 3-21　解调器抗噪声性能分析模型

对于不同的调制系统，将有不同形式的信号 $S(t)$，但解调器输入端的噪声形式是相同的，即带通型噪声。这个带通型噪声是由高斯白噪声通过带通滤波器得到的，通常是一个高斯窄带噪声，它可以表示为

$$n_i(t)=n_c(t)\cos\omega_0 t-n_s(t)\sin\omega_0 t \tag{3-43}$$

如果解调器输入噪声 $n_i(t)$ 带宽为 B，则输入噪声平均功率为

$$N_i=n_0 B \tag{3-44}$$

其中，n_0 是噪声单边功率谱密度，在通带 B 内是恒定的。

经过解调器后得到的有用信号为 $S_o(t)$，它的平均功率为 S_o。解调器输出噪声记为 $n_o(t)$，它的平均功率为 N_o，则输出信噪比可以表示为

$$P_o=\frac{S_o}{N_o} \tag{3-45}$$

通常还可以用输出信噪比与输入信噪比的比值来衡量解调器的抗噪声性能。这个比值称为信噪比增益，记作 G，可以表示为

$$G=\frac{\text{输出信噪比}}{\text{输入信噪比}}=\frac{P_o}{P_i} \tag{3-46}$$

其中，

$$P_i=\frac{S_i}{N_i} \tag{3-47}$$

S_i 是解调器输入端已调信号的平均功率。

信噪比增益越大，解调器的抗噪声性能就越好。下面分析不同的解调方法的抗噪声性能。

1. DSB 调制系统性能

由上一节可以知道，DSB 信号采用相干解调，即由乘法器和低通滤波器组成，故在解调时，输入信号与噪声可以分别单独解调。解调器输入信号为

$$S(t)=S_{DSB}(t)=f(t)\cos\omega_0 t \tag{3-48}$$

其平均功率为

$$S_i=\overline{S^2(t)}=\overline{[f(t)\cos\omega_0 t]^2}=\frac{1}{2}\overline{f^2(t)} \tag{3-49}$$

由式(3-33)可知，通过相干解调后，解调器输出的信号为

$$S_o(t)=f_o(t)=\frac{1}{2}f(t) \tag{3-50}$$

则其平均功率为

$$S_o=\overline{f_o^2(t)}=\overline{\left[\frac{1}{2}f(t)\right]^2}=\frac{1}{4}\overline{f^2(t)} \tag{3-51}$$

下面求输出噪声的平均功率，首先求出相干解调的乘法器输出端的噪声，那么，通过带通滤波器后的噪声乘以载频后，可以得到

$$\begin{aligned}n_i(t)\cos\omega_0 t&=[n_c(t)\cos\omega_0 t-n_s(t)\sin\omega_0 t]\cos\omega_0 t\\&=\frac{1}{2}n_c(t)+\frac{1}{2}[n_c(t)\cos 2\omega_0 t-n_s(t)\sin 2\omega_0 t]\end{aligned} \tag{3-52}$$

通过低通滤波器后，上式的后两项被滤除掉，低通滤波器的输出噪声为

$$n_o(t)=\frac{1}{2}n_c(t) \tag{3-53}$$

输出噪声的功率为

$$N_o=\overline{n_o^2(t)}=\frac{1}{4}\overline{n_c^2(t)} \tag{3-54}$$

由第 2 章的噪声理论可得

$$N_o=\frac{1}{4}\overline{n_i^2(t)}=\frac{1}{4}N_i \tag{3-55}$$

根据式(3-44)和式(3-49)，可得输入端信噪比为

$$\frac{S_i}{N_i}=\frac{\frac{1}{2}\overline{f^2(t)}}{n_0 B} \tag{3-56}$$

根据式(3-51)和式(3-55)，可得输出端信噪比为

$$\frac{S_o}{N_o}=\frac{\frac{1}{4}\overline{f^2(t)}}{\frac{1}{4}n_0 B}=\frac{\overline{f^2(t)}}{n_0 B} \tag{3-57}$$

根据式(3-46)可得信噪比增益为

$$G=\frac{S_o/N_o}{S_i/N_i}=2 \tag{3-58}$$

由此可见，DSB 调制系统的信噪比增益为 2，也就是说，DSB 信号的解调器使信噪比改善了一倍。这是因为采用相干解调，使输入噪声中的一个正交分量 $n_s(t)$ 被消除的缘故。

2. SSB 调制系统性能

SSB 信号的解调方法与 DSB 信号相同，也是采用相干解调，不同之处仅在于带通滤波器。在 SSB 调制时，带通滤波器只允许一个边带信号通过，而在 DSB 调制时，带通滤波器必须使两个边带信号通过。因此，前者的带通滤波器的带宽是后者的一半。

由于解调方法相同，因此，计算单边带信号解调器的信噪比的方法与双边带信号也相同。根据式(3-44)和式(3-55)可得

$$N_o=\frac{1}{4}N_i=\frac{1}{4}n_0 B_{SSB} \tag{3-59}$$

其中，B_{SSB}是单边带调制时带通滤波器的带宽。

SSB 信号的表达式为

$$S_{SSB}(t)=\frac{1}{2}f(t)\cos\omega_0 t\mp\frac{1}{2}\hat{f}(t)\sin\omega_0 t \tag{3-60}$$

以上边带为例，计算它在解调器输入端和输出端的功率。

$$\begin{aligned}S_i&=\overline{S^2(t)}=\overline{\frac{1}{4}[f(t)\cos\omega_0 t-\hat{f}(t)\sin\omega_0 t]^2}\\&=\frac{1}{4}\left\{\overline{[f(t)\cos\omega_0 t]^2+[\hat{f}(t)\sin\omega_0 t]^2-2f(t)\hat{f}(t)\cos\omega_0 t\sin\omega_0 t}\right\}\\&=\frac{1}{4}\overline{\left[\frac{1}{2}f^2(t)+\frac{1}{2}f^2(t)\cos2\omega_0 t+\frac{1}{2}\hat{f}^2(t)-\frac{1}{2}\hat{f}^2(t)\cos2\omega_0 t-f(t)\hat{f}(t)\sin2\omega_0 t\right]}\\&=\frac{1}{8}\overline{f^2(t)}+\frac{1}{8}\overline{\hat{f}^2(t)}\end{aligned} \tag{3-61}$$

$\hat{f}(t)$是 $f(t)$的希尔伯特变换，两者的幅度谱相同，只是相位谱不同，因此两者具有相同的平均功率，所以，式(3-61)可以写为

$$S_i=\frac{1}{4}\overline{f^2(t)} \tag{3-62}$$

由式(3－35)可得

$$S_o=\frac{1}{16}\overline{f^2(t)} \tag{3-63}$$

根据式(3－46)可得信噪比增益为

$$G=\frac{S_o/N_o}{S_i/N_i}=1 \tag{3-64}$$

由式(3－58)和式(3－64)可知，双边带调制相干解调的信噪比增益为 2，单边带的为 1。但是，我们并不能说双边带调制的抗噪声性能就优于单边带的。比较式(3－49)和式(3－62)可知，双边带调制时，解调器输入端的已调信号平均功率是单边带的两倍，此外，因为带通滤波器的带宽不同，得到的噪声功率也不同，因此，式(3－58)和式(3－64)表示的信噪比增益是在不同输入信号功率和噪声功率下计算得到的。如果解调器输入端信号功率相同、噪声功率谱密度相同、调制信号带宽相同的话，根据上述分析，双边带调制时，解调器输出的信噪比与单边带时是相同的。因此，这两种调制方法的抗噪声性能是相同的，但是双边带信号的传输带宽是单边带的两倍。

3. AM 调制系统性能

由上一节可知，双边带标准幅度调制即可以用相干解调也可以用包络检波法解调。对于相干解调时的抗噪声性能，分析方法与 DSB 信号(或 SSB 信号)相同，这里不再介绍。实际中，AM 信号的解调器几乎都采用包络检波法，因此，下面分析包络检波器的抗噪声性能。

解调器输入信号为

$$S(t)=S_{AM}(t)=[A_0+f(t)]\cos(\omega_0 t) \tag{3-65}$$

其平均功率为

$$S_i=\overline{S^2(t)}=\frac{1}{2}A_0^2+\frac{1}{2}\overline{f^2(t)} \tag{3-66}$$

输入端噪声为

$$n_i(t)=n_c(t)\cos\omega_0 t-n_s(t)\sin\omega_0 t \tag{3-67}$$

输入噪声平均功率为

$$N_i=n_o B_{AM} \tag{3-68}$$

其中，B_{AM}是 AM 调制时带通滤波器的带宽。

由式(3－65)和式(3－67)可得

$$\begin{aligned}S(t)+n_i(t)&=[A_0+f(t)+n_c(t)]\cos\omega_0 t-n_s(t)\sin\omega_0 t\\&=A(t)\cos[\omega_0 t+\phi(t)]\end{aligned} \tag{3-69}$$

其中，$A(t)$是瞬时幅度：

$$A(t)=\sqrt{[A_0+f(t)+n_c(t)]^2+n_s^2(t)} \tag{3-70}$$

$\phi(t)$是相角：

$$\phi(t)=\arctan\left[\frac{n_s(t)}{A_0+f(t)+n_c(t)}\right] \tag{3-71}$$

理想包络检波器的输出即为 $A(t)$，由式(3－70)可知，检波输出中有用信号与噪声是无法完全分开的，因此，要计算信噪比是很困难的。下面讨论两种特殊的情况。

1) 大信噪比情况

大信噪比是指满足下列条件，即

$$A_0+f(t)\gg\sqrt{n_c^2(t)+n_s^2(t)} \tag{3-72}$$

由此式(3－70)可化简为

$$\begin{aligned}A(t)&=[A_0+f(t)]\sqrt{1+\frac{2n_c(t)}{A_0+f(t)}+\frac{n_c^2(t)+n_s^2(t)}{[A_0+f(t)]^2}}\\&\approx[A_0+f(t)]\sqrt{1+\frac{2n_c(t)}{A_0+f(t)}}\\&\approx[A_0+f(t)]\left[1+\frac{n_c(t)}{A_0+f(t)}\right]\\&=A_0+f(t)+n_c(t)\end{aligned} \tag{3-73}$$

这里，使用了近似公式：

$$(1+x)^{1/2}\approx1+\frac{x}{2}，当|x|\ll1时$$

由式(3－73)可知，输出有用信号与噪声可以清晰地分成两项，因而可分别计算它们的功率。输出信号功率为

$$S_o=\overline{f^2(t)} \tag{3-74}$$

输出噪声功率为

$$N_o=\overline{n_i^2(t)}=n_0B_{AM} \tag{3-75}$$

由式(3－66)、式(3－68)、式(3－74)和式(3－75)可得，信噪比增益为

$$G_{AM}=\frac{S_o/N_o}{S_i/N_i}=\frac{2\overline{f^2(t)}}{A_0^2+\overline{f^2(t)}} \tag{3-76}$$

显然，在大信噪比情况下，AM 信号检波器的信噪比增益随 A_0 减小而增大。但是对于包络检波器来说，为了不发生过调制现象，要求 $A_0\geqslant|f(t)|_{max}$。当 $A_0=|f(t)|_{max}$，且 $f(t)$ 是正弦型信号时，有

$$\overline{f^2(t)}=\frac{1}{2}A_0 \tag{3-77}$$

将式(3－77)代入式(3－76)，得

$$G_{AM}=\frac{2}{3} \tag{3-78}$$

这是包络检波器能够得到的最大信噪比改善值。

需要指出的是，用相干解调法解调 AM 信号时，得到的信噪比增益 G 与式(3－76)相同。但是，采用相干解调时的信噪比增益不受信号与噪声相对幅度假设条件的限制，即它的 G 对于一切噪声的值都由式(3－76)确定。

2) 小信噪比情况

小信噪比是指满足下列条件，即

$$A_0+f(t)\ll\sqrt{n_c^2(t)+n_s^2(t)} \tag{3-79}$$

此时，式(3-70)可以表示为

$$
\begin{aligned}
A(t) &= \sqrt{[A_0+f(t)]^2+n_c^2(t)+n_s^2(t)+2[A_0+f(t)]n_c(t)} \\
&\approx \sqrt{[n_c^2(t)+n_s^2(t)]\left\{1+\frac{2n_c(t)}{n_c^2(t)+n_s^2(t)}[A_0+f(t)]\right\}} \\
&= N(t)\sqrt{1+\frac{2[A_0+f(t)]}{N(t)}\cos\theta(t)}
\end{aligned}
\tag{3-80}
$$

其中，

$$
N(t)=\sqrt{n_c^2(t)+n_s^2(t)} \tag{3-81}
$$

$$
\cos\theta(t)=\frac{n_c(t)}{N(t)} \tag{3-82}
$$

根据近似公式，有

$$
(1+x)^{1/2}\approx 1+\frac{x}{2}，当|x|\ll 1 时 \tag{3-83}
$$

式(3-80)可以进一步近似为

$$
A(t)\approx N(t)\left[1+\frac{A_0+f(t)}{N(t)}\cos\theta(t)\right]=N(t)+[A_0+f(t)]\cos\theta(t) \tag{3-84}
$$

由上式可知，调制信号 $f(t)$与噪声无法分开，而且有用信号被淹没在噪声中。由于 $\cos\theta(t)$是一个依赖于噪声变化的随机函数，故实际上它也是一个随机噪声。因而，有用信号 $f(t)$被包络检波器扰乱，使 $f(t)\cos\theta(t)$也只能看做是噪声。这种包络检波器把有用信号扰乱成噪声的现象称为“门限效应”。开始出现门限效应的输入信噪比称为门限值。当输入信噪比低于这个门限值时，检波器输出信噪比出现急剧恶化的现象。需要指出的是，相干解调不存在门限效应。

由上面分析可以得出以下结论：

(1) 在大信噪比情况下，AM 信号包络检波器的性能与相干解调相同。

(2) 在小信噪比情况下，输入信号信噪比小于门限值时，出现门限效应，包络检波器的输出信噪比将急剧恶化。

3.4　角度调制系统及其抗噪声性能

角度调制与线性调制不同，角度调制中已调信号的频谱不再是原调制信号频谱的线性搬移，而是频谱的非线性变换，会产生与频谱搬移不同的新的频率分量，故又称为非线性调制。

3.4.1　角度调制的概念

角度调制包括频率调制和相位调制，即载波的振幅保持不变，而载波的频率或相位随基带信号变化。由于频率调制和相位调制之间存在着内在联系，而且在实际应用中频率调制得到广泛的应用，所以本节主要讨论频率调制。下面先给出几个基本概念。

任一未调制的正弦载波可表示为

$$
c(t)=A\cos(\omega_0 t+\theta_0) \tag{3-85}
$$

其中，A 为载波的振幅，$\omega_0 t+\theta_0$ 称为载波的瞬时相位，ω_0 称为载波的角频率，θ_0 为载波的初始相位。

调制后载波信号可以表示为

$$S_f(t)=A\cos[\omega_0 t+\varphi(t)]=A\cos\theta(t) \tag{3-86}$$

其中，$\theta(t)=\omega_0 t+\varphi(t)$ 称为信号的瞬时相位，$\varphi(t)$称为瞬时相位偏移；$\mathrm{d}[\omega_0 t+\varphi(t)]/\mathrm{d}t$ 称为信号的瞬时角频率，$\mathrm{d}\varphi(t)/\mathrm{d}t$ 称为瞬时角频率偏移，即相对于 ω_0 的瞬时频率偏移。

所谓频率调制，就是载波的振幅保持不变，载波的瞬时角频率偏移随基带信号成比例变化的调制，即

$$\frac{\mathrm{d}\varphi(t)}{\mathrm{d}t}=K_f f(t) \tag{3-87}$$

或

$$\varphi(t)=\int K_f f(t)\mathrm{d}t \tag{3-88}$$

其中，K_f 称为频偏常数，又称为调频器灵敏度，其含义是单位调制信号幅度引起 FM 信号的频率偏移量，单位是弧度/(秒・伏)(rad/(s・V))。

将式(3-88)代入式(3-86)，可得频率调制信号为

$$S_{FM}(t)=A\cos\left[\omega_0 t+\theta_0+\int K_f f(t)\mathrm{d}t\right] \tag{3-89}$$

对于调频波，其最大的角频率偏移为

$$\Delta\omega=\left|\frac{\mathrm{d}\varphi(t)}{\mathrm{d}t}\right|_{\max}=K_f\,|f(t)|_{\max} \tag{3-90}$$

所谓相位调制，就是载波的瞬时相位偏移随基带信号成比例变化的调制，即

$$\varphi(t)=K_p f(t) \tag{3-91}$$

所以相位调制信号可以表示为

$$S_{PM}(t)=A\cos[\omega_0 t+\theta_0+K_p f(t)] \tag{3-92}$$

其中，K_p 称为相移常数，是取决于具体实现电路的一个比例常数，又称为调相器的灵敏度，其含义是单位调制信号幅度引起 PM 信号的相位偏移量，单位是弧度/伏(rad/V)。

对于调相波，其最大的相位偏移为

$$\Delta\varphi=K_p\,|f(t)|_{\max} \tag{3-93}$$

在基带信号是单频余弦情况下，令 $f(t)=A_m\cos\omega_m t$，$\omega_m\leqslant\omega_0$，由式(3-89)可得

$$\begin{aligned}S_{FM}(t)&=A\cos\left[\omega_0 t+\int K_f A_m\cos\omega_m t\mathrm{d}t\right]\\&=A\cos\left[\omega_0 t+\frac{K_f A_m}{\omega_m}\sin\omega_m t\right]\\&=A\cos[\omega_0 t+\beta_{FM}\sin\omega_m t]\end{aligned} \tag{3-94}$$

其中，$\beta_{FM}=\dfrac{K_f A_m}{\omega_m}$ 称为调频指数，代表 FM 波的最大相位偏移；$\Delta\omega=K_f A_m$ 称为最大角频率偏移，因此

$$\beta_{FM}=\frac{\Delta\omega}{\omega_m}=\frac{\Delta f}{f_m}$$

由式(3-92)可得

$$S_{PM}(t)=A\cos[\omega_0 t+K_p A_m \cos\omega_m t]=A\cos[\omega_0 t+\beta_{PM}\cos\omega_m t] \quad (3-95)$$

其中，$\beta_{PM}=K_p A_m$ 称为调相指数，代表 PM 波的最大相位偏移。

3.4.2　窄带调频

当调频波的最大相位偏移满足

$$\left|K_f \int f(t)\mathrm{d}t\right| \ll \frac{\pi}{6} \quad (3-96)$$

时，称为窄带调频(NBFM)。在这种情况下，调频波的频谱只占有比较窄的频带宽度。

由式(3-89)可以得到 NBFM 信号的时域表达式为

$$\begin{aligned} S_{NBFM}(t) &= A\cos\left[\omega_0 t+\int K_f f(t)\mathrm{d}t\right] \\ &= A\cos\omega_0 t\cos\left[K_f\int f(t)\mathrm{d}t\right]-A\sin\omega_0 t\sin\left[K_f\int f(t)\mathrm{d}t\right] \end{aligned} \quad (3-97)$$

由于 $\left|K_f\int f(t)\mathrm{d}t\right|$ 较小，使用公式 $\cos x\approx 1$ 和 $\sin x\approx x$，式(3-97)可以化简为

$$S_{NBFM}(t) = A\cos\omega_0 t - A\left[K_f\int f(t)\mathrm{d}t\right]\sin\omega_0 t \quad (3-98)$$

由此可得，窄带调频的频谱表达式为

$$S_{NBFM}(\omega) = \pi A[\delta(\omega-\omega_0)+\delta(\omega+\omega_0)]+\frac{AK_f}{2}\left[\frac{F(\omega-\omega_0)}{\omega-\omega_0}-\frac{F(\omega+\omega_0)}{\omega+\omega_0}\right] \quad (3-99)$$

由式(3-99)可知，NBFM 与 AM 的频谱类似，都包含载波和两个边带。NBFM 信号的带宽与 AM 信号的带宽相同，均为基带信号最高频率分量的两倍。不同的是，NBFM 的两个边频分量分别乘了因式 $1/(\omega-\omega_0)$ 和 $1/(\omega+\omega_0)$，由于因式是频率的函数，所以这种加权是频率加权，加权的结果引起调制信号频谱失真，同时，频率分量符号相反，相位相差 Ⅱ。这些差别造成了 NBFM 与 AM 的本质区别。

3.4.3　宽带调频

当式(3-96)不成立时，调频信号不能化简为式(3-98)，此时调制信号对载频进行频率调制将引起较大的频率偏移，使得已调信号在传输时占用较宽的频带，这样的调频信号称为宽带调频(WBFM)信号。

一般信号的宽带调频时域表达式非常复杂。为使问题简化，只讨论单频调制的情况。

1. 单频调制时频域特性

设单频调制信号为

$$f(t)=A_m\cos\omega_m t,\ \omega_m\leqslant\omega_0 \quad (3-100)$$

由式(3-94)可得

$$S_{FM}(t)=A\cos[\omega_0 t+\beta_{FM}\sin\omega_m t] \quad (3-101)$$

利用三角公式展开式(3-101)，则有

$$S_{FM}(t)=A[\cos\omega_0 t\cos(\beta_{FM}\sin\omega_m t)-\sin\omega_0 t\sin(\beta_{FM}\sin\omega_m \mathrm{t})] \quad (3-102)$$

将因子 $\cos(\beta_{FM}\sin\omega_m t)$ 和 $\sin(\beta_{FM}\sin\omega_m t)$ 分别展开成傅里叶级数形式：

$$\cos(\beta_{FM}\sin\omega_m t) = J_0(\beta_{FM})+\sum_{n=1}^{\infty}2J_{2n}(\beta_{FM})\cos 2n\omega_m t \quad (3-103)$$

$$\sin(\beta_{FM}\sin\omega_m t) = 2\sum_{n=1}^{\infty} J_{2n+1}(\beta_{FM})\sin(2n+1)\omega_m t \tag{3-104}$$

经推导，式(3-102)可展开成如下级数形式：

$$S_{FM}(t) = A\sum_{n=-\infty}^{\infty} J_n(\beta_{FM})\cos(\omega_0 + n\omega_m)t \tag{3-105}$$

其中，$J_n(\beta_{FM})$为第一类 n 阶贝塞尔函数，它是调频指数 β_{FM} 的函数。图 3-22 给出了 $J_n(\beta_{FM})$随 β_{FM}变化的关系曲线。

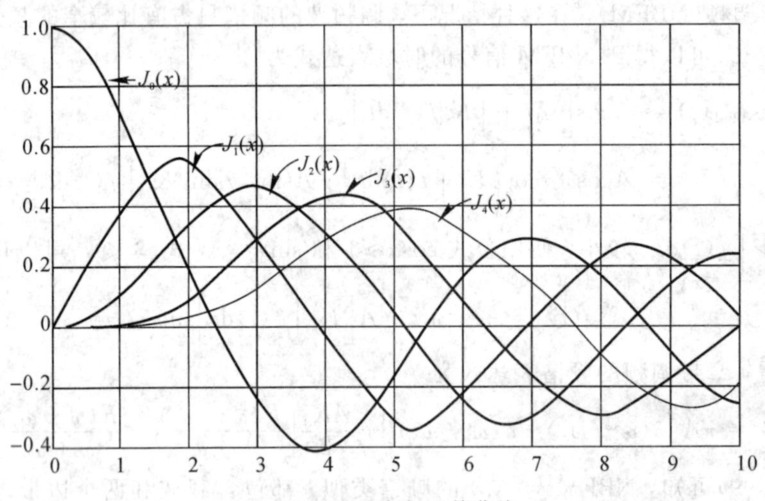

图 3-22　贝塞尔函数曲线

可以证明第一类 n 阶贝塞尔函数具有以下性质：

$$J_{-n}(\beta_{FM}) = \begin{cases} J_n(\beta_{FM}), & n\text{ 为偶数} \\ -J_n(\beta_{FM}), & n\text{ 为奇数} \end{cases} \tag{3-106}$$

对式(3-105)进行傅里叶变换，可得到 WBFM 的频谱表达式为

$$S_{WBFM}(\omega) = \pi A\sum_{n=-\infty}^{\infty} J_n(\beta_{FM})[\delta(\omega - \omega_0 - n\omega_m) + \delta(\omega + \omega_0 + n\omega_m)] \tag{3-107}$$

由式(3-105)和式(3-107)可知，尽管调制信号是单频的，但是已调信号的频谱中含有无穷多个频率分量。当 $n=0$ 时，就是载波分量 ω_0，其幅度为 $J_0(\beta_{FM})$；当 $n\neq 0$ 时，在载频两侧对称分布上、下边频分量 $\omega_0 \pm n\omega_m$，谱线之间的间隔为 ω_m，幅度为 $J_n(\beta_{FM})$；当 n 为奇数时，上、下边频幅度的极性相反；当 n 为偶数时，上、下边频幅度的极性相同。

2. 单频调制时频带宽度

由于调频波的频谱包含多个频率分量，所以理论上调频波的频带宽度为无限宽。而实际上，边频幅度 $J_n(\beta_{FM})$ 随着 n 的增大而逐渐减小，因此，只要选取适当的 n 值使得边频分量的幅度小到可以忽略的程度，调频信号就可以近似认为具有有限频谱。一个常用的原则是，当 $\beta_{FM}\geqslant 1$ 时，取边频数 $n=\beta_{FM}+1$ 即可。因为 $n>\beta_{FM}+1$ 以上的边频幅度 $J_n(\beta_{FM})$ 均小于 0.1，相应产生的功率在总功率的 2% 以下，可以忽略不计。根据卡森公式，可得

$$B_{FM} \approx 2(\Delta f + f_m) = 2(\beta_{FM}+1)f_m \tag{3-108}$$

其中，f_m 为调制信号 $f(t)$的频率。

若 $\beta_{FM}\ll 1$，则

$$B_{\mathrm{WBFM}} \approx 2f_{\mathrm{m}} \tag{3-109}$$

若 $\beta_{\mathrm{FM}} \gg 1$，则

$$B_{\mathrm{WBFM}} \approx 2\Delta f \tag{3-110}$$

以上讨论的是单频调制的情况。当调制信号有多个频率分量时，已调信号的频谱要复杂很多。对于任意的 FM 信号，可以定义频偏比为

$$D = \frac{\Delta f}{f_{\mathrm{m}}} \tag{3-111}$$

其中，Δf 是最大频偏，f_{m} 是调制信号的最高频率。

由此可得 FM 信号的带宽公式为

$$B_{\mathrm{FM}} \approx 2(\Delta f + f_{\mathrm{m}}) = 2(D+1)f_{\mathrm{m}} \tag{3-112}$$

可见，在非单频调制中，频偏比 D 所起的作用与单频调制中调制指数所起的作用相同。

3. 调频信号的平均功率

调频信号的平均功率为

$$P_{\mathrm{FM}} = \overline{S_{\mathrm{FM}}^2(t)} = \overline{\left[A\sum_{n=-\infty}^{\infty} J_n(\beta_{\mathrm{FM}})\cos(\omega_0 + n\omega_{\mathrm{m}})t\right]^2} = \frac{A^2}{2}\sum_{n=-\infty}^{\infty} J_n^2(\beta_{\mathrm{FM}}) \tag{3-113}$$

根据贝塞尔函数性质，式(3-113)中 $\sum_{n=-\infty}^{\infty} J_n^2(\beta_{\mathrm{FM}}) = 1$，所以调频信号的平均功率为

$$P_{\mathrm{FM}} = \frac{A^2}{2} \tag{3-114}$$

3.4.4　调频信号的产生

产生调频信号的方法通常有两种：直接调频法和间接调频法。

1. 直接调频法

在直接调频法中采用压控振荡器(VCO)作为产生调频信号的调制器，压控振荡器的输出频率正比于所加的控制电压。控制 VCO 振荡频率的常用方法是改变振荡器谐振回路的电抗元件 L 或 C。电抗元件有电抗管和变容管。变容管由于电路简单，性能良好，目前在调频器中得到了广泛应用。

直接调频法的优点是在实现线性调频的要求下，可以获得较大的频偏；其缺点是频率稳定度不高，载频会发生漂移，往往需要附加的稳频电路。

2. 间接调频法

间接调频法又称为倍频法，首先用类似于线性调制的方法产生窄带调频信号，然后用倍频的方法变换为宽带调频信号。其原理框图如图 3-23 所示。

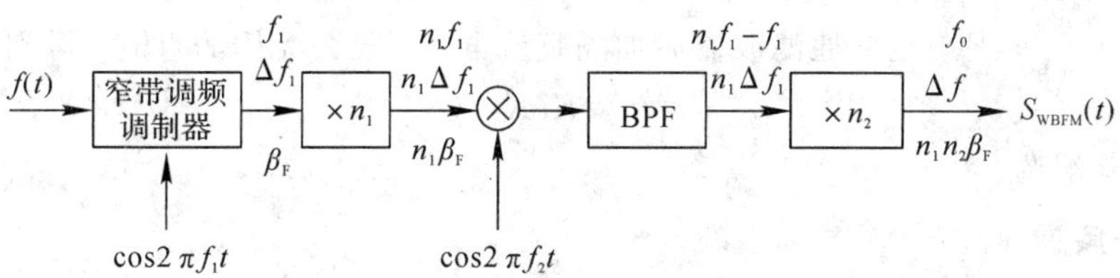

图 3-23　间接调频法原理框图

设窄带调频调制器产生的载波为 f_1，产生的最大频偏为 Δf_1，调频指数为 β_F，n_1 和 n_2 为倍频次数。若设宽带调频的载频为 f_0，最大频偏为 Δf，调频指数为 β_{FM}。根据图 3-23 可以得到它们之间的关系为

$$f_0 = n_2(n_1 f_1 - f_2) \tag{3-115}$$

$$\Delta f = n_1 n_2 \Delta f_1 \tag{3-116}$$

$$\beta_{FM} = n_1 n_2 \beta_F \tag{3-117}$$

间接调频法的优点是频率稳定度好；其缺点是需要多次倍频和混频，因此电路较复杂。

3.4.5 调频信号的解调

与幅度调制一样，调频信号有相干解调和非相干解调两种解调方式。相干解调仅适用于窄带调频信号，非相干解调适用于窄带和宽带调频信号。

1. 非相干解调

非相干解调器由限幅器、鉴频器和低通滤波器等组成，其原理框图如图 3-24 所示。

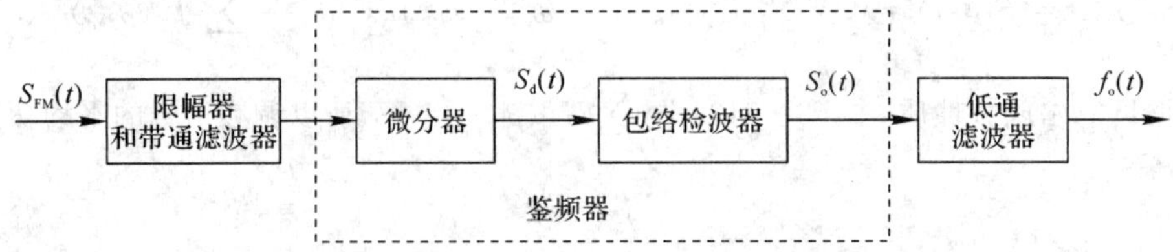

图 3-24　非相干解调器的原理框图

限幅器的输入信号是已调频信号和噪声，限幅器的目的是消除接收信号在幅度上可能出现的畸变。带通滤波器的作用是限制带外噪声，使调频信号顺利通过。

鉴频器中的微分器把调频信号变成调幅调频信号，然后由包络检波器检出包络，最后通过低通滤波器取出调制信号。

由上面分析可知，调频信号可以表示为

$$S_{FM}(t) = A\cos\left[\omega_0 t + K_f \int f(t)\,dt\right] \tag{3-118}$$

微分器的输出为

$$S_d(t) = \frac{dS_{FM}(t)}{dt} = -A[\omega_0 + K_f f(t)]\sin\left[\omega_0 t + K_f \int f(t)\,dt\right] \tag{3-119}$$

包络检波器的作用是从输出信号的幅度变化中检出调制信号，其输出为

$$S_o(t) = K_d[\omega_0 + K_f f(t)] = K_d\omega_0 + K_d K_f f(t) \tag{3-120}$$

其中，K_d 称为鉴频灵敏度，是已调信号单位频偏对应的调制信号的幅度，单位为伏/弧度/秒（$V\cdot(rad\cdot s^{-1})^{-1}$）。经低通滤波器后加隔直流电容，隔去无用的直流，得到

$$f_o(t) = K_d K_f f(t) \tag{3-121}$$

从而完成正确解调。

2. 相干解调

由于窄带调频信号可分解成同相分量和正交分量之和，因而可以采用线性调制中的相干解调法来进行解调。其原理框图如图 3-25 所示。

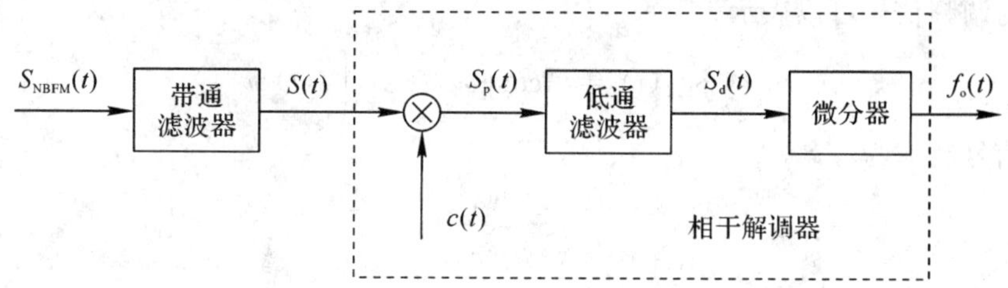

图 3-25　相干解调器的原理框图

图中带通滤波器用来限制信道所引入的噪声，而调频信号能正常通过。窄带调频信号表示为

$$S_{NBFM}(t)=A\cos\omega_0 t-A\left[\int K_f f(t)\mathrm{d}t\right]\sin\omega_0 t \tag{3-122}$$

相干载波为

$$c(t)=-\sin\omega_0 t \tag{3-123}$$

乘法器的输出为

$$S_p(t)=-\frac{A}{2}\sin2\omega_0 t+\left[\frac{A}{2}K_f\int f(t)\mathrm{d}t\right](1-2\cos\omega_0 t) \tag{3-124}$$

经低通滤波器滤除高频分量，可得

$$S_d(t)=\frac{A}{2}K_f\int f(t)\mathrm{d}t \tag{3-125}$$

再经过微分器，得到输出信号为

$$f_o(t)=\frac{A}{2}K_f f(t) \tag{3-126}$$

从而完成正确解调。

值得注意的是，调频信号的相干解调同样要求本地载波与调制载波同步，否则将使解调信号失真。

3.4.6　调频系统的抗噪声性能

由前面的分析可知，调频信号的解调有相干解调和非相干解调两种。相干解调仅适用于窄带调频信号，且需要同步信号；而非相干解调适用于窄带和宽带调频信号，而且不需要同步信号，因而是调频系统的主要解调方式。因此，本节只讨论非相干解调系统的抗噪声性能。其模型如图 3-26 所示。

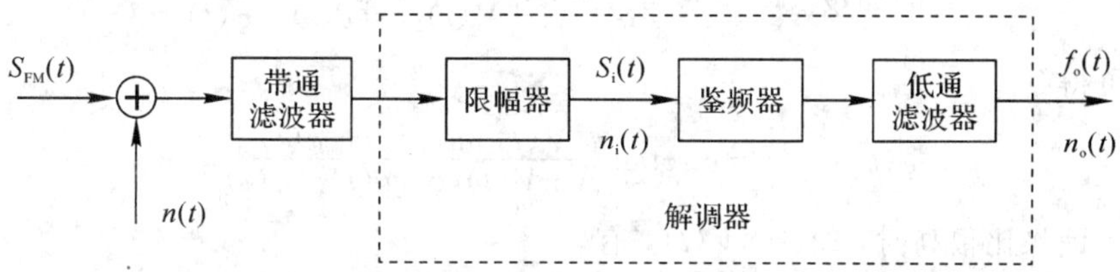

图 3-26　调频系统抗噪声性能分析模型

图中带通滤波器的作用是抑制信号带宽以外的噪声，信道所引入的加性噪声为高斯白噪声，其单边功率谱密度为 n_0。

输入的调频信号可以表示为

$$S_i = S_{FM}(t) = A\cos\left[\omega_0 t + K_f\int f(t)\,\mathrm{d}t\right] \tag{3-127}$$

输入信号功率为

$$S_i = \frac{A^2}{2} \tag{3-128}$$

输入噪声功率为

$$N_i = n_0 B_{FM} \tag{3-129}$$

因而输入信噪比为

$$\frac{S_i}{N_i} = \frac{A^2}{2n_0 B_{FM}} \tag{3-130}$$

计算输出信噪比时，由于非相干解调不满足叠加性，无法分别计算信号与噪声的功率，所以，也和 AM 信号非相干解调一样，考虑两种极端情况，即大信噪比和小信噪比情况。

1. 大信噪比情况

在大信噪比情况下，信号和噪声的相互作用可以忽略，这时可以把信号和噪声分开计算。非相干解调器的输入端加入的信号是调频信号与窄带高斯噪声的叠加，即

$$S_i(t)+n_i(t)=S_{FM}(t)+n_i(t)=A\cos[\omega_0 t+\varphi(t)]+V(t)\cos[\omega_0 t+\theta(t)] \tag{3-131}$$

其中，$V(t)$表示窄带高斯噪声的瞬时幅度，$\theta(t)$为高斯噪声的瞬时相位偏移。式(3-131)中两个同频余弦波可以合成一个余弦波，即

$$S_i(t)+n_i(t)=B(t)\cos[\omega_0 t+\psi(t)] \tag{3-132}$$

这里的 $B(t)$ 对解调器输出无影响，鉴频器只对瞬时频率的变化有反应，它反应在合成瞬时相位偏移 $\psi(t)$ 上。在大信噪比情况下，可用图 3-27 表示的矢量图来求合成的余弦波。

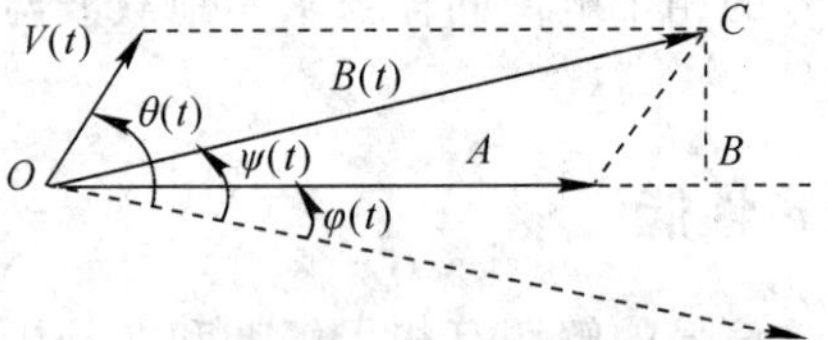

图 3-27　大信噪比时合成矢量

由图可得

$$\tan[\psi(t)-\varphi(t)]=\frac{\overline{BC}}{\overline{OB}}=\frac{V(t)\sin[\theta(t)-\varphi(t)]}{A+V(t)\cos[\theta(t)-\varphi(t)]} \tag{3-133}$$

由此可得

$$\psi(t)=\varphi(t)+\arctan\frac{V(t)\sin[\theta(t)-\varphi(t)]}{A+V(t)\cos[\theta(t)-\varphi(t)]} \tag{3-134}$$

当输入信噪比很高时，即 $A\gg V(t)$，有

$$\begin{aligned}\psi(t)&\approx\varphi(t)+\arctan\frac{V(t)\sin[\theta(t)-\varphi(t)]}{A}\\&\approx\varphi(t)+\frac{V(t)}{A}\sin[\theta(t)-\varphi(t)]\end{aligned} \tag{3-135}$$

理想鉴频器的输出应与输入信号的瞬时频偏成正比，若比例常数为 1，鉴频器对式(3-135)进行微分，可得到输出为

$$V_o(t)=\frac{1}{2\pi}\frac{d\psi(t)}{dt}=\frac{1}{2\pi}\frac{d\varphi(t)}{dt}+\frac{1}{2\pi A}\frac{dn_d(t)}{dt} \tag{3-136}$$

其中，$n_d(t)=V(t)\sin[\theta(t)-\varphi(t)]$。

此时式(3-136)中第一项即为有用信号项，第二项可视作噪声项。因此非相干解调器的输出信号为

$$S_o(t)=\frac{1}{2\pi}\frac{d\varphi(t)}{dt}=\frac{1}{2\pi}K_f f(t) \tag{3-137}$$

输出有用信号的平均功率为

$$S_o=\frac{K_f^2}{4\pi^2}\overline{f^2(t)} \tag{3-138}$$

解调器的输出噪声与 $n_d(t)$有关，具有与窄带噪声 $n_i(t)$相同的功率谱密度 $n_0/2$。鉴频器输出噪声与 $n_d(t)$的微分成正比，而理想微分网络的功率传递函数为

$$|H(\omega)|^2=|j\omega|^2=\omega^2=(2\pi f)^2 \tag{3-139}$$

因此解调器输出噪声的功率谱在解调信号带宽内为

$$p_{n_0}(f)=|H(\omega)|^2 n_0/(2\pi A)^2=n_0 f^2/A^2,\ |f|\leqslant\frac{B_{FM}}{2} \tag{3-140}$$

其中，B_{FM}为调频信号的传输频带。鉴频器输出经低通滤波器滤除调频信号频带以外的频率分量，因而输出噪声功率为

$$N_o=\int_{-f_m}^{f_m}\frac{n_0 f^2}{A^2}df=\frac{2n_0 f_m^3}{3A^2} \tag{3-141}$$

由此可得调频信号鉴频器解调的输出信噪比为

$$\frac{S_o}{N_o}=\frac{3A^2K_f^2\overline{f^2(t)}}{8\pi^2 n_0 f_m^3} \tag{3-142}$$

其中，f_m 为调制信号截止频率。

由式(3-130)和式(3-142)可得宽带调频系统的信噪比增益为

$$G_{FM}=\frac{S_o/N_o}{S_i/N_i}=\frac{3K_f^2 B_{FM}\overline{f^2(t)}}{4\pi^2 f_m^3} \tag{3-143}$$

考虑单一频率余弦波时的情况，即

$$f(t)=A_m\cos\omega_m t \tag{3-144}$$

则

$$\overline{f^2(t)}=\frac{A_m^2}{2} \tag{3-145}$$

这时的调频信号为

$$S_{FM}(t)=A\cos(\omega_0 t+\beta_{FM}\sin\omega_m t) \tag{3-146}$$

其中

$$\beta_{FM}=\frac{\Delta\omega}{\omega_m}=\frac{A_m K_f}{\omega_m}=\frac{\Delta f}{f_m} \tag{3-147}$$

所以单频余弦波调频信号解调器输出信噪比增益为

$$G_{FM}=\frac{3}{2}\beta_{FM}^2\frac{B_{FM}}{f_m} \tag{3-148}$$

宽带调频信号带宽为

$$B_{FM}=2(\beta_{FM}+1)f_m \tag{3-149}$$

式(3-148)还可以写成

$$G_{FM}=3\beta_{FM}^2(\beta_{FM}+1) \tag{3-150}$$

式(3-150)表明，大信噪比时宽带调频系统的信噪比增益是很高的，它与调频指数的立方成正比。例如，调频广播中常取$\beta_{FM}=5$，则信噪比增益$G_{FM}=450$。可见，加大调频指数β_{FM}，可使调频系统的抗噪声性能得到迅速改善。

2. 小信噪比情况

以上的分析都是在解调器输入信噪比足够大的条件下进行的，当输入信噪比降到一定程度时，有用信号被噪声淹没，不能被提取，出现调频系统中的门限效应，此时的输出信噪比急剧恶化。出现门限效应时所对应的输入信噪比的值称为门限值。图3-28表示单频调制时输出和输入信噪比的近似关系。图中各曲线的转折点为门限值。由图可以看出，在门限值以上，输出信噪比与输入信噪比保持线性关系；在门限值以下，输出信噪比急剧下降。

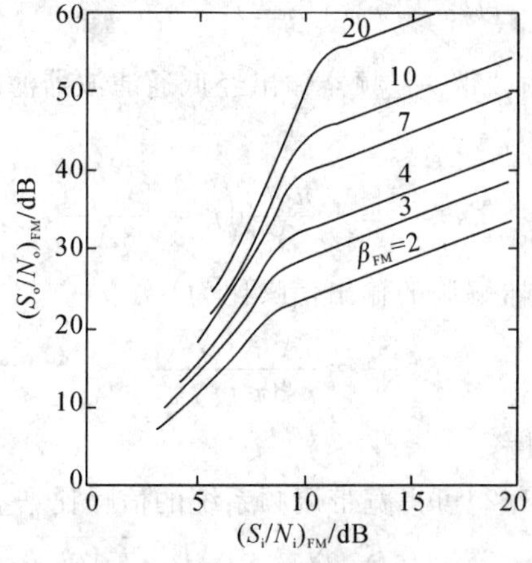

图3-28　输出门限效应与调频指数的关系

3.4.7　调频系统的加重技术

在调频广播中所传送的语音和音乐信号其大部分能量集中在低频段，而在调频解调器的输出端，噪声的功率谱密度与频率平方成正比，因而在信号功率谱密度最小的频率范围内，噪声功率谱密度却是最大的，这对于解调输出信噪比是不利的。

如果在发送端调制之前提升输入信号的高频分量，在接收端解调之后作反变换，压低高频分量，使信号频谱恢复原始形状，这样就能减小在提升信号高频分量后所引入的噪声功率，因为在解调后压低信号高频分量的同时高频噪声功率也受到了抑制。通常把发送端对输入信号高频分量的提升称为预加重，解调后对高频分量的压低称为去加重。其原理框图如图3-29所示。

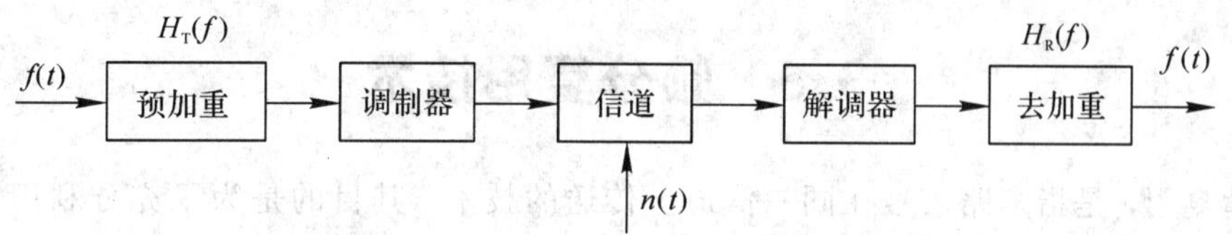

图 3-29　预加重和去加重的原理框图

通常采用如图 3-30(a)所示的 RC 网络作为预加重网络，它的传递函数的幅频特性近似如图 3-30(b)所示。

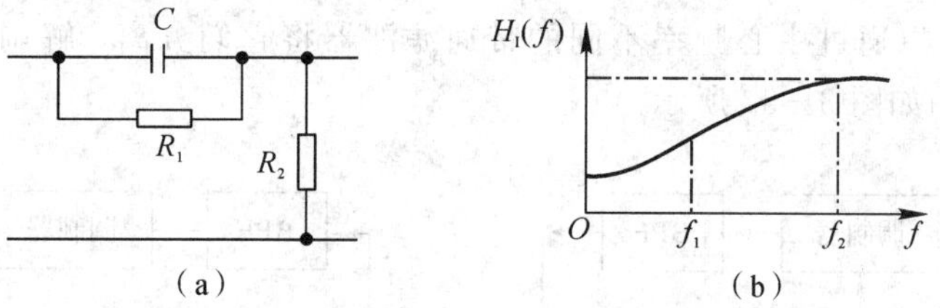

图 3-30　预加重网络

相应的去加重网络及幅频特性如图 3-31(a)、(b)所示。

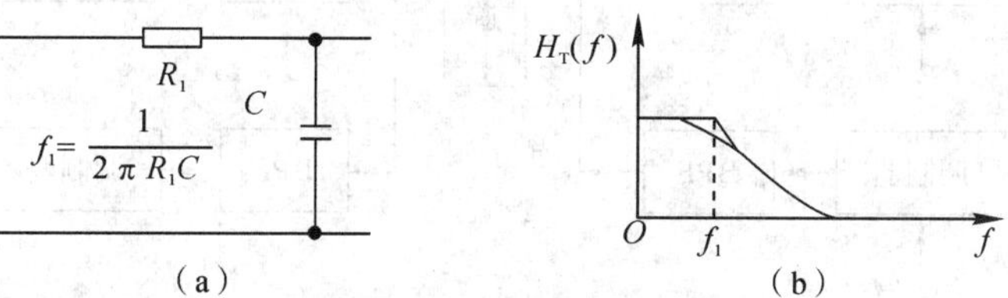

图 3-31　去加重网络及幅频特性

由式(3-140)可知，解调器输出噪声功率谱密度为

$$p_{n_0}(f)=n_0f^2/A^2 \tag{3-151}$$

图 3-31 所示去加重网络的传递函数为

$$H(f)=\frac{1}{1+\mathrm{j}\dfrac{f}{f_1}} \tag{3-152}$$

故去加重后噪声功率为

$$N'_\mathrm{o}=\int_{-f_\mathrm{m}}^{f_\mathrm{m}}p_{n_0}\ |H(f)|^2\mathrm{d}f=\frac{2n_0}{A^2}\int_0^{f_\mathrm{m}}\frac{f^2}{1+(f/f_1)^2}\mathrm{d}f \tag{3-153}$$

不用去加重时，噪声功率为

$$N_\mathrm{o}=\frac{2n_0}{A^2}\int_0^{f_\mathrm{m}}f^2\mathrm{d}f \tag{3-154}$$

当信号不发生失真时，信噪比改善值为

$$\Gamma=\frac{N_\mathrm{o}}{N'_\mathrm{o}} \tag{3-155}$$

把式(3-152)和式(3-153)代入上式可得

$$\Gamma=\frac{1}{3}\frac{(f_\mathrm{m}/f_1)^3}{(f_\mathrm{m}/f_1)-\arctan(f_\mathrm{m}/f_1)} \tag{3-156}$$

例如，假设 $f_\mathrm{m}=15$ kHz，$f_1=2.1$ kHz，则可得信噪比改善值约为 13 dB。

3.5 频分复用技术

所谓复用，是指多路信号在同一信道上传送的技术。其目的是为了充分利用信道的频带或时间资源，提高信道的利用率。多路复用的方式主要有频分复用(FDM)、时分复用(TDM)和码分复用(CDM)。本节主要介绍频分复用的原理。

频分复用就是在发送端利用不同频率的载波将多路信号的频谱调制到不同的频段，以实现多路复用。频分复用的多路信号在频率上不会重叠，合并在一起通过一条信道传输，到达接收端后，可以通过中心频率不同的带通滤波器将它们分离，解调还原出基带信号。频分复用的原理图如图 3-32 所示。

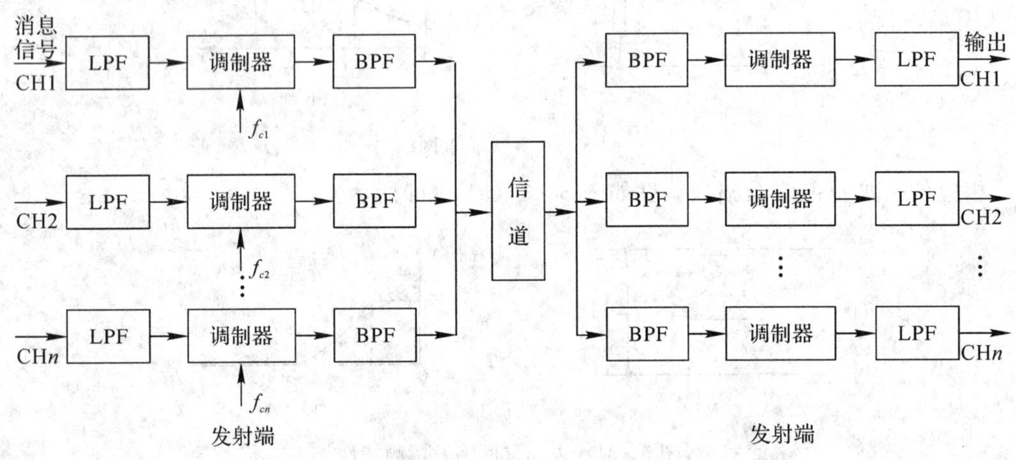

图 3-32 频分复用的原理图

频分多路复用中的主要问题是各路信号之间的相互干扰，这一干扰称为串扰。引起串扰的主要原因是系统非线性所造成的已调信号频谱分展宽，调制非线性所造成的串扰部分可以由发送带通滤波器消除，但信道传输中非线性所造成的串扰则无法消除。因而频分多路复用对系统线性的要求很高。合理选择载频频率 f_{c1}，f_{c2}，…，f_{cn}，并在各路已调信号频谱之间留有一定的保护间隔，也是减小串扰的有效措施。以 SSB 为例，其复用信号频谱结构如图 3-33 所示。

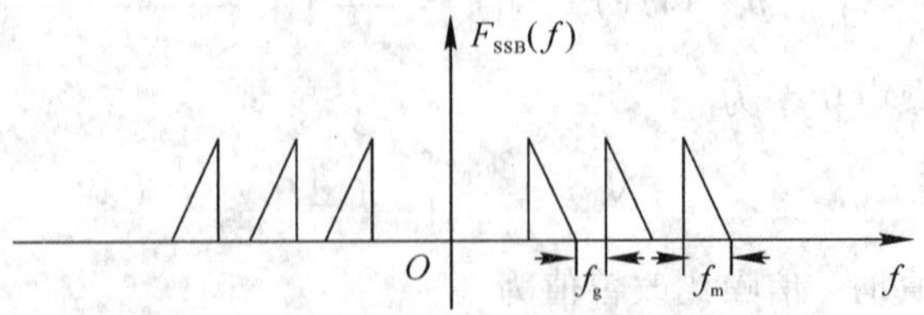

图 3-33 复用信号的频谱结构

总的复用信号带宽为

$$B_{SSB}=Nf_m+(N-1)f_g \tag{3-157}$$

频分复用的优点是信道的利用率高，允许复用的路数多，分路也很方便。其缺点是设备复杂，不仅需要大量的调制器、解调器和带通滤波器，而且还要求接收端提供相干载波。

3.6　本章 MATLAB 仿真实例

例 3-1　用频率 100 Hz 的正弦波调制频率 1 kHz 的正弦波，$A_0=1$，要求：

(1) 绘制调制信号的时域波形图、频谱图；

(2) 绘制 AM 调制信号的时域波形图、频谱图；

(3) 绘制 DSB 调制信号的时域波形图、频谱图；

(4) 绘制 DSB 采用相干解调，解调器输出信号的时域波形图、频谱图。

仿真程序：

```
Clear all;
clc;
Fs=10000;                                   %抽样频率
Fc=1000;                                    %载波频率
Fm=100;                                     %调制信号频率
N=2048;                                     %FFT 长度
n=-N:N-1; t=n/Fs;                           %截止时间和步长
x=cos(2*pi*Fm*t);                           %调制信号
c=cos(2*pi*Fc*t);                           %载波信号
A=1;
%AM 调制
y_AM=(A+x).*c;                              %AM 调制
%DSB 调制
y_DSB=modulate(x, Fc, Fs, 'amdsb-sc');      %抑制双边带振幅调制(DSB)
%DSB 相干解调
x_o=demod(y_DSB, Fc, Fs, 'amdsb-sc');       %DSB 相干解调
%傅里叶变换
f1=(0:N-1)*Fs/N-Fs/2;                       %频率转换
Y=fft(x, N);                                %调制信号傅里叶变换
Y1=fftshift(Y);
mag1=abs(Y1);
Y_AM=fft(y_AM, N);                          %AM 调制信号傅里叶变换
Y2=fftshift(Y_AM);
mag2=abs(Y2);
Y3=fft(y_DSB, N);                           %DSB 调制信号傅里叶变换
Y4=fftshift(Y3);
mag3=abs(Y4);
Y5=fft(x_o, N);                             %DSB 解调信号频谱
Y6=fftshift(Y5);
Mag4=abs(Y6);
%显示
figure(1);
```

```
subplot(121);
plot(t, x);
xlim([-0.01 0.01]);
xlabel('调制信号');
subplot(122);
plot(f1, mag1);
xlim([-200 200]);
xlabel('调制信号频谱');
figure(2);
subplot(121);
plot(t, y_AM);
xlim([-0.01 0.01]);
hold on;
plot(t, 1+x, 'b--')
xlabel('AM 调制信号');
subplot(122);
plot(f1, mag2);
xlim([-1500 1500]);
xlabel('AM 调制信号频谱');
figure(3);
subplot(121);
plot(t, y_DSB);
xlim([-0.01 0.01]);
xlabel('DSB 调制信号');
subplot(224);
plot(f1, mag3);
%xlim([-50 50]);
xlabel('DSB 调制信号频谱');
figure(4);
subplot(121);
plot(t, x_o);
xlim([-0.01 0.01]);
xlabel('DSB 相干解调信号');
subplot(122);
plot(f1, mag4);
xlim([-200 200]);
xlabel('DSB 相干解调信号频谱');
```

仿真结果：

(1) 调制信号的时域波形图和频谱图分别如图 3-34(a)、(b)所示。

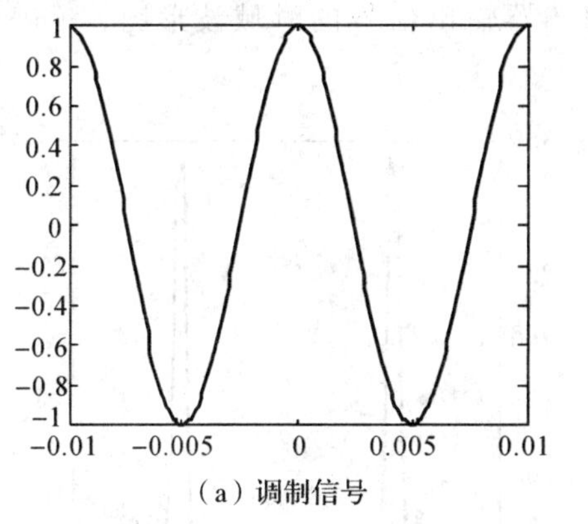

(a) 调制信号

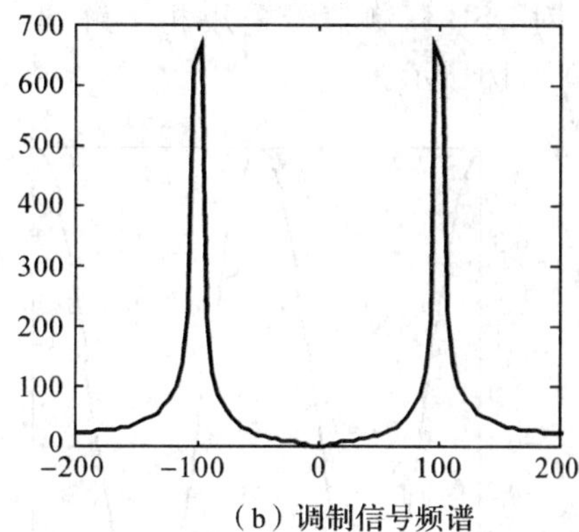

(b) 调制信号频谱

图 3－34　调制信号的时域波形图和频谱图

(2) AM 调制信号的时域波形图和频谱图分别如图 3－35(a)、(b)所示。

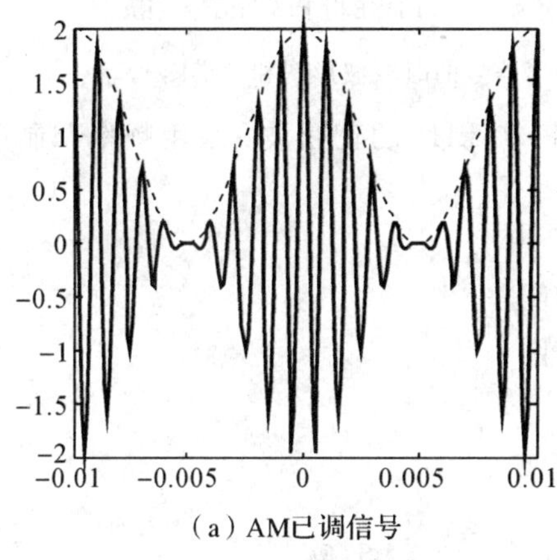

(a) AM已调信号

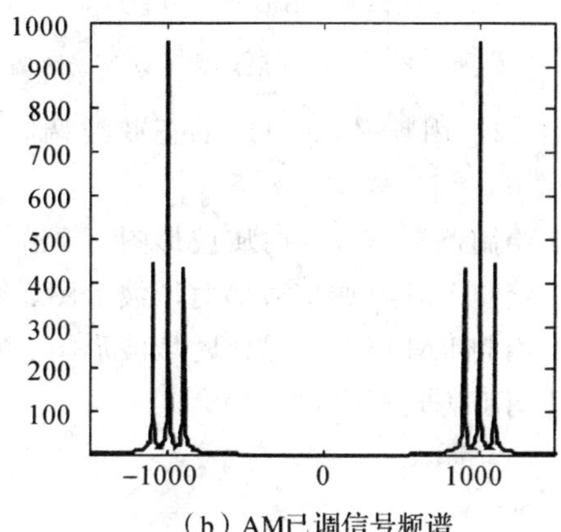

(b) AM已调信号频谱

图 3－35　AM 调制信号的时域波形图和频谱图

(3) DSB 调制信号的时域波形图和频谱图分别如图 3－36(a)、(b)所示。

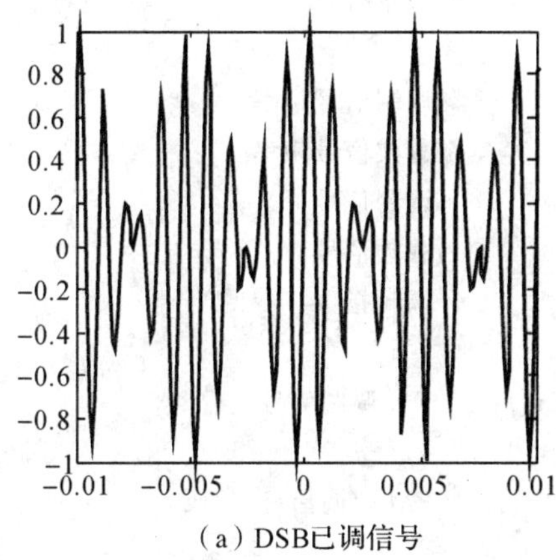

(a) DSB已调信号

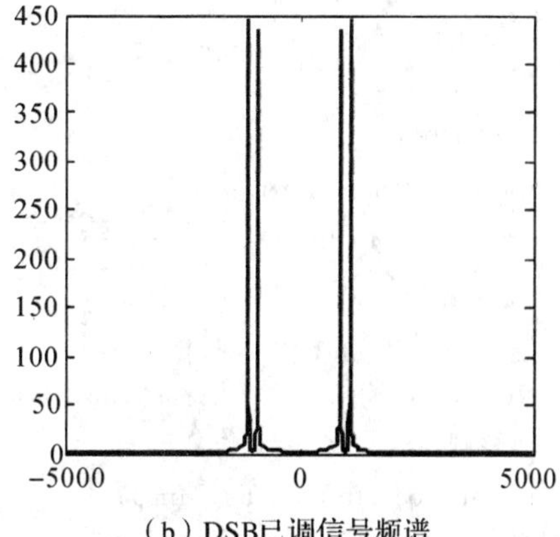

(b) DSB已调信号频谱

图 3－36　DSB 调制信号的时域波形图和频谱图

(4) 对DSB调制信号采用相干解调，解调器输出信号的时域波形图、频谱图如图3-37(a)、(b)所示。

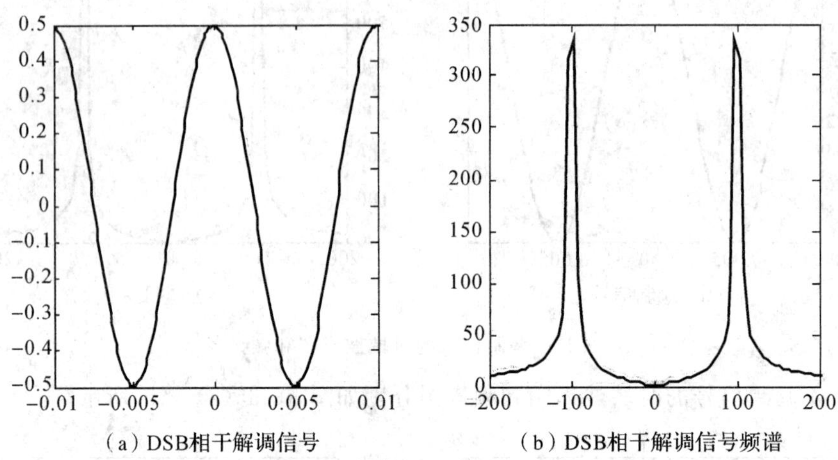

(a) DSB相干解调信号　　(b) DSB相干解调信号频谱

图3-37　采用相干解调，解调器输出信号的时域波形图和频谱图

例3-2　用频率300 Hz的正弦波调制频率30 kHz的正弦波，采用频率调制(FM)，调频指数$\beta_{FM}=5$，要求：

(1) 绘制调制信号的时域波形图、频谱图；

(2) 绘制FM已调信号的时域波形图、频谱图；

(3) 绘制FM解调信号的时域波形图、频谱图。

FM调制仿真程序：

```
Clear all;
clc;
dt=0.00001;                                      %采样间隔
N=1000;                                          %FFT长度
Fs=1/dt;                                         %采样频率
n=0:N-1;                                         %截止时间
t=n/Fs;
fm=300;                                          %调制信号频率
fc=30000;                                        %载波信号频率
x=cos(2*pi*fm*t);                                %调制信号
c=cos(2*pi*fc*t);                                %载频信号
βFM=5;                                           %调频指数
%FM调制
sfm=cos(2*pi*fc*t+βFM*sin(2*pi*fm*t));           %FM调制信号
%解调
xo=demod(sfm, fc, Fs, 'fm');                     %FM解调信号
%频谱
Y=fft(x, N);                                     %调制信号频谱
mag1=abs(Y);
f1=(0:N-1)*Fs/N;
```

```
Y1=fft(sfm, N);                          %FM 调制信号频谱
mag2=abs(Y1);
Y2=fft(xo, N);                           %FM 解调信号频谱
mag3=abs(Y2);
%显示
figure(1);
subplot(121);
plot(t, x);
xlim([0 0.01]);
xlabel('调制信号');
subplot(122);
plot(f1, mag1);
xlim([0 600]);
xlabel('调制信号频谱');
figure(2);
subplot(121);
plot(t, sfm);
xlim([0 0.001]);
xlabel('FM 调制信号');
subplot(122);
plot(f1, mag2);
xlim([25000 35000]);
xlabel('FM 调制信号频谱');
figure(3);
subplot(121);
plot(t, xo);
xlim([0 0.01]);
xlabel('FM 解调信号');
subplot(122);
plot(f1, mag3);
xlim([0 600]);
xlabel('FM 解调信号频谱');
```

仿真结果：

(1) 调制信号的时域波形图、频谱图分别如图 3-38(a)、(b)所示。

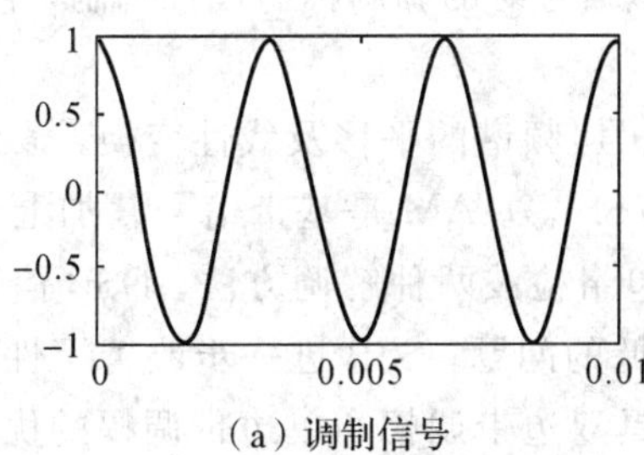

(a) 调制信号

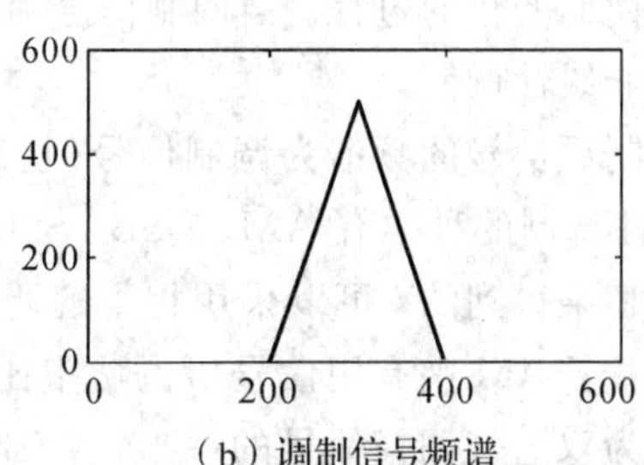

(b) 调制信号频谱

图 3-38　调制信号的时域波形图和频谱图

(2) FM 已调信号的时域波形图、频谱图分别如图 3-39(a)、(b)所示。

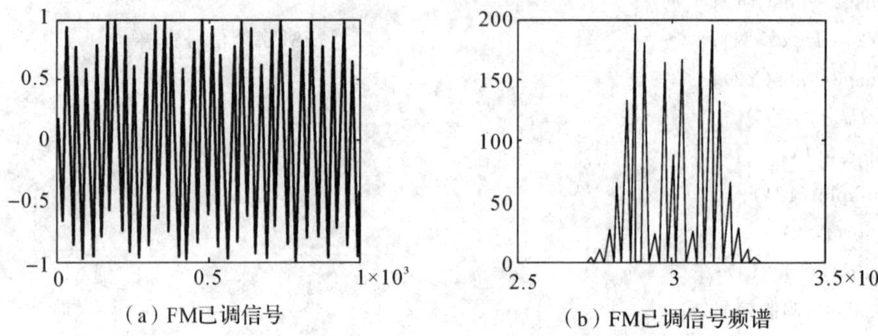

(a) FM已调信号　　(b) FM已调信号频谱

图 3-39　FM 已调信号的时域波形图和频谱图

(3) FM 解调信号的时域波形图和频谱图分别如图 3-40(a)、(b)所示。

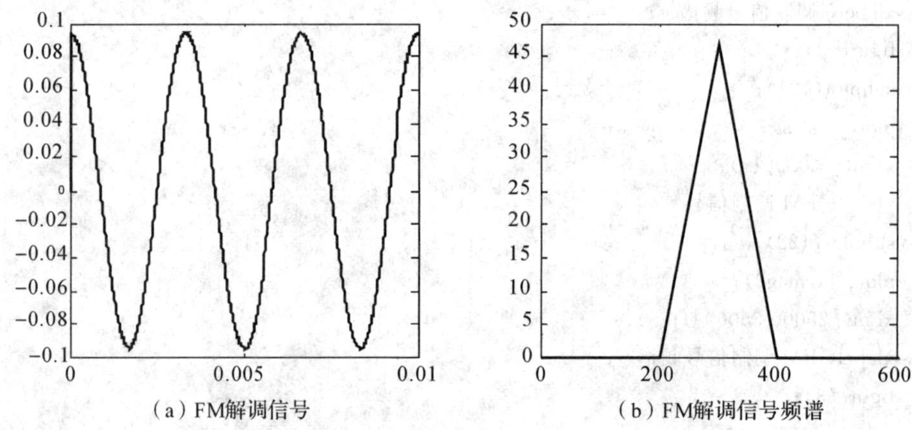

(a) FM解调信号　　(b) FM解调信号频谱

图 3-40　FM 解调信号的时域波形图和频谱图

本章小结

本章首先介绍了模拟通信系统在实际中的一些应用，如调幅广播、调频广播、地面广播电视和载波电话系统。

其次介绍了模拟调制系统的调制和解调原理以及抗噪声性能、频分复用技术。

所谓调制，就是让信号源的信号去控制载波的某个(或某些)参数，使其按照信号源信号的变化规律而变化的过程。当调制信号为模拟信号时的调制称为模拟调制，它分为两类：线性调制和非线性调制。

如果调制后信号的频谱为调制信号(基带信号)频谱的平移及线性变换，该调制称为线性调制。线性调制的种类有 AM、DSB、SSB、VSB 等。AM 是基带信号叠加上一个直流分量后和载波相乘得到的，可以采用相干解调和包络检波两种解调方法；DSB 信号中不含载波分量，解决了 AM 中有用信号所占功率比例低的问题；SSB 进一步改善了性能，将信号传输带宽减为双边带调幅信号的一半；VSB 兼具双边带调幅和单边带调幅的优点，既解决了单边带调幅不易实现的问题，又比双边带调幅信号的带宽窄。DSB、SSB、VSB 都可以用相干解调法进行解调。采用相干解调法，四种调幅系统的抗噪声性能可以进行比较，在解调器输入信号功率相同的情况下，除了 AM 系统较差以外，其他系统的抗噪声性能是相同的。

如果已调信号频谱与调制信号频谱之间不存在这种对应关系，已调信号频谱中出现与调制信号频谱无对应线性关系的分量，该调制称为非线性调制。非线性调制包括 FM 和 PM 两种，二者之间可以相互转化。根据瞬时相偏的不同，调频可以分为窄带调频和宽带调频两种。窄带调频的实现方法简单，宽带调频可以采用间接法实现。窄带调频信号采用相干解调法，宽带调频信号采用非相干解调法。调频系统的抗噪声性能与调频指数有直接关系。

文中还介绍了频分复用技术。所谓复用，是指多路信号在同一信道上传送的技术。频分复用可以提高信道的利用率。

最后，针对 AM、DSB、FM 调制和解调进行了仿真，学生可对模拟调制具有更深和更直观的理解。

习　题

3－1　已知调制信号 $f(t)=A_m\sin\omega_m t$，载波 $C(t)=A_0\cos\omega_0 t$：

(1) 试写出标准调幅波 AM 的表达式。

(2) 画出时域波形图(设 $\beta=0.5$)及频谱图。

3－2　设调制信号为 $f(t)=A_m\cos(200\pi t)$，载波频率为 10 kHz。试画出相应的 DSB 和 SSB 信号波形图及 $\beta_{AM}=0.75$ 时的 AM 波形图。

3－3　已知调幅波的表达式为

$$S(t)=0.125\cos(2\pi\times10^4 t)+4\cos(2\pi\times1.1\times10^4 t)+0.125\cos(2\pi\times1.2\times10^4 t)$$

试求：(1) 载频是什么？

(2) 调幅指数为多少？

(3) 调制频率是多少？

3－4　某接收机的输出噪声功率为 10^{-9} W，输出信噪比为 20 dB，由发射机到接收机之间总传输损耗为 100 dB。

(1) 试求用 DSB 调制时，发射功率应为多少？

(2) 若改用 SSB 调制，问发射功率应为多少？

3－5　已知 DSB 系统的已调信号功率为 10 kW，调制信号 $f(t)$的频带限制在 5 kHz，载频频率为 100 kHz，信道噪声双边带功率谱为 $n_0/2=0.5\times10^{-3}$ W/Hz，接收机输入信号通过一个理想带通滤波器加到解调器。

(1) 写出理想带通滤波器传输函数的表达式；

(2) 试求解调器输入端的信噪比；

(3) 试求解调器输出端的信噪比。

3－6　已知调制信号 $f(t)=\cos(10\pi\times10^3 t)$，对载波 $C(t)=10\cos(20\pi\times10^6 t)$进行单边带调制，已调信号通过噪声双边功率谱密度为 $n_0/2=0.5\times10^{-9}$ W/Hz 的信道传输，信道衰减为 1 dB/km。若接收机输出信噪比为 20 dB，发射机设在离接收机 100 km 处，此发射机最低发射功率应为多少?

3-7　已知一调角信号为 $S(t)=A\cos[\omega_0 t+100\cos\omega_m t]$。

(1) 如果它是调相波，并且 $K_p=2$，试求 $f(t)$；

(2) 如果它是调频波，并且 $K_f=2$，试求 $f(t)$；

(3) 它们的最大频偏是多少?

3-8　用 10 kHz 的正弦波信号调制 100 MHz 的载波，试求产生 AM、SSB 及 FM 波的带宽各为多少? 假定最大频偏为 50 kHz。

3-9　有一个 FM 发射机，它的最大调频频偏为 10 kHz，已知调频的调制信号最高频率为 3 kHz，求此调频信号的带宽。

3-10　已知载频为 1 MHz，幅度为 3 V，用单正弦信号来调频，调制信号频率为 2 kHz，产生的最大频偏为 4 kHz，试写出该调频信号的时域表达式。

3-11　已知 $S_{FM}(t)=100\cos[(2\pi\times10^6 t)+5\cos(4000\pi t)]$，求已调波信号功率、最大频偏、最大相移和信号带宽。

3-12　设用正弦信号进行调频，调制频率为 15 kHz，最大频偏为 75 kHz，用鉴频器解调，输入信噪比为 20 dB，试求输出信噪比。

3-13　设发射已调波 $S_{FM}(t)=10\cos(10^7 t+4\cos2000\pi t)$，信道噪声双边功率谱为 $n_0/2=2.5\times10^{-10}$ W/Hz，信道衰减为 0.4 dB/km，试求接收机正常工作时可以传输的最大距离。

3-14　将 10 路频率范围为 0～4 kHz 的信号进行频分复用传输，邻路间防护频带为 500 Hz，试求采用下列调制方式时的最小传输带宽。

(1) 调幅；

(2) 双边带调幅；

(3) 单边带调幅。

3-15　有一频分复用系统，传输 60 路语音信号，每路频带限制在 3400 Hz 以下，若防护频带为 500 Hz，副载波用 SSB 方式，主载波用 FM 方式且最大频偏为 800 kHz，求该系统所需最小传输带宽。

第 4 章 信源编码

基本要求

◆ 理解抽样定理及各种抽样实现方式。
◆ 掌握均匀量化和非均匀量化的基本方法。
◆ 掌握 PCM 的基本原理、A 律 13 折线的编、译码原理。
◆ 掌握增量调制的基本原理。
◆ 了解其他脉冲数字调制技术。
◆ 了解时分复用及多路数字电话系统
◆ 熟悉信源编码的仿真方法。

在第 1 章介绍的“数字通信系统”模型中有“信源编码”这一部分。信源分为模拟信源和数字信源，然而自然界的许多信息经各种传感器感知后都是模拟量，例如电话、电视等通信业务，其信源输出的消息都是模拟信号。

若要利用数字通信系统传输模拟信号，就必须进行信源编码，信源编码有两大作用：

(1) 数据压缩，即设法减少码元数目和降低码元速率。无论是哪种类型的信源，信源符号之间总存在相关性和分布的不均匀性，使得信源存在冗余度。信源编码的目的之一就是要减少冗余，提高编码效率，寻找合适的方法把信源输出符号序列变换为最短的码字序列。目前，去除信源符号之间冗余度的有效方法包括预测编码和变换编码，去除信源符号概率分布冗余度的主要方法是熵编码。上述方法已经相当成熟，在实际中得到了广泛应用，并被有关压缩编码的国际标准所采用。

(2) 模拟信号的数字化传输，即将信源的模拟信号转化成数字信号。在发送端把模拟信号转换为数字信号的过程简称为模/数转换，简单地说，对模拟信号首先进行抽样，使其成为一系列离散的抽样值序列，然后对这些抽样值的大小进行离散量化，最后将量化后的抽样值编码成有限位的数字序列。而抽样、量化和编码三个步骤就是本章重点讨论的内容。

4.1 信源编码的实际应用

信源编码首先将信源的模拟信号转化成数字信号，减少冗余，使信源更加有效、经济地传输。它被广泛应用于语音编码、图像编码及数字电视系统等领域。

语音编码方面，针对电话这种传统的数字通信业务，CCITT (现改称 ITU－TS) G.711 建议规定了以 8 kHz 频率对 300～3400 Hz 语音抽样，每一抽样点按 A 律或 μ 律量化成 8

位的 64 kb/s 的 PCM 编码方法。

图像编码方面，针对静止图像，ISO 和 CCITT 于 1986 年底成立“联合图片专家组”(JPEG)，1991 年 3 月提出 ISO/IEC10981 (或(CCITT T. 81))建议草案，其适用于各种分辨率格式的彩色和灰度图像。它采用 8×8 分块 DCT 变换编码、按视觉特性设计自适应量化器、用霍夫曼编码加游程编码作变长熵编码等。

下面通过数字电视系统来说明信源编码的实际应用。一个完整的数字电视系统包括数字电视信号的产生、处理、传输、接收和重现等诸多环节。数字电视信号在进入传输通道前的处理过程一般如图 4-1 所示。

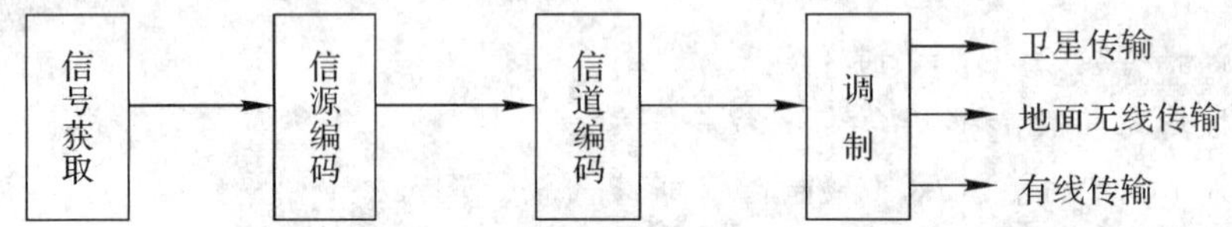

图 4-1　数字电视信号在进入传输通道前的处理过程

在获取电视信号后，第一个处理环节就是信源编码。信源编码是通过压缩编码去掉信源中的冗余成分，实现信号的有效传输。信道编码保证信号的可靠传输。信道编码后的基带信号经过调制，可送入各类通道中进行传输。目前，数字电视可能的传输通道包括卫星、地面无线传输和有线传输等。

信源编码的核心是压缩编码的技术与标准。由于世界上存在有 PAL、NTSC、SECAM 等不同的模拟电视制式，而数字电视信号是在模拟电视信号的基础上经过抽样、量化和编码形成的，必然会形成不同制式的数字电视信号，为国际间的数字电视信号的互通带来了很大的不便。1982 年 10 月，ITU-R 的前身 CCIR(国际无线电咨询委员会)通过了第一个关于演播室彩色电视信号数字编码的建议，即 601 建议。该建议考虑到现行的多种彩色电视制式，提出了一种世界范围内兼容的数字编码方式。601 建议采用了对亮度信号和两个色差信号分别编码的分量编码方式，对亮度信号 Y 的抽样频率为 13.5 MHz，对色度信号 U 和 V 的抽样频率为 6.75 MHz。对每个分量的抽样点都是均匀量化，对每抽样点进行 8 bit精度的 PCM 编码。但是，由此得到的数字电视信号具有非常高的码率和带宽，难以应用于实际。

20 世纪 90 年代以来，各种压缩编码的国际标准相继推出，其中 MPEG-2 是专为数字电视制定的压缩编码标准。MPEG-2 压缩编码输出的码流作为数字电视信源编码的标准输出码流已被广泛认可。目前，数字电视系统中信源编码以外的其他部分，包括信道编码、调制器、解调器等，大多以 MPEG-2 码流作为与之适配的标准数字信号码流。

概括地说，MPEG-2 压缩的原理是利用了图像中的两种特性：空间相关性和时间相关性。一帧图像内的任何一个场景都是由若干像素点构成的，因此一个像素通常与它周围的某些像素在亮度和色度上存在一定的关系，这种关系称为空间相关性；一个图像序列中前、后帧图像间也存在一定的关系，这种关系称为时间相关性。这两种相关性使得图像中存在大量的冗余信息。去除这些冗余信息，只保留少量非相关信息进行传输，就可以大大节省传输带宽。而接收端利用这些非相关信息，按照一定的解码算法，可以在保证一定的图像质量的前提下恢复原始图像。具体实现时，MPEG-2 压缩综合运用了预测编码、变换编码以及熵编码。

4.2 抽　　样

信源编码的作用之一为将信源的模拟信号转化成数字信号，即模/数转换(A/D)。简单地说，模/数转换要经过抽样、量化和编码三个步骤。其中抽样是把时间上连续的信号变成时间上离散的信号。能否由抽样得到的离散信号序列重建原信号，是抽样定理要回答的问题。

4.2.1 抽样定理

1. 低通抽样定理

低通抽样定理的具体内容如下：一个频带限制在(0，f_m)内的时间连续信号 $f(t)$，如果以 $T_s \leqslant 1/2f_m$ 的间隔对它进行等间隔抽样，则 $f(t)$可以被抽样值无失真地重建。也可以这么说：如果以 $f_s \geqslant 2f_m$ 的抽样频率对上述信号进行均匀抽样，则 $f(t)$可以被抽样值无失真地重建。最大抽样时间间隔 $1/2f_m$ 称为奈奎斯特间隔，而最小抽样频率 $f_s = 2f_m$ 称为奈奎斯特频率。

下面从频域角度来证明这个定理。对于一个频带限制在(0，f_m)内的时间连续信号而言，假定将信号 $f(t)$和周期性冲激函数 $\delta_T(t)$相乘，如图 4-2 所示。

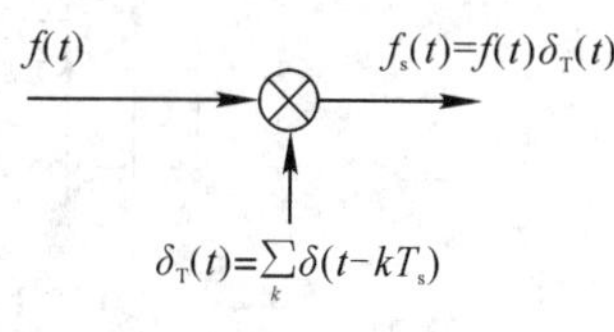

图 4-2　抽样

乘积函数便是均匀间隔为 T_s 的冲激序列，这些冲激的强度等于相应瞬时 $f(t)$的值，它表示对函数 $f(t)$的抽样，用 $f_s(t)$表示此抽样函数，这样抽样函数可以表示为

$$f_s(t) = f(t)\delta_T(t) \tag{4-1}$$

其中

$$\delta_T(t) = \sum_{k=-\infty}^{+\infty} \delta(t - kT_s) \tag{4-2}$$

假设 $f(t)$、$\delta_T(t)$和 $f_s(t)$的频谱分别为 $F(\omega)$、$\delta_T(\omega)$和 $F_s(\omega)$。根据频域卷积定理，可以写出式(4-1)对应的频域表达式：

$$F_s(\omega) = \frac{1}{2\pi} F(\omega) * \delta_T(\omega) \tag{4-3}$$

根据式(4-2)对周期性冲激函数的定义，可以得到其相应的傅里叶变换：

$$\delta_T(\omega) = \frac{2\pi}{T} \sum_{n=-\infty}^{+\infty} \delta(\omega - n\omega_s) \tag{4-4}$$

其中

$$\omega_s = \frac{2\pi}{T_s} = 2\pi f_s \tag{4-5}$$

代入式(4-3)得到

$$F_s(\omega) = \frac{1}{T} F(\omega) * \sum_{n=-\infty}^{+\infty} \delta(\omega - n\omega_s) = \frac{1}{T} \sum_{n=-\infty}^{+\infty} F(\omega - n\omega_s) \tag{4-6}$$

可见，抽样后信号的频谱 $F_s(\omega)$由无限多个间隔为 ω_s 的 $F(\omega)$相叠加而成，这意味着抽样后的信号 $f_s(t)$包含了信号 $f(t)$的全部信息。如果 $\omega_s \geqslant 2\omega_m$，即 $f_s \geqslant 2f_m$ 时，只需在接收

端用一个低通滤波器，就能从 $f_s(t)$ 中取出 $f(t)$，无失真地恢复原信号。反之，抽样后信号的频谱将在相邻的周期内发生混叠，此时不可能无失真重建原信号。抽样过程的时间函数及对应频谱图如图 4－3 所示。

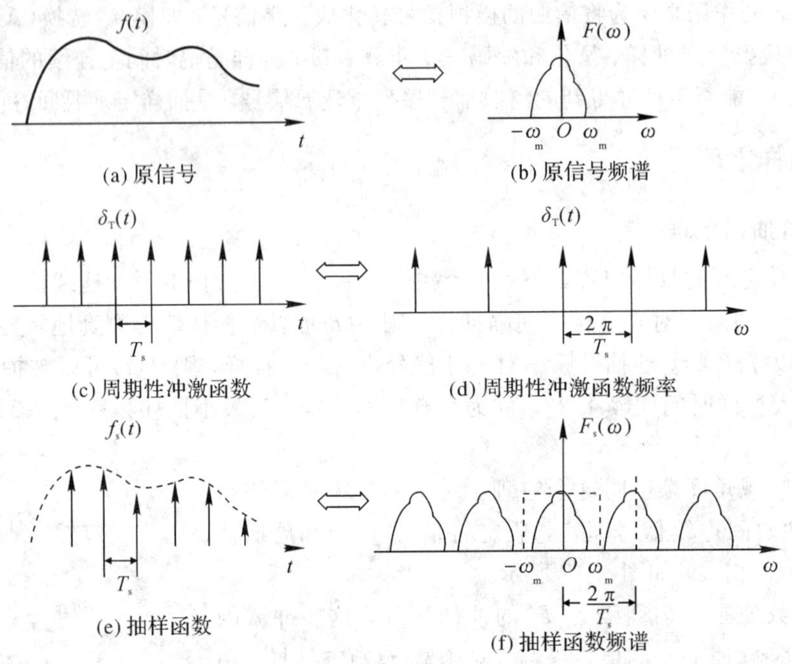

图 4－3　抽样过程的时间函数及对应频谱图

需要指出，以上讨论均限于频带有限的信号。严格地说，频带有限的信号并不存在，如果信号存在于时间的有限区间，它就包含无限频率分量。但是，实际上对于所有信号，频谱密度函数在较高频率上都要减小，大部分能量由一定频率范围内的分量所携带。因而在实用的意义上，可以认为信号是频带有限的，高频分量所引入的误差可以忽略不计。

在工程设计中，考虑到信号绝不会严格带限，以及实际滤波器特性不理想，通常取抽样频率为(2.5～5) f_m，以避免失真。例如，电话中语音信号的传输带宽通常限制 3400 Hz 左右，因而抽样频率通常选择 8 kHz。

2. 带通抽样定理

实际中遇到的许多信号是带通型信号。如果采用低通抽样定理的抽样频率 $f_s \geqslant 2f_m$ 对频率限制在 f_l 与 f_m 之间的带通型信号抽样，虽然能满足频谱不混叠的要求，但这样选择的 f_s 太高，会使 0～f_l 这一大段频谱空隙得不到利用，降低了信道的利用率，如图 4－4 所示。

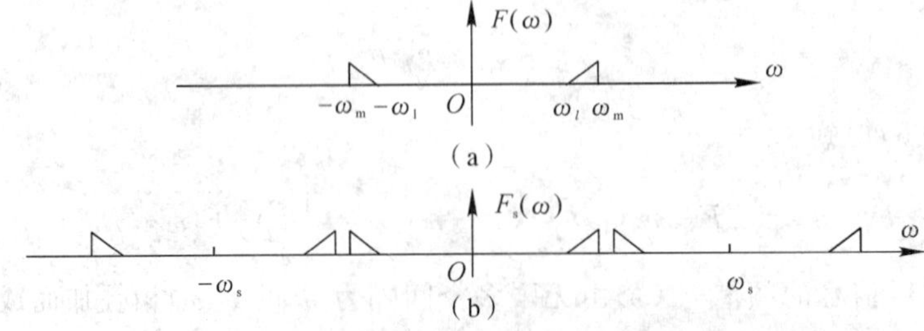

图 4－4　采用低通抽样定理抽样带通型信号

带通抽样定理的具体内容如下：一个频带限制在(f_l, f_m)内的带通型时间连续信号$f(t)$，其带宽为$B=f_m-f_l$，当以$f_s=2B+2(f_m-nB)/n$（n是不大于f_m/B的最大整数）的抽样频率对$f(t)$进行抽样，则$f(t)$可以被抽样值无失真地重建。

(1) 带通信号的最高频率f_m是带宽B的整数倍。

设带通信号$f(t)$，其频谱$F(\omega)$如图 4－5 所示。该带通信号的最高频率f_m为带宽B的整数倍（图中$f_m=5B$），最低频率f_l也是带宽B的整数倍（图中$f_l=4B$）。现用$\delta_T(t)$对$f(t)$进行抽样，抽样频率f_s依照带通抽样定理选为$2B$，$\delta_T(t)$的频谱$\delta_T(\omega)$如图 4－5 所示，这样已抽样信号的频谱$F_s(\omega)$如图 4－5 所示。显然，如果f_s再减小，即$f_s<2B$时，必然会出现混叠失真。

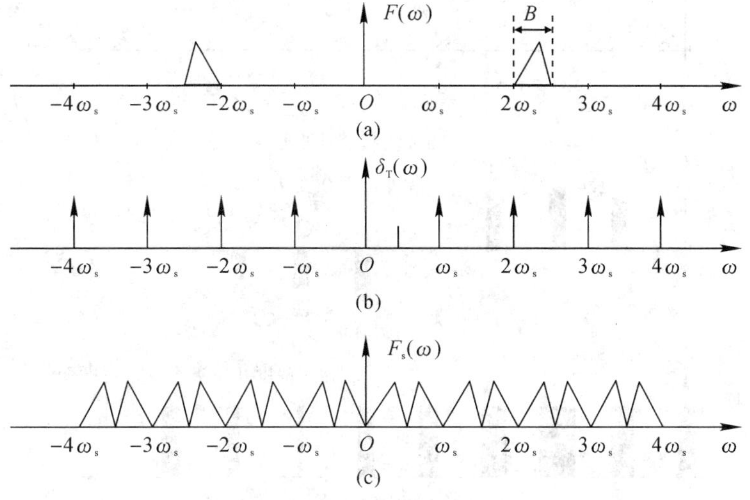

图 4－5　带通信号的最高频率是带宽的整数倍时的抽样频谱

(2) 带通信号的最高频率f_m不是带宽B的整数倍。

若带通信号的最高频率f_m不是带宽B的整数倍，即$f_m=nB+kB$，$0<k<1$时，抽样频率f_s依照带通抽样定理选为$f_s=2B+2kB/n=2B(1+k/n)$，由此和带宽的定义$B=f_m-f_l$画出f_s与f_l的关系曲线，如图 4－6 所示。由图可见，抽样频率f_s在$2B\sim4B$范围内取值，当$f_l\gg B$时，f_s趋近于$2B$。

由于带通信号一般为窄带信号，容易满足$f_l\gg B$，因此带通信号通常可按$2B$抽样频率抽样。

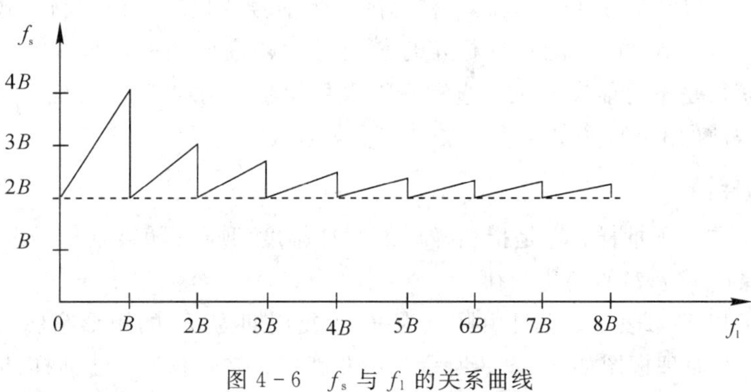

图 4－6　f_s与f_l的关系曲线

4.2.2 脉冲幅度调制

通常，调制技术是采用正弦信号作为载波的，然而，正弦信号并非是唯一的载波形式。在时间上离散的脉冲串，同样可以作为载波，这时的调制是用基带信号 $f(t)$ 去改变脉冲的某些参数而达到的，这种调制称为脉冲调制。

通常，按基带信号改变脉冲参数(幅度、宽度、时间位置)的不同，脉冲调制分为脉冲幅度调制(PAM)、脉冲宽度调制(PDM)和脉冲位置调制(PPM)，其调制波形如图 4-7 所示。

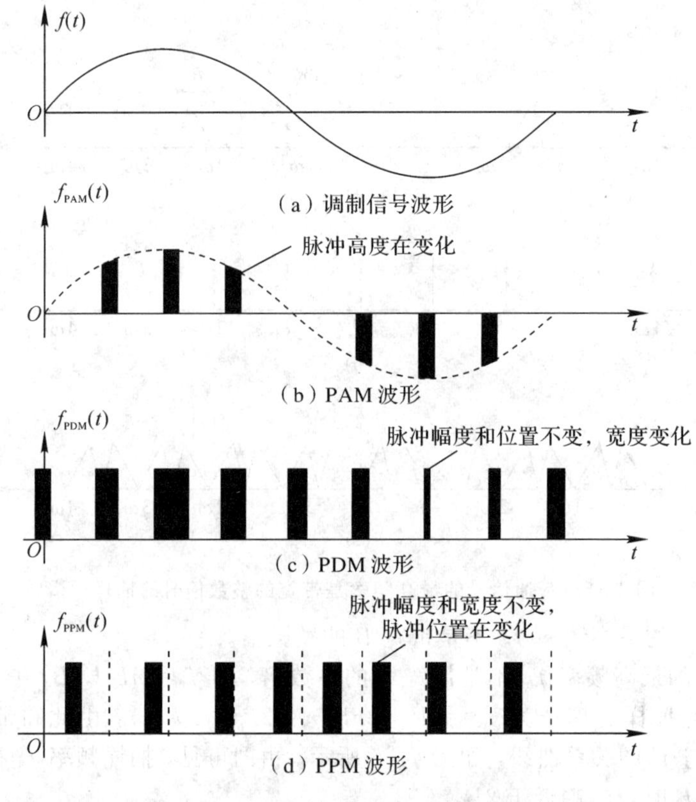

图 4-7　脉冲调制波形示意图

脉冲幅度调制(PAM)是脉冲载波的幅度随基带信号变化的一种调制方式。若脉冲载波是周期性冲激函数，则之前讨论的抽样定理就是脉冲幅度调制的原理。但是，实际上真正的周期性冲激函数是不可能实现的，通常只能采用矩形窄脉冲串来实现，因此，以矩形窄脉冲作为脉冲载波的 PAM 方式，将更加具有实际意义。

1. 自然抽样

自然抽样又称曲顶抽样，它是指抽样后的脉冲幅度(顶部)随被抽样信号 $f(t)$ 变化，或者说，在顶部保持了 $f(t)$ 的变化规律。

设脉冲载波以 $S(t)$ 表示，它是由脉宽为 τ、重复周期为 T_s 的矩形窄脉冲串组成的，其中 $T_s = 1/2f_m$。其原理框图如图 4-8 所示。基带信号、脉冲载波、已抽样的信号的波形及频谱如图 4-9 所示。

$$S(t)=\sum_{k=-\infty}^{+\infty} g_{\tau}(t-kT_{s}) \tag{4-7}$$

$f(t)$ → ⊗ → $f_s(t)=f(t)S(t)$

$S(t)$

图 4－8　自然抽样的 PAM 原理框图

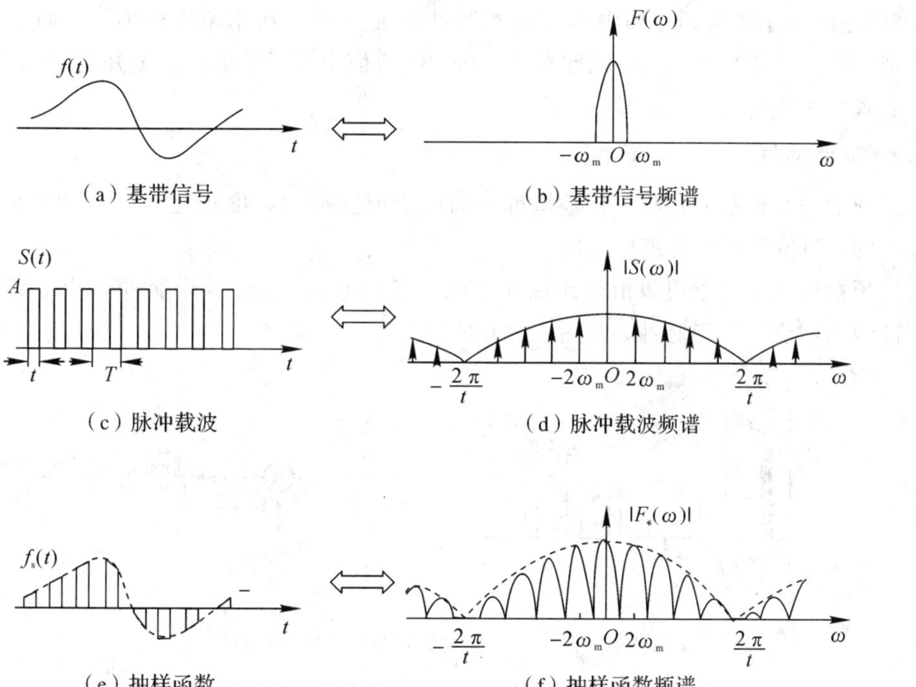

（a）基带信号　（b）基带信号频谱

（c）脉冲载波　（d）脉冲载波频谱

（e）抽样函数　（f）抽样函数频谱

图 4－9　自然抽样的 PAM 波形及其频谱

假设 $f(t)$、$S(t)$和 $f_s(t)$的频谱分别为 $F(\omega)$、$S(\omega)$和 $F_s(\omega)$。

$$S(\omega)=\frac{2\pi\tau}{T}\sum_{n=-\infty}^{+\infty}\mathrm{Sa}(n\tau\omega_{m})\delta(\omega-2n\omega_{m}) \tag{4-8}$$

由于

$$f_s(t)=f(t)S(t) \tag{4-9}$$

根据频域卷积定理，有

$$F_s(\omega)=\frac{1}{2\pi}F(\omega)*S(\omega) \tag{4-10}$$

即

$$F_s(\omega)=\frac{\tau}{T}\sum_{n=-\infty}^{+\infty}\mathrm{Sa}(n\tau\omega_{m})F(\omega-2n\omega_{m}) \tag{4-11}$$

分析上式可以发现，当 $n=0$ 时，得到的频谱为$\frac{\tau}{T}F(\omega)$，因此只要采样频率 $f_s\geqslant 2f_m$，就可以用一个理想低通滤波器从 $F_s(\omega)$中无失真地恢复出基带信号 $f(t)$。

比较采用矩形窄脉冲串进行抽样与采用周期性冲激函数进行抽样(理想抽样)的过程和结果，可以得到以下结论：

(1) 它们的调制(抽样)与解调(信号恢复)过程完全相同，差别只是采用的抽样信号不同。

(2) 矩形窄脉冲串抽样的包络的总趋势是随频率上升而下降的，因此带宽是有限的；而理想抽样的带宽是无限的。矩形窄脉冲串的包络总趋势按 Sa 函数曲线下降，带宽与 τ 有关。τ 越大，带宽越小，τ 越小，带宽越大。

(3) τ 的大小要兼顾通信中的带宽和脉冲宽度这两个互相矛盾的因素。通信中一般对信号带宽的要求是越小越好，因此要求 τ 大；但通信中为了增加时分复用的路数要求 τ 小，显然二者是矛盾的。

2. 平顶抽样

平顶抽样又称瞬时抽样，它是指每一抽样矩形脉冲的幅度正比于瞬时抽样值，但其形状都相同，即顶部平坦的矩形脉冲。

平顶抽样在原理上可以由理想抽样和脉冲形成电路产生，其中脉冲形成电路的作用就是把冲激函数变为矩形脉冲，如图 4-10 所示。

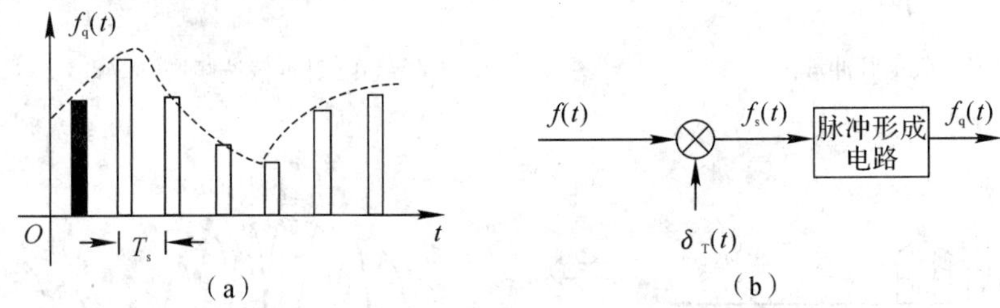

图 4-10 平顶抽样信号及其产生原理框图

设 $\delta_T(t)$重复周期 $T_s=1/2f_m$，脉冲形成电路的传输函数为 $Q(\omega)$，其输出信号频谱 $F_q(\omega)$应为

$$F_q(\omega)=F_s(\omega)Q(\omega)=\frac{1}{T}\sum_{n=-\infty}^{+\infty}Q(\omega)F(\omega-2n\omega_m) \tag{4-12}$$

分析上式可以发现，当 $n=0$ 时，得到的频谱为$\frac{1}{T}Q(\omega)F(\omega)$，由于 $Q(\omega)$的存在，无法用一个理想低通滤波器从 $F_q(\omega)$中无失真地恢复出基带信号 $f(t)$。

为了恢复出原基带信号，可以采用图 4-11 所示的解调原理方框图。在滤波之前先用特性为 $1/Q(\omega)$的频谱校正网络将 $f_q(t)$修正为 $f_s(t)$，则理想低通滤波器可以无失真地恢复原基带信号 $f(t)$。

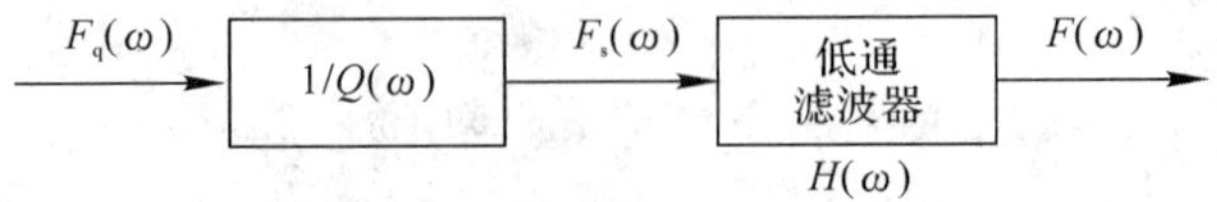

图 4-11 平顶抽样信号恢复原理框图

在实际应用中，平顶抽样信号采用抽样保持电路来实现，得到的脉冲为矩形脉冲。

4.3　抽样信号的量化

模/数转换要经过抽样、量化和编码三个步骤。在抽样以后，抽样值在时间上变的离散了，但是，这种时间离散的信号在幅度上仍然是连续的，它仍属于模拟信号。

量化是把抽样值在幅度上进行离散化处理，使得量化后只有预定的 M 个有限的值。量化的物理过程如图 4-12 所示。其中，$f(t)$是模拟信号，抽样频率为 $f_s=1/T_s$，第 k 个抽样值为 $f(kT_s)$，$f_q(kT_s)$表示其量化结果，q_1 到 q_M 是预先规定好的 M 个量化电平(这里 $M=8$)，m_i 为第 i 个量化区间的终点电平(分层电平)，电平之间的间隔 $\Delta_i=m_i-m_{i-1}$ 称为量化间隔。

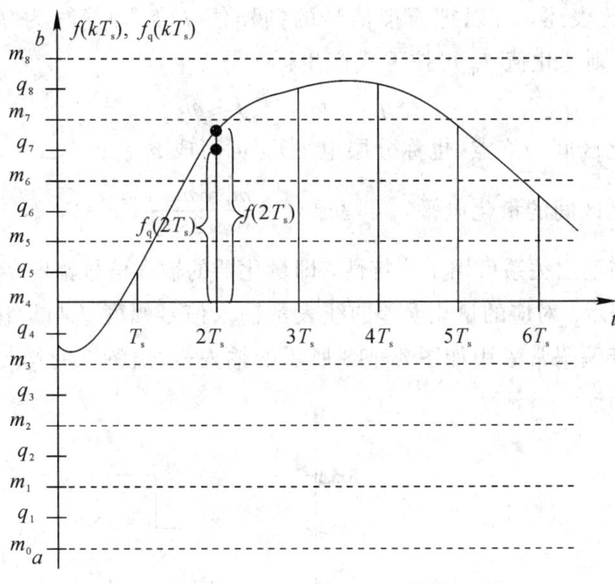

图 4-12　量化的物理过程

量化就是将抽样值 $f(kT_s)$转换为 M 个规定电平 $q_1\sim q_M$，量化结果：

$$f_q(kT_s)=q_i,\quad m_{i-1}\leqslant f(kT_s)\leqslant m_i \tag{4-13}$$

量化后的信号 $f_q(kT_s)$是对原来信号 $f(kT_s)$的近似。当抽样频率一定时，随着量化级数目增加，可以使两者的近似程度提高。

$f_q(t)$与 $f(t)$之间的误差称为量化误差 $e(t)$。量化误差也是随机的，它像噪声一样影响通信质量，因此又称为量化噪声。

由量化噪声产生的功率称为量化噪声功率，通常用符号 N_q 表示，而由 $f_q(kT_s)$产生的功率称为量化信号功率，通常用符号 S_q 表示。而量化信号功率 S_q 与量化噪声功率 N_q 之比，称为量化信噪比，它是衡量量化性能好坏的最常用的指标，通常定义为

$$\frac{S_q}{N_q}=\frac{E[f_q^{\,2}(kT_s)]}{E[f(kT_s)-f_q(kT_s)]^2} \tag{4-14}$$

图 4-12 所表示的量化，其量化间隔是均匀的，这种量化称为均匀量化。还有一种量化

间隔不均匀的量化，通常称为非均匀量化。非均匀量化克服了在均匀量化过程中小信号量化信噪比低的缺点，增大了输入信号的动态范围。

4.3.1 均匀量化

把输入信号 $f(t)$的取值范围按等距离分割的量化称为均匀量化。在均匀量化中，每个量化区间的量化电平均取在各区间的中点。其量化间隔(量化台阶)Δ 取决于输入信号 $f(t)$ 的变化范围和量化电平数。若设输入信号的最小值和最大值分别用 a 和 b 表示，量化电平数为 M，则均匀量化时的量化间隔为

$$\Delta_i=\Delta=\frac{b-a}{M} \tag{4-15}$$

为了简化公式的表述，可以把模拟信号的抽样值 $f(kT_s)$简写为 f，把相应的量化值 $f_q(kT_s)$简写为 f_q，则量化值 f_q 可按下式产生：

$$f_q=q_i, \quad m_{i-1}\leqslant f\leqslant m_i \tag{4-16}$$

m_i是第 i 个量化区间的终点(也称分层电平)，可写成 $m_i=a+i\Delta$。

q_i 是第 i 个量化区间的量化电平，可写成 $q_i=\frac{m_i+m_{i-1}}{2}$，$i=1, 2, \cdots, M$。

量化器的输入与输出关系可用量化特性，即量化器的输入信号幅度 f 与输出量化幅度 f_q 之间的关系曲线来表示。对应的量化误差曲线表示输入信号幅度 f 与量化误差 $e_q=f-f_q$ 之间的关系曲线。语音编码常采用如图 4-13 所示的输入-输出特性的均匀量化器。

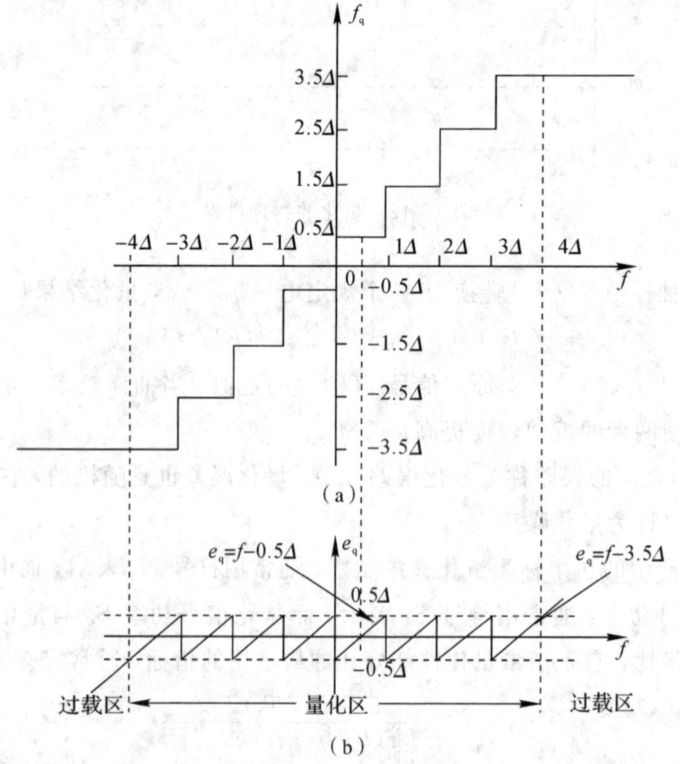

图 4-13　量化特性曲线和量化误差曲线

在量化范围(量化区)内，量化误差的绝对值 $e_q \leqslant \Delta/2$，当信号幅度超出量化范围时，$e_q > \Delta/2$，此时称为过载或饱和。过载区的误差特性是线性增长的，因而过载误差比量化误差大。当设计量化器时，应考虑输入信号的幅度范围，使信号幅度不进入过载区，或者只能以极小的概率进入过载区。

设输入模拟信号 $f(t)$是均值为零、概率密度为 $p(f)$的平稳随机过程，由图 4-13 可以看出，量化后信号功率为

$$S_q = E[(f_q)^2] = \sum_{i=1}^{M}(q_i)^2\int_{m_{i-1}}^{m_i} p(f)\mathrm{d}f \tag{4-17}$$

量化噪声功率为

$$N_q = E[(f-f_q)^2] = \sum_{i=1}^{M}\int_{m_{i-1}}^{m_i}(f-q_i)^2 p(f)\mathrm{d}f \tag{4-18}$$

例 4-1 设一具有 M 个量化电平的均匀量化器，其输入信号 $f(t)$的概率密度函数在区间 $[-a, a]$内均匀分布，试求该量化器的量化信噪比。

解：由公式可得

$$\begin{aligned}
N_q &= \sum_{i=1}^{M}\int_{m_{i-1}}^{m_i}(f-q_i)^2\left(\frac{1}{2a}\right)\mathrm{d}f \\
&= \sum_{i=1}^{M}\int_{-a+(i-1)\Delta}^{-a+i\Delta}\left(f-\frac{-a+i\Delta-a+(i-1)\Delta}{2}\right)^2\left(\frac{1}{2a}\right)\mathrm{d}f \\
&= \sum_{i=1}^{M}\left(\frac{1}{2a}\right)\int_{-a+(i-1)\Delta}^{-a+i\Delta}\left(f+a-i\Delta+\frac{\Delta}{2}\right)^2\mathrm{d}f \\
&= \sum_{i=1}^{M}\left(\frac{1}{2a}\right)\left(\frac{\Delta^3}{12}\right) \\
&= \frac{M(\Delta)^3}{24a}
\end{aligned}$$

已知 $M\cdot\Delta=2a$，故

$$N_q=\frac{\Delta^2}{12}$$

$$S_q = \sum_{i=1}^{M}(q_i)^2\left(\frac{\Delta}{2a}\right)=\frac{M^2-1}{12}(\Delta)^2$$

$$\frac{S_q}{N_q}=M^2-1$$

由上式可见，量化器的输出信噪比随量化电平数 M 的增加而提高。通常量化电平数应根据对量化器输出平均信号量化信噪比的要求来确定。

上述均匀量化的主要缺点是，当信号 $f(t)$较小时，则信号量化功率较小，而量化噪声功率与信号大小无关，因此，弱信号时的量化信噪比就明显下降，难以达到给定的要求。实际上，只有在信号是均匀分布(如图像信号)的情况下，均匀量化器才是最佳量化器。通常，把满足信噪比要求的输入信号取值范围定义为动态范围。可见，均匀量化时的信号动态范围将受到较大的限制。

4.3.2 非均匀量化

非均匀量化是一种在整个量化范围内量化间隔不相等的量化。其基本思想是，使量化

间隔随信号幅度的大小变化。大信号的量化间隔取大一点，小信号的量化间隔取小一点。这样就可以保证在量化级数(编码位数)不变的条件下，提高小信号的量化信噪比，扩大输入信号的动态范围。

实际中，非均匀量化的实现方法通常是将抽样值，即输入量化器的信号 x 先进行压缩处理，再把压缩的信号 y 进行均匀量化。所谓压缩，实际上是对大信号进行压缩而对小信号进行放大的过程。脉冲信号的压缩和扩张过程如图 4－14 所示。信号经过这种非线性压缩电路处理后，改变了大信号和小信号之间的比例关系，使大信号的比例基本不变或变得较小，而小信号相应地按比例增大，即“压大补小”。在接收端将收到的相应信号进行扩张，以恢复原始信号对应关系。扩张特性与压缩特性相反。

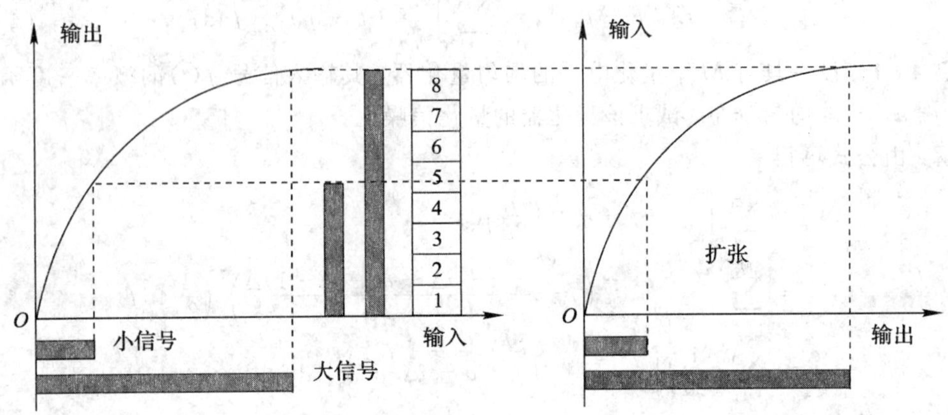

图 4－14　脉冲信号的压缩和扩张过程

通常使用的压缩器中，大多采用对数式压缩，即 $y=\ln x$。目前广泛采用的两种对数压缩特性是美国、日本等国采用的 μ 律压缩和我国与欧洲各国采用的 A 律压缩。

1. μ 律压缩

所谓 μ 律压缩，就是压缩器的压缩特性具有如下关系的压缩律，即

$$y=\frac{\ln(1+\mu x)}{\ln(1+\mu)},\quad 0\leqslant x\leqslant 1 \qquad (4-19)$$

式中，x 是归一化的压缩器输入电压，其表达式为

$$x=\frac{\text{压缩器的输入电压}}{\text{压缩器可能的最大输入电压}} \qquad (4-20)$$

y 是归一化的压缩器输出电压，其表达式为

$$y=\frac{\text{压缩器的输出电压}}{\text{压缩器可能的最大输出电压}} \qquad (4-21)$$

μ 为压扩参数，表示压缩程度。不同 μ 值压缩特性如图 4－15 所示。

由图可见：$\mu=0$ 时，压缩特性是过原点斜率是 1 的直线，故没有压缩效果，小信号性能得不到改善；μ 值越大压缩效果越明显，一般当 $\mu=100$ 时，压缩效果就比较理想了。在国际标准中取 $\mu=255$。

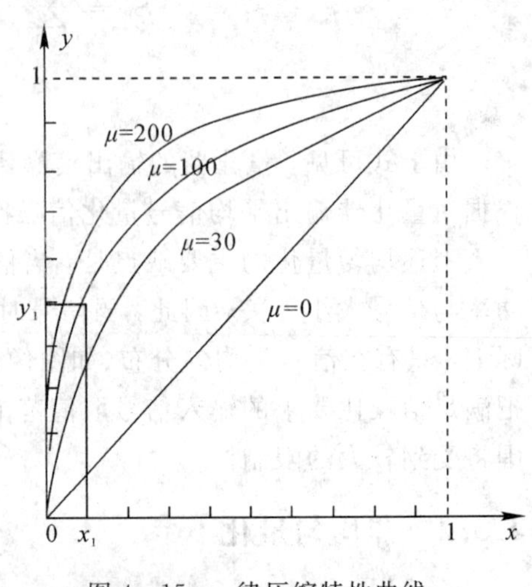

图 4－15　μ 律压缩特性曲线

需要指出，μ 律压缩特性曲线是以原点奇对称的，图中只画出了正向部分。

2. A 律压缩

所谓 A 律压缩，就是压缩器具有如下特性的压缩律：

$$\begin{cases} y=\dfrac{Ax}{1+\ln A}, & 0<x\leqslant\dfrac{1}{A} \\ y=\dfrac{1+\ln Ax}{1+\ln A}, & \dfrac{1}{A}<x\leqslant 1 \end{cases} \tag{4-22}$$

式中，x 是归一化的压缩器输入电压，y 是归一化的压缩器输出电压，A 为压缩参数，表示压缩程度。

A 律压缩特性曲线如图 4-16 所示。当 x 很小时，y 与 x 呈线性关系；当 x 较大时，y 与 x 近似成对数关系。$A=1$ 时无压缩，A 的取值在 100 附近可以得到满意的压缩特性。A 越大，小信号压缩效果越好。作为常数的压缩参数 A，一般为一个较大的数，对应国际标准取 $A=87.6$。

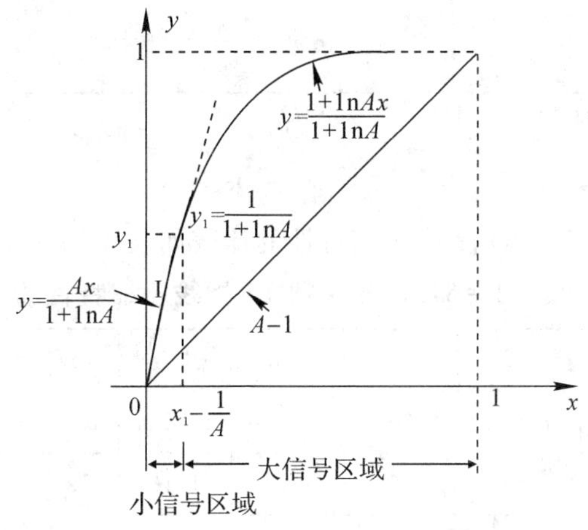

图 4-16　A 律压缩特性曲线

3. A 律 13 折线法

A 律压缩特性曲线是连续曲线，A 的取值不同，其压缩特性亦不相同，而在电路上实现这样的函数规律是相当复杂的。为此，人们提出了数字压缩技术，其基本思想是利用大量数字电路形成若干根折线，并用这些折线来近似对数的压缩特性，从而达到压缩的目的。

A 律 13 折线用 13 段折线逼近 $A=87.6$ 的 A 律压缩特性。以第一象限为例，具体方法是：把输入(x 轴)和输出(y 轴)用两种不同的方法划分。将 x 轴在 0～1(归一化)范围内不均匀分成 8 段，分段的规律是每次以二分之一对分，分段端点为 0、1/128、1/64、1/32、1/16、1/8、1/4、1/2、1。对 y 轴在 0～1(归一化)范围内等分，均匀分成 8 段，每段间隔均为 1/8，分段端点为 0、1/8、2/8、3/8、4/8、5/8、6/8、7/8、1。然后把 x，y 各对应段的交点连接起来构成 8 段直线，得到如图 4-17 所示的折线压缩特性，其中第 1、2 段斜率相同(均为 16)，因此可视为一条直线段，故实际上只有 7 根斜率不同的折线。加上第三象限的 7 条折线，考虑到最靠近原点的 2 段折线的斜率相同(=16)，实际看到的是 13 段折线。

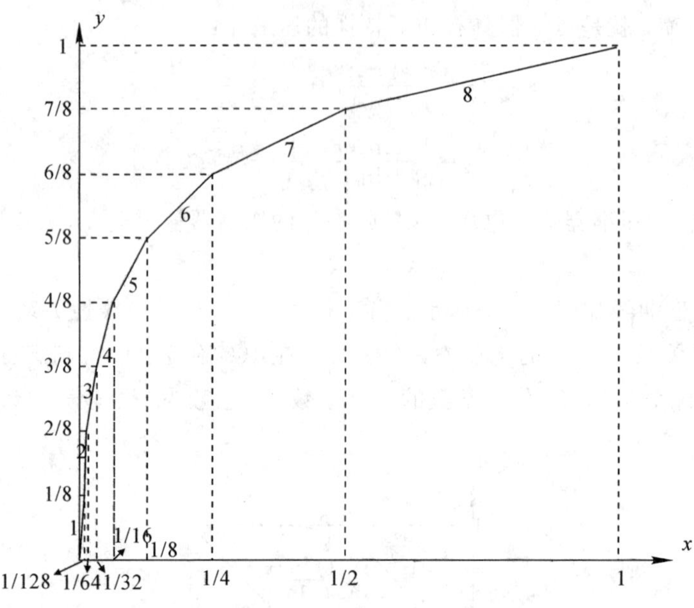

图 4-17　*A* 律 13 折线

A 律 13 折线与 $A=87.6$ 的 *A* 律压缩特性的比较如表 4-1 所示。

表 4-1　A=87.6 与 A 律 13 折线压缩特性的比较

y	0	1/8	2/8	3/8	4/8	5/8	6/8	7/8	1
x	0	1/128	1/60.6	1/30.6	1/15.4	1/7.79	1/3.93	1/1.98	1
按折线分段时的 x	0	1/128	1/64	1/32	1/16	1/8	1/4	1/2	1
段落	1	2	3	4	5	6	7	8	
斜率	16	16	8	4	2	1	1/2	1/4	
信噪比改善量	20lg16=24 dB	24	18	12	6	0	−6	−12	

4.4　脉冲编码调制

模拟信号经过抽样和量化以后，可以得到一系列输出，它们共有 M 个电平状态。当 M 比较大时，如果直接传输 M 进制的信号，其抗噪声性能将会很差，因此，通常在发射端通过编码器把 M 进制信号变换为 N 位二进制数字信号。而在接收端将收到的二进制码元经过译码器再还原为 M 进制信号，这种系统就是脉冲编码调制(PCM)系统。

脉冲编码调制简称脉码调制，它是一种用一组二进制数字代码来代替连续信号的抽样值，从而实现通信的方式。由于这种通信方式抗干扰能力强，获得了极为广泛的应用。

PCM是一种最典型的语音信号数字化的波形编码方式，其系统原理框图如图4-18所示。

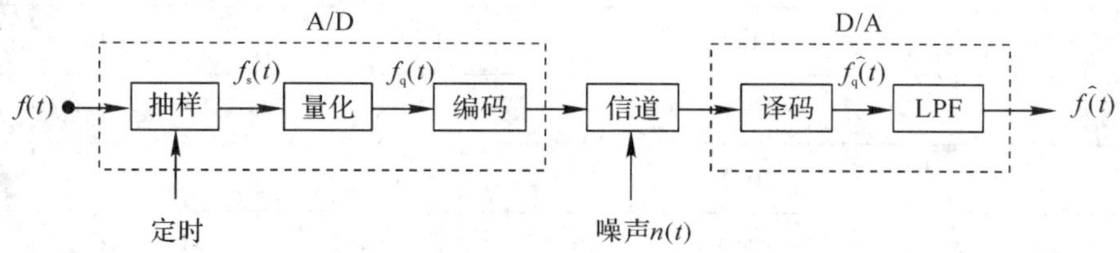

图4-18 PCM系统原理框图

PCM在发送端进行波形编码，主要包括抽样、量化和编码三个过程，把模拟信号变换为二进制码组。编码后的PCM码组的数字传输方式，可以是直接的基带传输，也可以是对微波、光波等载波调制后的调制传输。在接收端，二进制码组经译码后还原为量化后的样值脉冲序列，然后经低通滤波器滤除高频分量，便可得到重建信号。

(1) 抽样是把连续时间模拟信号转换成离散时间连续幅度的抽样信号。

(2) 量化是把离散时间连续幅度的抽样信号转换成离散时间离散幅度的数字信号。

(3) 编码是将量化后的信号编码形成一个二进制码组输出。

简而言之，把量化后的信号变换成代码的过程称为编码，其相反的过程称为解码或译码。

4.4.1 常用的二进制编码码型

二进制码具有很好的抗噪声性能，并易于再生，因此PCM中一般采用二进制码。常见的二进制码有三种，自然二进制码(Natural Binary Code，NBC)；折叠二进制码(Folded Binary Code，FBC)；格雷(反射)二进制码(Gray or Reflected Binary Code，RBC)。表4-2列出了用4位码表示16个量化级时的这三种码型。

自然二进制码就是一般的十进制正整数的二进制表示，编码简单、易记，而且译码可以逐比特独立进行。自然二进制码从左至右其权值分别为8、4、2、1，故有时也被称为8-4-2-1二进制码。

表4-2 4位二进制码码型

量化级编号	自然二进制码	折叠二进制码	格雷二进制码
0	0000	0111	0000
1	0001	0110	0001
2	0010	0101	0011
3	0011	0100	0010
4	0100	0011	0110
5	0101	0010	0111
6	0110	0001	0101

续表

量化级编号	自然二进制码	折叠二进制码	格雷二进制码
7	0111	0000	0100
8	1000	1000	1100
9	1001	1001	1101
10	1010	1010	1111
11	1011	1011	1110
12	1100	1100	1010
13	1101	1101	1011
14	1110	1110	1001
15	1111	1111	1000

折叠二进制码是由自然二进制码演变而来的，除去最高位，折叠二进制码的上半部分与下半部分呈倒影关系(折叠关系)。上半部分最高位为0，其余各位由下而上按自然二进制码规则编码；下半部分最高位为1，其余各位由上向下按自然码编码。这种码与信号的量化电平结合起来看，最高位表示信号的极性，信号为正用"1"表示，信号为负用"0"表示。其余各位表示的是信号的绝对值。

与自然二进制码相比，折叠二进制码的一个优点是，对于语音这样的双极性信号，只要绝对值相同，则可以采用单极性编码的方法，使编码过程大大简化。另一个优点是，在传输过程中出现误码，对小信号影响较小。例如由大信号的1111误为0111，从表4-2可见，自然二进制码由15错到7，误差为8个量化级，而对于折叠二进制码，误差为15个量化级。显见，大信号时，误码对折叠二进制码影响很大。如果由小信号的1000误为0000，这时情况就大不相同了，对于自然二进制码误差还是8个量化级，而对于折叠二进制码误差却只有1个量化级。这一特性是十分可贵的，因为，语音小幅度信号出现的概率比大幅度信号出现的概率要大。

在介绍格雷二进制码之前，首先了解码距的概念。码距是指两个码字的对应码位取不同码符的位数。在表4-2中可以看到，自然二进制码相邻两组码字的码距最小为1，最大为4(如第7号码字0111与第8号码字1000间的码距)。而折叠二进制码相邻两组码字最大码距为3(如第3号码字0100与第4号码字0011)。

格雷二进制码的特点：任何相邻电平的码组，只有一位码位发生变化，即相邻码字的距离恒为1。译码时，若传输或判决有误，量化电平的误差小。其编码过程如下：从0000开始，由后(低位)往前(高位)每次只变一个码符，而且只有当后面的那位码不变时，才能变前面一位码。这种码通常可用于工业控制当中的继电器控制，以及通信中采用编码管进行的编码过程。

上述分析是在4位二进制码字基础上进行的，码位数的选择，不仅关系到通信质量的

好坏，而且还涉及设备的复杂程度。码位数的多少，决定了量化分层(量化级)的多少，反之，若信号量化分层数一定，则编码位数也被确定。

在输入信号变化范围一定时，用的码位数越多，量化分层越细，量化噪声就越小，通信质量当然就更好，但码位数多了，总的传输码率增加，这样将会带来一些新的问题。一般从语音信号的可懂度来说，采用 3～4 位非线性编码即可，但由于量化级数少，量化误差大，通话中量化噪声较为显著。当编码位数增加到 7～8 位时，通信质量就比较理想了。国际标准化的 PCM 码组是 8 位码组代表一个抽样值。

4.4.2 A 律 13 折线的码位安排

在 A 律 13 折线编码中，普遍采用 8 位二进制码，对应有 $N=2^8=256$ 个量化级，即正、负输入幅度范围内各有 128 个量化级，正(或负)输入幅度有 8 个折线段，每个段落长度不均匀，因此 8 个段落被划分成 8×16=128 个不均匀的量化级。其中每一段内有 16 个均匀的量化级(即它们具有相同的量化间距)，而不同段的量化间距各不相同。

按折叠二进制码的码型，8 个码位 C_1～C_8 的定义如下：

极性码	段落码	段内码
C_1	$C_2C_3C_4$	$C_5C_6C_7C_8$

· 第 1 位码 C_1 的数值“1”或“0”分别表示信号的正、负极性，称为极性码。其余 7 位码则可表示抽样量化值的绝对大小。

· 第 2～4 位码 $C_2C_3C_4$ 为段落码，分别代表 8 个段落的起点电平；段落码和 8 个段落之间的关系如表 4-3 和图 4-19 所示。

· 第 5～8 位码 $C_5C_6C_7C_8$ 为段内码，这 4 位码的 16 种可能状态用来分别代表每一段落内的 16 个均匀划分的量化级，或与起点电平的偏移。

表 4-3 段落码

段落序号	段落码		
	C_2	C_3	C_4
8	1	1	1
7	1	1	0
6	1	0	1
5	1	0	0
4	0	1	1
3	0	1	0
2	0	0	1
1	0	0	0

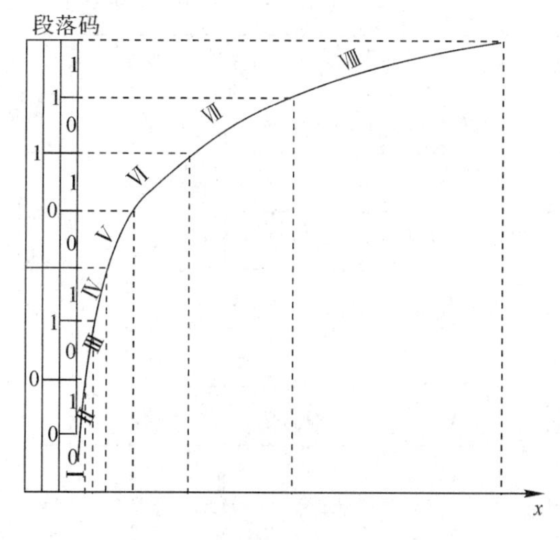

图 4-19 段落码与各段的关系

段内码与16个量化级之间的关系如表4-4所示。

表4-4 段 内 码

电平序号	段落码				电平序号	段落码			
	C_5	C_6	C_7	C_8		C_5	C_6	C_7	C_8
15	1	1	1	1	7	0	1	1	1
14	1	1	1	0	6	0	1	1	0
13	1	1	0	1	5	0	1	1	0
12	1	1	0	0	4	0	1	0	1
11	1	0	1	1	3	0	0	1	1
10	1	0	1	0	2	0	0	1	0
9	1	0	0	1	1	0	0	0	1
8	1	0	0	0	0	0	0	0	0

需要指出，在上述编码方法中，虽然各段内的16个量化级是均匀的，但因段落长度不等，故不同段落间的量化级是非均匀的。当输入信号小时，段落短，量化级间隔小；反之，量化间隔大。

在A律13折线中，第一、二段最短，只有归一化值的1/128，再将它等分16小段后，每一小段长度为1/2048，这就是最小的量化级间隔Δ。第8段最长，它是归一化值的1/2，将它等分16小段后，得每一小段长度为1/32，包含64个最小量化间隔，记为64Δ。按照上述同样的方法，可以计算出每一段落的结果。

据A律13折线的定义，以最小的量化级间隔Δ为最小计量单位，可以计算出A律13折线每一个量化段的起始电平、量化间隔和段内码对应权值。具体计算结果如表4-5所示。

表4-5 A律13折线幅度码及其对应电平

段	段落码			起始	段间	段内电平码权值/Δ			
	C_2	C_3	C_4	电平/Δ	量化间隔	C_5	C_6	C_7	C_8
1	0	0	0	0	Δ	8	4	2	1
2	0	0	1	16	Δ	8	4	2	1
3	0	1	0	32	2Δ	16	8	4	2
4	0	1	1	64	4Δ	32	16	8	4
5	1	0	0	128	8Δ	64	32	16	8
6	1	0	1	256	16Δ	128	64	32	16
7	1	1	0	512	32Δ	256	128	64	32
8	1	1	1	1024	64Δ	512	256	128	64

假设以非均匀量化时的最小量化级间隔(第一、二段落的量化级间隔)作为均匀量化时的量化级间隔，那么从 A 律 13 折线的第 1～8 段各段所包含的均匀量化级数分别为 l6、16、32、64、128、256、512、1024，总共有 2048 个均匀量化级，而非均匀量化时只有 128 个量化级。因此均匀量化需要 11 位编码，非均匀量化只要 7 位编码。在保证小信号区间量化间隔相同的条件下，7 位非线性编码与 11 位线性编码等效。非线性编码的码位数减少，设备简化，所需传输系统带宽减小。

4.4.3 编、译码原理

1. 编码原理

实现编码的电路很多，有逐次比较型、级联型和混合型编码器。本书只讨论常用的逐次比较型编码器原理。编码器的任务是根据输入的抽样值脉冲编出相应的 8 位二进制代码。除第一位极性码外，其他 7 位二进制代码是通过类似天平称重物的过程来逐次比较确定的。这种编码器就是 PCM 通信中常用的逐次比较型编码器。

逐次比较型编码的原理与天平称重物的方法相类似，将抽样值脉冲信号 I_S 作为被测物，标准电平相当于天平的砝码。编码原理如下：预先规定好作为比较标准的电流(或电压)，称为权值电流，用符号 I_W 表示。I_W 的个数与编码位数有关。当抽样值脉冲 I_S 到来后，用逐步逼近的方法有规律地用各标准电流 I_W 去和抽样值脉冲比较：当 $I_S > I_W$ 时，输出“1”码；反之输出“0”码，直到 I_W 和抽样值 I_S 逼近为止，从而完成对输入抽样值的非线性量化和编码。

这个过程就叫作逐次比较称重过程。“逐次”的含意为称重是一次次由粗到细进行的。而“比较”则是把称重的结果作为参考，比较得到输出权值的大小，如此反复进行下去，使加权值逐步逼近物体真实重量。

例如，用天平和 7 个砝码称重，砝码重量分别为 64 g、32 g、16 g、8 g、4 g、2 g、1 g。被测物放一边，砝码放另外一边。按重量从大到小的顺序开始添加砝码，根据天平的倾斜情况决定当前的砝码是否保留在托盘上。比如被测物重 81 g 时，将获得如下的试验结果：$81=64\times1+32\times0+16\times1+8\times0+4\times0+2\times0+1\times1$，从而获得 7 位二进制编码 1010001。

基于上述分析，实现 A 律 13 折线压缩特性的逐次比较型编码器的原理框图如图 4-20 所示。它由整流器、极性判决电路、保持电路、比较器及本地译码电路等组成。

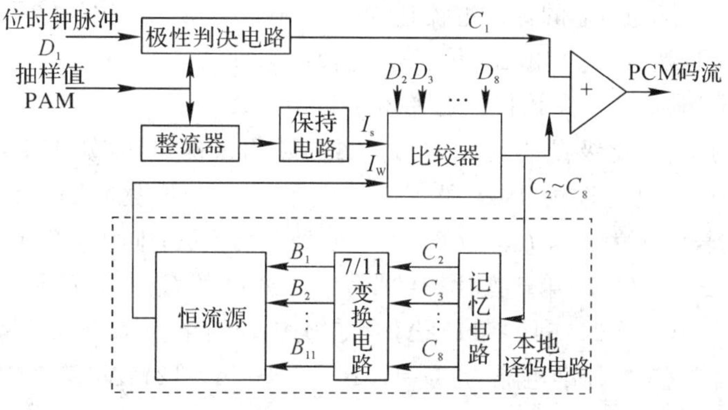

图 4-20 逐次比较型编码器的原理框图

极性判决电路用来确定信号的极性。由于输入 PAM 信号是双极性信号，当其抽样值为正时，在位时钟脉冲到来时，输出“1”码；当抽样值为负时，输出“0”码；同时将该双极性信号经过全波整流变为单极性信号。

比较器是编码器的核心。它的作用是通过比较抽样值电流 I_S和标准电流 I_W，从而对输入信号抽样值实现非线性量化和编码。每比较一次，输出一位二进制代码，并且当 $I_S>I_W$时，输出“1”码，反之输出“0”码。因为在 A 律 13 折线法中用 7 位二进制代码来代表段落码和段内码，所以对一个输入信号的抽样值需要进行 7 次比较。每次所需的标准电流 I_W 均由本地译码电路提供。

本地译码电路包括记忆电路、7/11 变换电路和恒流源。记忆电路用来寄存二进制代码，因为除第一次比较外，其余各次比较都要依据前几次比较的结果来确定标准电流 I_W的值。因此，7 位码组中的前 6 位状态均应由记忆电路寄存下来。

7/11 变换电路就是前面非均匀量化中谈到的数字压缩器。因为采用非均匀量化的 7 位非线性编码等效于 11 位线性码，而比较器只能编 7 位码，反馈到本地译码电路的全部码也只有 7 位。因为恒流源有 11 个基本权值电流支路，需要 11 个控制脉冲来控制，所以必须经过变换，把 7 位码变成 11 位码，其实质就是完成非线性和线性之间的变换。

恒流源用来产生各种标准电流值。为了获得各种标准电流 I_W，在恒流源中有数个基本权值电流支路。基本的权值电流个数与量化级数有关。在 A 律 13 折线编码过程中，它要求 11 个基本的权值电流支路，每个支路均有一个控制开关。每次由个别几个开关接通组成标准电流 I_W，由前面的比较结果经变换后得到的控制信号来控制。

保持电路的作用是保持输入信号的抽样值在整个比较过程中具有确定不变的幅度。由于逐次比较型编码器编 7 位码(极性码除外)需要进行 7 次比较，因此，在整个比较过程中，应保持输入信号的幅度不变，故需要采用保持电路。下面通过一个例子来说明 A 律 13 折线编码过程。

例 4-2　设输入信号抽样值 $I_S=+1260\Delta$(其中 Δ 为一个量化单位，表示输入信号归一化值的 1/2048)，采用逐次比较型编码器，按 A 律 13 折线编成 8 位码 $C_1C_2C_3C_4C_5C_6C_7C_8$。

解：(1) 极性码 C_1：由于输入信号抽样值 I_S 为正，故 $C_1=1$。

(2) 段落码 C_2 是用来表示 I_S 处于 13 折线 8 个段落中的前 4 段还是后 4 段，故确定 C_2 的标准电流选为 $I_W=128\Delta$。第一次比较结果 $I_S>I_W$，故 $C_2=1$；C_3 是用来确定 I_S 处于 5～6 段还是 7～8 段，故确定 C_3 的标准电流选为 $I_W=512\Delta$。第二次比较结果 $I_S>I_W$，故 $C_3=1$；C_4 的标准电流选为 $I_W=1024\Delta$，第三次比较结果 $I_S>I_W$，故 $C_4=1$。因此 $C_2C_3C_4=$ “111”，I_S 处于第 8 段，按定义该段的起始电平为 1024Δ。

(3) 第 8 段的 16 量化级量化间隔均为 64Δ。C_5 用来确定 I_S 处于 1～8 级还是 9～16 级，故确定 C_5 的标准电流选为 $I_W=$ 段落起始电平 $+8\times$(量化间隔) $=1024+8\times64\Delta=1536\Delta$，第 4 次比较结果为 $I_S<I_W$，故 $C_5=0$，I_S 处于前 8 级；同理，确定 C_6 的标准电流为 $I_W=1024+4\times64\Delta=1280\Delta$，第 5 次比较结果为 $I_S<I_W$，故 $C_6=0$，I_S 处于前 4 级；确定 C_7 的标准电流为 $I_W=1024+2\times64\Delta=1152\Delta$，第 6 次比较结果为 $I_S>I_W$，故 $C_7=1$，I_S 处于 3～4级；最后，确定 C_8 的标准电流为 $I_W=1024+3\times64\Delta=1216\Delta$，第 7 次比较结果为 $I_S>I_W$，故 $C_8=1$，表示 I_S 处于序号为 4 的量化间隔。

经过以上 7 次比较，对于模拟抽样值 $+1260\Delta$，编出的 PCM 码组为 11110011。它表示

输入信号抽样值 I_S 处于第 8 段第 4 量化级，其量化电平为 1216Δ，故量化误差等于 44Δ。7 位非线性码 1110011(1216Δ)对应的 11 位线性码为 10011000000。

2. 译码原理

常用译码器大致可分为三种类型：电阻网络型、级联型、级联-网络混合型等。本书只讨论常用的电阻网络型译码器原理。

译码器的任务是把接收端收到的 PCM 信号还原成相应的 PAM 信号，即实现数/模变换(D/A 变换)。

电阻网络型译码器与逐次比较型编码器中的本地译码器基本相同。从原理上说，两者都是用来译码的，但编码器只译出信号的幅度，不译出极性；而接收端的译码器在译出信号幅度值的同时，还要恢复出信号的极性。

A 律 13 折线译码器原理框图如图 4-21 所示，与图 4-20 中本地译码器基本相同，所不同的是，增加了极性控制部分和带有寄存读出的 7/12 位码变换电路，下面简单介绍这两部分电路。

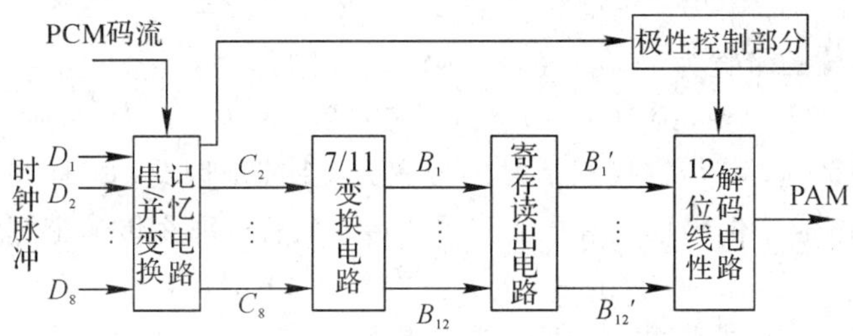

图 4-21　*A* 律 13 折线译码器原理框图

串/并变换记忆电路的作用是将输入的串行 PCM 码变为并行码，并记忆下来，与编码器中译码电路的记忆作用基本相同。

极性控制部分的作用是根据收到的极性码 C_1 是“1”还是“0”来控制译码后 PAM 信号的极性，恢复成与发送端相同的极性。

7/12 变换电路的作用是将 7 位非线性码转变为 12 位线性码。在编码器的本地译码电路中采用 7/11 位码变换，使得量化误差有可能大于本段落量化间隔的一半，如例 4-2 中，量化误差为 44Δ，大于 32Δ。为使量化误差均小于段落内量化间隔的一半，译码器的 7/12 变换电路使输出的线性码增加一位码，人为地补上半个量化间隔，从而改善量化信噪比。如例 4-2 的 7 位非线性幅度码 1110011 所对应的 12 位线性幅度码为 100111000000，PAM 输出应为 1216Δ+32Δ=1248Δ，此时量化误差为 1260Δ−1248Δ=12Δ，即量化误差小于量化间隔的一半。

寄存读出电路是将输入的串行码在存储器中寄存起来，待全部接收后再一起读出，送入解码网络，实质上是进行串/并变换。

12 位线性解码电路主要是由恒流源和电阻网络组成，与编码器中解码网络类同。它是在寄存读出电路的控制下，输出相应的 PAM 信号。

4.4.4　PCM 信号的码元速率和带宽

由于 PCM 要用 *N* 位二进制代码表示一个抽样值，即一个抽样周期 T_s 内要编 *n* 位码，因此每个码元宽度为 T_s/n，码位越多，码元宽度越小，占用带宽越大。显然，传输 PCM 信号所需要的带宽要比模拟基带信号 $f(t)$ 的带宽大得多。

1. 码元速率

设 $f(t)$ 为低通信号，最高频率为 f_m，抽样频率 $f_s \geqslant 2f_m$，如果量化电平数为 M，采用二进制代码，每个量化电平需要的代码数为 lb$M$，因此码元速率为

$$f_b = f_s \mathrm{lb} M = nf_s = \frac{n}{T_s} \tag{4-23}$$

式中，N 为二进制编码位数。

2. 传输 PCM 信号所需的最小带宽

抽样频率的最小值 $f_s = 2f_m$，因此最小码元传输速率为 $f_b = 2nf_m$，此时所具有的带宽有两种：

理想低通传输系统的带宽为

$$B = \frac{f_b}{2} = \frac{n \cdot f_s}{2} = \frac{2f_m \cdot n}{2} = nf_m \tag{4-24}$$

升余弦传输系统的带宽为

$$B = f_b = n \cdot f_s = 2nf_m \tag{4-25}$$

对于电话传输系统，其传输模拟信号的带宽为 4 kHz，因此，采样频率 $f_s = 8$ kHz，假设按 A 律 13 折线编成 8 位码，采用升余弦系统传输特性，那么传输带宽为

$$B = f_b = n \cdot f_s = 2nf_m = 64 \text{ kHz}$$

显然比直接传输语音信号的带宽(4 kHz)要大得多。

4.4.5 PCM 系统的抗噪声性能

PCM 系统中的噪声主要有两种：量化噪声和信道加性噪声(传输噪声)。由于以上两种噪声的来源不同，而且它们互不依赖，故可以先讨论它们单独存在时的系统性能，然后再分析系统总的抗噪声性能。为简化讨论，假定采用自然二进制码编码、均匀量化以及输入信号为均匀分布。

PCM 系统接收端低通滤波器的输出为

$$\hat{f}(t) = f(t) + n_q(t) + n_e(t) \tag{4-26}$$

式中，$n_q(t)$ 为由量化噪声引起的输出噪声，功率用 N_q 表示；$n_e(t)$ 为由信道加性噪声引起的输出噪声，功率用 N_e 表示。

系统输出端总的信噪比定义为

$$\frac{S_o}{N_o} = \frac{E[f^2(t)]}{E[n_q^{\ 2}(t)] + E[n_e^{\ 2}(t)]} \tag{4-27}$$

1. 仅考虑量化噪声时的系统性能

设输入信号 $f(t)$ 在区间$[-a, a]$上具有均匀分布的概率密度，并对 $f(t)$ 进行均匀量化，其量化级数为 M。在不考虑信道噪声条件下，对于二进制编码，由量化噪声引起的输出量化信噪比为

$$\frac{S_o}{N_q} = \frac{E[f^2(t)]}{E[n_q^{\ 2}(t)]} = M^2 = 2^{2n} \tag{4-28}$$

式中，N是二进制代码位数。由上式可见，PCM系统输出端平均信号量化噪声功率比将仅依赖于每个编码组的位数n。上述比值将随n按指数增加。当传输信号一定时，若要提高PCM系统的量化信噪比，可以增加编码的位数。

对于一个频带限制在f_m的信号，按照抽样定理，此时要求每秒最少传输的抽样脉冲数等于$2f_m$；若PCM系统的编码位数为n，则要求系统每秒传输$2nf_m$个二进制脉冲。为此，这时的系统总带宽B至少等于nf_m。故表达式还可写成

$$\frac{S_o}{N_q}=2^{2\left(\frac{B}{f_m}\right)} \tag{4-29}$$

由此可见，PCM系统输出端的信号量化噪声功率比还与系统带宽B成指数关系。PCM系统输出端的量化信噪比是用扩展带宽为代价来换取的。

2. 信道加性噪声对PCM系统性能的影响

在假设加性噪声为高斯白噪声的情况下，每一码组中出现的误码可以认为是彼此独立的，并设每个码元的误码率皆为P_e。考虑到实际中PCM的每个码组中出现多于1位误码的概率很低，所以通常只需要考虑仅有1位误码的码组错误。设输入信号$f(t)$在区间$[-a, a]$上具有均匀分布的概率密度，因此，仅考虑信道加性噪声时，PCM系统输出信噪比为

$$\frac{S_o}{N_e}=\frac{1}{4P_e} \tag{4-30}$$

可见，PCM系统中由信道加性噪声所决定的输出信噪比与单个码元的误码率成反比。

3. PCM系统接收端输出信号的总信噪比

PCM系统输出端的总信噪功率比为

$$\frac{S_o}{N_o}=\frac{E[f^2(t)]}{E[n_q{}^2(t)]+E[n_e{}^2(t)]}=\frac{S_o}{N_q+N_e}=\frac{1}{\dfrac{1}{\frac{S_o}{N_q}}+\dfrac{1}{\frac{S_o}{N_e}}}=\frac{2^{2n}}{1+4P_e2^{2n}} \tag{4-31}$$

当误码率较低时，$P_e<10^{-6}$时，可以忽略误码引起的噪声，此时

$$\frac{S_o}{N_o}\approx 2^{2n}$$

当误码率较高时，误码引起的噪声将变成主要噪声，此时

$$\frac{S_o}{N_o}\approx\frac{2^{2n}}{4P_e2^{2n}}=\frac{1}{4P_e}$$

一般来说，$P_e<10^{-6}$很容易实现，所以加性噪声对PCM系统的影响往往可以忽略不计。这说明PCM系统抗加性噪声的能力非常强。

4.5 增量调制

一个语音信号，如果抽样频率很高，抽样间隔很小，那么相邻样点之间的幅度变化不会很大，相邻抽样值的相对大小(差值)同样能反映模拟信号的变化规律。若将这些差值编码传输，同样可传输模拟信号所含的信息。此差值又称“增量”，其值可正可负。这种用差值编码进行通信的方式，就称为“增量调制”(Delta Modulation，DM或ΔM)。

增量调制是继 PCM 之后出现的又一种模拟信号数字化方法。它最早是由法国工程师 De Loraine 于 1946 年提出，其目的在于简化模拟信号的数字化方法。在以后的 30 多年间，增量调制有了很大发展，特别是在军事和工业部门的专用通信网和卫星通信中得到了广泛应用，不仅如此，近年来，在高速超大规模集成电路中，增量调制的已被用作 A/D 转换器。

增量调制获得广泛应用的原因主要有以下几点：

(1) 在比特率较低时，增量调制的量化信噪比高于 PCM 的量化信噪比。

(2) 增量调制的抗误码性能好，能工作于误码率为$10^{-2}\sim10^{-3}$的信道中，而 PCM 要求误比特率通常为$10^{-4}\sim10^{-6}$。

(3) 增量调制的编、译码器比 PCM 简单。

4.5.1 增量调制原理

ΔM 可以看成 PCM 的一个特例，ΔM 是将模拟信号变换成仅由一位二进制码组成的数字信号序列。一位二进制码只能代表两种状态，当然就不可能表示模拟信号的抽样值。可是，用一位二进码可以表示相邻抽样值的相对大小，而相邻抽样值的相对变化将能同样反映模拟信号的变化规律。因此，采用一位二进制码去描述模拟信号是完全可能的。

1. 基本思想

假设一个模拟信号 $f(t)$，可以用一时间间隔为 Δt，相邻幅度差为 $+\Delta$ 或 $-\Delta$ 的阶梯波形 $f'(t)$去逼近它，如图 4-22 所示。只要 Δt 足够小，即抽样频率足够高，且 Δ 足够小，则 $f'(t)$可以近似于 $f(t)$。在这里把 Δ 称作量化阶，$\Delta t=T_s$ 称为抽样间隔。

阶梯波 $f'(t)$有两个特点：第一，在每个 T_s 间隔内，$f'(t)$的幅值不变。第二，相邻间隔的幅值差或者是$+\Delta$(上升一个量化阶)或者是 $-\Delta$(下降一个量化阶)。利用这两个特点，用"1"码和"0"码分别代表 $f'(t)$上升或下降一个量化阶 Δ，则 $f'(t)$就被一个二进制序列表征。

还可用斜变波 $f_1(t)$ 来近似 $f(t)$。斜变波也只有两种变化：按斜率 Δ/T_s 上升一个量阶和按斜率$-\Delta/T_s$ 下降一个量阶。用"1" 码表示正斜率，用"0"码表示负斜率，同样可以获得二进制序列。

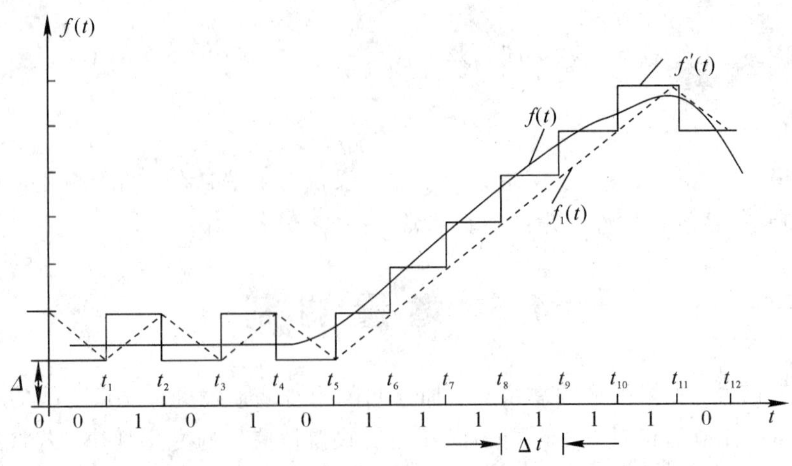

图 4-22 增量编码波形示意图

与编码对应，译码也有两种形式。第一种是收到“1”码时上升跳变一个量阶 Δ，收到“0”码时下降跳变一个量阶 Δ，这样二进制代码经过译码后变为如 $f'(t)$这样的阶梯波。

第二种是收到“1”码后产生一个正斜率电压，在 T_s 时间内上升一个量阶 Δ，收到“0”码后产生一个负斜率电压，在 T_s 时间内下降一个量阶 Δ，这样把二进制代码经过译码后变为如 $f_1(t)$这样的斜变波。

考虑到电路上实现的简易程度，一般都采用第二种方法，可用一个简单的 RC 积分电路，把二进制代码变为 $f_1(t)$波形，如图 4-23 所示。

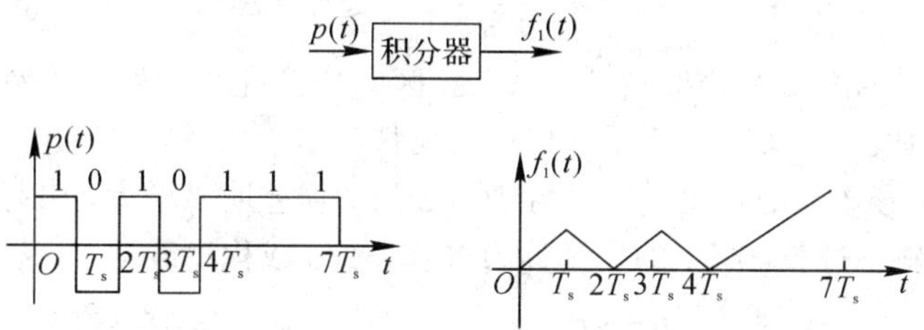

图 4-23　积分器译码原理

2. 系统结构

根据简单增量调制编、译码的基本原理，得出简单增量调制系统框图，如图 4-24 所示。发送端编码器由相减器、判决器、积分器及脉冲发生器(极性变换电路)组成的一个闭环反馈电路。

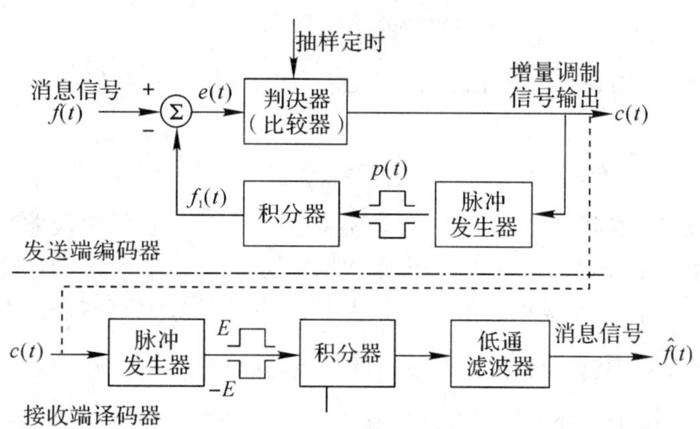

图 4-24　简单增量调制系统框图

相减器的作用是取出差值 $e(t)$，使 $e(t)=f(t)-f_1(t)$。

判决器也称比较器或数码形成器，它的作用是对差值 $e(t)$的极性进行识别和判决，以便在抽样时刻输出增量码 $c(t)$，即如果在给定抽样时刻 t_i，有 $e(t_i)=f(t_i)-f_1(t_i)>0$，则判决器输出“1”码；否则输出“0”码。

积分器和脉冲产生器组成本地译码器，它的作用是根据 $c(t)$，形成预测信号 $f_1(t)$，即 $c(t)$为“1”码时，$f_1(t)$上升一个量阶 Δ；$c(t)$为“0” 码时，$f_1(t)$下降一个量阶 Δ。然后 $f_1(t)$被送到相减器与 $f(t)$进行幅度比较。

接收端解码电路由译码器和低通滤波器组成。译码器与发送端的本地译码器相同，用来由 $c(t)$恢复 $f_1(t)$，低通滤波器的作用是滤除 $f_1(t)$中的高次谐波，使输出波形平滑。

4.5.2 一般量化噪声和过载噪声

在分析增量调制系统量化噪声时，通常假设信道加性噪声很小，不造成误码。在这种情况下，增量调制系统中量化噪声有两种：一种是一般量化噪声，另一种是过载噪声。

设抽样间隔为 T_s(抽样频率 $f_s=1/T_s$)，则一个量阶 Δ 上的最大斜率 K 为

$$K=\frac{\Delta}{T_s}=\Delta f_s \tag{4-32}$$

K 称为译码器的最大跟踪斜率。当 $\left|\frac{\mathrm{d}f(t)}{\mathrm{d}t}\right|_{\max}\leqslant K=\Delta f_s$ 时，译码器输出 $f'(t)$能够跟上输入信号 $f(t)$的变化，$e_q(t)$局限在$[-\Delta,\ \Delta]$区间内变化，这种误差称为一般量化误差，即一般量化噪声，如图 4-25(a)所示。当输入模拟信号 $f(t)$斜率突变时，本地译码器输出信号 $f'(t)$跟不上信号 $f(t)$的变化，$f'(t)$与 $f(t)$之间的误差明显增大，引起译码后信号的严重失真，这种现象叫斜率过载，产生的失真称为过载失真，或称过载噪声，如图 4-25(b)所示。

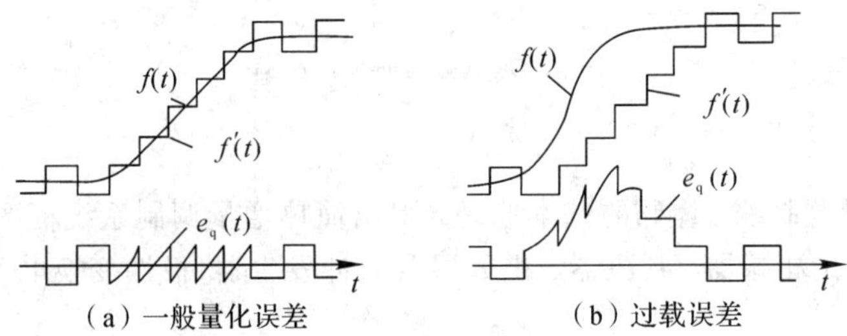

(a) 一般量化误差　　(b) 过载误差

图 4-25 ΔM 系统中的量化噪声

设输入模拟信号为 $f(t)=A\sin\omega_k t=A\sin 2\pi f_k t$，其斜率为$\frac{\mathrm{d}f(t)}{\mathrm{d}t}=A\omega_k\cos\omega_k t$，为了不发生过载，应要求

$$A\omega_k\leqslant\Delta f_s \tag{4-33}$$

为了不发生过载，必须增大 Δ 和 f_s。但随着 Δ 增大，一般量化误差也增大，为了控制量化噪声，则量阶 Δ 不能过大。由于简单增量调制的量阶 Δ 是固定的，很难同时满足两方面的要求。不过，提高 f_s 对减小一般量化误差和减小过载噪声都有利。因此若要避免过载噪声，在信号幅度和频率都一定的情况下，只有提高频率 f_s，使 f_s 满足 $f_s\geqslant\frac{A}{\Delta}\omega_k$。一般情况下，$A\gg\Delta$，为了不发生过载失真，增量调制系统中的抽样频率 f_s 要比 PCM 系统中的抽样频率高得多。其典型值为 16 kHz 或 32 kHz，相应单话路编码比特率为 16 kb/s 或 32 kb/s。

临界过载振幅(允许的信号幅度)为

$$A_{\max}=\frac{\Delta f_s}{\omega_k}=\frac{\Delta f_s}{2\pi f_k} \tag{4-34}$$

可见，当信号斜率一定时，允许的信号幅度随信号频率的增加而减小，这将导致语音高频段的量化信噪比下降。

$A_{\max}$为最大允许编码电平。同样，对能正常开始编码的最小信号振幅也有要求。最小编码电平 $A_{\min}=\Delta/2$。编码的动态范围定义为最大允许编码电平 $A_{\max}$与最小编码电平 $A_{\min}$之比，即编码器能够正常工作的输入信号振幅范围为

$$[D_c]_{\mathrm{dB}}=20\lg\frac{A_{\max}}{A_{\min}}=20\lg\left(\frac{\Delta f_s}{2\pi f_k}\bigg/\frac{\Delta}{2}\right)=20\lg\left[\frac{f_s}{\pi f_k}\right] \tag{4-35}$$

通常采用 $f_k=800$ Hz 为测试标准，所以

$$[D_c]_{dB}=20\lg\left(\frac{f_s}{800\pi}\right)$$

简单增量调制的编码动态范围较小，当传码率较低时，不符合语音信号要求。因此，实用中的增量调制常用它的改进型。

4.5.3 增量调制系统的抗噪声性能

在增量调制系统中同样存在两类噪声，即量化噪声和信道加性噪声。由于这两类噪声是互不相关的，可以分别讨论。

1. 量化信噪比

在实际应用中是防止工作到过载区域的，因此仅考虑一般量化噪声。在不过载情况下，误差 $e_q(t)=f(t)-f'(t)$ 限制在 $-\Delta$ 到 Δ 范围内变化，若假定 $e_q(t)$ 值在 $[-\Delta, \Delta]$ 之间均匀分布，则增量调制的量化噪声的平均功率为

$$E[e_q^2(t)]=\int_{-\Delta}^{\Delta}\frac{e^2}{2\Delta}\mathrm{d}e=\frac{\Delta^2}{3} \tag{4-36}$$

考虑到 $e_q(t)$ 的最小周期大致是抽样频率 f_s 的倒数，而且大于 $1/f_s$ 的任意周期都可能出现。因此，为便于分析，可近似认为上式的量化噪声功率谱在 $(0, f_s)$ 频带内均匀分布，则量化噪声的单边功率谱密度为

$$P(f)\approx\frac{E[e_q^2(t)]}{f_s}=\frac{\Delta^2}{3f_s} \tag{4-37}$$

若接收端低通滤波器的截止频率为 f_m，则经低通滤波器后输出的量化噪声功率为

$$N_q=P(f)f_m=\frac{\Delta^2 f_m}{3f_s} \tag{4-38}$$

信号越大，信噪比越大。对于频率为 f_k 的正弦信号，临界过载振幅如式(4-35)，所以信号功率的最大值为

$$S_o=\frac{A_{max}^2}{2}=\frac{\Delta^2 f_s^2}{8\pi^2 f_k^2} \tag{4-39}$$

因此在临界振幅条件下，系统最大的量化信噪比为

$$\frac{S_o}{N_q}=\frac{\Delta^2 f_s^2}{8\pi^2 f_k^2}\Big/\frac{\Delta^2 f_m}{3f_s}=\frac{3}{8\pi^2}\frac{f_s^3}{f_k^2 f_m}\approx 0.04\frac{f_s^3}{f_k^2 f_m} \tag{4-40}$$

或

$$\left[\frac{S_o}{N_q}\right]_{dB}=10\lg\left[\frac{S_o}{N_q}\right]=30\lg f_s-20\lg f_k-10\lg f_m-14 \tag{4-41}$$

可以看出，简单增量调制的信噪比与抽样频率 f_s 成立方关系，即 f_s 每提高一倍，量化信噪比提高 9 dB；量化信噪比与信号速率 f_k 的平方成反比，即 f_k 每提高一倍，量化信噪比下降 6 dB。

2. 误码率信噪比

由加性噪声引起的信噪比称为误码信噪比。在增量调制中，一个码元只代表一个量化阶，一个误码只损失一个增量，因此它对误码不太敏感。

接收端误码信噪比为

$$\frac{S_o}{N_e}=\frac{\Delta^2 f_s^2}{8\pi^2 f_k^2}\bigg/\frac{2\Delta^2 f_s P_e}{\pi^2 f_1}=\frac{f_1 f_s}{16P_e f_k^2} \tag{4-42}$$

式中，f_1 是语音频带的下截止频率；P_e 为系统误码率。

系统信噪比为

$$\frac{S_o}{N_o}=\frac{S_o}{N_e+N_q}=\frac{f_1 f_s^3}{8\pi^2 f_1 f_m f_k^2+48P_e f_k^2 f_s^2} \tag{4-43}$$

4.6 其他的脉冲数字调制

对于有些信号(例如图像信号)，由于信号的瞬时斜率比较大，很容易引起过载，因此，不能用简单增量调制进行编码，通常采用一种综合了增量调制和脉冲编码调制两者特点的调制方法进行编码，这种编码方式简称为脉冲编码增量调制，或称差分脉冲编码调制，用DPCM表示。为了保证大动态范围变化信号的传输质量，使得所传输信号实现最佳的传输性能，可以对DPCM采用自适应处理。有自适应算法的DPCM系统称为自适应脉码增量调制系统，或称自适应差分脉冲编码调制，用ADPCM表示。

4.6.1 差分脉冲编码调制

在PCM中，每个波形样值都独立编码，需要较多位数，所需带宽大大增加。然而，大多数以奈奎斯特或更高频率抽样的信源信号在相邻抽样间表现出很强的相关性，因此可以针对相邻样值的差值而不是样值本身进行编码。由于相邻样值的差值比样值本身小，可以用较少的比特数表示差值。这样可以使编码位数显著减少，信号带宽大大压缩。这种利用差值的PCM编码即是DPCM。

DPCM主要特点是把差值分为M个等级，然后把M个不同等级的差值编为n位二进制代码($M=2^n$)再送到信道传输，因此，它兼有增量调制和PCM的各自特点。如果$n=1$，则$M=2$，这就是增量调制。

实现差分编码的一个方法是根据前面的多个样值预测当前时刻的样值。编码信号只是当前样值与预测值之间的差值的量化编码。此差值称为预测误差。由于抽样值和其预测值非常接近，预测误差的可能取值范围比抽样值的变化范围小。所以，可以用较少的编码比特来对预测误差进行编码，从而降低其比特率。

若利用前面的几个抽样值的线性组合来预测当前的抽样值，则称为线性预测。若仅用前面的1个抽样值预测当前的抽样值，就是将要讨论的DPCM。

DPCM系统框图如图4-26所示。图中f_n为输入抽样信号，$\tilde{f}'_n$为接收端重建信号，d_n是输入信号与预测信号f'_n的差值，d'_{qn}为量化后的差值，c_n是d_{qn}经编码后输出的数字编码信号。接收端的预测器与发送端相同。在无传输误码的条件下，解码器输出的重建信号$\tilde{f}'_n$与编码器中的$\tilde{f}_n$相同。当图中的预测器简化成延迟电路时，线性预测就成为DPCM。

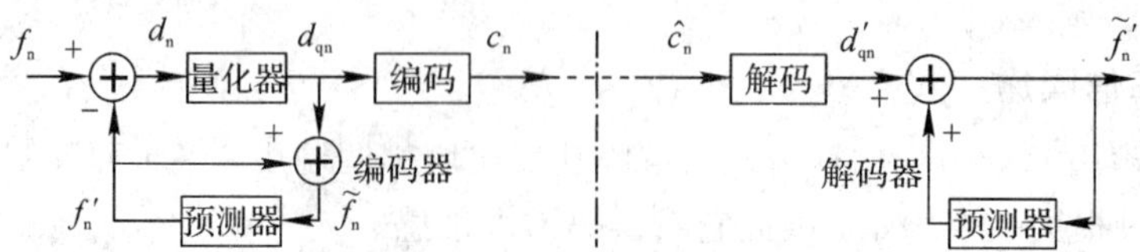

图4-26 DPCM系统框图

DPCM 系统的总量化误差 e_n 定义为输入抽样信号 f_n 与接收端重建信号 $\tilde{f}'_n$ 之差，在无传输误码的条件下，总量化误差为

$$e_n = f_n - \tilde{f}_n = (d_n + f'_n) - (f'_n + d_{qn}) = d_n - d_{qn} \tag{4-44}$$

由上式可知，DPCM 的总量化误差 e_n 只和差值信号的量化误差有关，等于量化器的量化误差。DPCM 系统总的量化信噪比可表示为

$$\left(\frac{S_o}{N_q}\right)_{DPCM} = \frac{E[f_n^2]}{E[e_n^2]} = \frac{E[f_n^2]}{E[d_n^2]} \cdot \frac{E[d_n^2]}{E[e_n^2]} = G_P \cdot \left(\frac{S_o}{N_q}\right)_q \tag{4-45}$$

式中，$\left(\frac{S_o}{N_q}\right)_q$ 是把差值序列作为信号时，量化器的量化信噪比，与 PCM 系统考虑量化误差时所计算的信噪比相当。G_P 可理解为 DPCM 系统相对于 PCM 系统而言的信噪比增益，称为预测增益。

对 DPCM 系统的研究就是围绕着如何使 G_P 和 $\left(\frac{S_o}{N_q}\right)_q$ 这两个参数取最大值而逐步完善起来的。通常 G_P 约为 6～11 dB。可见，DPCM 系统总的量化信噪比远大于量化器的信噪比。因此，要求 DPCM 系统的信噪比与 PCM 系统相同，则可降低对量化器信噪比的要求，即可减小量化级数，从而减少码位数，降低比特率。

4.6.2　自适应差分脉冲编码调制

值得注意的是，DPCM 系统性能的改善是以最佳的预测和量化为前提的。但对语音信号进行预测和量化是复杂的技术问题，这是因为语音信号在较大的动态范围内变化。为了能在相当宽的变化范围内获得最佳的性能，只有在 DPCM 基础上引入自适应系统，即 ADPCM。

ADPCM 的主要特点是用自适应量化取代固定量化，用自适应预测取代固定预测。其原理框图只需在图 4-26 基础上改造，在其量化器及预测器部分加入自适应控制环节，如图 4-27 所示。

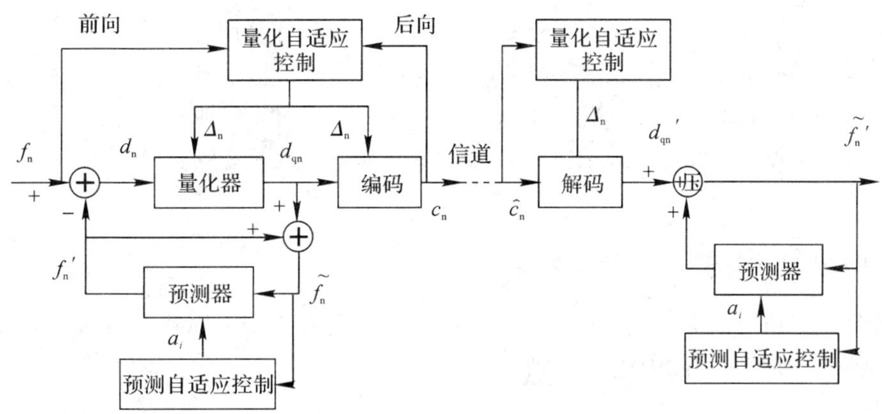

图 4-27　ADPCM 系统框图

自适应量化指量化台阶随信号的变化而变化，使量化误差减小。基本思想是让量阶 Δ_n 的变化与输入信号的均方根值 σ_{sn} 相匹配，即 $\Delta_n = K\sigma_{sn}$，式中，K 为常数。σ_{sn} 是通过对信号的能量估计得到的，根据估计信号能量的途径，自适应量化可分为前向自适应量化和后向自适应量化两种。前向自适应量化是直接从输入信号样值中估计信号的能量，后向自适应

量化是从编码后的信码中估计信号的能量。

前向自适应量化的优点是对输入信号的能量估计准确，没有受到量化器量化误差的影响，但量阶信息需要与主信息一起传送，否则接收端无法知道此时发送端的量阶值。

后向自适应量化的优点是不用传送量阶信息，因为量阶信息可由量化编码后的信码中估算出来，在接收端可以采用同样的自适应算法获得。

图 4 - 26 中，预测器用线性预测的方法产生预测信号，输入、输出关系为

$$f'_{\mathrm{n}}=\sum_{i=1}^{p}a_i\tilde{f}_{n-i} \tag{4-46}$$

式中，a_i 为预测系数，p 为预测阶数。怎样选择 a_i，使预测值更接近实际值，是最佳预测所要解决的问题。

自适应预测指预测器系数 a_i 可以随信号的统计特性而自适应调整，基本思想就是使预测均方误差为最小值。后向型自适应预测系数 a_i 是从重建后的 PAM 信号中估计出来的。通常不传送 a_i 信息，因为它可以在接收端通过预测值适应系统估算出来。

若 DPCM 的预测增益为 6～11 dB，自适应预测可使信噪比改善 4 dB；自适应量化可使信噪比改善 4～7 dB，则 ADPCM 比 PCM 可改善 16～21 dB，相当于编码位数可以减小 3 位到 4 位。因此，在维持相同的语音质量下，ADPCM 允许用 32 kb/s 编码，这是标准 64 kb/s PCM 的一半。CCITT 已形成了关于 ADPCM 系统的规范建议 G. 721、G. 726 等，用于长途传输系统。

4.7 时分复用和多路数字电话系统

在现代通信网传输系统中，通常一条物理信道所提供的带宽往往要比所传送的某种信号带宽要宽得多。此时，如果一条信道只传送一种信号就显得过于浪费资源了。因而，为了充分利用信道容量而产生了多路复用技术，即在一个信道上同时传输多路独立的信号的技术。多路复用可以分为频分复用、时分复用(TDM)以及码分复用等。

时分复用是建立在抽样定理基础上的。抽样定理使模拟信号有可能被在时间上离散出现的抽样脉冲值所代替。这样，当抽样脉冲占据较短时间时，在抽样脉冲之间就留出了时间空隙，利用这种空隙便可以传输其他信号的抽样值。因此，这就有可能沿一条信道同时传送若干个信号。

4.7.1 时分复用原理

时分复用是将时间分割成不同的小段，在每一小段上传输不同路的信号，从而实现多路复用的技术。原理框图如图 4 - 28 所示。

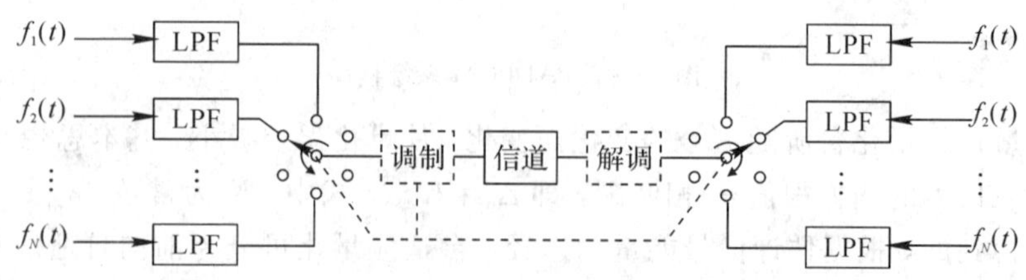

图 4 - 28　时分复用原理框图

N 路信号经过 LPF 之后变成带限信号，被加到发送转换开关的相应位置。转换开关每 T_s 秒按顺序依次对各路信号分别抽样一次，这样 N 个抽样值按先后顺序错开纳入抽样间隔 T_s 之内。合成的复用信号是 N 个抽样信号之和，如图 4-29 所示。在一个抽样周期 T_s 内，由各路信号的一个抽样值组成的一组脉冲叫作一帧。一帧中未能被抽样脉冲占用的时隙部分称为防护时间 τ_g，相邻两个抽样脉冲（脉冲宽度为 τ）之间的时间间隔称为一个时隙（Time Slot，TS）。

$$\mathrm{TS}=\tau+\tau_g=\frac{T_s}{N} \tag{4-47}$$

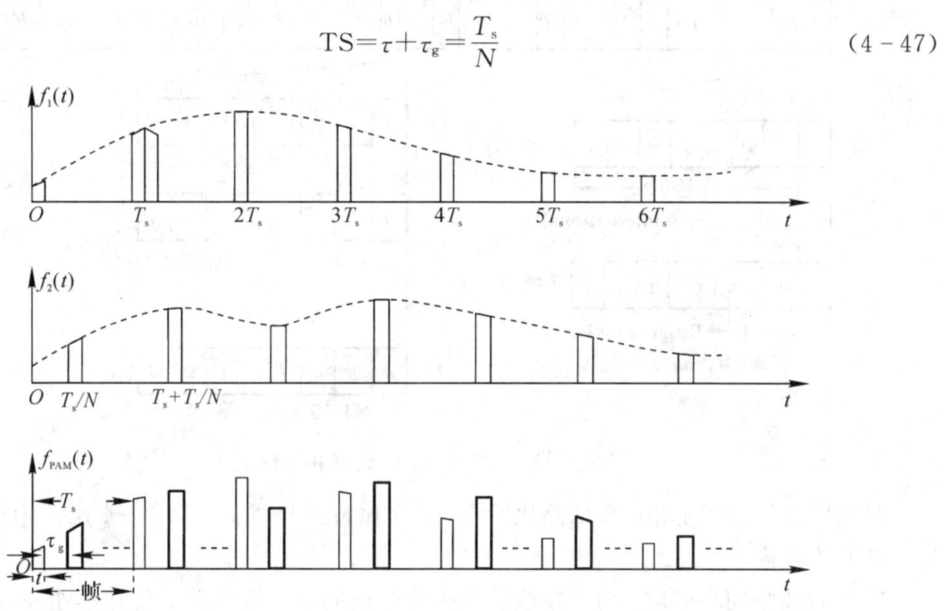

图 4-29　时分复用合成的复用信号

多路复用信号可以直接送入信道传输，或者加到调制器上变换成适于信道传输的形式后再送入信道传输。

在接收端，合成的时分复用信号由分路开关依次送入各路相应的重建低通滤波器，恢复出原来的连续信号。在 TDM 中，发送端的转换开关和接收端的分路开关必须同步。所以，在发送端和接收端都设有时钟脉冲序列来稳定开关时间，以保证两个时钟序列合拍。

4.7.2　多路数字电话系统

1. PCM 30/32 帧结构

对于多路数字电话系统，国际上已建议的有两种标准化制式，即 PCM 30/32 路（A 律压缩特性）制式和 PCM 24 路（μ 律压缩特性）制式，并规定国际通信时，以 A 律压缩特性为准（即以 30/32 路制式为准），凡是两种制式的转换，其设备接口均由采用 μ 律压缩特性的国家负责解决。因此，我国规定采用 PCM 30/32 路制式，该制式将 30 个独立的经过 PCM 编码的 64 kb/s 数字语音信道与 2 个信息控制信道一起形成一个有 32 个时隙的信号结构，其传输速率为 2048 kb/s。其帧和复帧结构如图 4-30 所示。

从图中可以看到，在 PCM 30/32 路的制式中，一个复帧由 16 帧组成；一帧由 32 个时隙组成；每路信号占一个指定的时隙，一个时隙为 8 位码组。时隙 1～15，17～31 共 30 个时隙用作话路，传送话音信号，时隙 0（TS0）是同步时隙，时隙 16（TS16）用于传送各话路的信令。

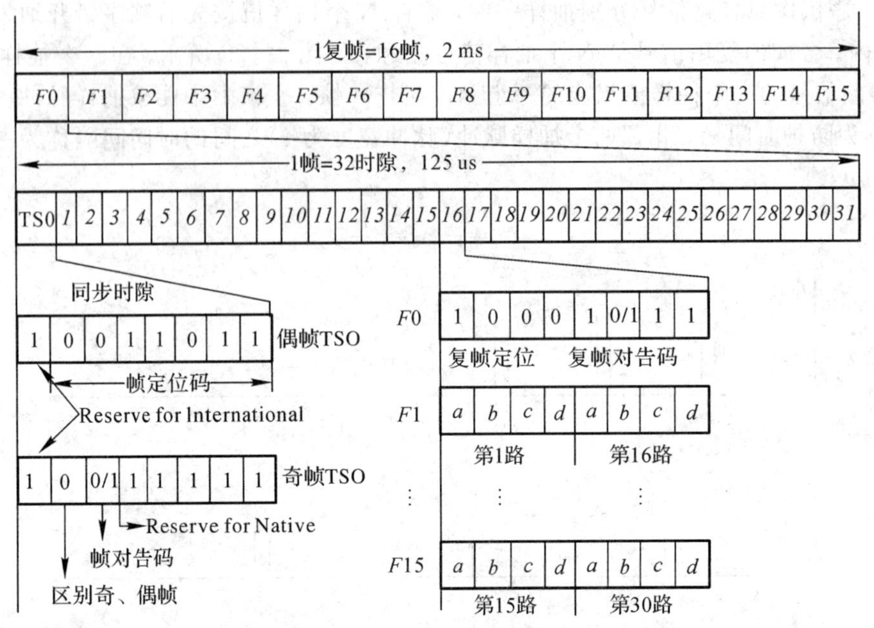

图 4－30　PCM 30/32 路帧和复帧结构

从时隙比特分配上讲，在话路比特中，第 1 比特为极性码，第 2～4 比特为段落码，第 5～8比特为段内码。

TS0 时隙是同步时隙。为了使收、发两端严格同步，每帧都要传送一组特定标志的帧同步码组或监视码组。帧同步码组为“0011011”，占用偶帧 TS0 的第 2～8 码位。第 1 比特供国际通信用，不使用时发送“1”码。在奇帧中，第 3 位为帧失步告警用，同步时发送“0”码，失步时发送“1”码。为避免奇 TS0 的第 2～8 码位出现假同步码组，第 2 位码规定为监视码，固定为“1”，第 4～8 位码为国内通信用，目前暂定为“1”。

TS16 时隙用于传送各话路的信令，按复帧传输，一个复帧有 16 个帧，即有 16 个“TS16 时隙”。除了 $F0$ 之外，其余 $F1$～$F15$ 用来传送 30 个话路的信令。每帧 8 位码组可以传送 2 个话路的信令，每路信令占 4 b，以 a、b、c、d 表示。TS16 时隙的 $F0$ 为复帧定位码组，其中第 1～4 位是复帧定位码组本身，编码为“0000”，第 6 位用于复帧失步告警指示，失步为“1”；同步为“0”，其余 3 b 为备用比特，如不用则为“1”。需要说明的是，信令 a、b、c、d 不能全为“0”，否则就会和复帧定位码组混淆了。

对于电话传输系统，其传输模拟信号的带宽为 4 kHz，因此，采样频率 f_s＝8 kHz；抽样周期，即 PCM 30/32 的帧周期 T_s＝1/8 kHz＝125 μs；一个复帧由 16 个帧组成，这样复帧周期为 16×125 μs＝2 ms；一帧内要时分复用 32 路，则每路占用的时隙为 125 μs/32＝3.9 μs；每个时隙包含 8 位码组，因此，每位码元占 125 μs/32/8＝488 ns。

从传输速率上讲，采样频率 f_s＝8 kHz，即每秒传送 8000 帧，而每帧包含 32×8＝256 b，因此，总的传输速率为 256 b/帧×8000 帧/s＝2048 kb/s。同理，对于每个话路来说，每秒钟要传输 8000 个时隙，每个时隙为 8 b，所以可得每个话路数字化后信息传输速率为 64 kb/s。

2. PCM的高次群

PCM 30/32路数字电话系统，称为数字基群或一次群，其速率为2048 kb/s。为了能使如电视等宽带信号通过PCM系统传输，就要求有较高的码率。而上述的PCM基群显然不能满足要求，因此，出现了PCM高次群系统。

高次群是由若干个低次群通过数字复接设备复合而成的。现有的四次群以下的数字复接系列称为准同步数字系列(PDH)。由4个一次群复接为一个二次群，包括120路用户数字话路，复接时插入了帧同步码、告警码等码元，这些码元的插入，使每个基群的码速率由2048 kb/s调整到2112 kb/s，这样二次群传输速率为8.448 Mb/s。由4个二次群复接为一个三次群，包括480路用户数字话路，传输速率为34.368 Mb/s。由4个三次群复接为一个四次群，包括1920路用户数字话路，传输速率为139.264 Mb/s，如表4-6所示。

表4-6 PDH数字复接系列

地区(国家)	一次群(基群)	二次群	三次群	四次群
北美	24路	96路	672路	4032路
	1.544 Mb/s	(24×4)	(96×7)	(672×6)
		6.312 Mb/s	44.736 Mb/s	274.176 Mb/s
日本	24路	96路	480路	1440路
	1.544 Mb/s	(24×4)	(96×5)	(480×3)
		6.312 Mb/s	32.064 Mb/s	97.728 Mb/s
欧洲中国	30路	120路	480路	1920路
	2.048 Mb/s	(30×4)	(120×4)	(480×4)
		8.448 Mb/s	34.368 Mb/s	139.264 Mb/s

随着光纤通信的发展，四次群速率已不能满足大容量高速传输的要求。美国首先提出同步光纤网(SONET)的建议，确定四次群以上采用同步数字序列(SDH)，以适应全球宽带综合业务数字网的传输要求。CCITT蓝皮书G.707建议规定SDH的第一级比特率为155.52 Mb/s，记作STM-1。4个STM-1按字节同步复接得到STM-4，比特率为622.08 Mb/s。4个STM-4同步复接得到STM-16，比特率为2488.32 Mb/s。

4.8 本章MATLAB仿真实例

例4-3 PCM的MATLAB仿真。

图4-18为PCM系统框图。PCM系统主要由抽样、量化和编码3部分组成。

1. 连续信号的均匀量化

此步产生一个幅度为1、频率$\omega=1$的正弦波。采用均匀PCM方案，将其进行8级和16级量化。在同一坐标系内绘出原始信号和量化信号的曲线。将两种情况得到的信号量化噪声比SQNR进行比较。

连续信号的均匀量化的主程序：

```
t=[0:0.01:10];
a=sin(t);
[sqnr8, aquan8, code8]=u_pcm(a, 8);
[sqnr16, aquan16, code16]=u_pcm(a, 16);
sqnr8                          %N=8 时的信号量化噪声比
sqnr16                         %N=16 时的信号量化噪声比
%信号波形及其量化后的曲线
plot(t, a, '-', t, aquan8, '-.', t, aquan16, '-', t, zeros(1, length(t)));
legend('信号波形', '8 电平量化', '16 电平量化', 'Location', 'SouthEast')
```

量化及 PCM 编码函数程序：

```
function [sqnr, a_quan, code]=u_pcm(a, n)
amax=max(abs(a));
a_quan=a/amax;
b_quan=a_quan;
d=2/n;
q=d.*[0:n-1];
q=q-((n-1)/2)*d;
%量化值的计算
for i=1:n
    a_quan(find((q(i)-d/2 <=a_quan) & (a_quan <=q(i)+d/2)))=...
    q(i).*ones(1, length(find((q(i)-d/2 <=a_quan) & (a_quan <=q(i)+d/2))));
    b_quan(find( a_quan==q(i)))=(i-1).*ones(1, length(find( a_quan==q(i))));
end
a_quan=a_quan*amax;
%PCM 编码
nu=ceil(log2(n));
code=zeros(length(a), nu);
for i=1:length(a)
    for j=nu:-1:0
        if ( fix(b_quan(i)/(2^j))==1)          %fix(x)对 x 向 0 取整的函数
            code(i, (nu-j))=1;
            b_quan(i)=b_quan(i) - 2^j;
        end
    end
end
%SQNR 的计算
sqnr=20*log10(norm(a)/norm(a-a_quan));     %norm(a)求 a 的均方根值
```

运行主函数得到 sqnr8=18.9023 dB；sqnr16=25.1272 dB，结果如图 4-31 所示。虚线代表 8 电平量化的情况，实折线代表 16 电平量化的情况。显然，16 电平量化折线更加逼近原信号波形且信号量化噪声比 SQNR 更高，这说明随着量化电平数的增加，量化结果更好。但随之而来的是计算复杂度的增加。

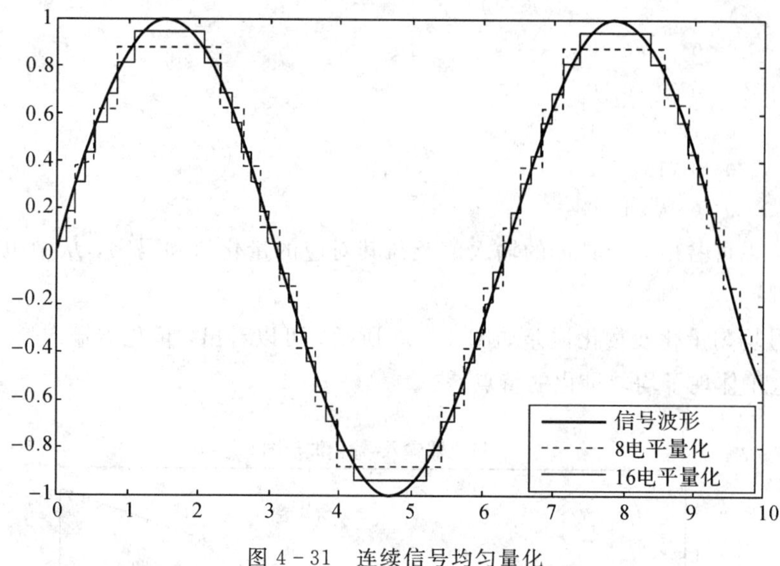

图 4-31　连续信号均匀量化

2. 离散信号的均匀量化特性及均匀 PCM

此步产生一个零均值、方差为 1 的高斯随机变量序列，序列长度为 500。用均匀量化找出当量化级的数量为 64 时的信号量化噪声比 SQNR。求出该序列的前 5 个值、相应的量化值和相应的码字。

离散信号的均匀量化的主程序：

```
a=randn(1, 500);
n=64;
b=-2.5:.01:2.5;
[sqnr, a_quan, code]=u_pcm(a, 64);
[sqnr, a_quan1, code1]=u_pcm(b, 64);
sqnr                          %信号的量化信噪比
a(1:5)                        %输入值
a_quan(1:5)                   %量化值
code(1:5, :)                  %码字
subplot(2, 1, 1);
plot(b, a_quan1);             %量化器输入-输出波形图
title('量化器输入-输出波形图')
subplot(2, 1, 2);
plot(a-a_quan);               %量化误差波形图
title('量化误差')
```

运行主程序得到如下结果：

```
信号量化噪声比    sqnr=36.1231
该序列的前 5 个值  ans=0.5377   1.8339   -2.2588   0.8622   0.3188
相应的量化值      ans=0.5032   1.8451   -2.2924   0.8387   0.2796
相应的码字
```

```
ans=
    1  0  0  1  0  0
    1  1  0  0  0  0
    0  0  1  0  1  1
    1  0  0  1  1  1
    1  0  0  0  1  0
```

由以上结果可看出 5 个具体的输入值及与其对应的量化值和码字，从中也可以看出量化误差的情况。

离散信号均匀量化及量化误差如图 4 - 32 所示。可以看出，量化器输入-输出关系近似一条直线，这正体现了均匀量化的特点。

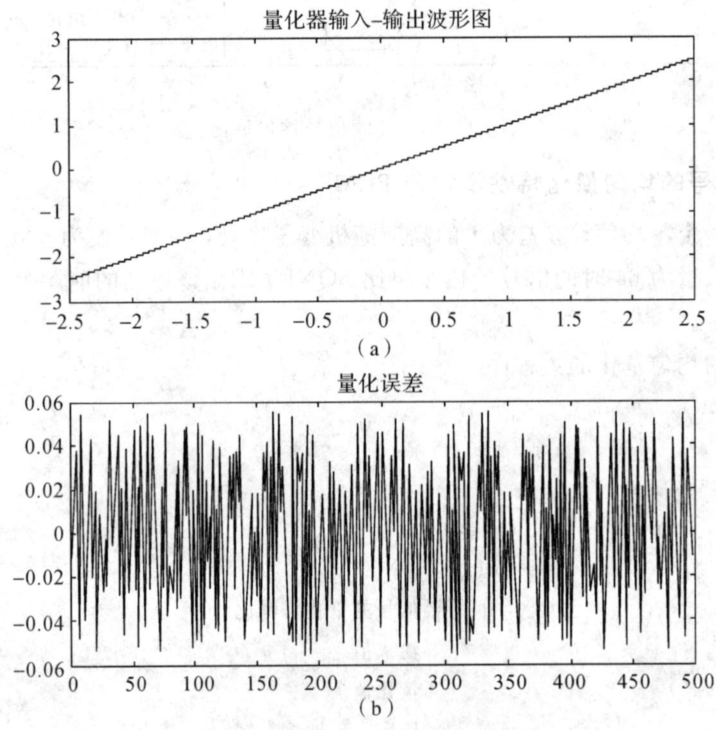

图 4 - 32　离散信号均匀量化及量化误差

3. A 律压缩特性曲线

用 A 律 13 折线近似 A 律压缩特性曲线方法如下：归一化输入 $x\in[-1, 1]$，归一化输出 $y\in[-1, 1]$，压缩特性关于原点成奇对称，以下仅考虑第一象限情况。将区间平均等分成 8 份，x 的区间为[0, 1/128]、[1/128, 1/64]、[1/64, 1/32]、[1/32, 1/16]、[1/16, 1/8]、[1/8, 1/4]、[1/4, 1/2]、[1/2, 1]。对应的 y 区间为 [0, 1/8]、[1/8, 2/8]、[2/8, 3/8]、[3/8, 4/8]、[4/8, 5/8]、[5/8, 6/8]、[6/8, 7/8]、[7/8, 1]。各区间端点相连，构成 A 律 13 折线近似压缩特性曲线。

A 律压缩特性曲线的程序：

```
clear all
```

```
Close all;                          %清除所有记录
dx=0.01;                            %定义 x 的间距
x=-1:dx:1;
A=87.56;                            %定义参数 A 的值为 87.56
for i=1:length(x)                   %对数压缩器输入-输出幅度特性，x 是输入的幅值
    if     abs(x(i)) < 1/A          %y 是输出的幅值
        ya(i)=A * x(i)/(1+log(A));
    else
        ya(i)=sign(x(i)) * (1+log(A * abs(x(i))))/(1+log(A));
    end
end
figure(1)                           %画出折线近似 A 律
plot(x, ya, 'k.:');
title('A LAW')
xlabel('x');
ylabel('y');
grid on
hold on
%定义 x, y 的量化步长
xx=[-1, -1/2, -1/4, -1/8, -1/16, -1/32, -1/64, -1/128, 1/128, 1/64, 1/32,
    1/16, 1/8, 1/4, 1/2, 1];
yy=[-1, -7/8, -6/8, -5/8, -4/8, -3/8, -2/8, -1/8, 1/8, 2/8, 3/8, 4/8, 5/8,
    6/8, 7/8, 1];
plot(xx, yy, 'r');                  %画出 A 律压缩特性曲线
stem(xx, yy, 'b-.');
```

运行函数得到如图 4-33 所示的结果。

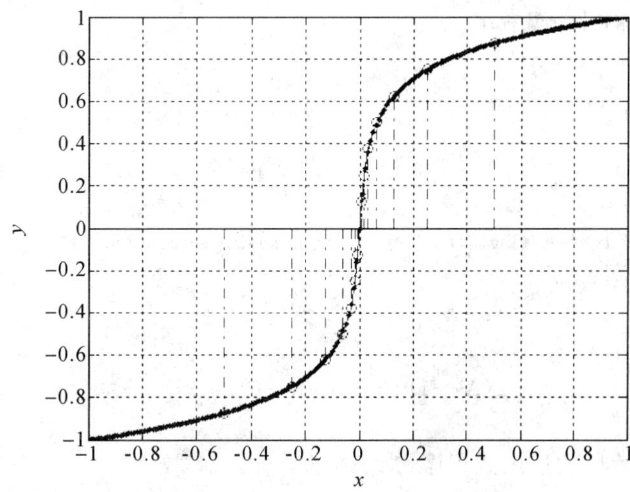

图 4-33　*A* 律压缩特性曲线

从结果可以看出，采用非均匀量化，量化器随输入信号的大小采用不同的量化间隔，大信号采用大的量化间隔，小信号采用小的量化间隔，可以以较少的量化电平数达到输入动态范围的要求。

4. 离散信号的非均匀量化特性及非均匀 PCM

对于非均匀 PCM，总体的步骤与均匀量化及均匀 PCM 相同。但有一点不同，那就是在量化前要先进行 A 律压缩。

此步产生一个零均值、方差为 1 的高斯随机变量序列，序列长度为 500。对其进行 64 电平的 A 律非均匀量化，画出量化误差和输入-输出关系曲线，并求信号量化噪声比 SQNR。

离散信号的非均匀量化的主程序：

```
a=randn(1, 500); b=-3:.01:3;
[sqnr, a_quan, code]=Alaw_pcm(a, 64, 87.6);
[sqnr1, a_quan1, code1]=Alaw_pcm(b, 64, 87.6);
sqnr                          %信号的量化信噪比
a(1:5)                        %输入值
a_quan(1:5)                   %量化值
code(1:5, :)                  %码字
subplot(2, 1, 1);
plot(b, a_quan1);
title('量化器输入-输出关系'); subplot(2, 1, 2);
plot(a-a_quan); title('量化误差');
```

A 律 PCM 编码函数程序：

```
function [sqnr, a_quan, code]=Alaw_pcm(a, n, A)
amax=max(abs(a));
y=Alaw(a, A);
[sqnr, y_q, code, amax]=u_pcm(y, n);
a_quan=invAlaw(y_q, A);
a_quan=amax * a_quan;
sqnr=20 * log10(norm(a)/norm(a-a_quan));
```

A 律对数压缩特性函数程序：

```
function y=Alaw(x, A)
a=max(abs(x));
x=x/a;
indx=find(abs(x)<=1/A);
    if    ~isempty(indx)
        y(indx)=A/(log(A)+1) * abs(x(indx)). * sign(x(indx));
    end
indx=find(abs(x)>1/A);
    if    ~isempty(indx)
        y(indx)=1/(log(A)+1) * (1+log(abs(x(indx)) * A)). * sign(x(indx));
    end
```

A 律对数压缩特性的逆函数程序：

```
function x=invAlaw(y, A)
indx=find(abs(y) <=1/(log(A)+1));
```

```
    if    ~isempty(indx)
        x(indx)=(log(A)+1)/A * abs(y(indx)). * sign(y(indx));
    end
indx=find(abs(y) > 1/(log(A)+1));
    if    ~isempty(indx)
        x(indx)=1/A * exp(abs(y(indx)) / (1/(log(A)+1)) - 1). * sign(y(indx));
    end
```

运行主程序得到如下结果：

```
信号量化噪声比          sqnr=26.3854
该序列的前 5 个值       ans=-0.0799    0.8985    0.1837    0.2908    0.1129
相应的量化值            ans=-0.0752    0.9779    0.1768    0.2954    0.1059
相应的码字
ans=
    0  1  0  1  1  0
    1  1  1  0  0  0
    1  0  1  1  1  0
    1  1  0  0  0  1
    1  0  1  0  1  1
```

由以上结果可看出 5 个具体的输入值及与其对应的量化值和码字，从中也可以看出量化误差。

离散信号非均匀量化及量化误差如图 4-34 所示。对同样的离散信号进行 64 电平量化，非均匀量化器输入-输出关系与图 4-32 中均匀量化器输入-输出关系明显不同，曲线的折线正是其非均匀的体现，在零附近比均匀量化更趋近于直线，表明其对小信号信噪比有改善。但从第二个图可以看出，某些值的量化误差较大，这是对大信号采用非均匀量化的结果。

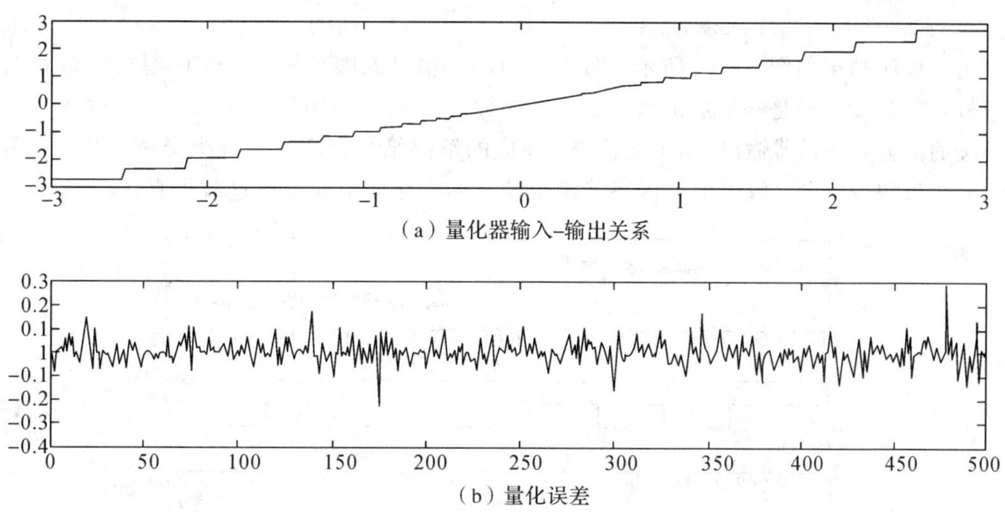

(a) 量化器输入-输出关系

(b) 量化误差

图 4-34　离散信号非均匀量化及量化误差

例 4-4　增量调制的 MATLAB 仿真。

本章 4.6 节讨论过使用一位二进制代码，具有两个量化等级的 DPCM 就是增量调制。依照图 4-26 所示的 DPCM 系统框图，建立增量调制的仿真模型。已知输入信号为 $x(t)=\sin 2\pi\times 50t+0.5\sin 2\pi\times 150t$，增量调制的采样间隔为 1 ms，量化阶距为 0.4，单位延迟器初始值为 0。求出前 20 个采样时刻的编码输出以及解码样值波形。

程序如下：

```
Ts=1e-3;                                          %采样间隔
t=0:Ts:20*Ts;                                     %仿真时间序列
x=sin(2*pi*50*t)+0.5*sin(2*pi*150*t);             %信号
delta=0.4;                                        %量化阶距
D(1+length(t))=0;                                 %预测器初始状态
for    k=1:length(t)
        e(k)=x(k)-D(k);                           %误差信号
        e_q(k)=delta*(2*(e(k)>=0)-1);             %量化器输出
        D(k+1)=e_q(k)+D(k);                       %延迟器状态更新
        codeout(k)=(e_q(k)>0);                    %编码输出
end
subplot(3, 1, 1); plot(t, x, '-o'); axis([0 20*Ts, -2 2]); hold on;
subplot(3, 1, 2); stairs(t, codeout); axis([0 20*Ts, -2 2]);
%解码端
Dr(1+length(t))=0;                                %解码端预测器初始状态
for    k=1:length(t)
        eq(k)=delta*(2*codeout(k)-1);             %解码
        xr(k)=eq(k)+Dr(k);
        Dr(k+1)=xr(k);                            %延迟器状态更新
end
subplot(3, 1, 3); stairs(t, xr); hold on;         %解码输出
subplot(3, 1, 3); plot(t, x);                     %原信号
```

运行程序结果如图 4-35 所示。图 4-35(a)是信号原图，图 4-35(b)是输出的增量调制信号，图 4-35(c)是解码后的波形。从图中原信号和解码结果对比来看，在输入信号变化平缓的部分，编码器输出 1、0 交替码，相应的解码结果以正、负阶距交替变化；在输入信号变化过快的部分，解码信号因不能跟上信号的变化而引起斜率过载失真。

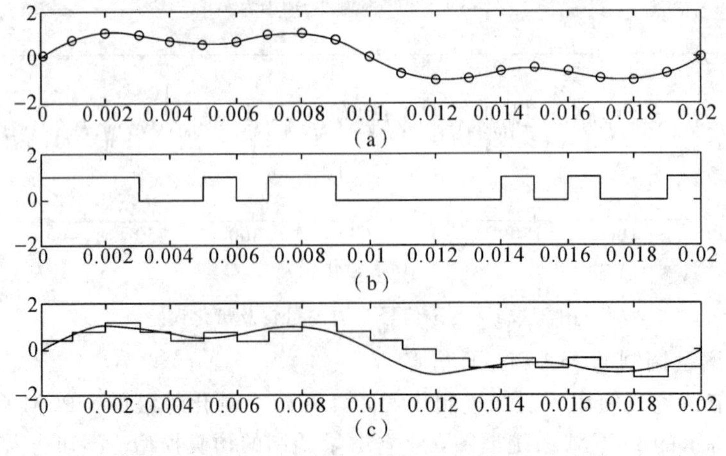

图 4-35　增量调制运行结果

本章小结

本章讲述了“数字通信系统”中的信源编码。信源编码主要实现模拟信号数字化(A/D)和数据压缩两项任务。信源的模拟信号转化成数字信号需要经过抽样、量化和编码三个步骤。

抽样是把时间上连续的信号变成时间上离散的信号。能否由抽样得到的离散信号序列重建原信号，是抽样定理要回答的问题。

量化是把抽样值在幅度上进行离散化处理。若其量化间隔是均匀的，这种量化称为均匀量化。反之，量化间隔不均匀的量化，通常称为非均匀量化。非均匀量化克服了在均匀量化过程中，小信号量化信噪比低的缺点，增大了输入信号的动态范围。

本章重点讨论传输模拟语音信号常用的脉冲编码调制(PCM)和增量调制(ΔM)的原理及性能，简单介绍了综合了增量调制和脉冲编码调制两者特点的差分脉码调制(DPCM)及自适应差分脉冲编码调制(ADPCM)。

脉冲编码调制对每一个输入的抽样值按照 A 律 13 折线特性非均匀量化，并编出相应的 8 位二进制代码。增量调制(ΔM)是继 PCM 后出现的又一种模拟信号数字传输的方法，其编码简单、抗误码性能好。两者本质区别在于 PCM 是对样值本身编码，ΔM 是对相邻样值的差值的极性(符号)编码。实际应用中，ΔM 系统的抽样频率及带宽远高于 PCM 系统；在相同的信道带宽条件下，编码位数小于 4 时，ΔM 量化信噪比高，反之，PCM 量化信噪比高；PCM 系统比 ΔM 系统对误码率的要求要高。

本章最后对实际生活中结合了时分复用技术和 PCM 的多路数字电话系统进行了介绍。

习　题

4-1　简述低通抽样定理。

4-2　非均匀量化的目的是什么？

4-3　什么是过载失真，非均匀量化不发生过载失真的条件是什么？

4-4　已知信号 $f(t)=10\sin(100\pi t)\cos(40\pi t)$，以 500 次/s 速率抽样。

(1) 试求出抽样信号的频谱函数；

(2) 由理想低通滤波器从抽样信号中恢复 $f(t)$，试确定滤波器的截止频率；

(3) 对 $f(t)$进行抽样的奈奎斯特抽样速率是多少？

4-5　设以 3600 次/s 的抽样速率对信号 $f(t)=10\cos(400\pi t)\cdot\cos(2000\pi t)$进行抽样。

(1) 画出抽样信号 $f_s(t)$的频谱图；

(2) 确定由抽样信号恢复 $f(t)$所用理想低通滤波器的截止频率；

(3) 试问 $f(t)$信号的奈奎斯特抽样速率是多少？

4-6　由 10 路具有 4 kHz 最高频率的信号进行时分复用，并采用 PAM 调制。假定邻路防护时间间隔为每路应占时隙的一半，试确定其最大脉冲宽度。

4-7　设信号 $f(t)=9+A_m\cos\omega_m t$，$A_m\leqslant 10$。若 $f(t)$被均匀量化为 40 个电平。

(1) 试确定所需要的二进制编码位数 n；

(2) 量化间隔 Δ 为多少?

4-8　某信号波形如题图所示，用 $n=3$ 的 PCM 传输，假定抽样频率为 8 kHz，并从 $t=0$ 时刻开始抽样。试求出：

(1) 各抽样时刻的抽样值；

(2) 各抽样时刻的量化值；

(3) 将各量化值编成折叠二进制码。

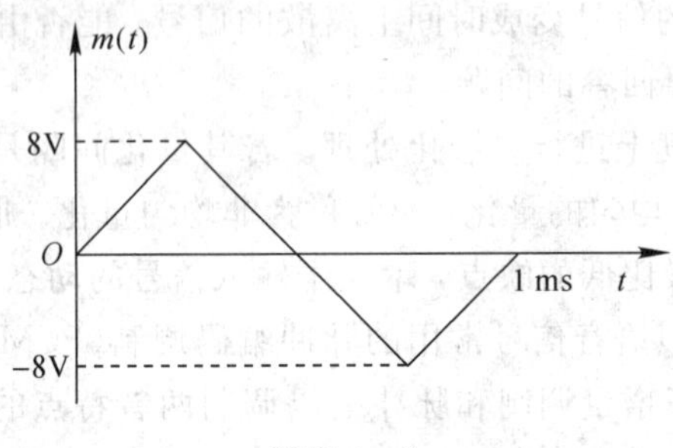

题图 4-8

4-9　已知抽样脉冲的幅度为 $+186\Delta$，试利用逐次反馈型编码器将其进行 A 律 13 折线压缩 PCM 编码。

(1) 求出编码器输出的 8 位码组，并计算量化误差。

(2) 写出对应的均匀量化 11 位码。

4-10　采用 A 律 13 折线编码，已知抽样值为 -635Δ。

(1) 试求编码器输出的 8 位码组，并计算量化误差。

(2) 写出对应 7 位码(不包括极性码)的均匀量化 11 位码。

4-11　采用 A 律 13 折线编译码电路，设接收端收到的码为 01010011，若已知段内码为折叠二进制码，最小量化单位为一个单位。

(1) 求译码器输出为多少单位电平?

(2) 写出对应 7 位码(不包括极性码)的均匀量化 11 位码。

4-12　设将频率为 f_m，幅度为 A_m 的正弦波加在量化阶为 Δ 的增量调制器，且抽样周期为 T_s，试求不发生斜率过载时信号的最大允许发送功率为多少?

第 5 章　数字基带传输系统

基本要求

- 掌握数字基带信号、码型的概念。
- 熟悉基带传输信号码型设计原则，掌握单极性不归零码、单极性归零码、双极性不归零码、双极性归零码、差分码、双相码、传号反转码、密勒码、AMI 码、HDB_3 码的编码规则。
- 了解基带传输码型的频谱特性。
- 掌握无码间串扰的基带传输特性和抗噪声性能的分析方法。
- 熟悉第Ⅰ类部分响应系统、眼图以及均衡技术。
- 熟悉数字基带信号的仿真方法。

数字通信系统可以分为数字基带传输系统和数字频带传输系统。数字基带传输系统是指数字信号未经调制而直接使用低频传输的通信系统；数字频带传输系统是指数字信号经过调制后经高频传输的通信系统。如果把调制与解调过程看做是广义信道的一部分，则任何数字传输系统均可等效为基带传输系统。因此掌握数字信号的基带传输原理是十分重要的。本章主要介绍数字基带传输系统。

5.1　数字基带传输系统的实际应用

在数字通信中，由计算机或终端等数字设备直接发出原始数字信号，如计算机输出的二进制序列、电传机输出的代码或是来自模拟信号经数字化处理后的 PCM 码组等都是数字信号，是典型的矩形电脉冲信号，这些信号的频谱往往包含丰富的低频分量。在数字信号频谱中，把直流（零频）开始到能量集中的一段频率范围称为基本频带，简称为基带，因此，相应的数字信号称为数字基带信号。在某些有线信道中，特别是传输距离不太远的情况下，数字基带信号可以直接传输，称为数字基带传输。

在基带传输中，整个信道只传输一种信号，通信信道利用率低。由于在近距离范围内，基带信号的功率衰减不大，从而信道容量不会发生变化，因此，在局域网（LAN）中，绝大多数情况下都使用基带信号。在节点间传输信号有两种方法：基带和频带传输。在 LAN 中，频带指的是数字信号的模拟传输，基带指的是数字信号的数字传输。基带相对来说较简单，费用也比频带低，同时仍能保持高速率，因此比频带应用广泛得多。虽然就潜在能力而言，频带比基带传输得快且能覆盖较长的距离，但频带需要在每个连接末端接入一个调制解调器，这就提高了设备接入 LAN 的费用。总的来说，计算机网络中占主导地位的信号类型是基带信号，例如计算机与打印机之间的通信。此外，一些近距离的电视信号的传输也可以采用基带传输，它将视频(V)/音频(A)信号分别进行传输，但这种方式不适合远距离传输。

在基带传输中，需要对数字信号进行编码来表示数据。

5.2　数字基带传输系统的常用码型

5.2.1　码型的概念及设计原则

1. 码型的概念

数字基带信号以电脉冲的形式出现，电脉冲的存在形式称为码型。把数字信号的电脉冲表示过程称为码型编码或码型变换，由码型还原实现原来的数字信号的过程称为码型译码。在有线信道中传输数字基带信号，称为线路传输码型。

2. 码型的设计原则

(1) 对于传输频带低端受限的信道，线路传输码型的频谱中应该不含直流分量。

(2) 信号的抗噪声干扰能力要强，产生误码时，在译码中产生的误码扩散的影响小。

(3) 便于从信号中提取定时信息和位同步信息。

(4) 码型应与信源的统计特性无关。

(5) 尽量减少基带信号频谱中高频分量，以节省传输频带，并减小串扰。

(6) 编、译码的设备应尽量简单，易于实现。

上述各项原则并不是任何基带传输码型均能完全满足，往往是依照实际要求满足其中若干项。

5.2.2　数字基带信号的常用码型

数字基带信号的码型种类繁多。只有两个取值的脉冲序列的码型就是二元码，最简单的二元码基带信号波形为矩形波，幅度只有两种取值(电平)，分别对应于二进制的“1”和“0”；有三个取值的脉冲序列是三元码；有三个以上取值的脉冲序列是多元码。下面仅以矩形脉冲组成的基带信号为例，介绍一些目前常用的基本码型。

1. 二元码

1) 单极性不归零(Non-Return to Zero，NRZ)码

单极性不归零码如图 5-1 所示，用正电平和零电平两种取值分别表示二进制码“1”和“0”，在整个码元持续期间，电平保持不变。

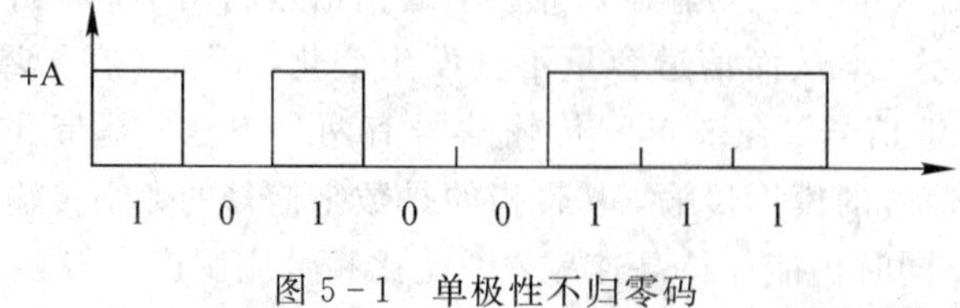

图 5-1　单极性不归零码

单极性不归零码具有如下特点：

(1) 发送能量大，有利于提高接收端信噪比。

(2) 在信道上占用频带较窄。

(3) 有直流分量，将导致信号的失真与畸变；且由于直流分量的存在，无法使用一些交流耦合的线路和设备。

(4) 在出现连续的 1 与 0 时，难以确定码元位置，即不能直接提取位同步信息。

(5) 抗噪性能差。接收单极性不归零码的判决电平应取“1”码 电平的一半。由于信道衰减或特性随各种因素变化时，接收波形的振幅和宽度容易变化，因而判决门限不能稳定在最佳电平，使抗噪性能变坏。

(6) 传输时需一端接地。

由于单极性不归零码的诸多缺点，基带数字信号传输中很少采用这种码型，它只适合极短距离传输。

2) 单极性归零(Return to Zero，RZ)码

单极性归零码是指它的有电脉冲宽度比码元宽度窄，每个脉冲都回到零电平，即还没有到一个码元终止时刻就回到零值的码型。

单极性归零码如图 5-2 所示，在传送“1”码时发送 1 个宽度小于码元持续时间的归零脉冲，即正电平在整个码元期间 T_s 内只持续一段时间 τ，而在其余时间则返回到零电平；在传送“0”码时不发送脉冲，即用零电平表示。脉冲宽度与码元宽度之比 τ/T_s 叫占空比。通常使用半占空码。

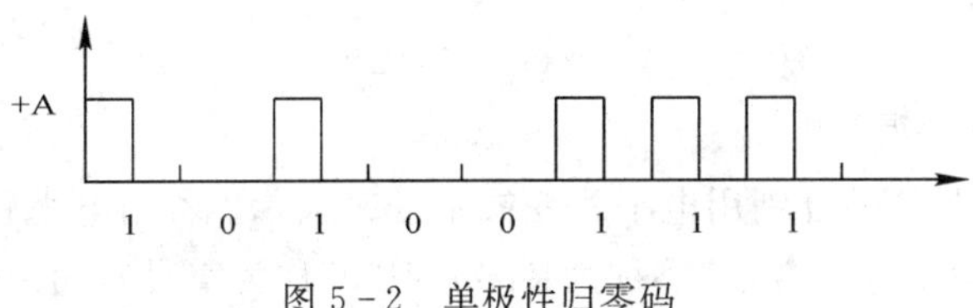

图 5-2　单极性归零码

单极性归零码与单极性不归零码比较，其缺点是发送能量小、占用频带宽，主要优点是可以直接提取同步信号。此优点虽不意味着单极性归零码能广泛应用到信道上传输，但它却是其他码型提取同步信号需采用的一个过渡码型。即对于适合信道传输的，但不能直接提取同步信号的码型，可先变为单极性归零码，再提取同步信号。

3) 双极性不归零码

在此编码中，用正电平和负电平分别表示“1”和“0”，在整个码元期间电平保持不变，如图 5-3 所示。

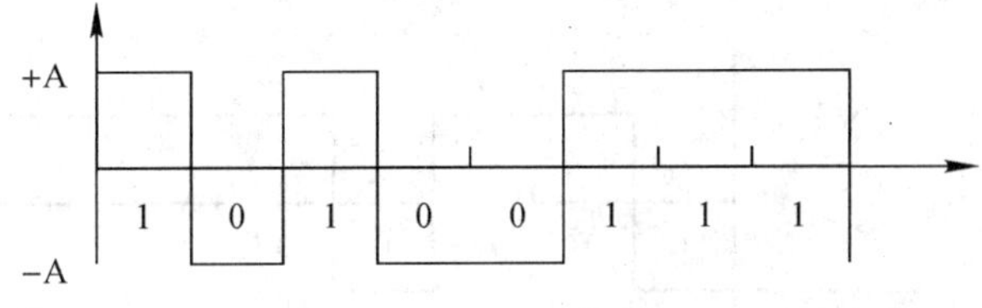

图 5-3　双极性不归零码

其特点除与单极性不归零码特点(1)、(2)、(4)相同外，还有以下特点：

(1) 直流分量小。当二进制符号“1”、“0”等可能出现时，无直流成分。

(2) 接收端判决门限为 0，容易设置并且稳定，因此抗干扰能力强。

(3) 可以在电缆等无接地线上传输。

双极性不归零码常在 CCITT 的 V 系列接口标准或 RS-232 接口标准中使用。

4) 双极性归零码

双极性归零码构成原理与单极性归零码相同，如图 5-4 所示。“1”和“0”在传输线路上分别用正和负归零脉冲表示，且相邻脉冲间必有零电平区域存在。通常取占空比为 50%。

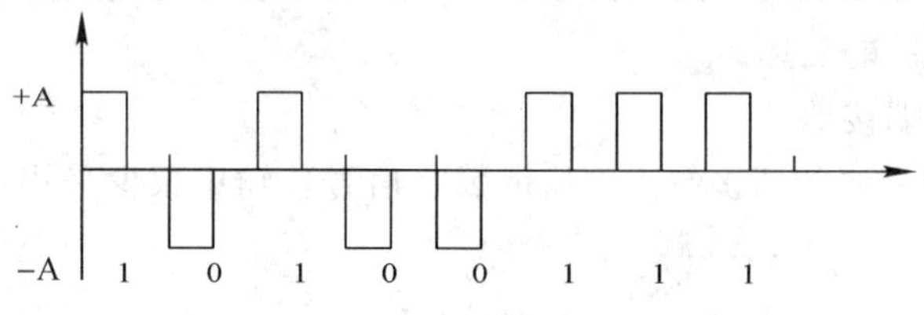

图 5-4 双极性归零码

对于双极性归零码，在接收端根据接收波形归于零电平便可知道 1 比特信息已接收完毕，以便准备下一比特信息的接收。所以，在发送端不必按一定的周期发送信息。我们可以认为正、负脉冲前沿起了启动信号的作用，后沿起了终止信号的作用。因此，双极性归零码可以保持正确的比特同步。即收、发之间无需专门定时，且各符号独立地构成起、止方式，此方式也叫自同步方式。

双极性归零码具有双极性不归零码的抗干扰能力强及码中不含直流成分的优点，应用比较广泛。

5) 差分码(又称为相对码)

在差分码中，“1”、“0”分别用电平跳变或不变来表示。若用电平跳变来表示“1”，称为传号差分码(在电报通信中，常把“1”称为传号，把“0”称为空号)，也可称为“1”差分码，如图 5-5 所示。若用电平跳变来表示“0”，称为空号差分码，也可称为“0”差分码。由图可见，这种码型在形式上与单极性或双极性码型相同，但它代表的信息符号与码元本身电位或极性无关，而仅与相邻码元的电位变化有关。差分码也称相对码，而相应地称前面的单极性或双极性码为绝对码。

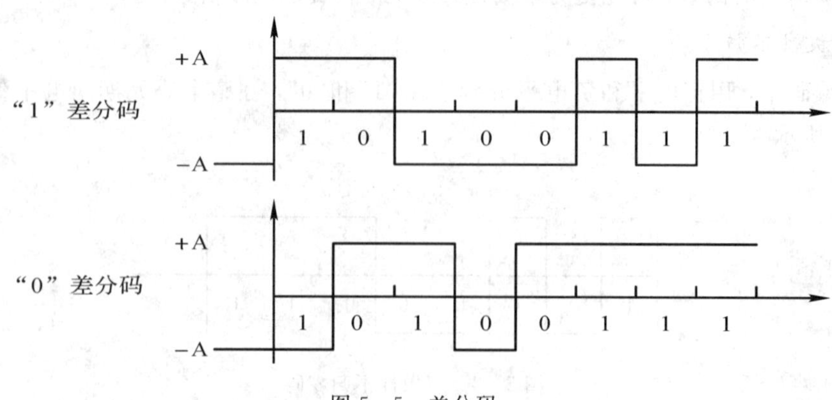

图 5-5 差分码

差分码的特点是，即使接收端收到的码元极性与发送端完全相反，也能正确地进行判决，因此差分码可以用于解决相移键控中的相位模糊问题。

6）传号反转码(Coded Mark Inversion，CMI 码)

传号反转码的编码规则："1"码交替地用"＋＋"和"－－"表示，而"0"码则固定地用"－＋"表示，如图 5－6 所示。

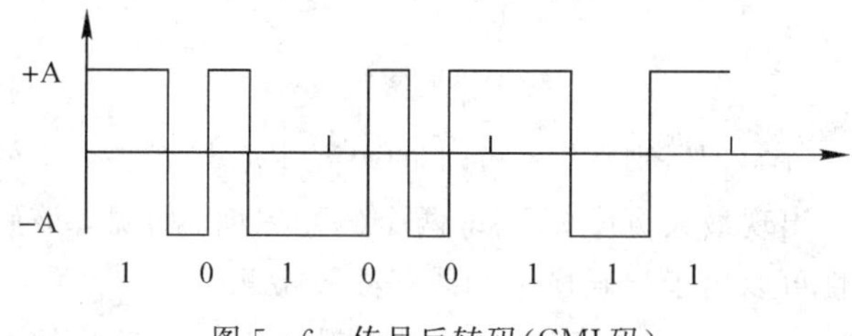

图 5－6　传号反转码(CMI 码)

CMI 码的优点是没有直流分量，且频繁出现波形跳变，便于定时信息提取，具有误码监测能力。

由于 CMI 码具有上述优点，再加上编、译码电路简单，容易实现，因此，在高次群脉冲编码调制终端设备中广泛用做接口码型，在速率低于 8448 kb/s 的光纤数字传输系统中也被建议作为线路传输码型。

7）数字双相码

数字双相码又称为曼彻斯特码(Manchester 码)或分相码，它用一个周期的正、负对称方波表示"1"，用其反向波形表示"0"，即"1"码用"＋－"脉冲表示，"0"码用"－＋"脉冲表示，如图 5－7 所示。

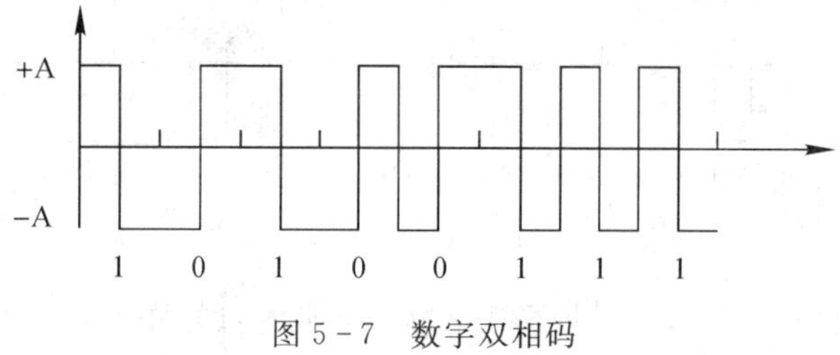

图 5－7　数字双相码

该码的优点是无直流分量，最长连"0"、连"1"数为 2，定时信息丰富，编、译码电路简单，但其码元传输速率比输入的信码传输速率提高了一倍。

数字双相码适用于数据终端设备在中速短距离中传输，如以太网采用数字双相码作为线路传输码。

数字双相码当极性反转时会引起译码错误。为解决此问题，可以采用差分码的概念，将数字双相码中用绝对电平表示的波形改为用电平相对变化来表示。这种码型称为条件双相码或差分曼彻斯特码。数据通信的令牌网即采用这种码型。

8）密勒码

密勒码又称延迟调制，它是数字双相码的一种变形。它的编码规则："1"码的起点电平与其前面相邻码元的末电平相同，并且在码元周期的中点有极性跳变；对于单"0"码，其电平也与前面相邻码元的末电平相同，但在整个码元周期中维持不变；遇到连"0"情况，在两个相邻“0”码的边界处要有极性跳变，如图 5-8 所示。

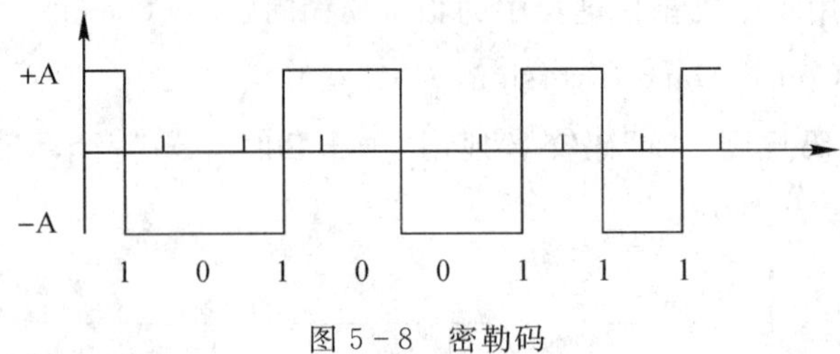

图 5-8 密勒码

当两个 1 之间有一个 0 时，则在第一个 1 的码元中心与第二个 1 的码元中心之间无电平跳变，此时密勒码中出现最大宽度 $2T$，即两个码元周期。可见，该码不会出现多余 4 个连码的情况，这个特性可以用于误码检错和线路故障检测。

比较图 5-7 和图 5-8 可知，数字双相码的上升沿正好对应于密勒码的跳变沿，因此，用数字双相码去触发双稳电路，即可输出密勒码。密勒码实际上是数字双相码的差分形式。密勒码最初用于气象卫星和磁记录，现也用于低速基带数传机。

2. 三元码

1) 传号交替反转码(Alternative Mark Inversion，AMI 码)

传号交替反转码常称为 AMI 码。此方式是单极性方式的变形，即把单极性方式中的“0”码仍用零电平表示，而“1”码则交替地用正、负电平(一般用正、负电平的半占空归零码)表示，如图 5-9 所示。

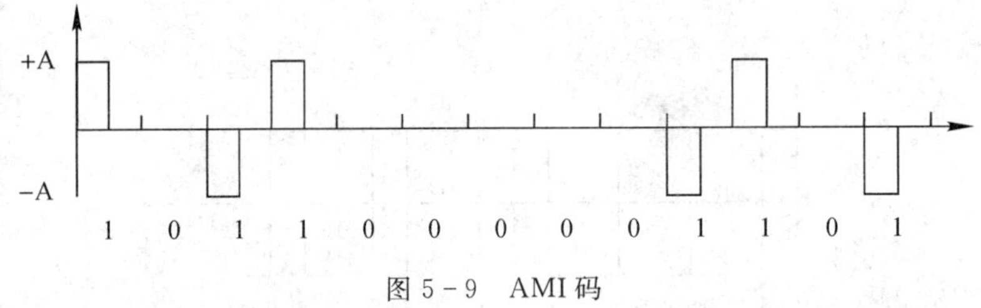

图 5-9 AMI 码

这种码型实际上是把二进制脉冲序列变为三电平的符号序列，其优点如下：

(1) 在“1”、“0”码不等概率出现的情况下，也无直流成分，且零频附近低频分量小。因此，对具有变压器或其他交流耦合的传输信道来说，不易受隔直特性的影响。

(2) 若接收端收到的码元极性与发送端的完全相反，也能正确判决。

(3) 便于观察误码情况。

此外，AMI 码还有编、译码电路简单等优点，它是一种基本的线路码，得到了广泛的应用。但是，AMI 码有一个重要缺点，即当用它来获取定时信息时，由于可能出现长的连“0”码，因而会造成定时信息提取困难。

2) 三阶高密度双极性码(High Density Bipolar of Order3，HDB_3 码)

为了保持 AMI 码的优点而克服其缺点，人们提出了许多种改进的 AMI 码，其中广泛为人们接受的解决办法是采用高密度双极性码 HDB_n。三阶高密度双极性码就是高密度双极性码中最重要的一种。

HDB_3 码的编码规则如下：

（1）先把消息代码变成 AMI 码，然后检查 AMI 码的连“0”码情况，当无 3 个以上连“0”码时，这时的 AMI 码就是 HDB_3 码。

（2）当出现 4 个或 4 个以上连“0”码时，则将每 4 个连“0”小段的第 4 个“0”变换成“非 0”码。这个由“0”码改变来的“非 0”码称为破坏符号，用符号“V”表示，而原来的二进制码元序列中所有的“1”码称为信码。当信码序列中加入破坏符号以后，信码与破坏符号 V 的正、负必须满足如下两个条件：

① 信码和 V 码各自都应始终保持极性交替变化的规律，以便确保编好的码中没有直流成分。

② V 码必须与前一个非“0”脉冲的极性相同，以便和正常的 AMI 码区分开来。如果这个条件得不到满足，那么应该将 4 个连“0”码的第一个“0”码更改为与该破坏脉冲相同极性的脉冲，这个码叫作补信码，用符号“B”表示，并做调整，使 B 码和信码合起来保持条件①中信码极性交替变换的规律，如图 5－10 所示。

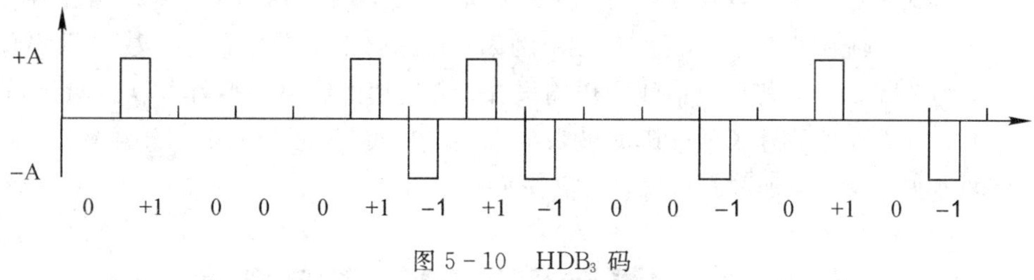

图 5－10　HDB_3 码

例如：

(a) 代码：	0	1	0	0	0	0	1	1	0	0	0	0	0	1	0	1
(b) AMI 码：	0	+1	0	0	0	0	−1	+1	0	0	0	0	0	−1	0	+1
(c) 加 V 码：	0	+1	0	0	0	+V	−1	+1	0	0	0	−V	0	−1	0	+1
(d) 加 B 码：	0	+1	0	0	0	+V	−1	+1	−B	0	0	−V	0	−1	0	+1
(e) 调整：	0	+1	0	0	0	+V	−1	+1	−B	0	0	−V	0	+1	0	−1
(f) HDB_3：	0	+1	0	0	0	+1	−1	+1	−1	0	0	−1	0	+1	0	−1

虽然 HDB_3 码的编码规则比较复杂，但译码却比较简单。从上述原理可以看出，每一破坏符号总是与前一“非 0”码同极性。据此，从收到的符号序列中很容易找到破坏符号 V，于是断定 V 前面的 3 个码必定是连“0”码，从而恢复 4 个连“0”码，再将所有的＋1、－1 变成“1”便可得到原信息代码。

HDB_3 的特点明显，它除了保持了 AMI 码的优点外，还使连“0”码减少至不多于 3 个，而不管信息源的统计特性如何。这对于定时信号的恢复是极为有利的。HDB_3 码是 CCITT 推荐使用的码型之一。

3. 多元码

以上介绍的是用得较多的二进制代码，实际上还常用到多元码，其波形特点是多个二进制符号对应一个脉冲码元。图 5－11(a)、(b)分别画出了两种四进制代码波形。其中，图 5－11(a)为单极性信号，只有正电平，分别用＋3A、＋2A、＋A、0 对应两个二进制符号

(一位四进制)00、01、10、11；而图 5-11(b)为双极性信号，具有正、负电平，分别用+3A、+A、-A、-3A 对应两个二进制符号(一位四进制)00、01、10、11。

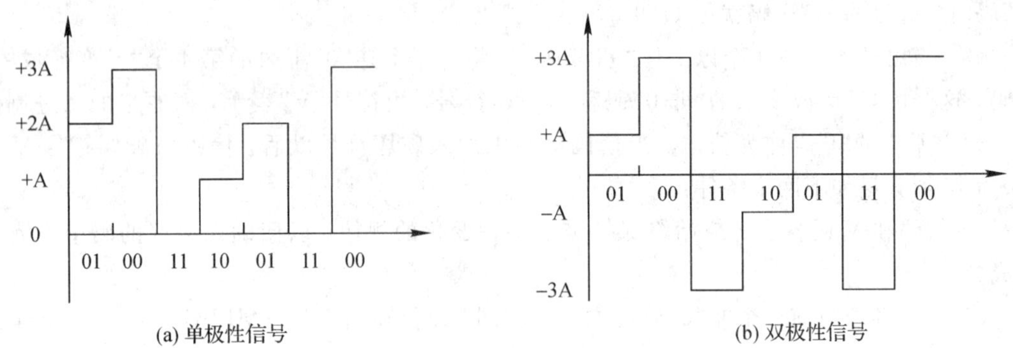

(a) 单极性信号　　(b) 双极性信号

图 5-11　四进制代码波形

由于这种码型的一个脉冲可以代表多个二进制符号，故在高数据速率传输系统中，采用这种信号形式是适宜的。多元码在码元速率一定时可提高信息速率。多元码在频带受限的高速数字传输系统中得到了广泛的应用。例如，在综合业务数字网中，数字用户环的基本传输速率为 144 kb/s，若以电话线为传输媒介，所使用的线路码型就可以为四元码。

实际上，组成基带信号的单个码元波形并非一定是矩形的。根据实际的需要，还可有多种多样的波形形式，比如升余弦脉冲、高斯形脉冲等。

5.3　数字基带信号的功率谱密度

频谱特性能够直观地体现出数字基带信号有无低频及直流分量，是否易于提取同步信息等特点。不同形式的数字基带信号具有不同的频谱结构，分析数字基带信号的频谱特性，以便合理地设计数字基带信号，使得消息代码变换为适合于给定信道传输特性的结构，是数字基带传输必须考虑的问题。

在通信中，除特殊情况(如测试信号)外，数字基带信号通常都是随机脉冲序列。因为，如果在数字通信系统中所传输的数字序列是确知的，则消息就不携带任何信息，通信也就失去了意义。故我们面临的是一个随机序列的谱分析问题。由于随机信号不能用确定的时间函数表示，也就没有确定的频谱函数，因此只能从统计数学的角度，用功率谱密度来描述它的频域特性。

设脉冲 $g_1(t)$、$g_2(t)$分别表示二进制码“1”和“0”，T_b 为码元的间隔，在任一码元时间间隔 T_b 内，$g_1(t)$和 $g_2(t)$出现的概率分别为 P 和 $1-P$，则随机脉冲序列 $S(t)$可表示为

$$S(t) = \sum_{n=-\infty}^{+\infty} S_n(t) \tag{5-1}$$

其中

$$S_n(t)=\begin{cases} g_1(t-nT_s), & \text{概率为 } P \\ g_2(t-nT_s), & \text{概率为 } 1-P \end{cases} \tag{5-2}$$

研究由式(5-1)、式(5-2)所确定的随机脉冲序列的功率谱密度，要用到概率论与随

机过程的有关知识。可以证明，随机脉冲序列 $S(t)$ 的单边功率谱 $S(f)$ 为

$$\begin{aligned}S(f) = & 2f_{\text{b}}P(1-P)\left|G_1(f)-G_2(f)\right|^2 \\ & + f_{\text{b}}^2\left|PG_1(0)+(1-P)G_2(0)\right|^2 \cdot \delta(f) \\ & + 2f_{\text{b}}^2\sum_{m=1}^{\infty}\left|PG_1(mf_{\text{b}})+(1-P)G_2(mf_{\text{b}})\right|^2 \cdot \delta(f-mf_{\text{b}})\end{aligned} \qquad (5-3)$$

其中，$G_1(f)$、$G_2(f)$分别为 $g_1(t)$、$g_2(t)$的傅里叶变换，$f_{\text{b}}=1/T_{\text{b}}$。

从式(5-3)可以得出如下结论：

(1) 随机脉冲序列功率谱包括三部分。

(2) 第一部分为连续谱，它包含无穷多频率成分。由该项可以看出信号的频谱分布规律，确定信号的带宽。由于 $g_1(t)$总不能等于 $g_2(t)$，故 $G_1(f)\neq G_2(f)$，因此连续谱总是存在的。

(3) 第二部分对应直流分量。

(4) 第三部分代表离散谱，对同步信号的提取特别重要。当离散谱不存在时，同步信号就无法提取。当采用双极性码时，因 $g_1(t)=-g_2(t)$，$G_1(f)=-G_2(f)$且 $P=1/2$ 时，式中第二项和第三项均为零，即直流分量和离散谱均为零，也就是说，从双极性码中不能直接提取同步信号。

(5) 当 $g_1(t)$、$g_2(t)$、P 及 T_{b} 给定后，随机脉冲序列功率谱就确定了。

式(5-3)的结果是非常有意义的，一方面它能使我们了解随机脉冲序列频谱的特点，以及如何去具体地计算它的功率谱密度；另一方面根据它的离散谱是否存在这一特点，可使我们明确能否从脉冲序列中直接提取离散分量，以及采取怎样的方法可以从基带脉冲序列中获得所需的离散分量。这在研究位同步、载波同步等问题时，将是十分重要的。另外，根据它的连续谱可以确定序列的带宽(通常以谱的第一个零点作为序列的带宽)。

下面以矩形脉冲构成的基带信号为例，通过两个有代表性的特例对式(5-3)的应用及意义做进一步的说明，其结果对后续问题的研究具有实用意义。

例 5-1 求单极性不归零信号的功率谱，假定 $P=1/2$。

解：对于单极性不归零信号，有

$$g_1(t)=A,\ g_2(t)=0$$

这里，$g_1(t)$为图 5-12 所示的高度为 A、宽度为 T_{b} 的全占空矩形脉冲。

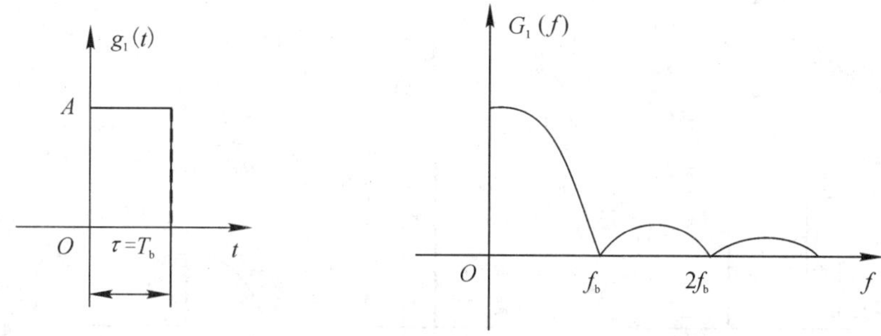

图 5-12 $g_1(t)$的波形图及其功率谱 $G_1(f)$

$$G_1(f)=A\tau\frac{\sin(\omega\tau/2)}{\omega\tau/2}=A\tau\text{Sa}\frac{\omega\tau}{2}=AT_{\text{b}}\text{Sa}(\pi fT_{\text{b}}) \qquad (5-4)$$

$$G_2(f)=0 \tag{5-5}$$

$$G_1(mf_b)=T_b\mathrm{Sa}(\pi mf_bT_b)=T_b\mathrm{Sa}(\pi m)=\begin{cases}T_b,\ m=0\\0,\ m\neq 0\end{cases} \tag{5-6}$$

将式(5-4)～式(5-6)代入式(5-3)，得单极性不归零信号的功率谱密度为

$$S(f)=2A^2T_sP(1-P)\left|\mathrm{Sa}\,\frac{\omega T_s}{2}\right|^2+P^2A^2\delta(f) \tag{5-7}$$

考虑到 $P=1/2$，得

$$S(f)=\frac{1}{2}A^2T_b\mathrm{Sa}^2(\pi fT_b)+\frac{1}{4}\delta(f) \tag{5-8}$$

单极性不归零信号的功率谱如图 5-13 所示。

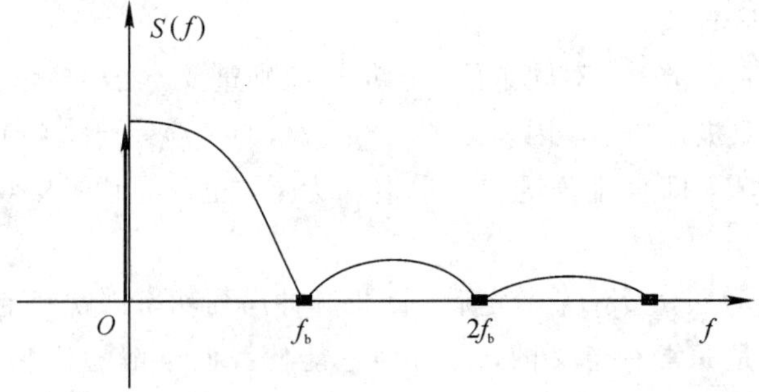

图 5-13　单极性不归零信号的功率谱

由图 5-13 可以看出：

(1) 单极性不归零信号的功率谱只有连续谱和直流分量。

(2) 由离散谱仅含直流分量可知，单极性不归零信号的功率谱不含可用于提取同步信息的分量。

(3) 由连续分量可方便求出单极性不归零信号的功率谱的带宽近似为(Sa 函数第一零点)

$$B=f_b \tag{5-9}$$

例 5-2　求单极性归零信号的功率谱，假定 $P=1/2$。

解：对于单极性归零信号，$g_1(t)$为图 5-14 所示的高度为 A、宽度为 $\tau(\tau=T_b/2)$的矩形脉冲，$g_2(t)=0$。

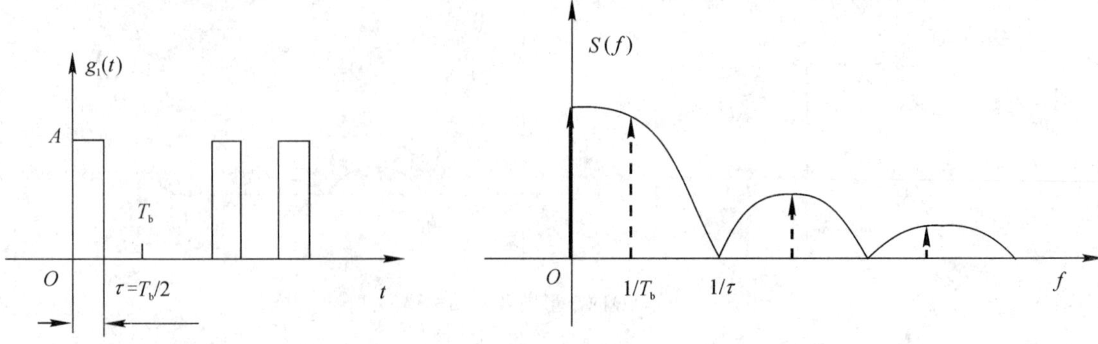

图 5-14　单极性归零码及其功率谱

$$G_1(f)=A\tau\frac{\sin(\omega\tau/2)}{\omega\tau/2}=A\tau\mathrm{Sa}(\omega\tau/2)=\frac{AT_b}{2}\mathrm{Sa}\left(\frac{\pi fT_b}{2}\right) \tag{5-10}$$

$$G_2(f)=0 \tag{5-11}$$

将式(5－10)、式(5－11)代入式(5－3)，得单极性归零信号的功率谱密度为

$$S(f)=\frac{A^2}{2}T_bP(1-P)\left|\mathrm{Sa}\frac{\omega T_b}{4}\right|^2+\frac{P^2A^2}{4}\delta(f)+\frac{P^2A^2}{2}\sum_{m=1}^{+\infty}\left|\mathrm{Sa}\frac{m\pi}{2}\right|^2\delta(f-mf_b) \tag{5-12}$$

考虑到 $P=1/2$，得

$$S(f)=\frac{A^2}{8}T_b\mathrm{Sa}^2\frac{\pi fT_b}{2}+\frac{A^2}{16}\delta(f)+\frac{A^2}{8}\sum_{m=1}^{+\infty}\mathrm{Sa}^2\left(\frac{m\pi}{2}\right)\delta(f-mf_b) \tag{5-13}$$

单极性归零信号的功率谱如图 5－14 所示，可以看出：

(1) 单极性归零信号的功率谱不但有连续谱，而且除存在零频外，还在 f_b 的奇数倍处出现离散谱，也就是说，存在信号的基波分量，因此单极性归零码能够提取同步信息。

(2) 由连续谱可求出单极性归零信号的功率谱的带宽近似为

$$B=\frac{1}{\tau} \tag{5-14}$$

通过上述讨论可知，分析随机脉冲序列的功率谱之后，就可知道信号功率的分布，根据主要功率集中在哪个频段，便可确定信号带宽，从而考虑信道带宽和传输网络(滤波器、均衡器等)的传输函数等。利用它的离散谱是否存在这一特点，可以明确能否从脉冲序列中直接提取所需的离散分量和采取怎样的方法可以从序列中获得所需的离散分量，以便在接收端用这些成分做位同步定时等。

5.4　无码间串扰的基带传输

5.4.1　数字基带传输系统模型

数字基带传输系统的基本组成框图如图 5－15 所示，它通常由脉冲形成器、发送滤波器、信道、接收滤波器、抽样判决器、码元再生器等组成。

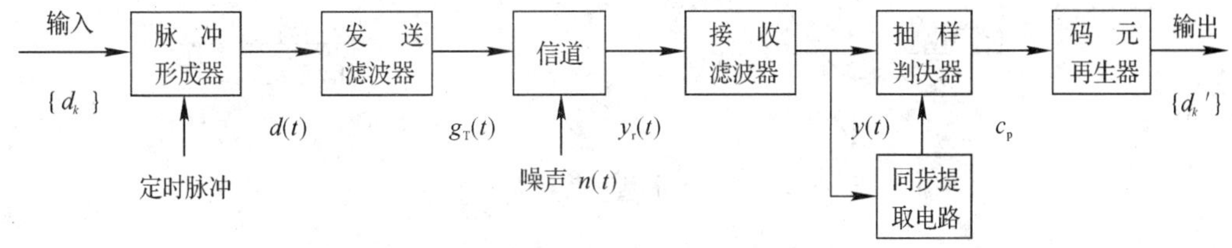

图 5－15　数字基带传输系统的基本组成框图

系统工作过程及各部分作用如下。

脉冲形成器输入的是由电传机、计算机等终端设备发送来的二进制数据序列或是经模/数转换后的二进制(也可是多进制)脉冲序列。它们一般是脉冲宽度为 T_b 的单极性不归零码，{d_k}波形如图 5－16(a)所示。根据上节对单极性码讨论的结果可知，{d_k}并不适合信道传输。脉冲形成器的作用是将{d_k}变换为比较适合信道传输，并可提供同步定时信息

的码型，比如图 5-16(b)所示的双极性归零码元序列 $d(t)$。

发送滤波器进一步将输入的矩形脉冲序列 $d(t)$ 变换成适合信道传输的波形 $g_T(t)$。这是因为矩形波含有丰富的高频成分，若直接送入信道传输，容易产生失真。这里，假定构成 $g_T(t)$ 的基本波形为升余弦脉冲，如图 5-16(c)所示。

基带传输系统的信道通常采用电缆、架空明线等。信道既传送信号，同时又因存在噪声 $n(t)$ 和频率特性不理想而对数字信号造成损害，使得接收端得到的波形 $y_r(t)$ 与发送波形 $g_T(t)$ 具有较大差异，如图 5-16(d)所示。

接收滤波器是接收端为了减小信道特性不理想和噪声对信号传输的影响而设置的，其主要作用是滤除带外噪声并均衡已接收的波形，以便抽样判决器正确判决。接收滤波器的输出波形 $y(t)$ 如图 5-16(e)所示。

抽样判决器首先对接收滤波器输出的信号 $y(t)$ 在规定的时刻(由定时脉冲 c_p 控制)进行抽样，获得抽样信号 $y_k(t)$，然后对抽样值进行判决，以确定各码元是"1"码还是"0"码。抽样信号 $y_k(t)$ 如图 5-16(g)所示。

码元再生器的作用是对判决器的输出"0"、"1"码进行原始码元再生，以获得图 5-16(h)所示的与输入波形相应的脉冲序列 $\{d'_k\}$。

同步提取电路的任务是从接收信号中提取定时脉冲 c_p，供接收系统同步使用。

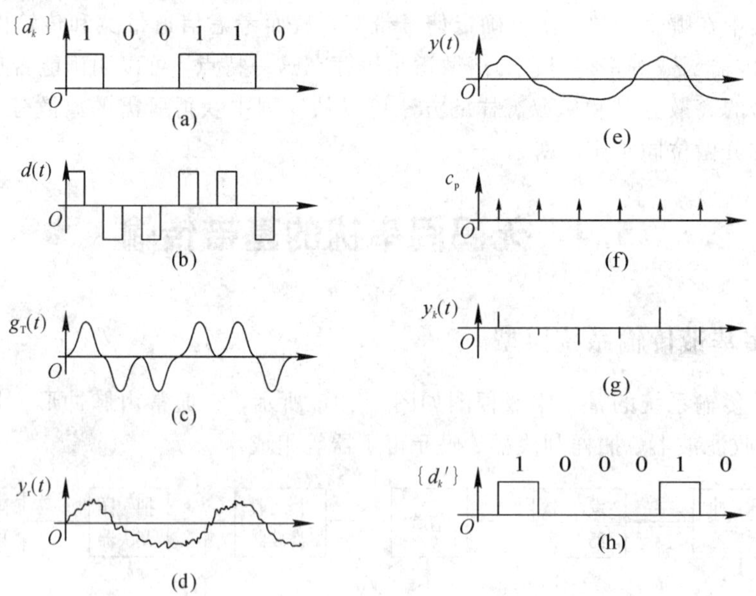

图 5-16　数字基带传输系统波形

5.4.2　基带传输系统的码间串扰

对比图 5-16(a)、(h)中的 $\{d'_k\}$ 与 $\{d_k\}$ 可以看出，传输过程中第 4 个码元发生了误码。从上述基带系统的工作过程不难知道，产生该误码的原因就是信道加性噪声和频率特性不理想引起波形畸变。

数字基带信号通过基带传输系统时，由于系统(主要是信道)传输特性不理想，会使信号波形发生畸变，或者由于信道中加性噪声的影响，也会造成信号波形的随机畸变。这些

信号畸变会在接收端造成判决上的困难，有时会出现误码，这种现象称为码间串扰。编码脉冲序列的基本波形通常取矩形形式，在其受到频带限带后，基本波形会变成 Sa(t)函数形式。当信道传输特性不理想时，每个码元的旁瓣都会对其邻近码元的判决产生干扰，如图 5-17所示。

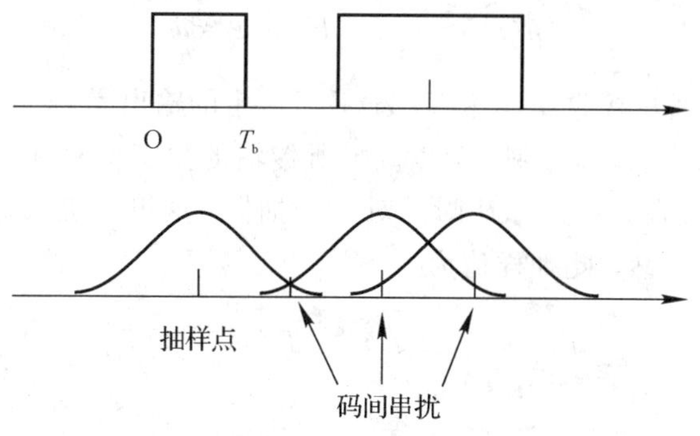

图 5-17　码间串扰

另一方面，由于信号在信道中传输会受到噪声的干扰，当噪声幅度过大时，也会引起接收端的判断错误。因此码间串扰和信道噪声是影响基带传输系统性能的两大主要因素。本节主要讨论在假设无信道噪声条件下的码间串扰问题，5.6 节主要讨论在假设无码间串扰情况下信道噪声对系统性能的影响问题。

5.4.3　无码间串扰的基带传输特性

为节省传输频带，对发送编码序列进行限带是不可避免的，为此，要解决码间串扰问题，必须从信道传输特性角度考虑。由于数字基带传输系统的接收端是通过在固定的时刻进行抽样判决的方法来恢复基带编码序列的，因此只要信道传输特性能够满足接收端在抽样判决时刻无码间串扰的条件，就能正确恢复原始信息。这就是研究无码间串扰问题的基本思路。

为了便于理解，依据图 5-15 可建立基带传输系统的数学模型，如图 5-18 所示。图中，$G_T(\omega)$表示发送滤波器的传递函数，$C(\omega)$表示基带传输系统信道的传递函数，$C_R(\omega)$表示接收滤波器的传递函数。

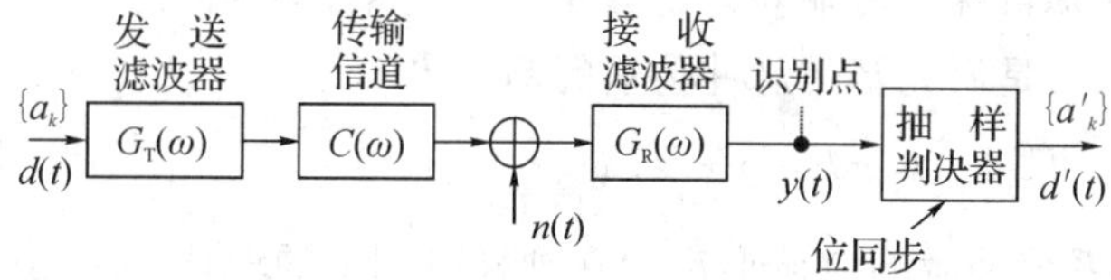

图 5-18　基带传输系统数学模型

为方便起见，假定输入基带信号的基本脉冲为单位冲激 $\delta(t)$，这样由输入符号序列 $\{a_k\}$决定的发送滤波器输入信号可以表示为

$$d(t) = \sum_{k=-\infty}^{+\infty} a_k\delta(t-kT_b) \tag{5-15}$$

其中 a_k 是$\{a_k\}$的第 k 个码元。对于二进制数字信号，a_k 的取值为 0、1(单极性信号)或-1、$+1$(双极性信号)。定义 $H(\omega)$表示从发送滤波器至接收滤波器总的传输特性，即

$$H(\omega)=G_T(\omega)C(\omega)G_R(\omega) \tag{5-16}$$

则由图 5－18 可得，抽样判决器的输入信号(识别点信号)为

$$y(t)=d(t)*h(t)+n_{\mathrm{R}}(t)=\sum_{k=-\infty}^{+\infty}a_k h(t-kT_{\mathrm{b}})+n_{\mathrm{R}}(t) \tag{5-17}$$

式中，$h(t)$是 $H(\omega)$的傅里叶反变换，为系统的冲激响应，可表示为

$$h(t)=\frac{1}{2\pi}\int_{-\infty}^{+\infty}H(\omega)\mathrm{e}^{\mathrm{j}\omega t}\mathrm{d}\omega \tag{5-18}$$

$n_{\mathrm{R}}(t)$是加性噪声 $n(t)$通过接收滤波器 $G_{\mathrm{R}}(\omega)$后所产生的输出噪声。

抽样判决器对 $y(t)$进行抽样判决，以确定所传输的数字信息序列$\{a_k\}$。为了判定其中第 j 个码元 a_j 的值，应在 $t=jT_{\mathrm{b}}+t_0$ 瞬间对 $y(t)$抽样。这里 t_0 是传输时延，通常取决于系统的传输函数 $H(\omega)$。显然，此抽样值为

$$\begin{aligned}y(jT_{\mathrm{b}}+t_0)&=\sum_{k=-\infty}^{+\infty}a_k h[(jT_{\mathrm{b}}+t_0)-kT_{\mathrm{b}}]+n_{\mathrm{R}}(jT_{\mathrm{b}}+t_0)\\&=\sum_{k=-\infty}^{+\infty}a_k h[(j-k)T_{\mathrm{b}}+t_0]+n_{\mathrm{R}}(jT_{\mathrm{b}}+t_0)\\&=a_j h(t_0)+\sum_{k\neq j}a_k h[(j-k)T_{\mathrm{b}}+t_0]+n_{\mathrm{R}}(jT_{\mathrm{b}}+t_0)\end{aligned} \tag{5-19}$$

式中，右边第一项 $a_j h(t_0)$是第 j 个接收基本波形在抽样瞬间 $t=jT_{\mathrm{b}}+t_0$ 所取得的值，它是确定 a_j 信息的依据；第二项 $\sum_{k\neq j}a_k h[(j-k)T_{\mathrm{b}}+t_0]$ 是除第 j 个以外的其他所有接收基本波形在 $t=jT_{\mathrm{b}}+t_0$ 瞬间所取值的总和，它对当前码元 a_j 的判决起着干扰的作用，称为码间串扰值。这种因信道频率特性不理想引起波形畸变，从而导致实际抽样判决值是本码元脉冲波形的值与其他所有脉冲波形拖尾的叠加，并在接收端造成判决困难的现象叫码间串扰。因为 a_j 是随机的，所以码间串扰值一般是一个随机变量；第三项 $n_{\mathrm{R}}(jT_{\mathrm{b}}+t_0)$是输出噪声在抽样瞬间的值，显然它是一个随机干扰。

由于随机性的码间串扰和噪声的存在，使抽样判决电路在判决时可能判对，也可能判错。例如，假设 a_j 的可能取值为 0 与 1，判决电路的判决门限为 v_0，则这时的判决规则为：若 $y(jT_{\mathrm{b}}+t_0)>v_0$ 成立，则判 a_j 为 1；反之，则判 a_j 为 0。显然，只有当码间串扰和随机干扰很小时，才能保证上述判决正确；当干扰及噪声严重时，则判错的可能性就很大。

由此可见，为使基带脉冲传输获得足够小的误码率，必须最大限度地减小码间串扰和随机噪声的影响。这也是研究基带脉冲传输的基本出发点。

从式(5－19)看，只要 $\sum_{k\neq j}a_k h[(j-k)T_{\mathrm{b}}+t_0]=0$，即可消除码间串扰，且码间串扰的大小取决于 a_k 和系统冲激响应波形 $h(t)$在抽样时刻上的取值。a_k 是随机变化的，要想通过各项互相抵消使码间串扰为 0 是不可能的。然而，由式(5－18)可以看到，系统冲激响应 $h(t)$却仅依赖于从发送滤波器至接收滤波器的总传输特性 $H(\omega)$。因此，从减小码间串扰的影响来说，可合理构建 $H(\omega)$，使得系统冲激响应最好满足前一个码元的波形在到达后一个码元抽样判决时刻时已衰减到 0，如图 5－19(a)所示。但这样的波形不易实现，比较合理的是采用如图 5－19(b)这种波形，虽然到达 t_0+T_{b} 以前并没有衰减到 0，但可以让它在 t_0+T_{b}、t_0+2T_{b} 等后面码元取样判决时刻正好为 0。这就是消除码间串扰的基本原理。

考虑到实际应用时，定时判决时刻不一定非常准确，如果像图 5－19(b)这样的 $h(t)$尾巴拖得太长，当定时不准时，任一个码元都要对后面好几个码元产生串扰，或者说，后面任

一个码元都要受到前面几个码元的串扰。因此除了要求 $h[(j-k)T_b+t_0]=0(k\neq j)$ 以外，还要求 $h(t)$ 适当衰减快一些，即尾巴不要拖得太长。

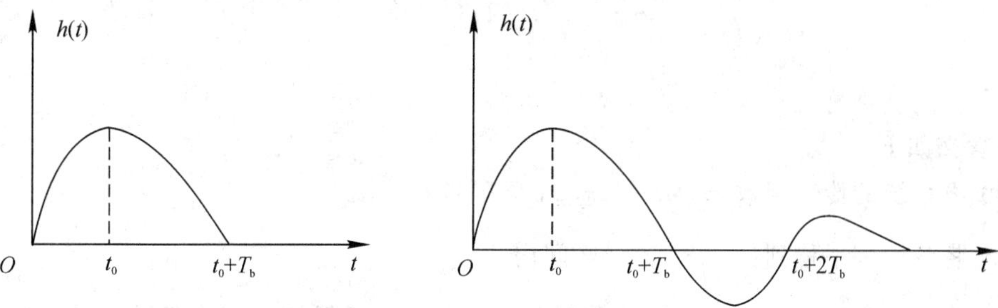

图 5-19　理想的系统冲激响应波形

5.4.4　无码间串扰的基带传输系统

根据上节对码间串扰的讨论，我们可将无码间串扰对基带传输系统冲激响应 $h(t)$ 的要求概括如下：

(1) 基带信号经过传输后在抽样点上无码间串扰，也即瞬时抽样值应满足：

$$h[(j-k)T_b+t_0]=\begin{cases}1(\text{或常数}), & j=k\\ 0, & j\neq k\end{cases} \tag{5-20}$$

(2) $h(t)$ 尾部衰减要快。

式(5-20)所给出的无码间串扰条件是针对第 j 个码元在 $t=jT_b+t_0$ 时刻进行抽样判决得来的。t_0 是一个时延常数，为了分析简便起见，假设 $t_0=0$，这样无码间串扰的条件变为

$$h[(j-k)T_b]=\begin{cases}1(\text{或常数}), & j=k\\ 0, & j\neq k\end{cases} \tag{5-21}$$

即可得无码间串扰的条件为

$$h(kT_b)=\begin{cases}1(\text{或常数}), & k=0\\ 0, & k\neq 0\end{cases} \tag{5-22}$$

式(5-22)说明，无码间串扰的基带系统冲激响应除 $t=0$ 时取值不为零外，其他抽样时刻 $t=kT_b$ 上的抽样值均为零。习惯上称式(5-22)为无码间串扰基带传输系统的时域条件。

能满足这个要求的 $h(t)$ 是可以找到的，而且很多，例如抽样函数就有可能满足此条件。比如图 5-20 所示的 $h(t)=\mathrm{Sa}(\pi t/T_b)$ 曲线，就是一个典型的例子。

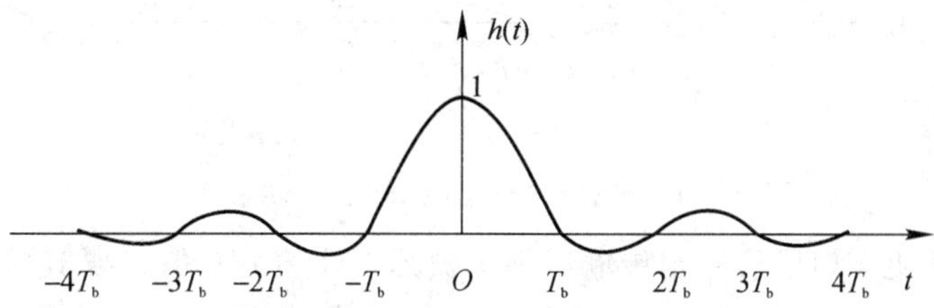

图 5-20　$h(t)=\mathrm{Sa}(\pi t/T_b)$ 曲线图

根据傅里叶反变换，有

$$h(kT_b)=\frac{1}{2\pi}\int_{-\infty}^{+\infty}H(\omega)\mathrm{e}^{\mathrm{j}\omega kT_b}\,\mathrm{d}\omega \tag{5-23}$$

满足式(5-23)的 $H(\omega)$就是能实现无码间串扰的基带传输频谱函数，其等效公式为

$$H_{eq}(\omega)=\begin{cases}\sum\limits_{i=-\infty}^{+\infty}H\left(\omega+\dfrac{2i\pi}{T_b}\right)=T_b, & |\omega|\leqslant\dfrac{\pi}{T_b}\\ 0, & |\omega|>\dfrac{\pi}{T_b}\end{cases} \tag{5-24}$$

其含义如下：

(1) 将系统的传输函数 $H(\omega)$按 $2\pi/T_b$ 间隔进行分段。

(2) 将各段都平移到$\left(-\dfrac{\pi}{T_b},\ \dfrac{\pi}{T_b}\right)$区间内。

(3) 将该区间原有信号与所有平移后的信号相加，所得幅度值为常数，则此基带传输系统可以实现无码间串扰。习惯上称式(5-24)为无码间串扰基带传输系统的频域条件。

下面着重讨论无码间串扰对基带传输系统传输函数 $H(\omega)$的要求以及可能实现的方法。

1. 理想基带传输系统(理想低通滤波器)

由式(5-24)可知，最简单的无码间串扰的基带传输函数是无须经过分割和平移，在区间$\left(-\dfrac{\pi}{T_b},\ \dfrac{\pi}{T_b}\right)$内的幅度值本身就是一个常数的情况，即理想低通滤波器的传输特性，其传输函数为

$$H(\omega)=\begin{cases}1(\text{或常数}), & |\omega|\leqslant\dfrac{\pi}{T_b}\\ 0, & |\omega|>\dfrac{\pi}{T_b}\end{cases} \tag{5-25}$$

如图 5-21 所示，其带宽 $B=\dfrac{\pi/T_b}{2\pi}$(Hz)。对其进行傅里叶反变换得

$$h(t)=\frac{1}{2\pi}\int_{-\infty}^{+\infty}H(\omega)e^{j\omega t}d\omega=\frac{1}{T_b}Sa\left(\frac{\pi}{T_b}t\right) \tag{5-26}$$

它是个抽样函数，如图 5-21 所示。从图中可以看到，$h(t)$在 $t=0$ 时有最大值，而在 $t=\pm kT_b(k\neq0)$的各瞬间均为零。显然，只要接收端在 $t=kT_b$ 时抽样，就能实现无码间串扰。

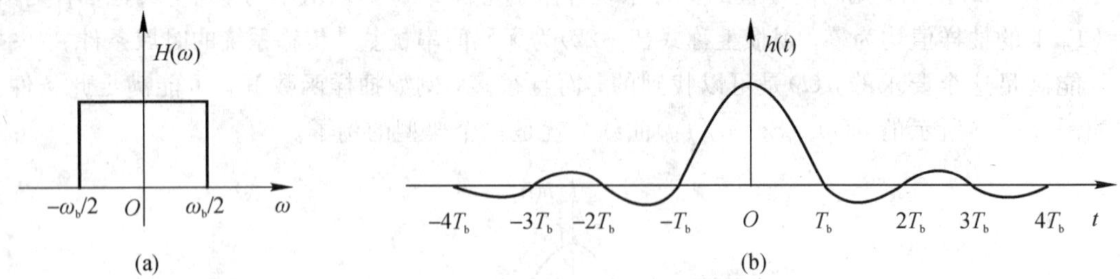

图 5-21 理想基带传输系统的 $H(\omega)$和 $h(t)$

从上述分析可见，如果信号经传输后整个波形发生变化，但只要其特定点的抽样值保持不变，那么用再次抽样的方法，仍然可以准确无误地恢复原始信码。这就是所谓的奈奎斯特第一准则的本质。

总之，当基带传输系统具有理想低通滤波器的特性时，以其截止频率两倍的速率传输数字信号，便能消除码间串扰，这通常称为奈奎斯特定理，又叫奈奎斯特第一准则。其带宽

$$B_N=\frac{\pi/T_b}{2\pi}=\frac{1}{2T_s}=\frac{f_s}{2}=\frac{R_B}{2}\ (\text{Hz})$$

称为奈奎斯特带宽，抽样间隔 T_s 称为奈奎斯特间隔，传输速率 $R_B=2B_N$ 称为奈奎斯特速率，这是实现无码间串扰的基带传输系统的最高传输速率。

下面再来看看频带利用率的问题。所谓频带利用率 η，是指码元速率 R_B 和带宽 B 的比值，即单位频带所能传输的码元速率，其表示式为

$$\eta=\frac{R_B}{B}\ (\text{B/Hz}) \tag{5-27}$$

显然，理想低通传输函数的频带利用率为 2 B/Hz。这是最大的频带利用率。

理想低通传输函数具有最大传码率和频带利用率。但是，理想基带传输系统实际上不可能得到应用。这是因为首先这种理想低通特性在物理上是不能实现的；其次，即使能设法接近理想低通特性，但由于这种理想低通特性冲激响应 $h(t)$ 的拖尾(即衰减型振荡起伏)很大，如果抽样定时发生某些偏差，或外界条件对传输特性稍加影响，信号频率发生漂移等都会导致码间串扰明显地增加。

2. 实际无码间串扰基带传输特性(升余弦滚降低通滤波器)

在实际工程中采用的是频谱以奈奎斯特带宽的截止频率 π/T_b 为中心奇对称的传输系统，这也是基带传输系统有无码间串扰的一个实用的判别方法。升余弦滚降低通滤波器是其中最常用的形式，其传输函数为

$$H(\omega)=\begin{cases}\dfrac{T_b}{2}\left\{1+\sin\left[\dfrac{T_b}{2\alpha}\left(\omega-\dfrac{\pi}{T_b}\right)\right]\right\}, & \dfrac{\pi(1-\alpha)}{T_b}\leqslant|\omega|\leqslant\dfrac{\pi(1+\alpha)}{T_b}\\ T_b, & 0\leqslant|\omega|\leqslant\dfrac{\pi(1-\alpha)}{T_b}\\ 0, & |\omega|>\dfrac{\pi(1+\alpha)}{T_s}\end{cases} \tag{5-28}$$

这里，α 称为滚降因子，用来表示波形的滚降程度。α 定义为奈奎斯特带宽扩展量 W_1 与奈奎斯特带宽 W_c 之比，即

$$\alpha=\frac{W_1}{W_c}\quad 或\quad \alpha=\frac{B_1}{B_N} \tag{5-29}$$

图 5-22 所示为升余弦滚降低通滤波器的幅频特性图。

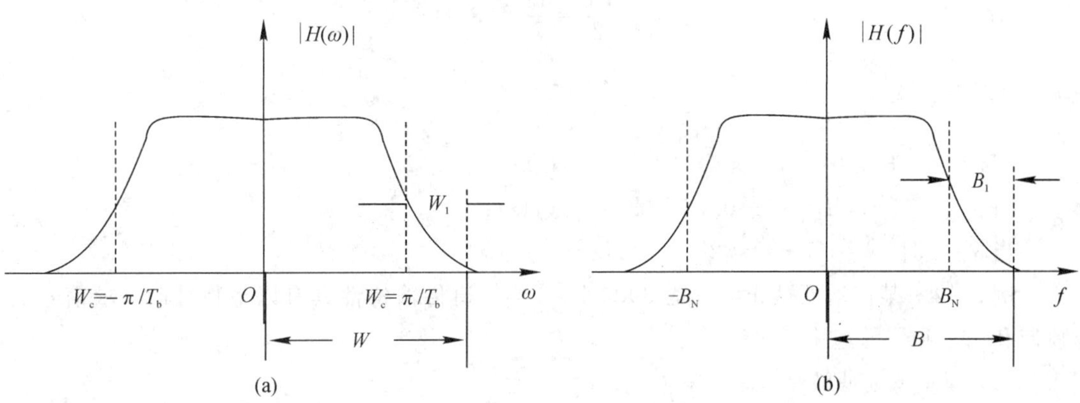

图 5-22　升余弦滚降低通滤波器的幅频特性图

图 5-23(a)和图 5-23(b)分别为当滚降因子 α 为 3 种特殊取值时的传输函数及冲激响应波形。由图可见，当 $\alpha=0$ 时，无滚降，此时的升余弦滚降传输特性 $H(\omega)$ 就是理想低通特性。当 $\alpha=1$ 时，$H(\omega)$ 就是实际中常采用的升余弦滚降传输特性，此时滚降程度最大。一般情况下，α 越大，时域波形的拖尾振荡起伏越小、衰减越快，传输可靠性越高，但是所需频带也就越宽、频带利用率越低。因此，升余弦滚降低通滤波器是用带宽的增加和传输速率的降低即传输有效性的降低来换取传输的可靠性的。

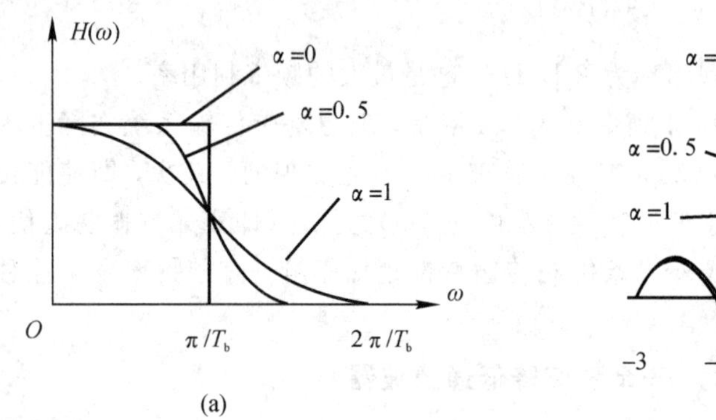

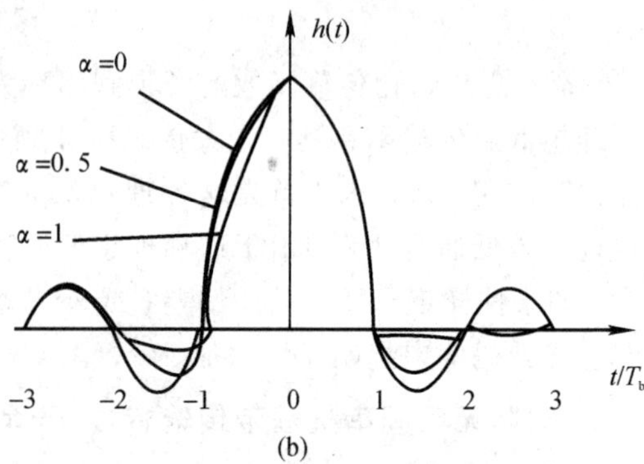

图 5-23 升余弦滚降低通基带传输函数及冲激响应波形

升余弦滚降低通系统的带宽为

$$B=(1+\alpha)B_N(\text{Hz}) \tag{5-30}$$

码元传输速率为

$$R_B=\frac{1}{T_s}\ (\text{B}) \tag{5-31}$$

频带利用率为

$$\eta=\frac{2}{1+\alpha}\ (\text{B/Hz}) \tag{5-32}$$

例 5-3 已知二元码 $R_B=56$ B，采用基带信道传输时，如果选取 $\alpha=0.25$，$\alpha=0.5$，$\alpha=0.75$，$\alpha=1$ 这 4 种滚降系数来设计升余弦滚降信道，求各自所需的实际信道带宽。

解：先求奈奎斯特带宽：

$$B_N=\frac{R_B}{2}=\frac{56}{2}=28(\text{Hz})$$

$$B=(1+\alpha)B_N$$

当 $\alpha=0.25$ 时，$B=(1+0.25)\times 28=35(\text{Hz})$；

当 $\alpha=0.5$ 时，$B=(1+0.5)\times 28=42(\text{Hz})$；

当 $\alpha=0.75$ 时，$B=(1+0.75)\times 28=49(\text{Hz})$；

当 $\alpha=1$ 时，$B=(1+1)\times 28=56(\text{Hz})$。

例 5-4 某信道的截止频率为 3000 Hz，当信道传输特性具有以下特性时，求信号的频带利用率和码元速率。

(1) 理想低通滤波特性；

(2) $\alpha=0.4$ 的升余弦滚降滤波特性。

解：(1) 理想低通信道的频带利用率为

$$\eta_B = 2\ (\text{B/Hz})$$

$$R_B = \eta_B B = 2 \times 3000 = 6000(\text{B})$$

(2) 升余弦滚降信号的频带利用率为

$$\eta_B = \frac{2}{1+\alpha} = \frac{2}{1+0.4} = 1.43(\text{B/Hz})$$

取信号的带宽为信道的带宽，可求出最高码元传输速率为

$$R_B = \eta_B B = 1.43 \times 3000 = 4290\ (\text{B})$$

5.5　部分响应系统

升余弦滚降低通系统在工程中可以实现，其冲激响应的“尾巴”起伏小、衰减快，对定时要求也不是非常严格，但同时它具有频带展宽、频带利用率低的缺点。为了克服这些缺点，本节引入部分响应系统。部分响应系统是在升余弦滚降低通系统的基础上，将基带码型中两个或多个在时间上相隔一定码元间隔的 Sa(t)函数波形合成而构成的。其实质是有控制地在某些码元的抽样时刻引入码间串扰，而在其余码元的抽样时刻无码间串扰，通常把这种波形称为部分响应波形，即在抽样时刻，它利用了前、后两个码元波形各自一部分合成而得到的，故而得名“部分响应”。部分响应系统不仅具有升余弦滚降低通系统所具有的以上优点，还大大提高了频带利用率。根据基带码型中码元对应 Sa(t)函数波形的合成情况的不同，常用的部分响应系统可以分为 5 种，即Ⅰ、Ⅱ、Ⅲ、Ⅳ、Ⅴ类系统。本节主要介绍第Ⅰ类部分响应系统。下面，先通过一个实例对第Ⅰ类部分响应系统的基本概念加以说明。

我们已经熟知，$\text{Sa}(x)=\sin x/x$ 波形具有理想矩形频谱。现在，将两个时间上相隔一个码元 T_b 的 Sa(x)波形相加，得到第Ⅰ类部分响应信号，如图 5-24(a)所示。

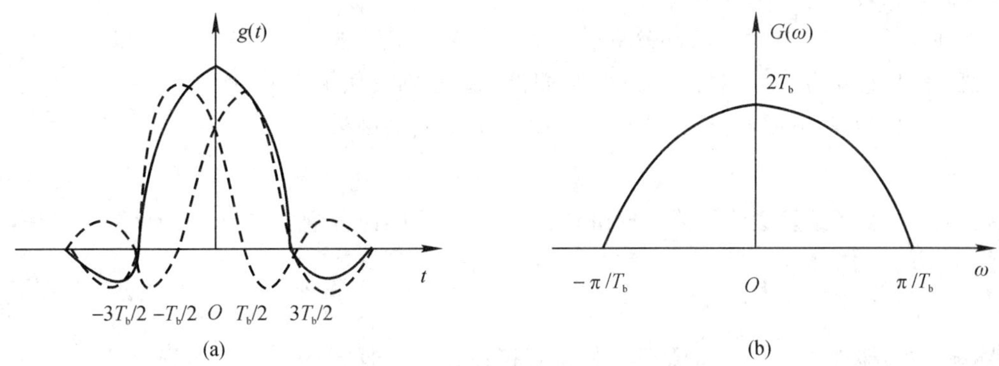

图 5-24　第Ⅰ类部分响应信号

则相加后的波形 $g(t)$ 为

$$g(t)=\frac{\sin\frac{\pi}{T_b}\left(t+\frac{T_b}{2}\right)}{\frac{\pi}{T_b}\left(t+\frac{T_b}{2}\right)}+\frac{\sin\frac{\pi}{T_b}\left(t-\frac{T_b}{2}\right)}{\frac{\pi}{T_b}\left(t-\frac{T_b}{2}\right)}=\text{Sa}\left[\frac{\pi}{T_b}\left(t+\frac{T_b}{2}\right)\right]+\text{Sa}\left[\frac{\pi}{T_b}\left(t-\frac{T_b}{2}\right)\right] \tag{5-33}$$

经简化后得

$$g(t)=\frac{4}{\pi}\left[\frac{\cos(\pi t/T_b)}{1-(4t^2/T_b^2)}\right] \tag{5-34}$$

由图 5-24(a)可见，除了在相邻的取样时刻 $t=\pm T_b/2$ 处 $g(t)=1$ 外，其余的取样时刻，$g(t)$具有等间隔零点。对式(5-33)进行傅里叶变换，可得 $g(t)$的频谱函数为

$$G(\omega)=\begin{cases}2T_b\cos\dfrac{\omega T_b}{2}, & |\omega|\leqslant\dfrac{\pi}{T_b}\\ 0, & |\omega|>\dfrac{\pi}{T_b}\end{cases} \tag{5-35}$$

显然，$g(t)$的频谱 $G(\omega)$限制在$(-\pi/T_b，\pi/T_b)$内，且呈缓变的半余弦滤波特性，如图 5-24(b)所示。

设输入的二进制码元序列为$\{a_k\}$，并设 a_k 在抽样点上的取值为 1 和－1，则当发送码元 a_k 时，接收波形 $g(t)$在抽样时刻的取值 c_k 可由下式确定：

$$c_k=a_k+a_{k-1} \tag{5-36}$$

式中，a_{k-1}表示 a_k 前一码元在第 k 个时刻上的抽样值。不难看出，c_k 可能取－2、0 及 2。显然，如果前一码元 a_{k-1}已经判定，则可由下式确定发送码元 a_k 的值：

$$a_k=c_k-a_{k-1} \tag{5-37}$$

从上例看到，实际中确实能找到频带利用率高达 2 B/Hz 和“尾巴”衰减大、收敛也快的传送波形。而且还可看出，在上述例子中，利用(或者说控制)了码间串扰。这说明，利用波形存在的码间串扰，可达到充分利用频带和“尾巴”振荡衰减加快的目的。

上述判决方法虽然在原理上是可行的，但可能会造成误码“增殖”。因为，由式(5-37)容易看出，只要有一个码元发生错误，则这种错误会相继影响以后的码元，一直到再次出现传输错误时才能纠正过来。

下面介绍一种比较实用的部分响应系统。在这种系统里，接收端无须预知前一码元的判定值，而且也不存在误码传播现象。我们仍然以上面的例子来说明。

首先，将发送端的绝对码 a_k 变换为相对码 b_k，其规则为

$$b_k=a_k\oplus b_{k-1} \tag{5-38}$$

然后，把$\{b_k\}$发送给发送滤波器形成由式(5-34)决定的部分响应波形 $g(t)$序列。于是，参照式(5-36)可得

$$c_k=b_k+b_{k-1} \tag{5-39}$$

显然，若对 c_k 进行模 2(mod2)处理，便可直接得到 a_k，即

$$[c_k]_{\text{mod2}}=[b_k+b_{k-1}]_{\text{mod2}}=b_k\oplus b_{k-1}=a_k \text{ 或 } a_k=[c_k]_{\text{mod2}} \tag{5-40}$$

上述整个过程不需要预先知道 a_{k-1}，故不存在错误增殖现象。通常，把 a_k 变成 b_k 的过程叫作“预编码”，而把式(5-39)的关系称为相关编码。因此，整个上述处理过程可概括为“预编码—相关编码—模 2 判决”过程。

上述部分响应系统组成框图如图 5-25 所示，其中，图 5-25(a)为原理框图，图 5-25(b)为实际组成框图。为简明起见，图中没有考虑噪声的影响。

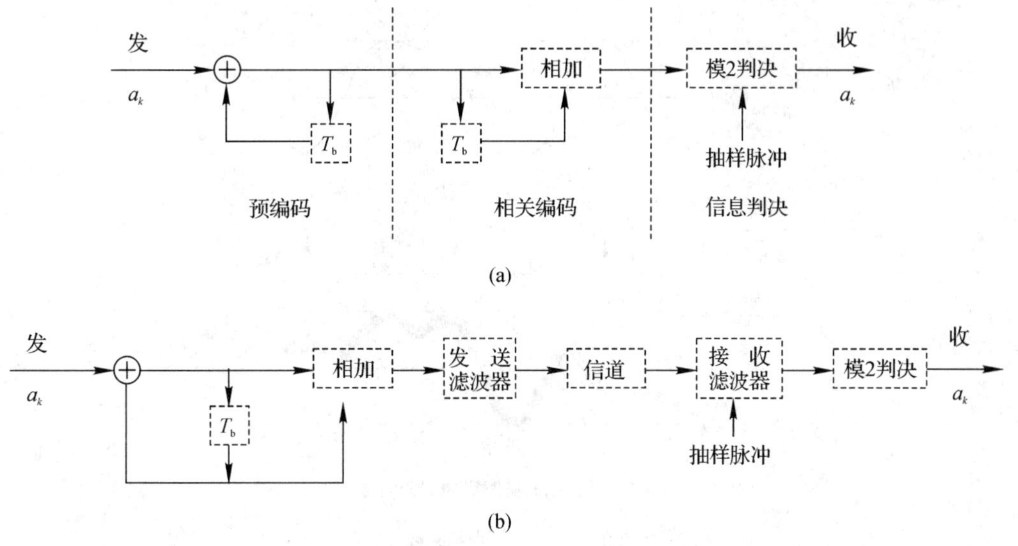

图 5-25　部分响应系统组成框图

5.6　基带传输系统的性能分析

5.3 节讨论了在不考虑信道噪声的情况下基带传输系统的无码间串扰的传输条件，下面讨论在无码间串扰的情况下信道噪声对基带系统性能的影响。假设信道噪声是均值为 0 的加性高斯白噪声。本节以二进制双极性不归零码为例，分析由噪声造成的误码率问题。

如果只考虑噪声的影响，基带信号抗噪声性能分析模型如图 5-26 所示。设二进制接收波形为 $S(t)$；信道噪声 $n(t)$ 为高斯白噪声，其通过接收滤波器后的输出噪声为 $n_R(t)$；接收滤波器的输出为信号与噪声的混合波形，记为 $x(t)$。

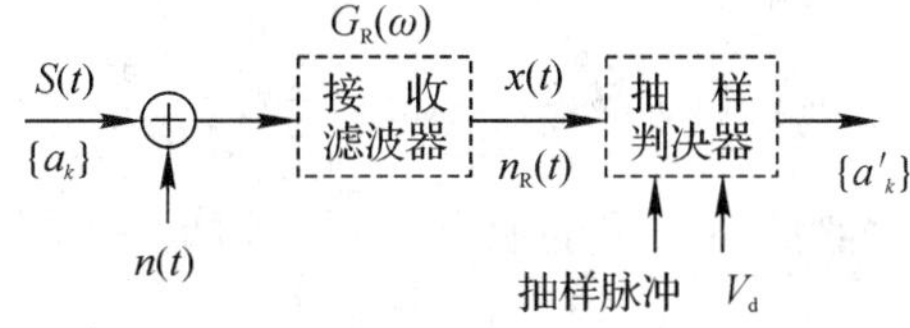

图 5-26　基带信号抗噪声性能分析模型

若二进制基带信号为双极性，设它在抽样时刻的电平取值为 $+A$ 或 $-A$，则在抽样时刻的取值为

$$x(kT_b)=\begin{cases}A+n_R(kT_b)，发送“1”时\\ -A+n_R(kT_b)，发送“0”时\end{cases}\tag{5-41}$$

在接收端设定一判决门限 V_d，判决规则为

$$x(kT_b)>V_d，判为“1”码$$
$$x(kT_b)<V_d，判为“0”码$$

判决过程的典型波形如图 5-27 所示，可能出现两种判决错误：原“1”错判成“0”或原“0”错判成“1”。

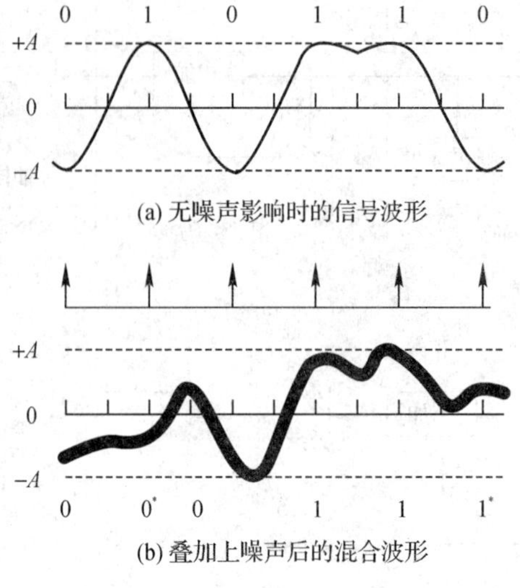

图 5－27　判决过程

只要噪声的幅度不导致判决的错误，那么经判决后可去掉噪声，得到正确无误的数字信号。因为经过抽样判决可以恢复原数字信号，所以抽样判决又称再生判决。判决时使用的抽样脉冲为接收端提取的位定时信号。每传输一段距离就再生判决一次，在没有误码的情况下，可以说数字信号的传输与距离无关，这与模拟信号的传输有着本质的不同。当然实际的传输必须考虑噪声幅度过大时引起错误判决的情况，为此要了解噪声的幅度分布规律。

均值为 0 的高斯白噪声的幅度概率密度函数为

$$f(x)=\frac{1}{\sqrt{2\pi}\sigma_n}\exp\left(-\frac{x^2}{2\sigma_n^2}\right) \tag{5-42}$$

其中 σ_n^2 为噪声的均方值。因此，当发送信号"1"时，接收滤波器输出的混合波形的幅度一维概率密度函数为

$$f_1(x)=\frac{1}{\sqrt{2\pi}\sigma_n}\exp\left(-\frac{(x-A)^2}{2\sigma_n^2}\right) \tag{5-43}$$

而当发送信号"0"时，接收滤波器输出的混合波形的幅度一维概率密度函数为

$$f_0(x)=\frac{1}{\sqrt{2\pi}\sigma_n}\exp\left(\frac{(x-A)^2}{2\sigma_n^2}\right) \tag{5-44}$$

与函数相应的图形如图 5－28 所示。

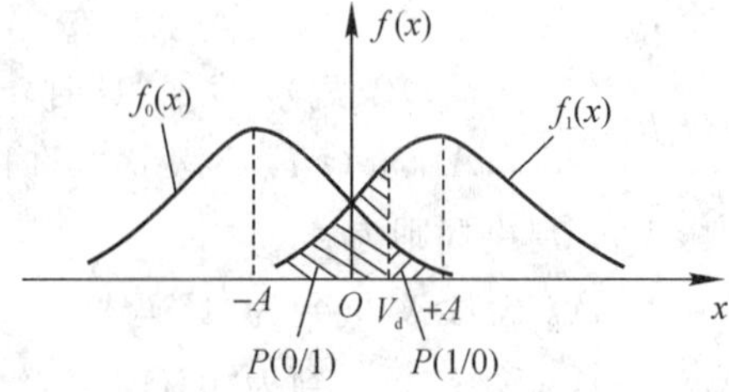

图 5－28　x 的概率密度曲线

发"1"错判为"0"的概率 $P(0/1)$ 为

$$P(0/1) = P(x < V_d) = \int_{-\infty}^{V_d} f_1(x) = \int_{-\infty}^{V_d} \frac{1}{\sqrt{2\pi}\sigma_n} \exp\left(-\frac{(x-A)^2}{2\sigma_n^2}\right) dx$$

$$= \frac{1}{2} + \frac{1}{2}\operatorname{erf}\left(\frac{V_d - A}{\sqrt{2}\sigma_n}\right) \tag{5-45}$$

发“0”错判为“1”的概率 $P(1/0)$ 为

$$P(1/0) = P(x > V_d) = \int_{V_d}^{\infty} f_0(x) = \int_{V_d}^{\infty} \frac{1}{\sqrt{2\pi}\sigma_n} \exp\left(-\frac{(x+A)^2}{2\sigma_n^2}\right) dx$$

$$= \frac{1}{2} - \frac{1}{2}\operatorname{erf}\left(\frac{V_d + A}{\sqrt{2}\sigma_n}\right) \tag{5-46}$$

相应的概率区域如图 5-28 中的阴影部分所示。设信源发送“1”码的概率为 $P(1)$，发送“0”码的概率为 $P(0)$，则二进制基带传输系统的总误码率为

$$P_e = P(1)P(0/1) + P(0)P(1/0) \tag{5-47}$$

若要使误码率最小，则要使得图 5-28 中的阴影部分面积最小。当 $P(1)$、$P(0)$、A、σ^2 给定时，误码率就由判决门限 V_d 决定，则一定可以找到一个使误码率最小的判决门限电平，称为最佳门限电平。若令

$$\frac{\partial P_e}{\partial V_d} = 0 \tag{5-48}$$

则由式(5-45)～式(5-48)可求得最佳门限电平为

$$V_d^* = \frac{\sigma_n^2}{2A} \ln \frac{P(0)}{P(1)} \tag{5-49}$$

若 $P(1) = P(0) = 1/2$，则有

$$V_d^* = 0 \tag{5-50}$$

此时，基带传输系统的总误码率为

$$P_e = \frac{1}{2}[P(0/1) + P(1/0)] = \frac{1}{2}\left[1 - \operatorname{erf}\left(\frac{A}{\sqrt{2}\sigma_n}\right)\right] = \frac{1}{2}\operatorname{erfc}\left(\frac{A}{\sqrt{2}\sigma_n}\right) \tag{5-51}$$

由式(5-51)可见，在发送概率相等，且在最佳门限电平下，双极性基带系统的总误码率仅依赖于信号峰值 A 与噪声均方根值 σ_n 的比值，而与采用什么样的信号形式无关，且比值 A/σ_n 越大，P_e 就越小。

对于单极性信号，可同样求出其最佳门限电平为

$$V_d^* = \frac{A}{2} \tag{5-52}$$

误码率为

$$P_e = \frac{1}{2}\operatorname{erfc}\left(\frac{A}{2\sqrt{2}\sigma_n}\right) \tag{5-53}$$

比较式(5-51)和式(5-53)可见，当比值 A/σ_n 一定时，双极性基带系统的误码率比单极性的低，抗噪声性能好。此外，在等概率条件下，双极性的最佳判决门限电平为 0，与信号幅度无关，因而不随信道特性变化而变化，故能保持最佳状态。而单极性的最佳判决门限电平为 $A/2$，它易受信道特性变化的影响，从而导致误码率增大。因此，双极性基带系统比单极性基带系统应用更为广泛。

5.7 眼　　图

从理论上讲，一个基带传输系统的传递函数 $H(\omega)$只要满足式(5-28)，就可消除码间串扰。但在实际系统中要想做到这一点非常困难，甚至是不可能的。这是因为码间串扰与发送滤波器特性、信道特性、接收滤波器特性等因素有关。在工程实际中，如果部件调试不理想或信道特性发生变化，都可能使 $H(\omega)$改变，从而引起系统性能变坏。实践中，为了使系统达到最佳化，除了用专门精密仪器进行测试和调整外，希望用简单的方法和通用仪器也能宏观监测系统的性能，观察眼图就是其中一个常用的实验方法。

5.7.1 眼图的概念

眼图是指利用实验的方法估计和改善(通过调整)传输系统性能时在示波器上观察到的一种图形。观察眼图的方法是：用一个示波器跨接在接收滤波器的输出端(见图 5-29)，然后调整示波器扫描周期，使示波器水平扫描周期与接收码元的周期同步，这时示波器屏幕上显示的图形像人的眼睛，故称为“眼图”。从“眼图”上可以观察出码间串扰和噪声的影响，从而估计系统优劣程度。另外，用户也可以用此图形对接收滤波器的特性加以调整，以减小码间串扰和改善系统的传输性能。

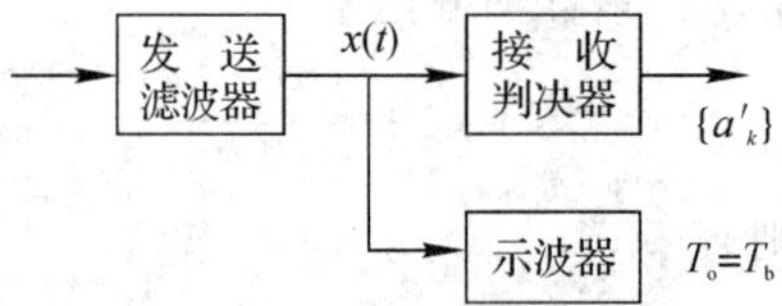

图 5-29　用示波器观察眼图的方法

5.7.2 眼图形成原理及模型

1. 无噪声时的眼图

为解释眼图和系统性能之间的关系，图 5-30 给出了无噪声情况下，无码间串扰和有码间串扰的眼图。

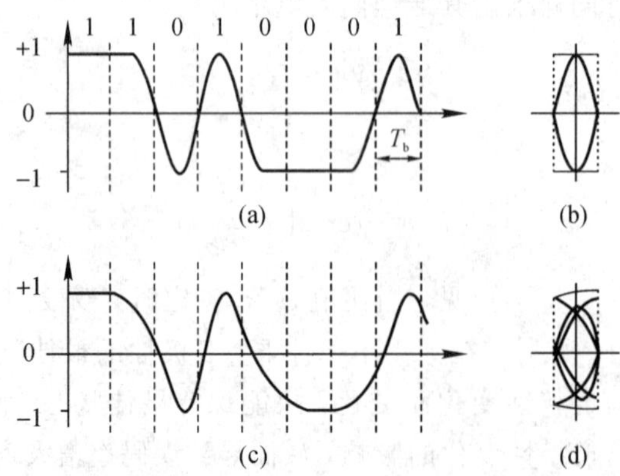

图 5-30　基带信号波形及眼图

图 5－30(a)是无码间串扰的双极性基带脉冲序列，用示波器观察它，并将水平扫描周期调到与码元周期 T_b 一致，由于荧光屏的余辉作用，扫描线所得的每一个码元波形将重叠在一起，形成如图 5－30(b)所示的线迹细而清晰的大“眼睛”；对于图 5－30(c)所示有码间串扰的双极性基带脉冲序列，由于存在码间串扰，此波形已经失真，当用示波器观察时，示波器的扫描迹线不会完全重合，于是形成的眼图线迹杂乱且不清晰，“眼睛”张开的较小，且眼图不端正，如图 5－30(d)所示。

对比图 5－30(b)和图 5－30(d)可知，眼图的“眼睛”张开的大小反映着码间串扰的强弱。“眼睛”张的越大，且眼图越端正，表示码间串扰越小；反之，表示码间串扰越大。

2. 存在噪声时的眼图

当存在噪声时，噪声将叠加在信号上，眼图的线迹会变得模糊不清。若同时存在码间串扰，“眼睛”将张开得更小。与无码间串扰时的眼图相比，原来清晰端正的细线迹变成了模糊的带状线，而且不很端正。噪声越大，线迹越宽，越模糊；码间串扰越大，眼图越不端正。

3. 眼图的模型

眼图对于展示数字信号传输系统的性能提供了很多有用的信息：可以从中看出码间串扰的大小和噪声的强弱，有助于直观地了解码间串扰和噪声的影响，评价一个基带系统的性能优劣；可以指示接收滤波器进行调整，以减小码间串扰。为了说明眼图和系统性能的关系，把眼图简化为图 5－31 所示的形状，称为眼图的模型。

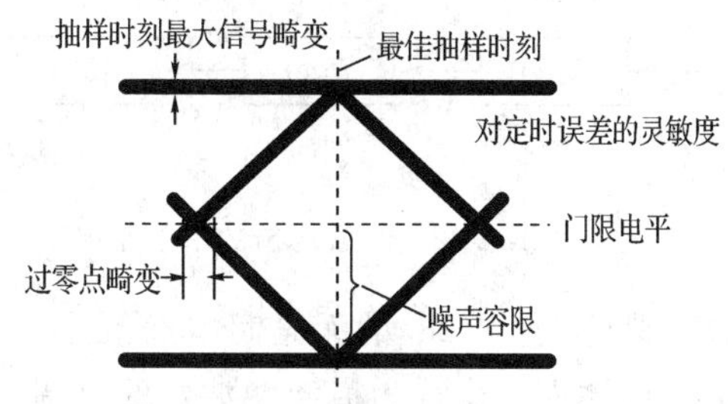

图 5－31　眼图的模型

图 5－31 表明：

(1) 最佳抽样时刻应在“眼睛”张开最大的时刻。

(2) 对定时误差的灵敏度可由眼图斜边的斜率决定。斜率越大，对定时误差就越灵敏。

(3) 在抽样时刻上，眼图上、下两分支阴影区的垂直高度表示最大信号畸变。

(4) 眼图中央的横轴位置应对应判决门限电平。

(5) 在抽样时刻上，上、下两分支离门限最近的一根线迹至门限的距离表示各相应电平的噪声容限，噪声瞬时值超过它就可能发生错误判决。

(6) 对于利用信号过零点取平均来得到定时信息的接收系统，眼图倾斜分支与横轴相交的区域的大小，表示零点位置的变动范围。这个变动范围的大小对提取定时信息有重要的影响。

5.8 均 衡

5.8.1 均衡的概念

实际的基带传输系统不可能完全满足无码间串扰传输条件，因而码间串扰是不可避免的。当串扰严重时，必须对系统的传输函数 $H(\omega)$进行校正，使其达到或接近无码间串扰要求的特性。理论和实践表明，在基带系统中插入一种可调(或不可调)滤波器就可以补偿整个系统的幅频和相频特性，从而减小码间串扰的影响。这个对系统校正的过程称为均衡，实现均衡的滤波器称为均衡器。

均衡分为频域均衡和时域均衡。频域均衡是从频率响应考虑，使包括均衡器在内的整个系统的总传输函数满足无失真传输条件。而时域均衡则是直接从时间响应考虑，使包括均衡器在内的整个系统的冲激响应满足无码间串扰条件。

频域均衡在信道特性不变且传输低速率数据时是适用的，而时域均衡可以根据信道特性的变化进行调整，能够有效地减小码间串扰，故在高速数据传输中得以广泛应用。本节仅介绍时域均衡原理。

5.8.2 时域均衡的基本原理

时域均衡的基本原理可用图 5-32 所示的传输模型来简单说明。

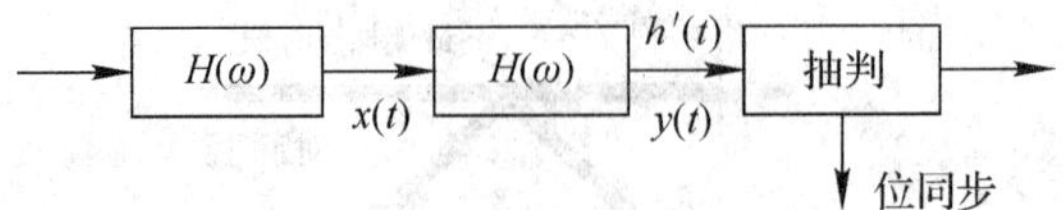

图 5-32 时域均衡的基本原理

图 5-32 中，$H(\omega)$不满足式(5-28)的无码间串扰条件时，其输出信号 $x(t)$将存在码间串扰。为此，在 $H(\omega)$之后插入一个称为横向滤波器的可调滤波器 $T(\omega)$，形成新的总传输函数 $H'(\omega)$，表示为

$$H'(\omega)=H(\omega)T(\omega) \tag{5-54}$$

显然，只要 $H'(\omega)$满足理想的无码间串扰的基带传输特性，即可消除码间串扰，这就是时域均衡的基本思想。

可以证明：

$$T(\omega)=\sum_{n=-\infty}^{+\infty}C_n\mathrm{e}^{-\mathrm{j}nT_\mathrm{b}\omega} \tag{5-55}$$

其中

$$C_n=\frac{T_\mathrm{b}}{2\pi}\int_{-\frac{\pi}{T_\mathrm{b}}}^{\frac{\pi}{T_\mathrm{b}}}\frac{T_\mathrm{b}}{\sum_i H\left(\omega+\frac{2\pi}{T_\mathrm{b}}\right)}\mathrm{e}^{\mathrm{j}n\omega T_\mathrm{b}}\,\mathrm{d}\omega \tag{5-56}$$

由上式可见，C_n、$T(\omega)$完全由 $H(\omega)$决定。

对式(5-55)进行傅里叶反变换，则可求出其单位冲激响应 $h_\mathrm{T}(t)$为

$$h_T(t) = F^{-1}[T(\omega)] = \sum_{n=-\infty}^{+\infty} C_n \delta(t - nT_b) \qquad (5-57)$$

根据该式，可构造实现 $T(\omega)$的插入滤波器即横向滤波器，如图 5－33 所示，它实际上是由无限多个横向排列的延迟单元构成的抽头延迟线加上一些可变增益放大器组成的，因此称为横向滤波器。每个延迟单元的延迟时间等于码元宽度 T_b，每个抽头的输出经可变增益(增益可正可负)放大器加权后输出。这样，当有码间串扰的波形 $x(t)$输入时，经横向滤波器变换，相加器将输出无码间串扰波形 $y(t)$。

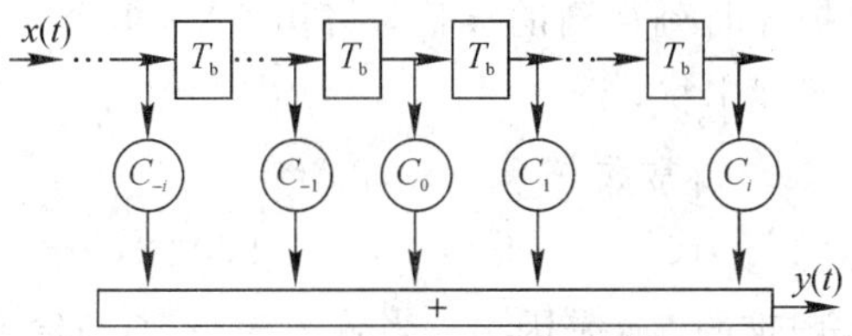

图 5－33　横向滤波器

上述分析表明，借助横向滤波器实现均衡是可能的，并且只要用无限长的横向滤波器，就能做到消除码间串扰的影响。然而，使横向滤波器的抽头无限多是不现实的，大多情况下也是不必要的。因为实际信道往往仅是一个码元脉冲波形对邻近的少数几个码元产生串扰，故实际上只要有一二十个抽头的滤波器就可以了。抽头数太多会给制造和使用都带来困难。

5.8.3　有限长横向滤波器

设在基带系统接收滤波器与判决器之间插入一个具有 $2N+1$ 个抽头的横向滤波器，如图 5－34 所示，它的输入为 $x(t)$，是被均衡的对象。若该有限长横向滤波器的单位冲击响应为 $e(t)$，相应的频率特性为 $E(\omega)$，则

$$e(t) = \sum_{i=-N}^{N} C_i \delta(t - iT_b) \qquad (5-58)$$

$$E(\omega) = \sum_{i=-N}^{N} C_i \mathrm{e}^{-\mathrm{j}\omega T_b} \qquad (5-59)$$

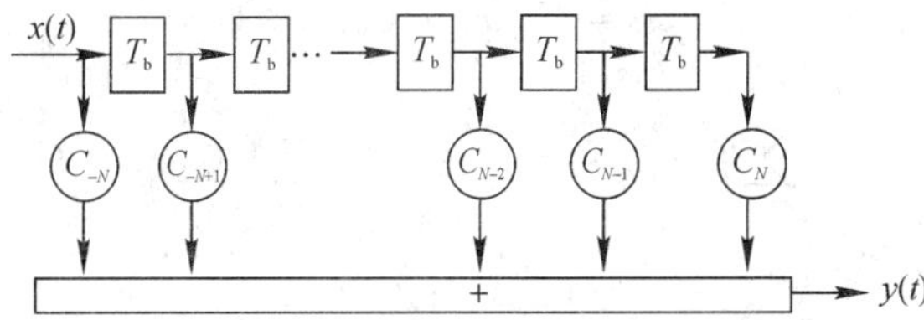

图 5－34　有限长横向滤波器

下面考察该横向滤波器的输出 $y(t)$的波形。因为 $y(t)$是输入 $x(t)$与冲激响应 $e(t)$的卷积，故利用 $e(t)$为冲激序列的特点，可得

$$y(t) = x(t) * e(t) = \sum_{i=-N}^{N} C_i x(t - iT_b) \qquad (5-60)$$

于是在抽样时刻 $t_k=kT_b+T_0$ 有

$$y(t_k)=y(kT_b+t_0)=\sum_{i=-N}^{N}C_ix(kT_b+t_0-iT_b)=\sum_{i=-N}^{N}C_ix[(k-i)T_b+t_0] \tag{5-61}$$

简写为

$$y_k=\sum_{i=-N}^{N}C_ix_{k-i} \tag{5-62}$$

上式说明，均衡器在第 k 抽样时刻得到的样值，将由 $2N+1$ 个 C_i 与 x_{k-i} 的乘积之和来确定。我们希望抽样时刻无码间串扰，即

$$y_k=\begin{cases}常数, & k=0\\ 0, & k\neq 0,\ k=\pm1,\ \pm2,\ \cdots\end{cases} \tag{5-63}$$

但做到完全无码间串扰是困难的。这是因为，当输入波形 $x(t)$ 给定时，即各种可能的 x_{k-i} 确定时，通过调整 C_i 使指定的 y_k 等于 0 是容易办到的，但同时要求 $k=0$ 以外的所有 y_k 都等于 0 却是件很难的事。

实际应用时，是用示波器观察均衡滤波器输出信号 $y(t)$ 的眼图的。通过反复调整各个增益放大器的 C_i，使眼图的“眼睛”张开到最大。

现在以只有三个抽头的横向滤波器为例，说明横向滤波器消除码间串扰的工作原理。

假定滤波器的一个输入码元 $x(t)$ 在抽样时刻 t_0 达到最大值 $x_0=1$，而在相邻码元的抽样时刻 t_{-1} 和 t_1 上的码间串扰值为 $x_{-1}=1/4$、$x_1=1/2$。采用三抽头均衡器来均衡，经调试，得此滤波器的三个抽头增益调制为

$$C_{-1}=\frac{1}{4},\ C_0=\pm1,\ C_1=-\frac{1}{2}$$

则调整后的三路波形相加得到最后输出波形 $y(t)$，其在各抽样点上的值等于

$$y_{-2}=\sum_{i=-1}^{1}C_ix_{-2-i}=C_{-1}x_{-1}+C_0x_{-2}+C_1x_{-3}=-\frac{1}{16} \tag{5-64}$$

$$y_{-1}=\sum_{i=-1}^{1}C_ix_{-1-i}=C_{-1}x_0+C_0x_{-1}+C_1x_{-2}=0 \tag{5-65}$$

$$y_0=\sum_{i=-1}^{1}C_ix_{0-i}=C_{-1}x_1+C_0x_0+C_1x_{-1}=\frac{3}{4} \tag{5-66}$$

$$y_1=\sum_{i=-1}^{1}C_ix_{1-i}=C_{-1}x_2+C_0x_1+C_1x_0=0 \tag{5-67}$$

$$y_2=\sum_{i=-1}^{1}C_ix_{2-i}=C_{-1}x_3+C_0x_2+C_1x_1=-\frac{1}{4} \tag{5-68}$$

由以上结果可见，输出波形的最大值 y_0 降低为 3/4，相邻抽样点上消除了码间串扰，即 $y_{-1}=y_1=0$，但在其点上又产生了串扰，即 y_{-2} 和 y_2。这说明，用有限长的横向滤波器可有效减小码间串扰，但完全消除是不可能的。

时域均衡的实现方法有多种，但从实现的原理上看，大致可分为预置式自动均衡和自适应式自动均衡。预置式自动均衡是在实际传输之前先传输预先规定的测试脉冲(如重复

频率很低的周期性的单脉冲波形)，然后按“迫零调整原理”(具体内容请参阅有关参考书)自动或手动调整抽头增益；自适应式自动均衡是在传输过程中连续测出距最佳调整值的误差电压，并据此电压去调整各抽头增益。一般地，自适应自动均衡不仅可以提高调整精度，而且当信道特性随时间变化时又能有一定的自适应性，因此很受重视。这种均衡器过去实现起来比较复杂，但随着大规模、超大规模集成电路和微处理机的应用，其发展十分迅速。

5.9　本章 MATLAB 仿真实例

例 5-1　用单极性不归零码表示二元信息序列 100110000101，画出波形示意图。

单极性不归零码的 MATLAB 实现方法如下：

```
function y=snrz(x)
%本函数可将输入的一段二进制代码编为相应的单极性不归零码输出
%输入 x 为二进制码，输出 y 为编出的单极性归零码
t0=300;
t=0:1/t0:length(x);
for i=1:length(x)                  %计算码元的值
    if(x(i)==1)                    %如果信息为 1
        for j=1:t0                 %该码元对应的点值取 1
            y((i-1)*t0+j)=1;
        end
    else
        for j=1:t0                 %反之，信息为 0，码元对应点值取 0
            y((i-1)*t0+j)=0;
        end
    end
end
y=[y, x(i)];
M=max(y);
m=min(y);
subplot(2, 1, 1)
plot(t, y);
grid on;
axis([0, i, m-0.1, M+0.1]);       %使用 title 命令标记各码元对应的二元信息
title('1 0 0 1 1 0 0 0 0 1 0 1');
```

在命令窗口中键入如下命令即会出现如图 5-35 所示的图形。

```
t=[1 0 0 1 1 0 0 0 0 1 0 1];
snrz(t);
```

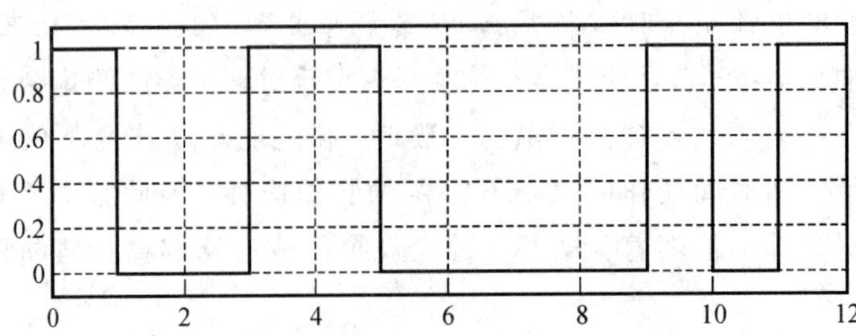

图 5-35 单极性不归零码波形示意图

例 5-2 用双极性归零码表示二元信息序列 100110000101，画出波形示意图。

双极性归零码的 MATLAB 实现方法如下：

```
function y=drz(x)
%本函数可将输入的一段二进制代码编为相应的双极性归零码输出
%输入 x 为二进制码，输出 y 为编出的双极性归零码
t0=300;
t=0:1/t0:length(x);                          %定义对应的时间序列
for i=1:length(x)                            %进行码型变换
    if(x(i)==1)                              %若输入信息为 1
        for j=1:t0/2
            y(t0/2*(2*i-2)+j)=1;             %定义前半时间值为 1
            y(t0/2*(2*i-1)+j)=0;             %定义后半时间值为 0
        end
    else
        for j=1:t0/2                         %反之，输入信息为 0
            y(t0/2*(2*i-2)+j)=-1;            %定义前半时间值为-1
            y(t0/2*(2*i-1)+j)=0;             %定义后半时间值为 0
        end
    end
end
y=[y, x(i)]; M=max(y); m=min(y);             %给序列 y 加上最后一位，便于作图
subplot(211)
plot(t, y); grid on;
axis([0, i, m-0.1, M+0.1]); title('1 0 0 1 1 0 0 0 0 1 0 1');
```

双极性归零码的波形示意图如图 5-36 所示。

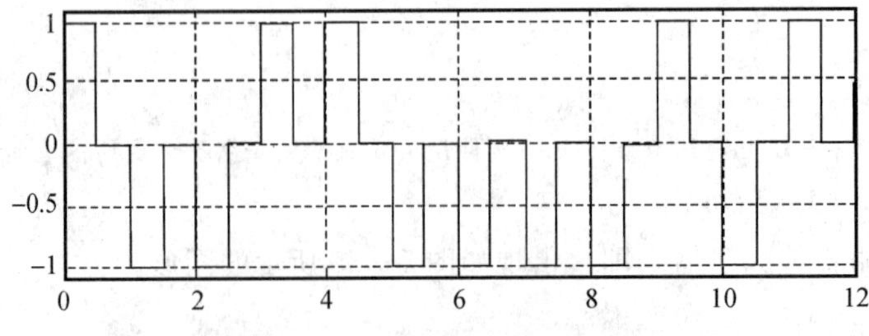

图 5-36 双极性归零码波形示意图

例 5-3 画出单极性不归零码、数字双相码和密勒码的功率谱密度图形。

程序如下：

```
x=0:0.01:5;
y=sin(pi*x); %计算单极性不归零码的功率谱，因 g(t)为矩形波，故 G(f)为抽样函数
y=y./(pi*x);
y(1)=1;
snrzgonglv=y.*y;
snrzgonglv=snrzgonglv/4;
y=sin(pi*x/2); %计算数字双相码的功率谱
y=y./(pi*x/2);
y(1)=1;
machegonglv=sin(pi*x/2).*sin(pi*x/2);
machegonglv=machegonglv.*y;
machegonglv=machegonglv.*y;
x=x*pi;              %计算密勒码的功率谱
milergonglv=(23-2*cos(x)-22*cos(2*x)-12*cos(3*x)+5*cos(4*x)+12*cos
(5*x)+…+2*cos(6*x)-8*cos(7*x)+2*cos(8*x))./(17+8*cos(8*x));
t=x.*x;
milergonglv=milergonglv./t;
milergonglv(1)=0.2;
x=x/pi;
plot(x, snrzgonglv,'--', x, machegonglv, ':', x, milergonglv); %作图
legend('snrzgonglv', 'machegonglv', 'milergonglv');
```

%在图形窗的右上角绘制图中各条曲线的图例，如图 5-37 所示。

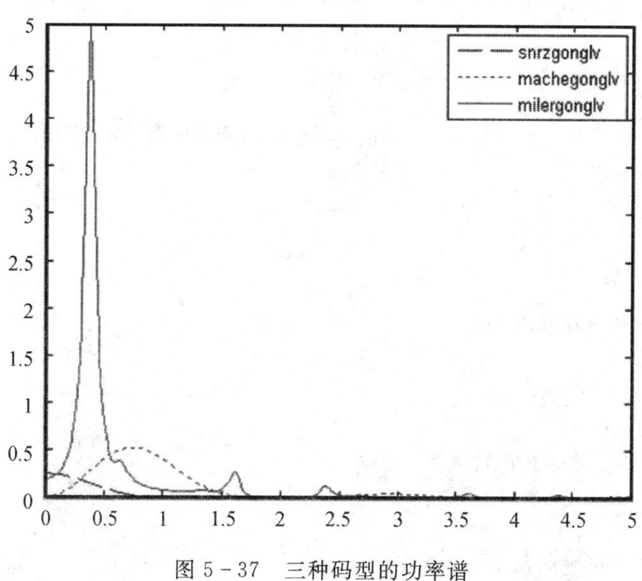

图 5-37 三种码型的功率谱

例 5-4 用 MATLAB 画出 $\alpha=0$、0.5、1 时的升余弦滚降系统频谱，并画出其各自对应的时域波形。

程序如下：

```
%raisecos.m
Ts=1;                          %码元周期
N_sample=17;                   %每码元抽样点数
dt=Ts/N_sample;                %采样间隔
df=1.0/(20.0*Ts);              %频率分辨率
t=-10*Ts:dt:10*Ts;
f=-2/Ts:df:2/Ts;
alpha=[0, 0.5, 1];             %定义升余弦滚降系数矩阵
for n=1:length(alpha)          %计算升余弦滚降系统频域、时域波形
    for k=1:length(f)
        if abs(f(k))>0.5*(1+alpha(n))/Ts
            Xf(n, k)=0;
        Elseif abs(f(k))<0.5*(1-alpha(n))/Ts
            Xf(n, k)=Ts;
        else Xf(n, k)=0.5*Ts*(1+cos(pi*Ts/(alpha(n)+eps)*(abs(f(k))-0.5*
(1-alpha(n))/Ts)));
        end
    end
    xt(n, :)=sinc(t/Ts).*(cos(alpha(n)*pi*t/Ts))./(1-4*alpha(n)^2*t.^2/Ts^2
+eps);
end
figure(1)                      %画出升余弦滚降系统时、频域波形
plot(f, Xf);
axis([-1 1 0 1.2]);
xlabel('f/Ts');
ylabel('升余弦滚降频谱');
figure(2)
plot(t, xt);
axis([-10 10 -0.5 1.1]);
xlabel('t');
ylabel('升余弦滚降波形');
```

升余弦滚降系统的频谱和时域波形如图 5-38 所示。

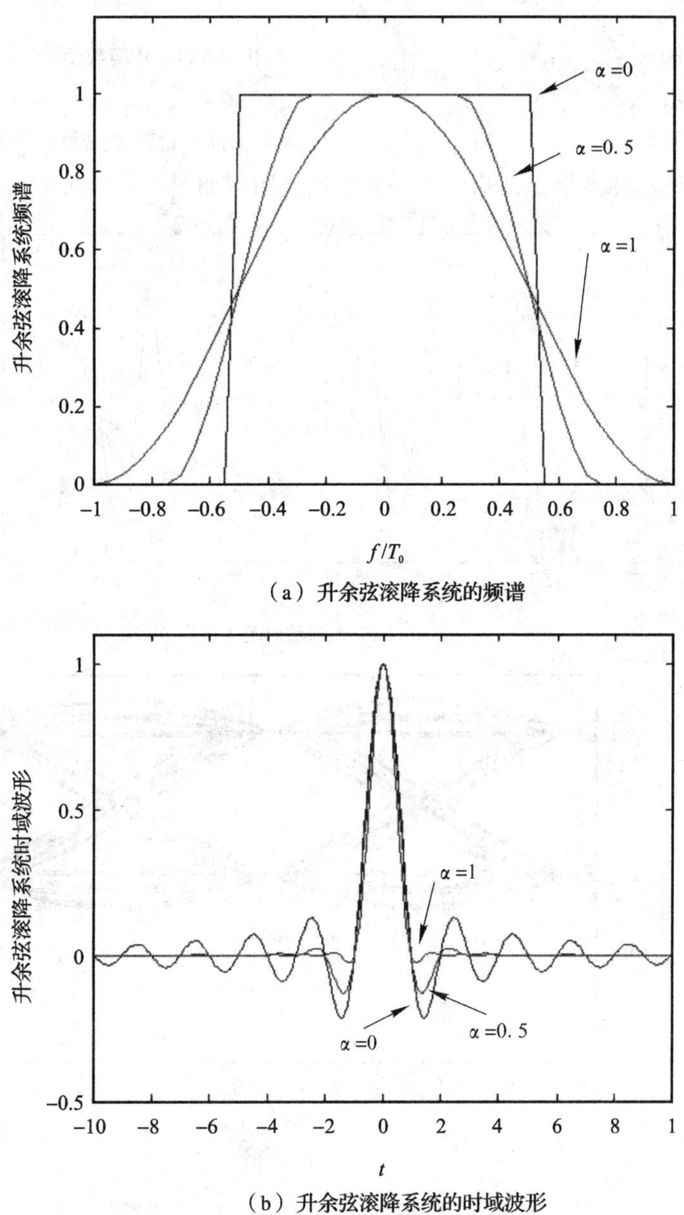

图 5-38　升余弦滚降系统频谱和时域波形

例 5-5　产生一个二进制随机方波序列，画出通过升余弦滚降滤波器滤波后，方波的高频分量成分滤掉后绘出的眼图。

程序如下：

```
x=randint(3000, 1, 2);                    %产生 3000 行 1 列的二进制随机数 x
y=[[0]; rcosflt(x, 1, 10)];               %x 通过一个升余弦滤波器得到 y
figure(1)
t=1:30061;
plot(t, y); axis([1, 300, -0.5, 1.5]);    %绘出 y 的时域图形
```

```
grid on
eyediagram(y, 20, 4);                    %调用 MATLAB 函数绘出 y 的眼图
t1=t';
D=[t1 y];                                %y 与时间变量 t1 组成文件变量 D
```

通过升余弦滚降滤波器滤波后的二进制数据流图形如图 5-39 所示。

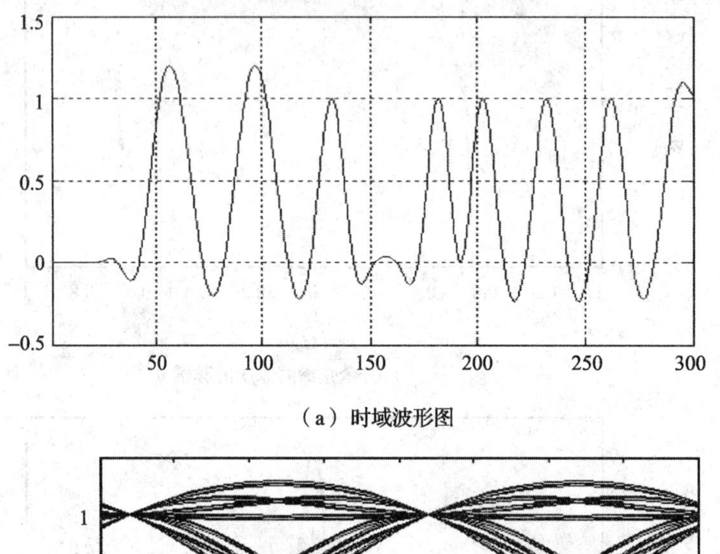

（a）时域波形图

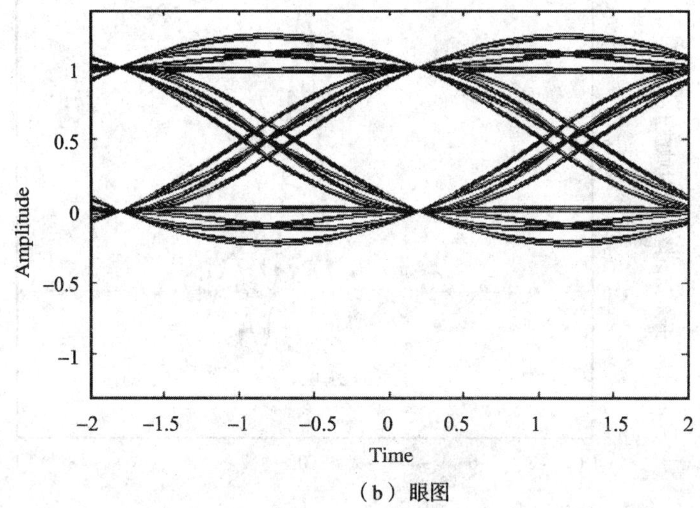

（b）眼图

图 5-39　通过升余弦滚降滤波器滤波后的二进制数据流图形

例 5-6　已知一个利用单极性不归零信号的二进制通信系统，用蒙特卡罗仿真估计误码率 P_e，并画出误码率 P_e 与信噪比 SNR 的对比图。

程序如下：

```
clear all;
close all;
EbN0dB=0:0.5:10;
N0=10.^(-EbN0dB/10);
sigma=sqrt(N0/2);
%理论计算的误码率
```

```
Pb=0.5 * erfc(sqrt(1./N0));
%仿真的误码率
for n=1:length(EbN0dB)
    a=sign(randn(1, 100000));                      %产生等概率信源+1, -1
    rk=a+sigma(n) * randn(1, 100000);              %离散等效接收模型
    dec_a=sign(rk);                                %判决
    ber(n)=sum(abs(a-dec_a)/2)/length(a);          %计算误码率
end
semilogy(EbN0dB, Pb);
hold;
semilogy(EbN0dB, ber, 'rd-');
legend('ÀíÂÛÖµ', '·ÂÕæ1/2á'û);
xlabel('Eb/N0(dB)'); ylabel('Pb');
```

在几个不同的 SNR 值下，传输 $N=10\ 000$ 比特时的仿真结果如图 5-40 所示。从图中可以看出，仿真结果与理论值在低信噪比下完全一致，而在高信噪比下一致性稍差。这一现象表明：当 SNR 增加时，仿真估计的可靠性会变差，这是由于差错发生次数减少的缘故。

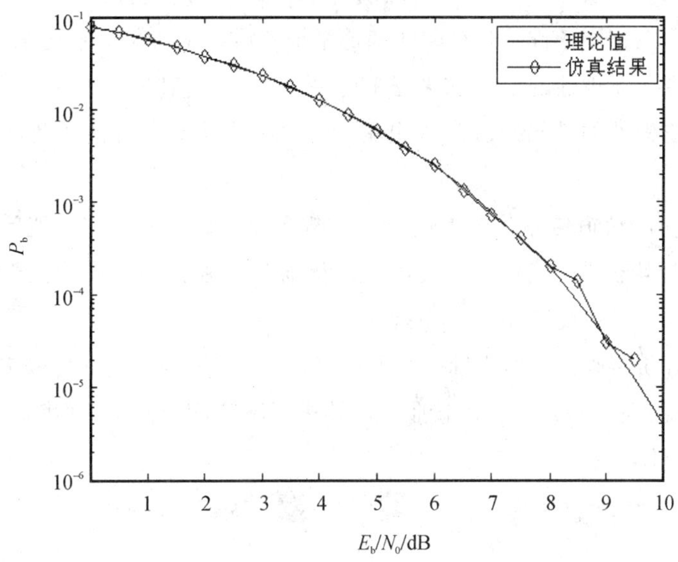

图 5-40　不同的 SNR 值下传输 10 000 比特时的仿真结果

本章小结

基带信号，指未经调制的信号。这些信号的特征是其频谱从零频或很低频率开始，占据较宽的频带。基带信号在传输前，必须经过一些处理或某些变换(如码型变换、波形和频谱变换)才能送入信道中传输。处理或变换的目的是使信号的特性与信道的传输特性相匹配。

数字基带信号是消息代码的电波形表示，即码型，码型有很多种，有单极性和双极性码、归零和不归零码、差分码、传号反转码、数字双相码、密勒码、AMI码、HDB_3码等，各自有不同的特点，可针对具体系统的要求来选择，如HDB_3码常用于A律PCM四次群以下的接口码型。此外，码型的特点可以通过分析其功率谱密度函数更加直观地得出。

码间串扰和信道噪声是造成误码的两个主要因素。如何消除码间串扰和减小噪声对误码率的影响是数字基带传输中必须研究的问题。奈奎斯特第一准则为消除码间串扰奠定了理论基础。理论上，只要信道的传输特性满足奈奎斯特准则及其等效公式，就能实现无码间串扰传输、实现无码间串扰的传输特性包括理想低通滤波特性和升余弦滚降特性。理想低通滤波器在物理上不能实现，而实际中应用较多的是升余弦滚降滤波器，其有利于减小码间串扰和位定时误差的影响，但升余弦滚降系统占用频带宽，频带利用率低。

为了解决这个问题，可以采用部分响应系统，将某些码元对应的波形相加，用生成的合成波形取代原有波形，通过有控制地引入码间串扰(在接收端加以消除)，可以提高频带利用率，并使波形"尾巴"振荡衰减加快。部分响应信号是由预编码器、相关编码器、发送滤波器、信道和接收滤波器共同产生的。其中，相关编码器是为了得到预期的部分响应信号频谱所必需的。预编码器解除了码元之间的相关性。

在二进制基带信号传输过程中，噪声引起的误码有两种差错形式：发"1"错判为"0"，发"0"错判为"1"。在相同条件下，双极性基带系统的误码率比单极性的低，抗噪声性能好，且在等概率条件下，双极性的最佳判决门限电平为0，与信号幅度无关，因而不随信道特性变化而变化，而单极性的最佳判决门限电平为$A/2$，易受信道特性变化的影响，从而导致误码率增大。

为了解决因实际信道传输特性不理想或不断变化而导致的码间串扰问题，可以在接收端抽样判决前采用均衡器进行补偿。实用的均衡器是有限长的横向滤波器，其均衡原理是直接校正接收波形，尽可能减小码间串扰。

眼图为直观评价接收信号的质量提供了一种有效的实验方法。它可以定性反映码间串扰和噪声的影响程度，还可以用来指示接收滤波器进行调整，以减小码间串扰，改善系统性能。

习　题

5-1　已知信息代码为11000011000011，试画出其相应的差分码(参考码元为高电平)、AMI码和HDB_3码。

5-2　已知信息代码为110010110，试画出单极性不归零码、双极性不归零码、单极性归零码、差分码、双相码、CMI码和密勒码。

5-3　已知二元信息代码为0110100001001100001，分别画出AMI码和HDB_3码。

5-4　设基带传输总特性$H(\omega)$分别如题图5-4所示，若要求以$2/T_s$波特的速率进行数据传输，试检验各种$H(\omega)$是否满足消除抽样点上码间串扰的条件？

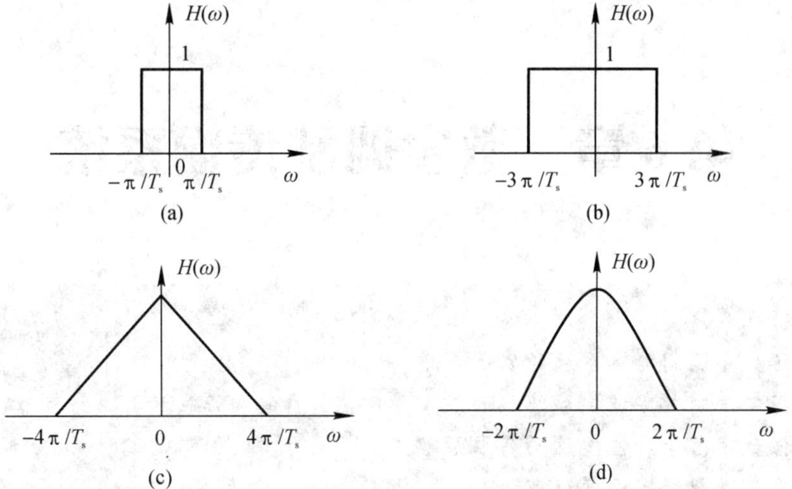

题图 5 - 4

5 - 5　某一具有升余弦传输特性 $\alpha=1$ 的无码间串扰传输系统。

(1) 该系统的最高无码间串扰的码元传输速率为多少？频带利用率为多少？

(2) 若升余弦特性 $\alpha=0.25$，$\alpha=0.5$ 时，试求传输 PCM 30/32 路的数字电话(数码率为 2048 kb/s)所需要的最小带宽。

5 - 6　已知某信道的截止频率为 1600 Hz，其滚降特性为 $\alpha=1$。

(1) 为了接收到无串扰的信息，系统最大传输速率为多少？

(2) 接收机采用什么样的时间间隔抽样，便可得到无串扰的信息。

5 - 7　已知某信道的截止频率为 100 kHz，码元持续时间为 10 μs 的二元数据流，若采用滚降因子 $\alpha=0.75$ 的余弦频谱的滤波器，能否在此信道中传输？

5 - 8　已知信元代码为 1101110011，若基带系统采用第 I 类部分响应信号，试写出预编码和相关编码的运算规律。

5 - 9　一模拟信号被抽样量化和编码为 PCM 信号，其量化电平为 256，将编码后的二进制编码序列通过 $\alpha=1$、带宽为 24 kHz 的实际信道传输。

(1) 该信道可通过的最高传码率是多少？

(2) 原模拟信号的最高频率应为多少？

5 - 10　有一 24 路 PCM 系统，若码元间隔为 0.625 μs，采用二进制数据传输。

(1) 当采用理想低通信道传输时，其信道带宽是多少？

(2) 当采用 $\alpha=1$ 的实际信道传输时，其信道带宽是多少？

(3) 接收机以什么样的速率进行判决，可消除码间串扰？

5 - 11　有一实际信道带宽为 120 kHz，信道特性的滚降因子 $\alpha=0.5$，用其传输最高频率为 4 kHz 的语音信号，若采用 PAM 方式，最多能传几路？若改为在此信道中采用 PCM 方式传送量化级为 16 的语音信号，在同样传码率下，又能传送几路信号？

5 - 12　什么是眼图？眼图和系统性能之间有什么关系？请画图加以说明。

第 6 章　数字调制传输系统

基本要求

- 了解数字调制传输系统的实际应用。
- 掌握二进制数字调制和解调的基本原理，功率谱和带宽的计算方法。
- 掌握数字信号最佳接收的基本原理。
- 熟悉多进制数字调制原理。
- 熟悉数字调制传输系统的仿真方法。

在第 5 章的数字基带传输系统中，为了使数字基带信号能够在信道中传输，信道应具有低通形式的传输特性。然而，在实际信道中，大多数信道具有带通传输特性，数字基带信号不能直接在这种带通信道中传输，因此必须用数字基带信号对载波进行调制。

让载波的某个参量随数字基带信号的变化而变化的过程或方式叫作数字调制，相应的传输方式称为数字信号的带通传输、频带传输、载波传输或调制传输。数字调制所用的载波也是正弦型信号，但调制信号是数字基带信号。其调制方式与模拟信号调制相类似。根据数字信号控制载波的参量不同，调制方式分为调幅、调频和调相三种方式。因数字信号对载波参数的调制通常采用数字信号的离散值对载波进行键控，故这三种数字调制方式称为幅移键控(ASK)、频移键控(FSK)和相移键控(PSK)。

本章首先简单介绍了数字调制传输系统的实际应用，然后在重点介绍二进制数字调制系统的基础上，对其抗噪声性能进行分析和比较，并详解介绍了数字信号的最佳接收，之后介绍了多进制数字调制系统的基本原理，最后用 MATLAB 进行了数字调制系统的仿真。

6.1　数字调制传输系统的实际应用

在数字电视系统中，多采用多进制的数字调制。所谓数字电视，就是将传统的模拟电视信号经过抽样、量化和编码转换成用二进制数代表的数字式信号，然后进行各种功能的处理、传输、存储、监测和控制的一种全数字处理过程的端到端系统。它从电视节目的录制、播出到发射和接收，全部采用数字编码与数字传输技术。

数字电视与模拟电视相比具有许多优点，主要表现在以下几个方面：

(1) 图像和伴音质量高、抗干扰能力强。

(2) 频道数量将成倍数增加。

(3) 可开展多功能业务。

(4) 操作性强。

(5) 便于网络化。

(6) 具有开放性和兼容性。

(7) 易于实现条件接收。

数字电视系统由信源、信源编码器、信道编码器、信道、信道解码器、信源解码器、信宿等部分组成。其基本原理框图如图 6-1 所示。

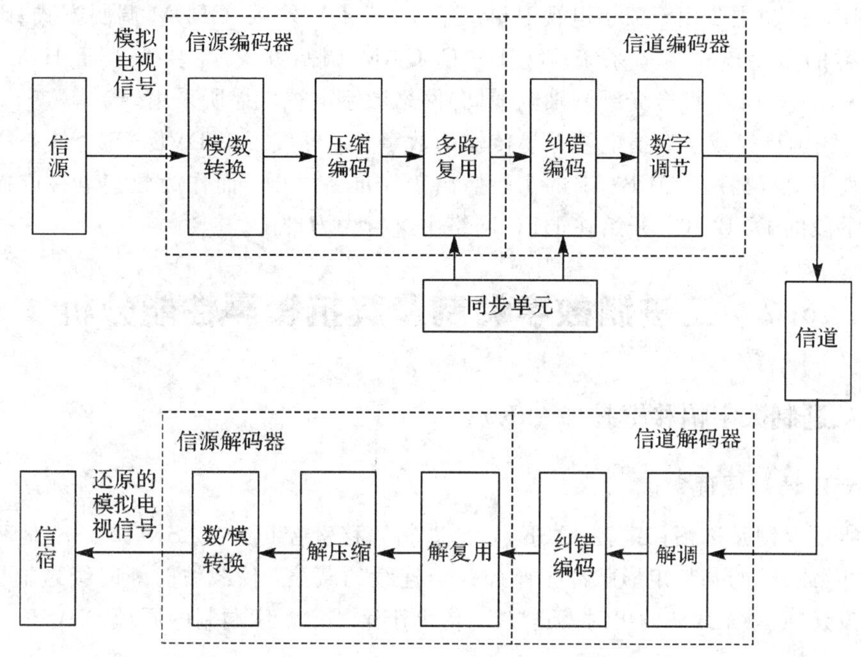

图 6-1　数字电视系统的基本原理框图

信源是产生和输出电视模拟信号(包括图像和伴音)的设备，如摄像机、麦克风等。

信源编码器主要包括模/数(A/D)转换、压缩编码、多路复用三部分。将信源送出的模拟电视信号进行模/数(A/D)转换，用一定的数字脉冲组合来表示信号的幅度，从而形成数字信号。为提高传输的有效性，在保证一定传输质量的情况下，对反映信源全部信息的数字信号进行变换，用尽量少的数字脉冲来表示信源产生的信息，这就是压缩编码。

信道编码器包括纠错编码和数字调制，主要解决数字信号传输的可靠性问题，故又称为抗干扰编码。经过纠错编码的传输码流具有检错和纠错的能力，其作用是最大限度地减少在信道传输中的误码率，然后将经过纠错编码后的传输码流调制成适合于在信道上传输的波形。

信道分为地面(无线发射)、有线和卫星三类，因而，不同的传输信道应选择不同的调制方式。

解码器与编码器的功能相反，在接收端将接收到的已调信号，经解调、纠错解码、解复用、解压缩、数/模(D/A)转换，恢复出原模拟电视信号。

按照传输数字电视信号的信道不同，数字电视可分为有线数字电视(DVB-C)、地面数字电视(DVB-T)、卫星数字电视(DVB-S)三种传输方式。

在数字电视系统中，多采用多进制的数字调制，其调制方式有

(1) 地面传输：采用 COFDM(欧洲)、ISDB－T(日本)或 8－VSB(美国)调制方式；

(2) 卫星传输：采用 QPSK 调制方式；

(3) 有线传输：采用 M－QAM 或 16－VSB 高数据率调制方式，根据有线信道的不同特性，分别采用 16/32/128/256－QAM 等方式。

我国数字电视标准是在欧洲数字视频广播标准(DVB，由 ISO/ICE 13818 描述)的基础上制定的，目前正处于推广使用中的标准有 DVB－S、DVB－T、DVB－C 三种。DVB－S (QPSK 调制方式)主要用于数字电视卫星广播系统；DVB－T(OFDM 调制方式)则用于地面无线发射的数字电视广播系统；DVB－C(QAM 调制方式)主要为地面 HFC(Hybrid Fiber Coax networks，混合光纤同轴电缆网)网络数字电视广播所采用。

目前，我国已完成了广播电视卫星传输的数字化，形成了以 DVB－S 为核心技术构架的数字电视卫星广播网，DVB－T 的实验播出正在准备之中，而作为数字电视广播在国内主要覆盖手段的 DVB－C，开始在 HFC 网络中进行大力推广。

6.2 二进制数字调制及其抗噪声性能分析

6.2.1 二进制数字幅移键控(2ASK)

1. 2ASK 调制原理

数字幅度调制又称幅移键控(ASK)，二进制幅移键控记作 2ASK。2ASK 是利用代表数字信息“0”或“1”的基带矩形脉冲去键控一个连续的载波，使载波时断时续地输出。有载波输出时发送“1”，无载波输出时发送“0”。借助于第 3 章幅度调制的原理，2ASK 信号可表示为

$$S_{2\mathrm{ASK}}(t)=S(t)\cos\omega_{\mathrm{c}}t=\Big[\sum_{n}a_{n}g(t-nT_{\mathrm{s}})\Big]\cos\omega_{\mathrm{c}}t \qquad (6-1)$$

式中，ω_c 为载波角频率，$S(t)$为单极性不归零矩形脉冲序列，$g(t)$是持续时间为 T_b、高度为 1 的矩形脉冲，常称为门函数，a_n 为第 n 个码元的电平值。

$$a_n=\begin{cases}1, & \text{概率为 } P\\ 0, & \text{概率为 } 1-P\end{cases}$$

2ASK 信号的产生方法(调制方法)有两种，如图 6－2 所示。图 6－2(a)是一般的模拟幅度调制方法；图 6－2(b)是一种键控方法，这里的开关电路受 $S(t)$控制。图 6－2(c)给出了 $S(t)$及 $S_{2\mathrm{ASK}}$的波形示例。二进制幅度键控信号，由于一个信号状态始终为 0，相当于处于断开状态，故又常称为通断键控信号(OOK 信号)。

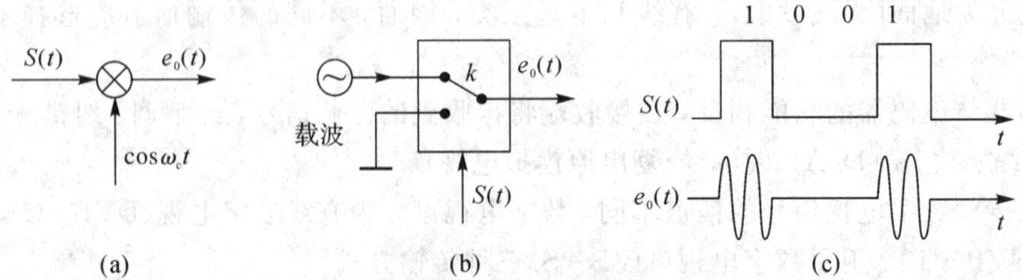

图 6－2　2ASK 产生原理框图和波形示例

2. 2ASK 信号的功率谱及带宽

前面已经得到，一个 2ASK 信号 $S_{2ASK}(t)$可以表示成

$$S_{2ASK}(t)=S(t)\cos\omega_c t \tag{6-2}$$

这里，$S(t)$是代表信息的随机单极性矩形脉冲序列。

现设 $S(t)$的功率谱密度为 $P_s(f)$，$S_{2ASK}(t)$的功率谱密度为 $P_{2ASK}(f)$，则由式(6-2)可以证得

$$P_{2ASK}(f)=\frac{1}{4}[P_s(f+f_c)+P_s(f-f_c)] \tag{6-3}$$

可见，2ASK 信号的功率谱是单极性基带信号功率谱 $P_s(f)$的线性搬移，其示意图如图 6-3 所示。

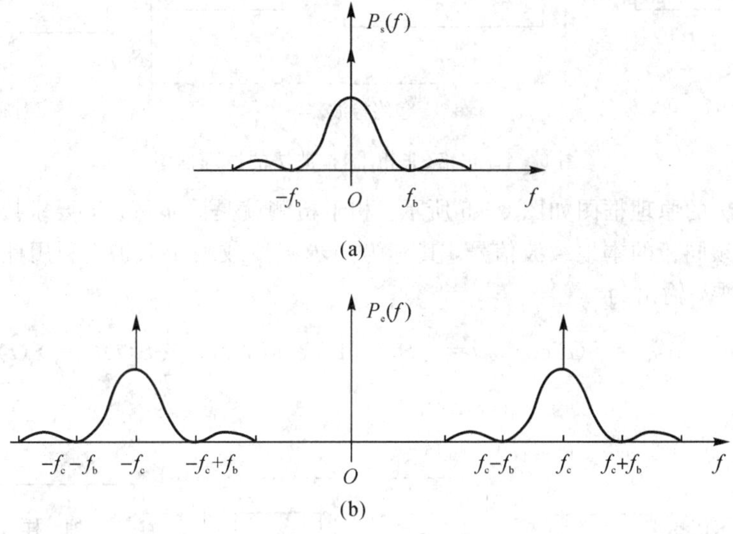

图 6-3 2ASK 信号的功率谱

从以上分析及图 6-3 可以看出：

(1) 2ASK 信号的功率谱由连续谱和离散谱两部分组成。其中，连续谱取决于数字基带信号 $S(t)$经线性调制后的双边带谱，而离散谱则由载波分量确定。

(2) 2ASK 信号的带宽 B_{2ASK}是数字基带信号带宽的两倍：

$$B_{2ASK}=2f_b=\frac{2}{T_b} \tag{6-4}$$

(3) 因为系统的传码率 $R_B=1/T_b$(B)，故 2ASK 系统的频带利用率为

$$\eta=\frac{R_B}{B_{2ASK}}=\frac{\frac{1}{T_b}}{\frac{2}{T_b}}=\frac{1}{2}\ (\text{B/Hz}) \tag{6-5}$$

这意味着用 2ASK 方式传送码元速率为 R_B 的二进制数字信号时，要求该系统的带宽至少是码元速率的 2 倍。

3. 2ASK 的解调原理

2ASK 信号解调的常用方法主要有两种：包络检波法和相干检测法。

包络检波法的原理框图如图 6－4 所示。带通滤波器(BPF)恰好使 2ASK 信号完整地通过，经包络检测后，输出其包络。低通滤波器(LPF)的作用是滤除高频杂波，使基带信号(包络)通过。抽样判决器包括抽样、判决及码元形成器。定时抽样脉冲(位同步信号)是很窄的脉冲，通常位于每个码元的中央位置，其重复周期等于码元的宽度。不计噪声影响时，带通滤波器输出 2ASK 信号，即

$$y(t)=S_{2ASK}(t)=S(t)\cos\omega_c t$$

包络检波器输出为 $S(t)$。经抽样、判决后将码元再生，即可恢复出数字序列 $\{a_n\}$。

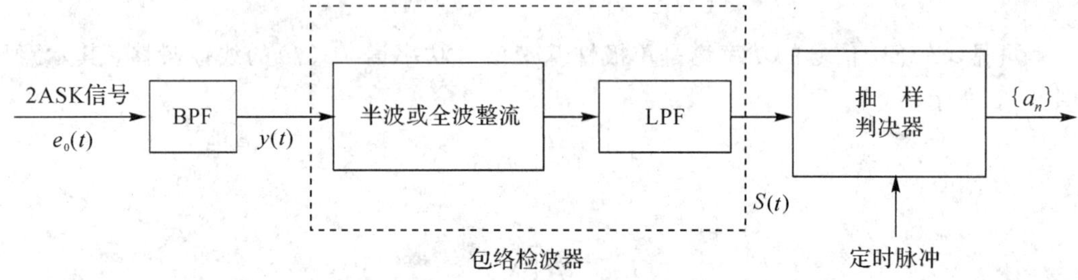

图 6－4　包络(非相干)检波法的原理框图

相干检测法的原理框图如图 6－5 所示。相干检测就是同步解调，要求接收机产生一个与发送载波同频同相的本地载波信号，其称为同步载波或相干载波。利用此载波与接收到的已调信号相乘，输出为

$$z(t)=y(t)\cos\omega_c=S(t)\cos^2\omega_c t=\frac{1}{2}S(t)(1+\cos2\omega_c t)=\frac{1}{2}S(t)+\frac{1}{2}S(t)\cos2\omega_c t \tag{6-6}$$

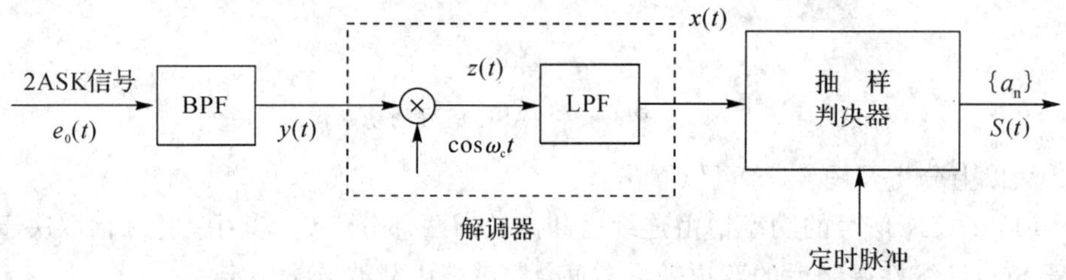

图 6－5　相干检测法的原理框图

经低通滤波滤除第二项高频分量后，即可输出 $S(t)$ 信号。低通滤波器的截止频率与基带数字信号的最高频率相等。由于噪声影响及传输特性的不理想，低通滤波器输出波形有失真，经抽样判决、整形后再生数字基带脉冲。

虽然 2ASK 信号中确实存在着载波分量，原则上可以通过窄带滤波器或锁相环来提取同步载波，但这会给接收设备增加复杂性。因此，实际中很少采用相干解调法来解调 2ASK 信号。

6.2.2　二进制数字频移键控(2FSK)

1. 2FSK 调制原理

数字频率调制又称频移键控(FSK)，数字频移键控是用载波的频率来传送数字消息的，

即用所传送的数字消息控制载波的频率。设符号“1”对应于频率为 f_1 的载波，而符号“0”对应于频率为 f_2 的载波，则 2FSK 的波形如图 6-6 所示。

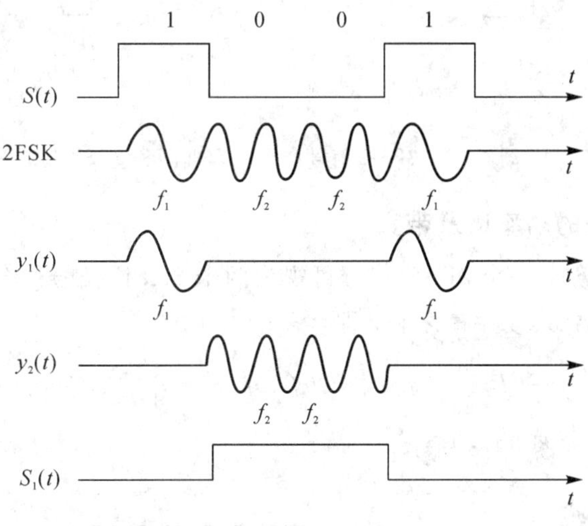

图 6-6　2FSK 的波形示意

图中，$S(t)$为代表信息的二进制矩形脉冲序列，$S_{2FSK}(t)$即 2FSK 信号。观察可见，2FSK 在形式上如同两个不同频率的 2ASK 信号相叠加。其时域表达式为

$$S_{2FSK}(t)=S(t)\cos(\omega_1 t)+\overline{S(t)}\cos(\omega_2 t) \tag{6-7}$$

其中，$S(t)$为单极性不归零矩形脉冲序列：

$$S(t)=\sum_n a_n g(t-nT_b) \tag{6-8}$$

$$a_n=\begin{cases}1，概率为 P\\0，概率为 1-P\end{cases} \tag{6-9}$$

其中，$g(t)$是持续时间为 T_b、高度为 1 的门函数；$\overline{S(t)}$为对 $S(t)$逐码元取反而形成的脉冲序列，即

$$\overline{S(t)}=\sum_n \bar{a}_n g(t-nT_b) \tag{6-10}$$

$\bar{a}_n$ 是 a_n 的反码，即若 $a_n=0$，则 $\bar{a}_n=1$；若 $a_n=1$，则 $\bar{a}_n=0$，于是

$$\bar{a}_n=\begin{cases}1，概率为 P\\0，概率为 1-P\end{cases} \tag{6-11}$$

由式(6-7)可以看出，一个 2FSK 信号可视为两路 2ASK 信号的合成，其中一路以 $S(t)$为基带信号、ω_1 为载频；另一路以$\overline{S(t)}$为基带信号、ω_2 为载频。

从原理上讲，数字调频可用模拟调频法来实现，也可用键控法来实现。模拟调频法是利用一个矩形脉冲序列对一个载波进行调频，是频移键控通信方式早期采用的实现方法，其产生原理框图如图 6-7(a)所示。2FSK 键控法如图 6-7(b)所示，是利用受矩形脉冲序列控制的开关电路对两个不同的独立频率源进行选通，其特点是转换速度快、波形好、稳定度高且易于实现，故应用广泛。

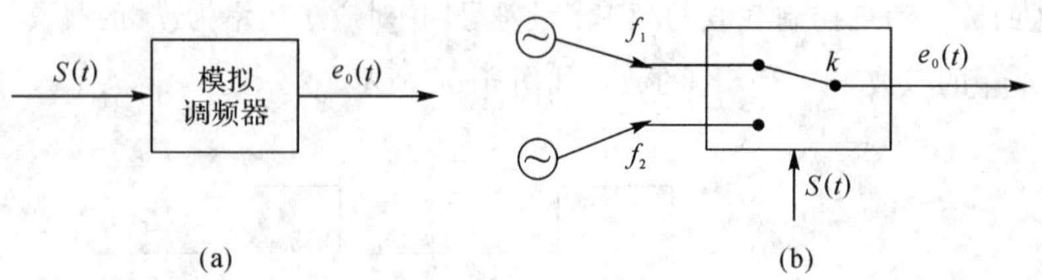

图 6-7　2FSK 信号产生原理框图和 2FSK 键控法

2. 2FSK 信号的功率谱及带宽

由式(6-7)可知，一个 2FSK 信号可视为两个 2ASK 信号的合成，因此，2FSK 信号的功率谱亦为两个 2ASK 功率谱之和，即

$$P_{2FSK}(f)=\frac{1}{4}[P_s(f+f_1)+P_s(f-f_1)]+\frac{1}{4}[P_s(f+f_2)+P_s(f-f_2)] \quad (6-12)$$

其功率谱曲线如图 6-8 所示。

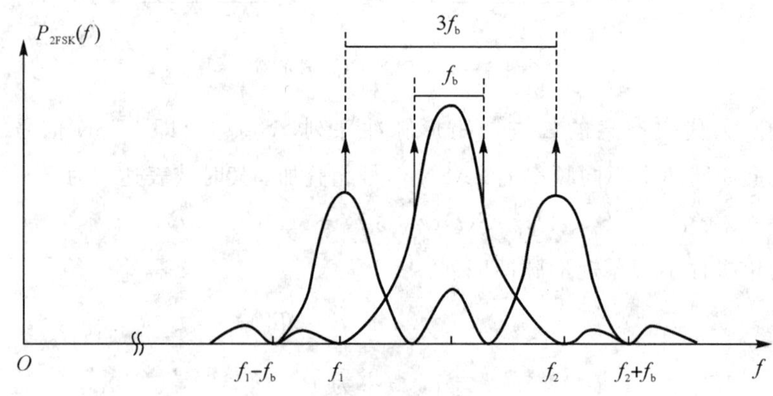

图 6-8　2FSK 信号的功率谱曲线

从以上分析可见：

(1) 2FSK 信号的功率谱与 2ASK 信号的功率谱相似，同样由离散谱和连续谱两部分组成。其中，连续谱由两个双边谱叠加而成，而离散谱出现在两个载频位置上，这表明 2FSK 信号中含有载波 f_1、f_2 的分量。

(2) 连续谱的形状随着 $|f_2-f_1|$ 的大小而异。$|f_2-f_1|>f_b$，出现双峰；$|f_2-f_1|<f_b$，出现单峰。

(3) 若以功率谱第一个零点之间的频率间隔计算 2FSK 信号的带宽，则其带宽近似为

$$B_{2FSK}=|f_2-f_1|+2f_b \quad (6-13)$$

式中，$f_b=1/T_b$ 是基带信号的带宽。

3. 2FSK 信号的解调

数字调频信号的解调方法很多，如鉴频法、相干检测法、包络检波法、过零检测法等。鉴频法的原理已在第 3 章介绍过，下面仅就相干检测法、非相干检测法、过零检测法进行介绍。

(1) 相干检测法。2FSK 信号相干检测法原理方框图如图 6-9 所示，其可视为由两路

2ASK 解调电路组成。图中两个带通滤波器(带宽相同，皆为相应的 2ASK 信号带宽；中心频率不同，分别为 f_1、f_2)起分路作用，用以分开两路 2ASK 信号，上支路对应 $y_1(t)=S(t)\cos(\omega_1 t)$，下支路对应 $y_2(t)=\overline{S(t)}\cos(\omega_2 t)$。它们的输出分别与相应的同步相干载波相乘，再分别经低通滤波器滤掉二倍频信号，取出含基带数字信息的低频信号，抽样判决器在抽样脉冲到来时对两个低频信号的抽样值 v_1、v_2 进行比较判决，即可还原出基带数字信号。若上、下支路 $S(t)$ 及 $\overline{S(t)}$ 的抽样值分别用 v_1、v_2 表示，则抽样判决器的判决准则为

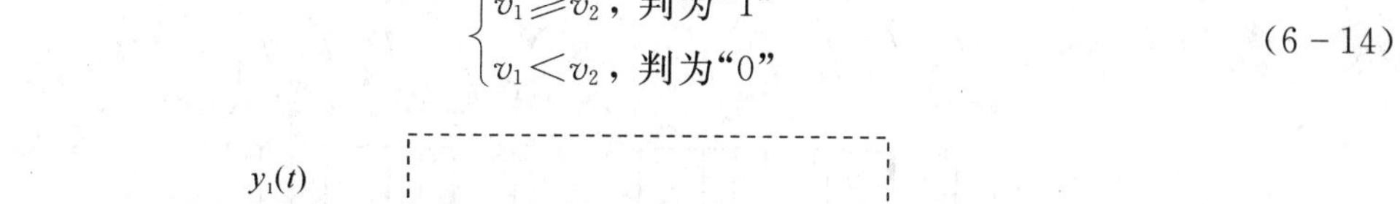

$$\begin{cases} v_1 \geqslant v_2, & \text{判为“1”} \\ v_1 < v_2, & \text{判为“0”} \end{cases} \tag{6-14}$$

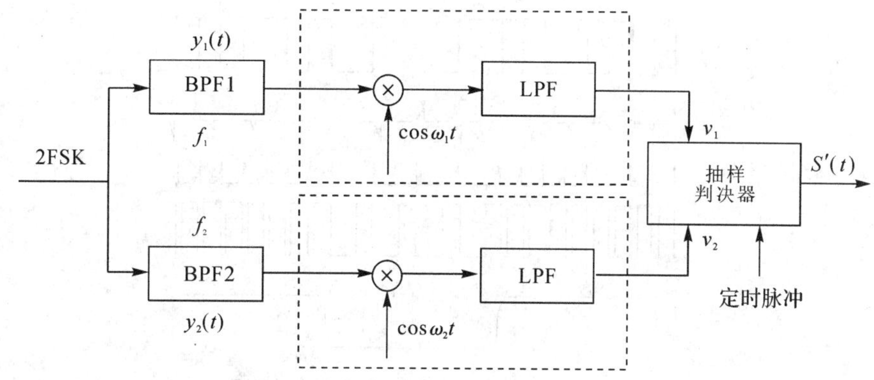

图 6-9　2FSK 信号相干检测法的原理方框图

(2) 包络检波法。2FSK 信号的包络检波法解调方框图如图 6-10 所示。两个带通滤波器起分路作用，它们的输出分别经包络检测后取出包络 $S(t)$ 及 $\overline{S(t)}$；抽样判决器起比较器作用，把两路包络信号同时送到抽样判决器进行比较，抽样判决器的判决准则与相干检测法的相同，从而判决输出基带数字信号。

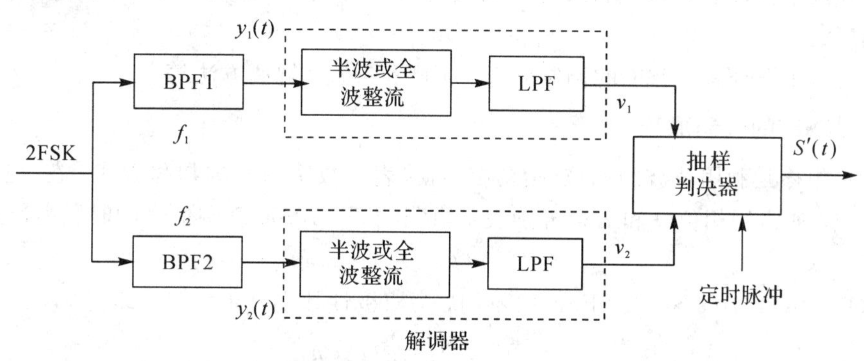

图 6-10　2FSK 信号的包络检波法解调方框图

(3) 过零检测法。单位时间内信号经过零点的次数多少，可以用来衡量频率的高低。2FSK 信号的过零点数随不同载频而异，故检出过零点数可以得到关于频率的差异，这就是过零检测法的基本思想。

过零检测法方框图及各点波形图如图 6-11 所示。2FSK 输入信号经放大限幅后产生矩形脉冲序列，经微分及全波整流形成与频率变化相应的尖脉冲序列，这个序列就代表着

调频波的过零点。尖脉冲触发宽脉冲发生器，变换成具有一定宽度的矩形波，该矩形波的直流分量便代表着信号的频率，脉冲越密，直流分量越大，反映出输入信号的频率越高，经低通滤波器就可得到脉冲波的直流分量。这样就完成了频率-幅度变换，从而再根据直流分量幅度上的区别还原出数字信号“1”和“0”。

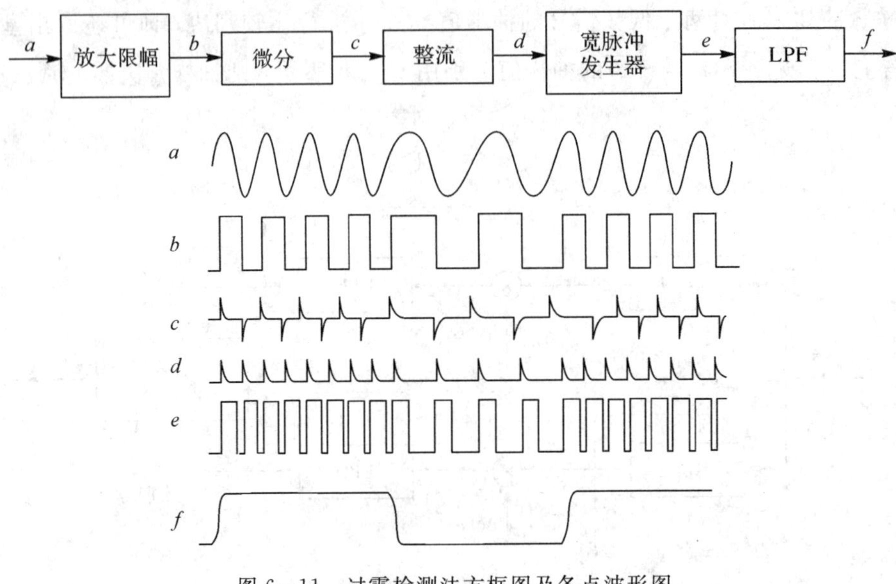

图 6-11　过零检测法方框图及各点波形图

6.2.3　二进制绝对相移键控(2PSK)

二进制绝对相移键控是利用载波相位的变化来传送数字信息的。根据载波相位表示数字信息的方式不同，数字调相分为绝对相移(PSK)和相对(差分)相移(DPSK)两种。由于相移键控在抗干扰性能与频带利用等方面具有明显的优势，因此，在中、高速数据传输系统中应用广泛。

本小节主要介绍 2PSK 的调制原理、频谱和带宽、解调方法等。

1. 2PSK 的调制原理

绝对相移是利用载波的相位(指初相)直接表示数字信号的相移方式。在二进制绝对相移键控中，通常用相位 0 和 π 来分别表示“1”和“0”。2PSK 已调信号的时域表达式为

$$S_{2PSK}(t)=S(t)\cos\omega_c t \tag{6-15}$$

这里，$S(t)$与 2ASK 及 2FSK 时不同，为双极性数字基带信号，即

$$S(t)=\sum_n a_n g(t-nT_b) \tag{6-16}$$

式中，$g(t)$是高度为 1、宽度为 T_b 的门函数；

$$a=\begin{cases}1，概率为 P\\-1，概率为 1-P\end{cases} \tag{6-17}$$

因此，在某一个码元持续时间 T_b 内观察时，有

$$S_{2PSK}(t)=\pm\cos\omega_c t=\cos(\omega_c t+\varphi_i)，\varphi_i=0 或 \pi \tag{6-18}$$

当码元宽度 T_b 为载波周期 T_c 的整数倍时，2PSK 信号的典型波形如图 6-12 所示。

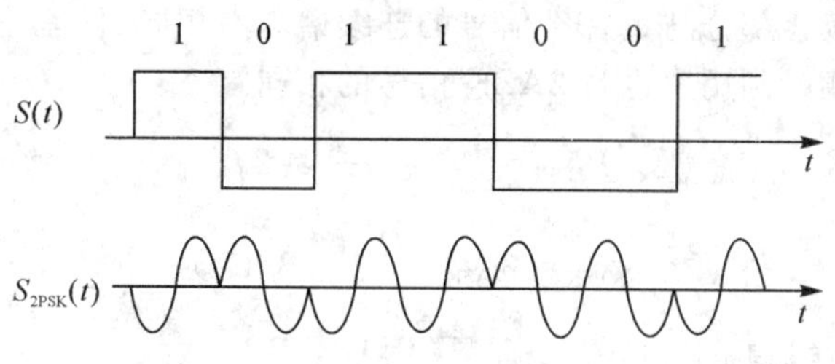

图 6-12　2PSK 信号的典型波形

2PSK 信号的调制方框图如图 6-13 所示。图 6-13(a)是产生 2PSK 信号的模拟调制法框图；图 6-13(b)是产生 2PSK 信号的键控法框图。

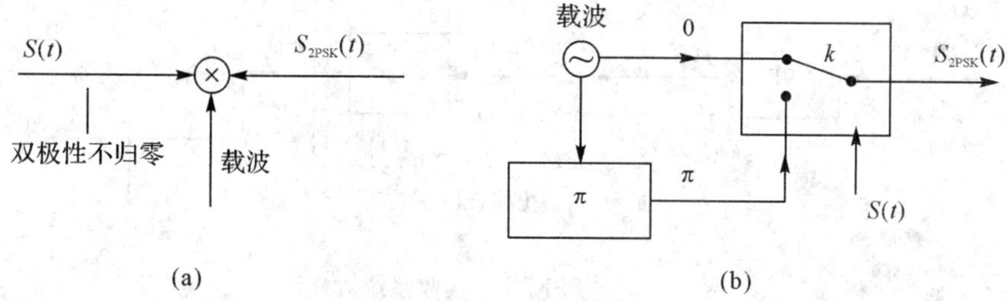

图 6-13　2PSK 信号的调制方框图

就模拟调制法而言，与产生 2ASK 信号的方法比较，2PSK 只是对 $S(t)$要求不同，因此 2PSK 信号可以看做是双极性基带信号作用下的 DSB 调幅信号。而就键控法来说，用数字基带信号 $S(t)$控制开关电路，选择不同相位的载波输出，这时 $S(t)$为单极性不归零或双极性不归零脉冲序列信号均可。

2. 2PSK 信号的频谱和带宽

比较式(6-15)和式(6-1)可知，2PSK 信号与 2ASK 信号的时域表达式在形式上是完全相同的，所不同的只是两者基带信号 $S(t)$的构成，一个由双极性不归零码组成，另一个由单极性不归零码组成。因此，求 2PSK 信号的功率谱密度时，也可采用与求 2ASK 信号功率谱密度相同的方法。2PSK 信号的功率谱密度 $P_{2PSK}(f)$可以写成

$$P_{2PSK}(f)=\frac{1}{4}[P_s(f+f_c)+P_s(f-f_c)] \tag{6-19}$$

2PSK 信号的功率谱示意图如图 6-14 所示。

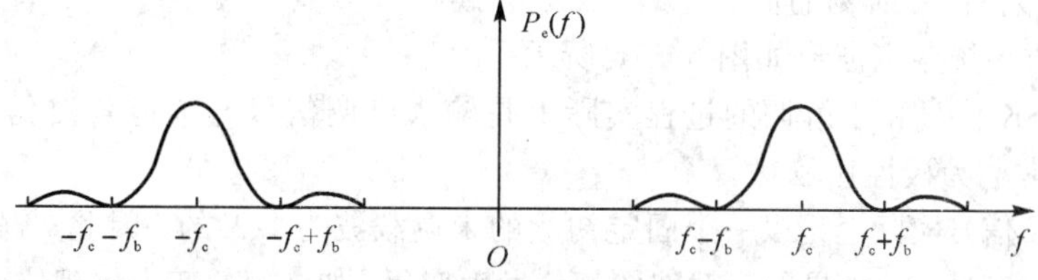

图 6-14　2PSK 信号的功率谱示意图

(1) 当双极性基带信号以相等的概率($P=1/2$)出现时，2PSK 信号的功率谱仅由连续谱组成。而一般情况下，2PSK 信号的功率谱由连续谱和离散谱两部分组成。其中，连续谱取决于数字基带信号 $S(t)$经线性调制后的双边带谱，而离散谱则由载波分量确定。

(2) 2PSK 的连续谱部分与 2ASK 信号的连续谱基本相同(仅差一个常数因子)。因此，2PSK 信号的带宽、频带利用率也与 2ASK 信号的相同。

$$B_{2FSK}=B_{2ASK}=\frac{2}{T_b}=2f_b \tag{6-20}$$

$$\eta_{2PSK}=\eta_{2ASK}=\frac{1}{2}\quad (B/Hz) \tag{6-21}$$

3. 2PSK 信号的解调

2PSK 信号类似于模拟调制中的 DSB 信号，它的解调，不能再采用包络检测的方法，只能进行相干解调，其方框图如图 6-15 所示。

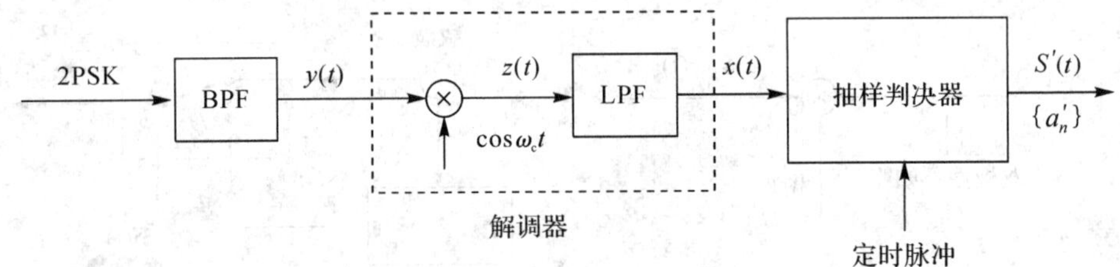

图 6-15　2PSK 信号接收系统方框图

工作原理简要分析如下。

不考虑噪声时，带通滤波器输出可表示为

$$y(t)=\cos(\omega_c t+\varphi_n) \tag{6-22}$$

式中，φ_n 为 2PSK 信号某一码元的初相。$\varphi_n=0$ 时，代表数字“0”；$\varphi_n=\pi$ 时，代表数字“1”。与同步载波 $\cos\omega_c t$ 相乘后，输出为

$$z(t)=\cos(\omega_c t+\varphi_n)\cos\omega_c t=\frac{1}{2}\cos\varphi_n+\frac{1}{2}(2\omega_c t+\varphi_n) \tag{6-23}$$

经低通滤波器滤除高频分量，得解调器输出为

$$x(t)=\frac{1}{2}\cos\varphi_n=\begin{cases}1/2，当\ \varphi_n=0\ 时\\ -1/2，当\ \varphi_n=\pi\ 时\end{cases} \tag{6-24}$$

根据发送端产生 2PSK 信号时 φ_n(0 或 π)代表数字信息(“1”或“0”)的规定，以及接收端 $x(t)$与 φ_n 的关系的特性，抽样判决器的判决准则为

$$\begin{cases}x\geqslant 0，判为“0”\\ x<0，判为“1”\end{cases} \tag{6-25}$$

其中，x 为 $x(t)$在抽样时刻的值。

2PSK 接收系统各点波形如图 6-16 所示。

可见，2PSK 信号相干解调的过程实际上是输入已调信号与本地载波信号进行极性比较的过程，故常称为极性比较法解调。

由于 2PSK 信号实际上是以一个固定初相的未调载波为参考的，因此，解调时必须有与此同频同相的同步载波。如果同步载波的相位发生变化，如 0 相位变为 π 相位或 π 相位变为 0 相位，则恢复的数字信息就会发生“0”变“1”或“1”变“0”，从而造成错误的恢复。这种因为本地参考载波倒相，而在接收端发生错误恢复的现象称为“倒 π”现象或“反向工作”现象。

绝对移相的主要缺点是容易产生相位模糊，造成反向工作。为了解决“0”“1”倒置问题，可以采用差分相移键控调制(DPSK)方式。

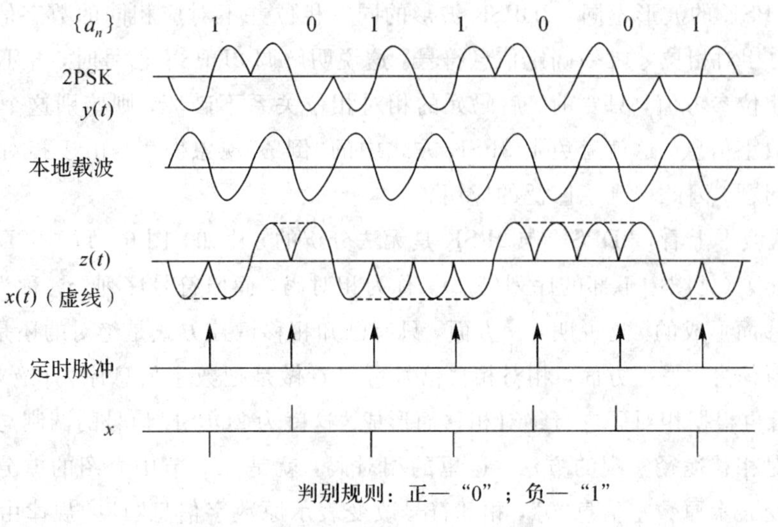

图 6－16　2PSK 接收系统各点波形

6.2.4　二进制差分相移键控(2DPSK)

1. 2DPSK 调制原理

二进制差分相移键控常简称为二相相对调相，记作 2DPSK。它不是利用载波相位的绝对数值传送数字信息的，而是用前、后码元的相对载波相位值传送数字信息的。所谓相对载波相位，是指本码元初相与前一码元初相之差。

假设相对载波相位值用相位偏移 $\Delta\varphi$ 表示，并规定数字信息序列与 $\Delta\varphi$ 之间的关系为

$$\Delta\varphi=\begin{cases}0, & \text{数字信息“0”}\\ \pi, & \text{数字信息“1”}\end{cases} \tag{6-26}$$

按照该规定可画出 2DPSK 信号的波形，如图 6－17 所示。由于初始参考相位有两种可能，因此 2DPSK 信号的波形可以有两种(另一种相位完全相反，图中未画出)。为便于比较，图中还给出了 2PSK 信号的波形。

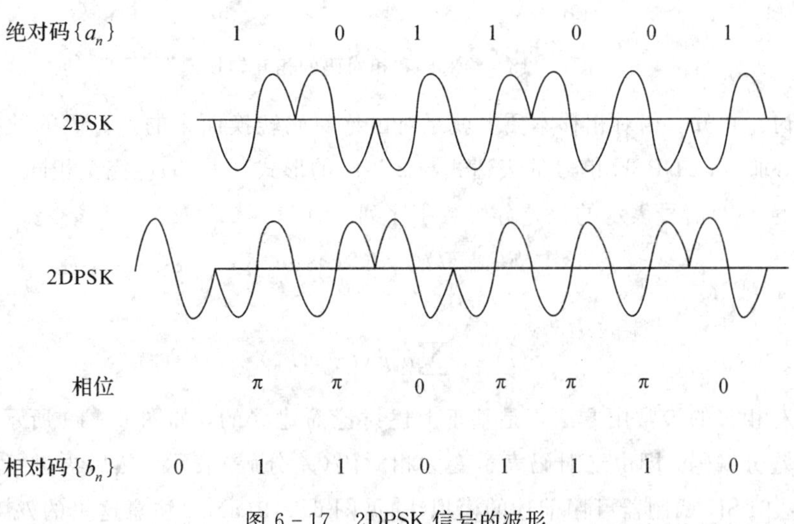

图 6－17　2DPSK 信号的波形

(1) 与 2PSK 的波形不同，2DPSK 波形的同一相位并不对应相同的数字信息符号，而前、后码元的相对相位才唯一确定信息符号。这说明解调 2DPSK 信号时，并不依赖于某一固定的载波相位参考值，只要前、后码元的相对相位关系不破坏，则鉴别这个相位关系就可正确恢复数字信息。这就避免了 2PSK 方式中的“倒 π”现象发生。由于相对移相调制无“反向工作”问题，因此得到了广泛的应用。

(2) 单从波形上看，2DPSK 与 2PSK 是无法分辨的，比如，图 6－17 中 2DPSK 也可以是另一符号序列(见图中下部的序列$\{b_n\}$)，称为相对码；而原符号序列$\{a_n\}$称为绝对码，它是经绝对相移而形成的。这说明，一方面，只有已知相移键控方式是绝对的还是相对的，才能正确判定原信息；另一方面，相对相移信号可以看做是把数字信息序列(绝对码)变换成相对码，然后再根据相对码进行绝对相移而形成。这就为 2DPSK 信号的调制与解调指出了一种借助绝对相移途径实现的方法。这里的相对码，就是 5.2 节中介绍的差分码，其是按相邻符号不变表示原数字信息“0”，相邻符号改变表示原数字信息“1”的规律由绝对码变换而来的。

绝对码$\{a_n\}$和相对码$\{b_n\}$是可以互相转换的，其转换关系为

$$b_n = a_n \oplus b_{n-1} \tag{6-27}$$

$$a_n = b_n \oplus b_{n-1} \tag{6-28}$$

这里，$\oplus$表示模二加。使用模二加法器和延迟器(延迟一个码元宽度 T_b)可以实现上述转换，如图 6－18(a)、(b)所示。其中，图 6－18(a)是把绝对码变成相对码的方法，其称为差分编码器；图 6－18(b)是把相对码变为绝对码的方法，其称为差分译码器。

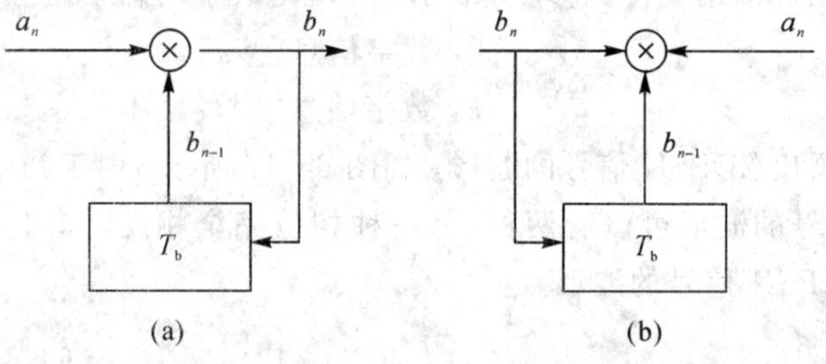

图 6－18　绝对码和相对码的相互转换

由以上讨论可知，相对相移本质上就是对由绝对码转换而来的差分码的数字信号序列的绝对相移。那么，2DPSK 信号的表达式与 2PSK 的形式(6－15)应完全相同，所不同的只是此时式中的 $S(t)$信号表示的是差分码数字序列，即

$$S_{2DPSK}(t) = S(t)\cos\omega_c t \tag{6-29}$$

这里

$$S(t) = \sum_n b_n g(t - nT_b) \tag{6-30}$$

实现相对相移的最常用方法正是基于上述讨论而建立的，如图 6－19 所示。首先对数字信号进行差分编码，即由绝对码表示变为相对码(差分码)表示，然后再进行 2PSK 调制(绝对调相)。2PSK 调制器可用前述的模拟法[见图 6－19(a)]，注意这里的 b_n 应为双极性

码，也可用键控法［见图 6－19(b)］进行相对相移。

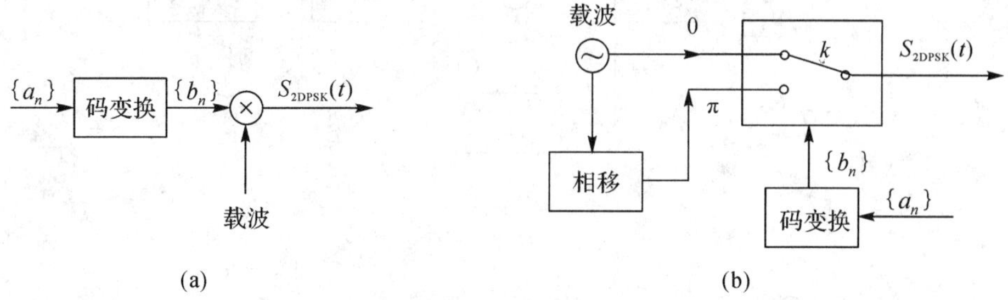

图 6－19　2DPSK 调制器框图

2. 2DPSK 信号的频谱和带宽

由前面讨论可知，无论是 2PSK 还是 2DPSK 信号，就波形本身而言，它们都可以等效成双极性基带信号作用下的调幅信号。因此，2DPSK 和 2PSK 信号具有相同形式的表达式，所不同的是，2PSK 表达式中的 $S(t)$ 是数字基带信号，2DPSK 表达式中的 $S(t)$ 是由数字基带信号变换而来的差分码数字信号。据此，有以下结论：

(1) 2DPSK 与 2PSK 信号有相同的功率谱，如图 6－14 所示。

(2) 2DPSK 与 2PSK 信号带宽相同，是基带信号带宽的两倍，即

$$B_{2DPSK}=B_{2PSK}=B_{2ASK}=\frac{2}{T_b}=2f_b \tag{6-31}$$

(3) 2DPSK 与 2PSK 信号频带利用率也相同，即

$$\eta_{2DPSK}=\eta_{2PSK}=\eta_{2ASK}=\frac{1}{2}\ (\mathrm{B/Hz}) \tag{6-32}$$

3. 2DPSK 信号的解调

2DPSK 信号的解调有两种解调方式：一种是相干解调-码反变换法，又称为极性比较-码反变换法；另一种是差分相干解调法，又称为相位比较法。

(1) 相干解调-码反变换法。此法即是 2PSK 解调加差分译码，其方框图如图 6－20 所示。2PSK 解调器将输入的 2DPSK 信号还原成相对码{b_n}，再由差分译码器（码反变换器）把相对码转换成绝对码，输出{a_n}。

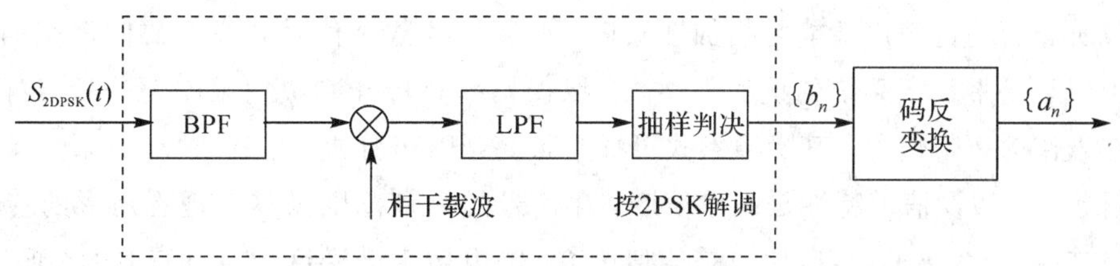

图 6－20　相干解调-码反变换法解调 2DPSK 框图

(2) 差分相干解调法。它是直接比较前、后码元的相位差而解调的，故也称为相位比较法，其原理框图及其各点时间波形如图 6－21 所示。

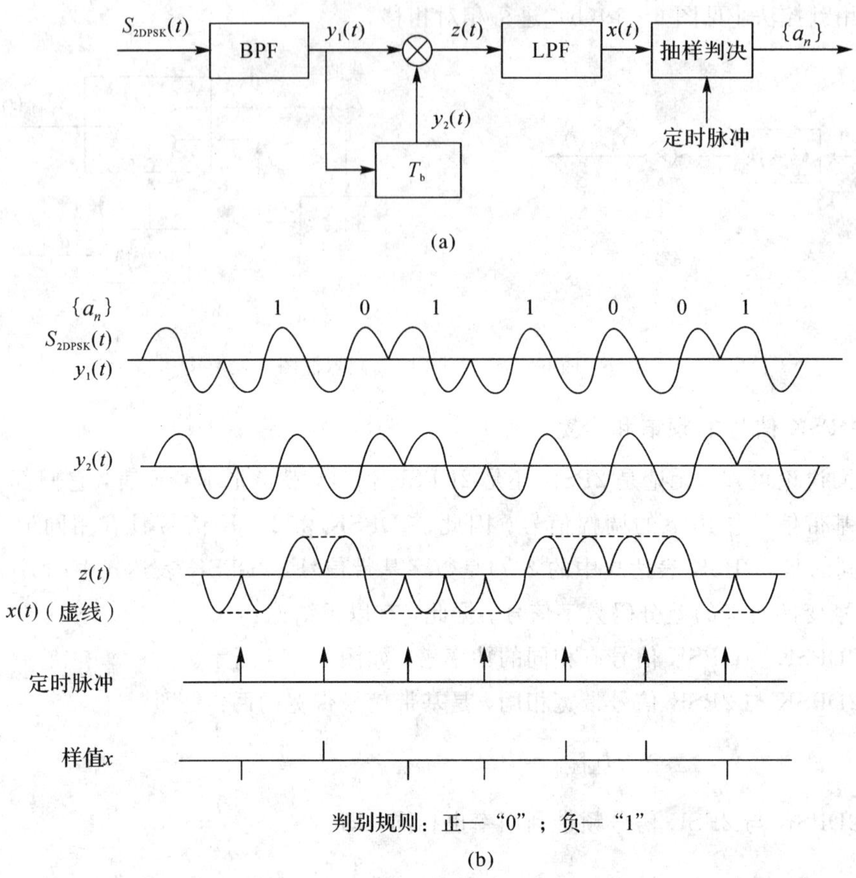

图 6－21　2DPSK 差分相干解调框图及其各点波形

用这种方法解调时不需要专门的相干载波，只需将收到的 2DPSK 信号延时一个码元间隔 T_b，然后与 2DPSK 信号本身相乘。相乘器起着相位比较的作用，相乘的结果反映了前、后相邻码元的载波相位差，因此抽样判决后恢复的就是原始数字信息，后面不再需要差分译码。

6.2.5　二进制数字调制系统的抗噪声性能

本节所分析的抗噪声性能是指加性噪声。调制后的数字信号是没有码间串扰的，其分析方法类似于基带数字系统的抗噪声性能，以误码率和最佳判决门限作为分析目标。其不同之处在于作为频带信号，其噪声形式可按窄带高斯噪声分析。

分析条件：假设信道特性是恒参信道，在信号的频带范围内具有理想矩形的传输特性(可取其传输系数为 K)，信道噪声是均值为 0、单边功率谱密度为 n_0 的加性高斯白噪声，并且认为噪声只对信号的接收带来影响，因而是在接收端分析系统性能的。

1. 2ASK 系统的抗噪声性能

由 6.2.1 节可知，2ASK 信号的解调方法有相干解调法和包络检波法，下面分别讨论它们的抗噪声性能，即误码率。

1）相干解调 2ASK 系统的性能

相干解调 2ASK 系统的性能分析模型如图 6-22 所示。

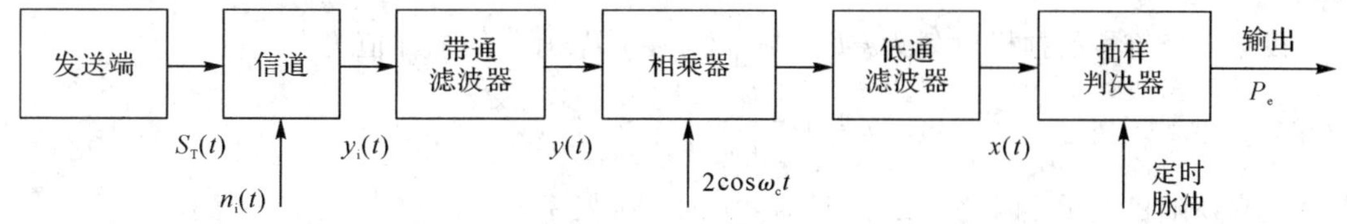

图 6-22　相干解调 2ASK 系统性能分析模型

设在一个码元的持续时间 T_b 内，其发送端输出的信号波形可以表示为

$$S_T(t)=\begin{cases}u_T(t), & \text{发送“1”时}\\ 0, & \text{发送“0”时}\end{cases} \tag{6-33}$$

式中

$$u_T(t)=\begin{cases}A\cos\omega_c t, & 0<t<T_s\\ 0, & \text{其他}\end{cases} \tag{6-34}$$

则在每一段时间$(0,\ T_b)$内，接收端的输入波形为

$$y_i(t)=\begin{cases}u_i(t)+n_i(t), & \text{发送“1”时}\\ n_i(t), & \text{发送“0”时}\end{cases} \tag{6-35}$$

式中，$u_i(t)$为 $u_T(t)$经信道传输后的波形。为分析方便，这里认为信号经过信道传输后只受到固定衰减(信道传输系数取为 K)，未产生失真，令 $a=AK$，则有

$$u_i(t)=\begin{cases}a\cos\omega_c t, & 0<t<T_b\\ 0, & \text{其他}\end{cases} \tag{6-36}$$

而 $n_i(t)$是均值为 0 的加性高斯白噪声。

假设接收端带通滤波器具有理想矩形传输特性，恰好使信号无失真通过，则带通滤波器的输出波形为

$$y(t)=\begin{cases}u_i(t)+n(t), & \text{发送“1”时}\\ n(t), & \text{发送“0”时}\end{cases} \tag{6-37}$$

式中，$n(t)$是高斯白噪声 $n_i(t)$经过带通滤波器的输出噪声。由随机信号分析可知，$n(t)$为窄带高斯噪声，其均值为 0，方差为 σ_n^2，且可表示为

$$n(t)=n_c(t)\cos\omega_c t-n_s(t)\sin\omega_c t \tag{6-38}$$

于是有

$$\begin{aligned}y(t)&=\begin{cases}a\cos\omega_c t+n_c(t)\cos\omega_c t-n_s(t)\sin\omega_c t\\ n_c(t)\cos\omega_c t-n_s(t)\sin\omega_c t\end{cases}\\ &=\begin{cases}[a+n_c(t)]\cos\omega_c t-n_s(t)\sin\omega_c t, & \text{发送“1”时}\\ n_c(t)\cos\omega_c t-n_s(t)\sin\omega_c t, & \text{发送“0”时}\end{cases}\end{aligned} \tag{6-39}$$

$y(t)$与相干载波 $2\cos\omega_c t$ 相乘，然后由低通滤波器滤除高频分量，在抽样判决器输入端得到的波形为

$$x(t)=\begin{cases}a+n_c(t), & \text{发送“1”时}\\ n_c(t), & \text{发送“0”时}\end{cases} \tag{6-40}$$

式中，a 为信号成分，由于 $n_c(t)$ 也是均值为0、方差为 σ_n^2 的高斯噪声，所以 $x(t)$ 也是一个高斯随机过程，其一维概率密度函数 $f_1(x)$ 和 $f_0(x)$ 的均值分别为 a(发送"1"时)和0(发送"0"时)，方差等于 σ_n^2。

设第 k 个符号的抽样时刻为 kT_b，则 $x(t)$ 在 kT_b 时刻的抽样值为

$$x=x(kT_s)=\begin{cases}a+n_c(kT_b), & 发送“1” \\ n_c(kT_b), & 发送“0”\end{cases} \tag{6-41}$$

是一个高斯随机变量。因此，发送"1"时，x 的一维概率密度函数为

$$f_1(x)=\frac{1}{\sqrt{2\pi}\sigma_n}\exp\left(-\frac{(x-a)^2}{2\sigma_n^2}\right) \tag{6-42}$$

发送"0"时，x 的一维概率密度函数为

$$f_0(x)=\frac{1}{\sqrt{2\pi}\sigma_n}\exp\left(-\frac{x^2}{2\sigma_n^2}\right) \tag{6-43}$$

$f_1(x)$ 和 $f_0(x)$ 的曲线如图6-23所示。

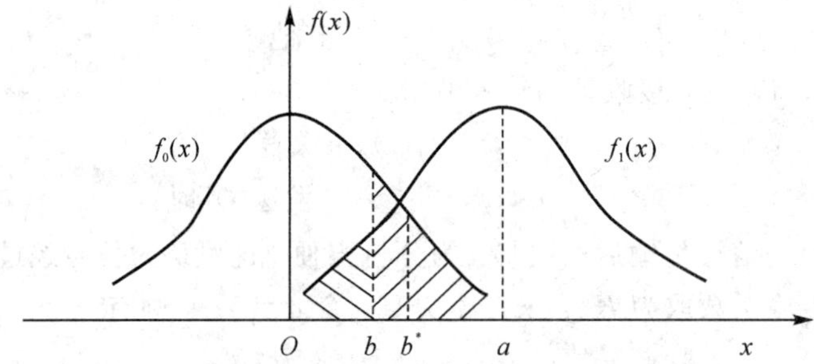

图6-23 $f_1(x)$ 和 $f_0(x)$ 的曲线及2ASK相干解调时误码率的几何表示

若取判决门限为 b，规定判决规则为

$$\begin{cases}x>b\text{ 时，判为“1”} \\ x\leqslant b\text{ 时，判为“0”}\end{cases}$$

则当发送"1"时，错误接收为"0"的概率是抽样值 x 小于或等于 b 的概率，即

$$P(0/1)=P(x\leqslant b)=\int_{-\infty}^{b}f_1(x)\mathrm{d}x=1-\frac{1}{2}\mathrm{erfc}\left(\frac{b-a}{\sqrt{2}\sigma_n}\right) \tag{6-44}$$

同理，发送"0"时，错误接收为"1"的概率是抽样值 x 大于 b 的概率，即

$$P(1/0)=P(x>b)=\int_{b}^{+\infty}f_0(x)\mathrm{d}x=\frac{1}{2}\mathrm{erfc}\left(\frac{b}{\sqrt{2}\sigma_n}\right) \tag{6-45}$$

设发送"1"的概为率 $P(1)$，发送"0"的概率为 $P(0)$，则同步检测时，2ASK系统的总误码率为

$$P_e=P(1)P(0/1)+P(0)P(0/1)=P(1)\int_{-\infty}^{b}f_1(x)\mathrm{d}x+P(0)\int_{b}^{+\infty}f_0(x)\mathrm{d}x \tag{6-46}$$

上式表明，当 $P(1)$、$P(0)$ 及 $f_1(x)$、$f_0(x)$ 一定时，系统的误码率 P_e 与判决门限 b 的选择密切相关。其几何表示形式如图6-23阴影部分所示。可见，P_e 等于图中阴影部分的面积。若改变 b，阴影的面积将随之改变，即 P_e 的大小将随 b 而变化。当取 $P(1)f_1(x)$ 与 $P(0)f_0(x)$ 两条曲线相交点 b^* 时，阴影的面积最小。即判决门限为 b^* 时，系统的误码率 P_e 最小。因此，b^* 称为最佳判决门限。

其最佳判决门限的求法依然如前，令

$$\frac{\partial P_e}{\partial b}=0 \tag{6-47}$$

得

$$P(1)f_1(b^*)-P(0)f_0(b^*)=0 \tag{6-48}$$

即

$$P(1)f_1(b^*)=P(0)f_0(b^*) \tag{6-49}$$

将 $f_1(x)$ 和 $f_0(x)$ 的公式代入上式，整理后得

$$b^*=\frac{a}{2}+\frac{\sigma_n^2}{a}\ln\frac{P(0)}{P(1)} \tag{6-50}$$

若发送“1”和“0”的概率相等，则最佳判决门限为

$$b^*=\frac{a}{2} \tag{6-51}$$

此时，2ASK 信号采用相干解调(同步检测)时系统的误码率为

$$P_e=\frac{1}{2}\text{erfc}\left(\frac{a}{2\sqrt{2}\sigma_n}\right)=\frac{1}{2}\text{erfc}\left(\sqrt{\frac{r}{4}}\right) \tag{6-52}$$

式中，$r=a^2/(2\sigma_n^2)$ 为解调器输入端的信噪比。$a^2/2$ 为信号功率，$\sigma_n^2=n_0B$ 为噪声功率。

当 $r\gg1$，即大信噪比时，式(6-52)可近似表示

$$P_e\approx\frac{1}{\sqrt{\pi r}}e^{-r/4} \tag{6-53}$$

2) 包络检波 2ASK 系统的性能

只需将图 6-22 中的相干解调器(相乘-低通)替换为包络检波器(整流-低通)，即可以得到采用包络检波法的 2ASK 系统性能分析模型。显然，带通滤波器的输出波形 $y(t)$ 与相干解调法的相同。

$$y(t)=\begin{cases}[a+n_c(t)]\cos\omega_c t-n_s(t)\sin\omega_c t, & \text{发送“1”时}\\ n_c(t)\cos\omega_c t-n_s(t)\sin\omega_c t, & \text{发送“0”时}\end{cases}$$

当发送“1”时，包络检波器的输出波形为

$$V(t)=\sqrt{[a+n_c(t)]^2+n_s^2(t)} \tag{6-54}$$

当发送“0”时，包络检波器的输出波形为

$$V(t)=\sqrt{n_c^2(t)+n_s^2(t)} \tag{6-55}$$

由 6.2.5 节的讨论可知，发送“1”时的抽样值是广义瑞利型随机变量；发送“0”时的抽样值是瑞利型随机变量，它们的一维概率密度函数分别为

$$f_1(V)=\frac{V}{\sigma_n^2}I_0\left(\frac{aV}{\sigma_n^2}\right)e^{-(V^2+a^2)/2\sigma_n^2} \tag{6-56}$$

$$f_0(V)=\frac{V}{\sigma_n^2}e^{-V^2/2\sigma_n^2} \tag{6-57}$$

式中，σ_n^2 为窄带高斯噪声 $n(t)$ 的方差。

设判决门限为 b，规定判决规则为

抽样值 $V>b$ 时，判为“1”

抽样值 $V<b$ 时，判为“0”

则发送"1"时错判为"0"的概率为

$$P(0/1)=P(V\leqslant b)=\int_0^b f_1(V)\mathrm{d}V=-1-\int_b^{+\infty}f_1(V)\mathrm{d}V$$

$$=1-\int_b^{+\infty}\frac{V}{\sigma_n^2}I_0\left(\frac{aV}{\sigma_n^2}\right)\mathrm{e}^{-(V^2+a^2)/2\sigma_n^2}\mathrm{d}V \tag{6-58}$$

同理，当发送"0"时错判为"1"的概率为

$$P(1/0)=P(V>b)=\int_b^{+\infty}f_0(V)\mathrm{d}V=\int_b^{+\infty}\frac{V}{\sigma_n^2}\mathrm{e}^{-V^2/2\sigma_n^2}\mathrm{d}V=\mathrm{e}^{-b^2/2\sigma_n^2} \tag{6-59}$$

当 $P(1)=P(0)$时，系统的误码率为

$$P_e=P(1)P(0/1)+P(0)P(1/0)=\frac{1}{2}\left[\int_0^b f_1(V)\mathrm{d}V+\int_b^{+\infty}f_0(V)\mathrm{d}V\right] \tag{6-60}$$

它等于图 6-24 所示的两块阴影面积之和的一半。显然，当 b 处于 $f_1(V)$和 $f_0(V)$两条曲线的相交点 b^* 时，阴影部分的面积最小，即误码率最小。因此，b^* 就是最佳判决门限。

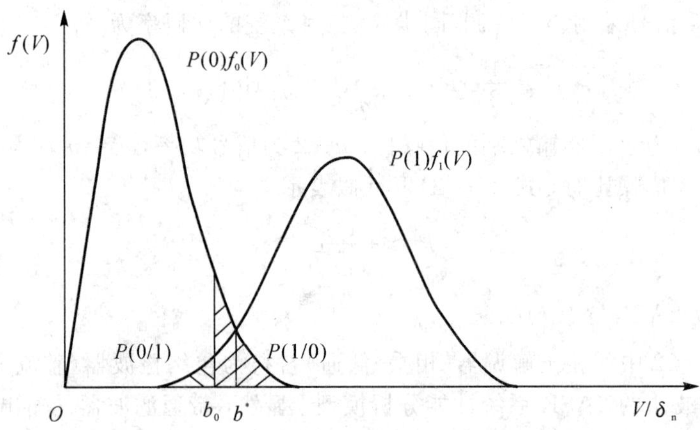

图 6-24　2ASK 包络解调时误码率的几何表示

最佳判决门限的求法同上面一样，令

$$\frac{\partial P_e}{\partial b}=0 \tag{6-61}$$

得

$$P(1)f_1(b^*)-P(0)f_0(b^*)=0 \tag{6-62}$$

即

$$P(1)f_1(b^*)=P(0)f_0(b^*) \tag{6-63}$$

当 $P(1)=P(0)$时，有

$$f_1(b^*)=f_0(b^*) \tag{6-64}$$

即 $f_1(V)$和 $f_0(V)$两条曲线交点处的包络值 V 就是最佳判决门限值，记为 b^*。由 $f_1(V)$和 $f_0(V)$的公式和上式，可得出解调器输入端(带通滤波器输出端)的信噪比为

$$r=\frac{a^2}{2\sigma_n^2}=\ln I_0\left(\frac{ab^*}{\sigma_n^2}\right) \tag{6-65}$$

在实际工作中，系统总是工作在大信噪比的情况下。在大信噪比($r\gg1$)时，利用公式：

$$I_0(x)\approx\frac{\mathrm{e}^x}{\sqrt{2\pi x}},\quad x\gg1$$

可将式(6-65)近似为

$$\frac{a^2}{2\sigma_n^2}=\frac{ab^*}{\sigma_n^2}-\ln\sqrt{2\pi\frac{ab^*}{\sigma_n^2}}\approx\frac{ab^*}{\sigma_n^2},\ r\gg1 \tag{6-66}$$

因此最佳门限应取

$$b^*=\frac{a}{2},\ x\gg1 \tag{6-67}$$

此时系统的总误码率为

$$P_e=\frac{1}{4}\mathrm{erfc}\left(\sqrt{\frac{r}{4}}\right)+\frac{1}{2}e^{-r/4} \tag{6-68}$$

当 $r\to\infty$ 时，式(6-67)近似为

$$P_e=\frac{1}{2}e^{-r/4} \tag{6-69}$$

将式(6-69)和同步检测法(即相干解调)的误码率公式相比较可以看出：在相同的信噪比条件下，同步检测法的抗噪声性能优于包络检波法，但在大信噪比情况下，两者性能相差不大。然而，包络检波法不需要相干载波，因而设备比较简单。另外，包络检波法存在门限效应，同步检测法无门限效应。所以，对 2ASK 系统，大信噪比条件下使用包络检测，而小信噪比条件下使用相干解调。

例 6-1 某 2ASK 信号的码元速率 $R_B=4.8\times10^6$ B，发送“1”和发送“0”的概率相等，接收端输入信号的幅度 $a=1$ mV，信道中加性高斯白噪声的单边功率谱密度 $n_0=2\times10^{-15}$ W/Hz。

试求：(1) 同步检测法解调时系统的误码率；

(2) 包络检波法解调时系统的误码率。

解：(1) 根据 2ASK 信号频谱分析可知，2ASK 信号所需的传输带宽近似为码元速率的 2 倍，所以收信端带通滤波器带宽为

$$B=2R_B=9.6\times10^6\ \text{Hz}$$

BPF 输出噪声功率为

$$\sigma_n^2=n_0B=1.92\times10^{-8}\ \text{W}$$

解调器输入信噪比为

$$r=\frac{A^2}{2\sigma_n^2}=\frac{10^{-6}}{2\times1.92\times10^{-8}}\approx26\gg1$$

于是，相干解调时系统的误码率为

$$P_e=\frac{1}{\sqrt{\pi r}}e^{-r/4}=1.67\times10^{-4}$$

(2) 包络检波法解调时系统的误码率为

$$P_e=\frac{1}{2}e^{-\frac{r}{4}}=\frac{1}{2}e^{-6.5}=7.5\times10^{-4}$$

2. 2FSK 系统的抗噪声性能

由 6.2.2 节的分析可知，2FSK 信号的解调方法有多种，而误码率的大小和解调方法有关。下面主要对相干解调法和包络检波法两种方法的系统性能进行分析。

1）相干解调 2FSK 系统的性能

相干解调 2FSK 系统的性能分析模型如图 6-25 所示。

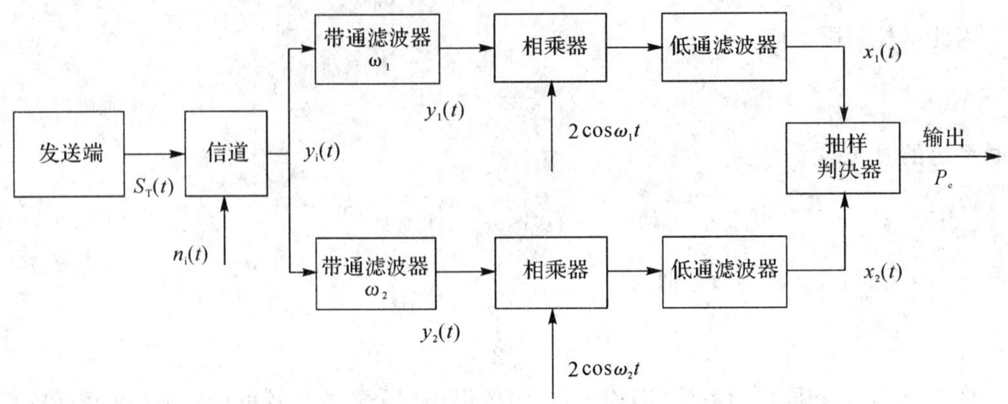

图 6-25　相干解调 2FSK 系统的性能分析模型

设符号“1”对应载波频率 f_1，符号“0”对应载波频率 f_2，则在一个码元的持续时间 T_b 内，发送端产生的 2FSK 信号可表示为

$$S_T(t)=\begin{cases}u_{1T}(t), & \text{发送“1”时}\\ u_{0T}(t), & \text{发送“0”时}\end{cases} \tag{6-70}$$

式中

$$u_{1T}(t)=\begin{cases}A\cos\omega_1 t, & 0<t<T_b\\ 0, & \text{其他}\end{cases},\quad u_{0T}(t)=\begin{cases}A\cos\omega_2 t, & 0<t<T_b\\ 0, & \text{其他}\end{cases}$$

因此，在时间$(0,\ T_b)$内，接收端的输入合成波形为

$$y_i(t)=\begin{cases}Ku_{1T}(t)+n_i(t), & \text{发送“1”时}\\ Ku_{0T}(t)+n_i(t), & \text{发送“0”时}\end{cases} \tag{6-71}$$

即

$$y_i(t)=\begin{cases}a\cos\omega_1 t+n_i(t), & \text{发送“1”时}\\ a\cos\omega_2 t+n_i(t), & \text{发送“0”时}\end{cases} \tag{6-72}$$

式中，$n_i(t)$为加性高斯白噪声，其均值为 0。

在图 6-25 中，在任何时刻接收端的输入信号只能有一种情况发生(即非“0”即“1”)。

这样，接收端上、下支路两个带通滤波器的输出波形分别为

$$y_1(t)=\begin{cases}a\cos\omega_1 t+n_1(t), & \text{发送“1”时}\\ n_1(t), & \text{发送“0”时}\end{cases} \tag{6-73}$$

$$y_2(t)=\begin{cases}n_2(t), & \text{发送“1”时}\\ a\cos\omega_2 t+n_2(t), & \text{发送“0”时}\end{cases} \tag{6-74}$$

式中，$n_1(t)$和$n_2(t)$分别为高斯白噪声$n_i(t)$经过上、下两个带通滤波器的输出噪声——窄带高斯噪声，其均值同为 0，方差同为σ_n^2，只是中心频率不同而已，即

$$n_1(t)=n_{1c}(t)\cos\omega_1 t-n_{1s}(t)\sin\omega_1 t$$

$$n_2(t)=n_{2c}(t)\cos\omega_2 t-n_{2s}(t)\sin\omega_2 t$$

现在假设在时间(0，T_b)内发送“1”(对应 ω_1)，则上、下支路两个带通滤波器的输出信号波形分别为

$$y_1(t)=[a+n_{1c}(t)]\cos\omega_1 t-n_{1s}(t)\sin\omega_1 t \tag{6-75}$$

$$y_2(t)=n_{2c}(t)\cos\omega_2 t-n_{2s}(t)\sin\omega_2 t \tag{6-76}$$

它们分别经过相干解调后，送入抽样判决器进行比较。比较的两路输入波形分别为

上支路：

$$x_1(t)=a+n_{1c}(t) \tag{6-77}$$

下支路：

$$x_2(t)=n_{2c}(t) \tag{6-78}$$

式中，a 为信号成分，$n_{1c}(t)$和 $n_{2c}(t)$均为低通型高斯噪声，其均值为零，方差为 σ_n^2。因此，$x_1(t)$和 $x_2(t)$抽样值的一维概率密度函数分别为

$$f(x_1)=\frac{1}{\sqrt{2\pi}\sigma_n}\exp\left(-\frac{(x_1-a)^2}{2\sigma_n^2}\right) \tag{6-79}$$

$$f(x_2)=\frac{1}{\sqrt{2\pi}\sigma_n}\exp\left(-\frac{x_2^2}{2\sigma_n^2}\right) \tag{6-80}$$

当 $x_1(t)$的抽样值 x_1 小于 $x_2(t)$的抽样值 x_2 时，判决器输出“0”，造成将“1”判为“0”的错误，故这时错误概率为

$$P(0/1)=P(x_1<x_2)=P(x_1-x_2<0)=P(z<0) \tag{6-81}$$

式中，$z=x_1-x_2$，故 z 是高斯型随机变量，其均值为 a，方差为 $\sigma_z^2=\sigma_n^2$。

设 z 的一维概率密度函数为 $f(z)$，则由式(6-81)得到

$$\begin{aligned} P(0/1) &= P(z<0)=\int_{-\infty}^{0} f(z)\mathrm{d}z \\ &= \frac{1}{\sqrt{2\pi}\sigma_z}\int_{-\infty}^{0}\exp\left\{-\frac{(x-a)^2}{2\sigma_z^2}\right\}\mathrm{d}z=\frac{1}{2}\mathrm{erfc}\left(\sqrt{\frac{r}{2}}\right) \end{aligned} \tag{6-82}$$

同理可得，发送“0”错判为“1”的概率为

$$P(1/0)=P(x_1>x_2)=\frac{1}{2}\mathrm{erfc}\left(\sqrt{\frac{r}{2}}\right) \tag{6-83}$$

显然，由于上、下支路的对称性，以上两个错误概率相等。于是，相干解调 2FSK 系统误码率为

$$P_e=\frac{1}{2}\mathrm{erfc}\left(\sqrt{\frac{r}{2}}\right) \tag{6-84}$$

式中，$r=a^2/2\sigma_n^2$ 为解调器输入端(带通滤波器输出端)的信噪比。在大信噪比($r\gg1$)条件下，式(6-83)可以近似表示为

$$P_e\approx\frac{1}{\sqrt{2\pi r}}\mathrm{e}^{-\frac{r}{2}} \tag{6-85}$$

2) 包络检波 2FSK 系统的性能

包络检波 2FSK 系统的性能分析模型如图 6-26 所示。

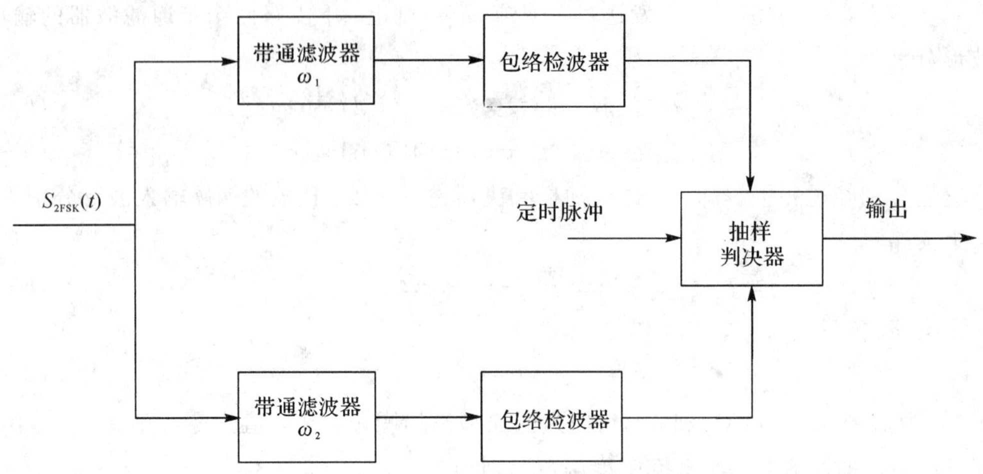

图 6-26　包络检波 2FSK 系统的性能分析模型

仍然假定在$(0, T_b)$时间内发送"1"(对应 ω_1)，由式(6-75)和式(6-76)可得到这时两路包络检波器的输出(即抽样判决器的两路输入)分别为

上支路：

$$V_1(t)=\sqrt{[a+n_{1c}(t)]^2+n_{1s}^2(t)} \tag{6-86}$$

下支路：

$$V_2(t)=\sqrt{n_{2c}^2(t)+n_{2s}^2(t)} \tag{6-87}$$

由随机信号分析可知，$V_1(t)$的抽样值 V_1 服从广义瑞利分布，$V_2(t)$的抽样值 V_2 服从瑞利分布。其一维概率密度函数分别为

$$f(V_1)=\frac{V_1}{\sigma_n^2}I_0\left(\frac{aV_1}{\sigma_n^2}\right)e^{-(V_1^2+a^2)/2\sigma_n^2} \tag{6-88}$$

$$f(V_2)=\frac{V_2}{\sigma_n^2}e^{-V_2^2/2\sigma_n^2} \tag{6-89}$$

显然，发送"1"时，若 V_1 小于 V_2，则发生判决错误。错误概率为

$$\begin{aligned}P(0/1)&=P(V_1\leqslant V_2)=\iint f(V_1)f(V_2)\mathrm{d}V_1\mathrm{d}V_2\\&=\int_0^{+\infty}f(V_1)\left[\int_{V_2=V_1}^{+\infty}f(V_2)\mathrm{d}V_2\right]\mathrm{d}V_1\\&=\int_0^{+\infty}\frac{V_1}{\sigma_n^2}I_0\left(\frac{aV_1}{\sigma_n^2}\right)\exp\left[\frac{-2V_1^2-a^2}{2\sigma_n^2}\right]\mathrm{d}V_1\\&=\int_0^{+\infty}\frac{V_1}{\sigma_n^2}I_0\left(\frac{aV_1}{\sigma_n^2}\right)e^{-(2V_1^2+a^2)/2\sigma_n^2}\mathrm{d}V_1\end{aligned} \tag{6-90}$$

令 $t=\dfrac{\sqrt{2}V_1}{\sigma_n}$，$z=\dfrac{a}{\sqrt{2}\sigma_n}$，并代入上式，经过简化可得

$$P(0/1)=\frac{1}{2}e^{-z^2/2}\int_0^{+\infty}tI_0(zt)e^{-(t^2+z^2)/2}\mathrm{d}t \tag{6-91}$$

根据 Marcum Q 函数的性质，有

$$Q(z,\ 0)=\int_{0}^{+\infty} tI_0(zt)\mathrm{e}^{(-t^2+z^2)/2}\mathrm{d}t=1 \tag{6-92}$$

所以

$$P(0/1)=\frac{1}{2}\mathrm{e}^{-z^2/2}=\frac{1}{2}\mathrm{e}^{-r/2} \tag{6-93}$$

式中，$r=z^2=a^2/2\sigma_n^2$。

同理，可求得发送“0”时判为“1”的错误概率，其结果与上式完全一样，即有

$$P(1/0)=P(V_1>V_2)=\frac{1}{2}\mathrm{e}^{-r/2} \tag{6-94}$$

于是，包络检波 2FSK 系统的总误码率为

$$P_e=\frac{1}{2}\mathrm{e}^{-r/2} \tag{6-95}$$

将上式与同步检测 2FSK 系统的误码率公式比较可见，在大信噪比条件下，包络检波 2FSK 的系统性能与同步检测 2FSK 系统的性能相差不大，但同步检测法的设备却复杂得多。因此，在满足信噪比要求的场合，多采用包络检波法。

例 6-2　采用二进制频移键控方式在有效带宽为 1800 Hz 的传输信道上传送二进制数字信息。已知 2FSK 信号的两个载频 $f_1=1800$ Hz，$f_2=2500$ Hz，码元速率 $R_B=300$ 波特，传输信道输出端信噪比 $r_c=6$ dB。试求：

(1) 2FSK 信号的带宽；

(2) 同步检测法解调时系统的误码率；

(3) 包络检波法解调时系统的误码率。

解：(1)2FSK 信号的带宽为

$$B_{2FSK}\approx|f_2-f_1|+2f_b=|f_2-f_1|+2R_B=1300\ \text{Hz}$$

(2) 由于 $R_B=300$ 波特，故接收系统上、下支路带通滤波器 BPF1 和 BPF2 的带宽为

$$B=\frac{2}{T_b}=2R_B=600\ \text{Hz}$$

故带通滤波器输出信噪比应为

$$r=\frac{B_{\text{信道}}}{B}\times r_c=3\times4=12$$

同步检测法解调时系统的误码率为

$$P_e=\frac{1}{2}\text{erfc}\sqrt{\frac{r}{2}}=\frac{1}{2}\text{erfc}\sqrt{6}=2.66\times10^{-4}$$

(3) 包络检波法解调时系统的误码率为

$$P_e=\frac{1}{2}\mathrm{e}^{-\frac{r}{2}}=\frac{1}{2}\mathrm{e}^{-6}=1.24\times10^{-3}$$

3. 2PSK 和 2DPSK 系统的抗噪声性能

无论是 2PSK 信号还是 2DPSK 信号，其表达式的形式完全一样。在一个码元的持续时间 T_b 内，都可表示为

$$S_T(t)=\begin{cases}u_{1T}(t), & \text{发送“1”时}\\ u_{0T}(t)=-u_{1T}(t), & \text{发送“0”时}\end{cases} \tag{6-96}$$

式中

$$u_{1T}(t)=\begin{cases}A\cos\omega_c t, & 0<t<T_b\\ 0, & \text{其他}\end{cases}$$

当然，$S_T(t)$代表 2PSK 信号时，上式中“1”及“0”是原始数字信息(绝对码)；当 $S_T(t)$代表 2DPSK 信号时，上式中“1”及“0” 是绝对码变换成相对码后的“1”及“0”。

下面分别讨论 2PSK 信号相干解调系统、2DPSK 信号相干解调系统及 2DPSK 信号差分相干解调系统的误码性能。

1) 2PSK 信号相干解调系统性能

2PSK 信号相干解调法又称为极性比较解调法，其性能分析模型如图 6-27 所示。

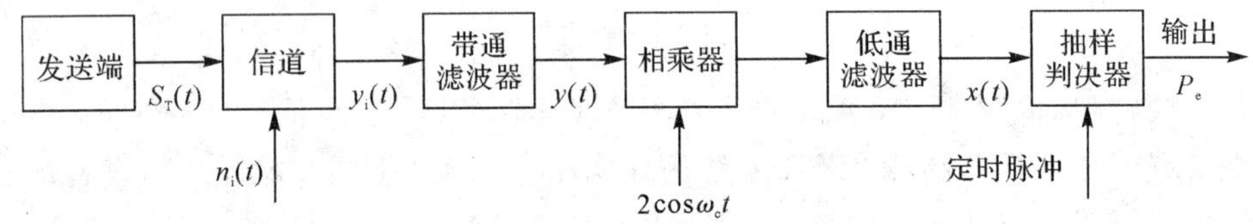

图 6-27 2PSK 信号相干解调系统性能分析模型

设发送端发出的信号如式(6-95)所示，则接收端带通滤波器输出表达式为

$$y(t)=\begin{cases}[a+n_c(t)]\cos\omega_c t-n_s(t)\sin\omega_c t, & \text{发送“1”时}\\ [-a+n_c(t)]\cos\omega_c t-n_s(t)\sin\omega_c t, & \text{发送“0”时}\end{cases} \tag{6-97}$$

经过相干解调后，送入抽样判决器的输入波形为

$$x(t)=\begin{cases}a+n_c(t), & \text{发送“1”时}\\ -a+n_c(t), & \text{发送“0”时}\end{cases} \tag{6-98}$$

因为 $n_c(t)$是均值为 0、方差为 σ_n^2 的高斯噪声，所以 $x(t)$的一维概率密度函数为

$$f_1(x)=\frac{1}{\sqrt{2\pi}\sigma_n}\exp\left(-\frac{(x-a)^2}{2\sigma_n^2}\right)，\text{发送“1”时} \tag{6-99}$$

$$f_0(x)=\frac{1}{\sqrt{2\pi}\sigma_n}\exp\left(-\frac{(x+a)^2}{2\sigma_n^2}\right)，\text{发送“0”时} \tag{6-100}$$

由最佳判决门限分析可知，在发送“1”和发送“0”概率相等时，最佳判决门限 $b^*=0$。此时，发送“1”而错判为“0”的概率为

$$P(0/1)=P(x\leqslant 0)=\int_{-\infty}^{0}f_1(x)\mathrm{d}x=\frac{1}{2}\operatorname{erfc}(\sqrt{r}) \tag{6-101}$$

同理，发送“0”而错判为“1”的概率为

$$P(1/0)=P(x>0)=\int_{0}^{+\infty}f_0(x)\mathrm{d}x=\frac{1}{2}\operatorname{erfc}(\sqrt{r}) \tag{6-102}$$

所以，2PSK 信号相干解调系统的总误码率为

$$P_e=P(1)P(0/1)+P(0)P(0/1)=\frac{1}{2}\operatorname{erfc}(\sqrt{r}) \tag{6-103}$$

在大信噪比条件下，式(6-72)可近似为

$$P_e\approx\frac{1}{2\sqrt{\pi r}}\mathrm{e}^{-r} \tag{6-104}$$

式中，$r=z^2=a^2/2\sigma_n^2$。

2) 2DPSK 信号相干解调系统性能

2DPSK 信号相干解调法又称极性比较-码反变换法，其系统性能分析模型如图 6-28 所示。其原理是对 2DPSK 信号进行相干解调，恢复出相对码序列，再通过码反变换器变换为绝对码序列，从而恢复出发送的二进制数字信息。因此，码反变换器输入端的误码率可由 2PSK 信号采用相干解调时的误码率公式来确定。于是，2DPSK 信号采用极性比较-码反变换法的系统误码率，只需在 2PSK 信号相干解调误码率公式基础上再考虑码反变换器对误码率的影响即可。

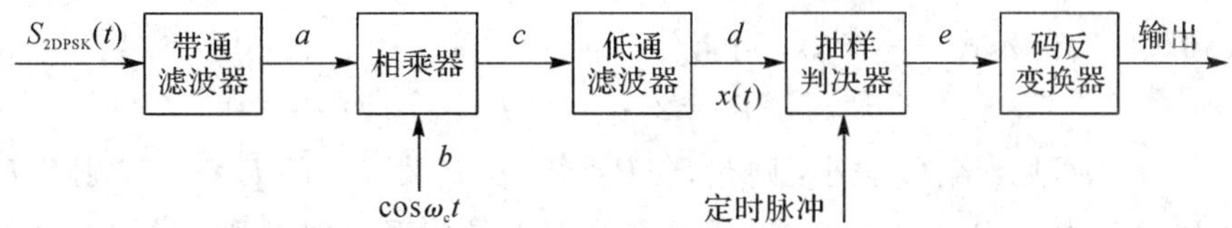

图 6-28　2DPSK 信号相干解调系统性能分析模型

其简化模型如图 6-29 所示。

相对码 $\{b_n\}$ P_e → 码反变换器 → 绝对码 $\{a_n\}$ P'_e

图 6-29　2DPSK 的相干解调法性能分析的简化模型

码反变换器对误码的影响：

$\{b_n\}$	1	0	1	1	0	0	1	1	1	0	（无误码时）
$\{a_n\}$		1	1	0	1	0	1	0	0	1	
$\{b_n\}$	1	0	1	×	0	0	1	1	1	0	（1 个错码时）
$\{a_n\}$		1	1	×	×	0	1	0	0	1	
$\{b_n\}$	1	0	1	×	×	0	1	1	1	0	（连续 2 个错码时）
$\{a_n\}$		1	1	×	1	×	1	0	0	1	
$\{b_n\}$	1	0	1	×	×	×	×	…	×	0	（连续 n 个错码时）
$\{a_n\}$		1	1	×	1	0	1	…	0	×	

设 P_e 为码反变换器输入端相对码序列 $\{b_n\}$ 的误码率，并假设每个码出错概率相等且统计独立，P'_e 为码反变换器输出端绝对码序列 $\{a_n\}$ 的误码率，由以上分析可得

$$P'_e = 2P_1 + 2P_2 + \cdots + 2P_n + \cdots = \sum_{n=1}^{\infty} 2P_n \tag{6-105}$$

式中，P_n 为码反变换器输入端 $\{b_n\}$ 序列连续出现 n 个错码的概率，进一步讲，它是“n 个码元同时出错，而其两端都有 1 个码元不出错”这一事件的概率。

注：若单个码元出错的概率为 $1/n$，则在 n 个码元中译码后需错两位码，占总数的 $2/n$，即 $2\times1/n=2P_e$。

由上述分析可得

$$P_1=(1-P_e)P_e(1-P_e)=(1-P_e)^2P_e$$
$$P_2=(1-P_e)P_e^2(1-P_e)=(1-P_e)^2P_e^2$$

……

$$P_n=(1-P_e)P_e^n(1-P_e)=(1-P_e)^2P_e^n$$

将以上格式带入到 P'_e 的表达式中，有

$$\begin{aligned}P'_e&=2(1-P_e)^2(P_e+P_e^2+\cdots+P_e^n+\cdots)\\&=2(1-P_e)^2P_e(1+P_e+P_e^2+\cdots+P_e^n+\cdots\end{aligned}\tag{6-106}$$

因为误码率总小于1，所以下式必成立：

$$(1+P_e+P_e^2+\cdots+P_e^n+\cdots)=\frac{1}{1-P_e}\tag{6-107}$$

将式(6-107)代入式(6-106)，可得

$$P'_e=2(1-P_e)P_e\tag{6-108}$$

由式(6-108)可见，若 P_e 很小，则有 $P'_e/P_e\approx2$，若 P_e 很大，即 $P_e\approx1/2$，则有 $P'_e/P_e\approx1$。这意味着 P'_e 总是大于 P_e。也就是说，码反变换器总是使误码率增加，增加的系数在1～2之间变化。

将2PSK信号相干解调系统的总误码率公式：

$$P_e=\frac{1}{2}\mathrm{erfc}(\sqrt{r})$$

代入

$$P'_e=2(1-P_e)P_e$$

可得到2DPSK信号采用相干解调加码反变换器方式时的系统误码率为

$$P'_e=\frac{1}{2}\left[1-(\mathrm{erf}\sqrt{r})^2\right]\tag{6-109}$$

当 $P_e\ll1$ 时，下式：

$$P'_e=2(1-P_e)P_e$$

可近似为

$$P'_e=2P_e\tag{6-110}$$

3) 2DPSK信号差分相干解调系统性能

2DPSK信号差分相干解调(也称为相位比较法)是一种非相干解调方式，其系统性能分析模型如图6-30所示。

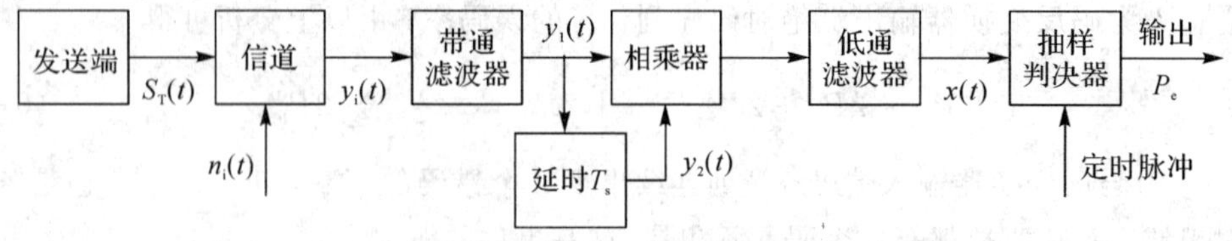

图6-30　2DPSK信号差分相干解调系统性能分析模型

假设当前发送的是“1”，且令前一个码元也是“1”(也可以令其为“0”)，则送入相乘器的两个信号 $y_1(t)$ 和 $y_2(t)$(延迟器输出)可表示为

$$y_1(t)=a\cos\omega_ct+n_1(t)=[a+n_{1c}(t)]\cos\omega_ct-n_{1s}(t)\sin\omega_ct\tag{6-111}$$

$$y_2(t)=a\cos\omega_ct+n_2(t)=[a+n_{2c}(t)]\cos\omega_ct-n_{2s}(t)\sin\omega_ct\tag{6-112}$$

式中，a 为信号振幅；$n_1(t)$ 为叠加在前一码元上的窄带高斯噪声，$n_2(t)$ 为叠加在后一码元上的窄带高斯噪声，并且 $n_1(t)$ 和 $n_2(t)$ 相互独立，则低通滤波器的输出为

$$x(t)=\frac{1}{2}\{[a+n_{1c}(t)][a+n_{2c}(t)]+n_{1s}(t)n_{2s}(t)\} \tag{6-113}$$

经抽样后的样值为

$$x=\frac{1}{2}[(a+n_{1c})(a+n_{2c})+n_{1s}n_{2s}] \tag{6-114}$$

然后，按下述判决规则判决：

若 $x>0$，则判为"1"——正确接收

若 $x<0$，则判为"0"——错误接收

这时将"1"错判为"0"的错误概率为

$$P(0/1)=P\{x<0\}=P\left\{\frac{1}{2}[(a+n_{1c})(a+n_{2c})+n_{1s}n_{2s}]<0\right\} \tag{6-115}$$

利用恒等式：

$$x_1x_2+y_1y_2=\frac{1}{4}\{[(x_1+x_2)^2+(y_1+y_2)^2]-[(x_1-x_2)^2+(y_1-y_2)^2]\} \tag{6-116}$$

令式(6-116)中

$$x_1=a+n_{1c},\ x_2=a+n_{2c},\ y_1=a+n_{1s},\ y_2=a+n_{2s}$$

则式(6-115)可以改写为

$$P(0/1)=P\{[(2a+n_{1c}+n_{2c})^2+(n_{1s}+n_{2s})^2-(n_{1c}-n_{2c})^2-(n_{1s}-n_{2s})^2]<0\} \tag{6-117}$$

令

$$R_1=\sqrt{(2a+n_{1c}+n_{2c})^2+(n_{1s}+n_{2s})^2}$$

$$R_2=\sqrt{(n_{1c}-n_{2c})^2+(n_{1s}-n_{2s})^2}$$

则式(6-117)可以化简为

$$P(0/1)=P\{R_1<R_2\} \tag{6-118}$$

因为 n_{1c}、n_{2c}、n_{1s}、n_{2s} 是相互独立的高斯随机变量，且均值为 0、方差相等，为 σ_n^2，根据高斯随机变量的代数和仍为高斯随机变量，且均值为各随机变量的均值的代数和，方差为各随机变量方差之和的性质，则 $n_{1c}+n_{2c}$ 是零均值、方差为 $2\sigma_n^2$ 的高斯随机变量。同理，$n_{1s}+n_{2s}$、$n_{1c}-n_{2c}$、$n_{1s}-n_{2s}$ 都是零均值、方差为 $2\sigma_n^2$ 的高斯随机变量。

由随机信号分析理论可知，R_1 的一维分布服从广义瑞利分布，R_2 的一维分布服从瑞利分布，其概率密度函数分别为

$$f(R_1)=\frac{R_1}{2\sigma_n^2}I_0\left(\frac{aR_1}{\sigma_n^2}\right)e^{-(R_1^2+4a^2)/4\sigma_n^2}$$

$$f(R_2)=\frac{R_2}{2\sigma_n^2}e^{-R_2^2/4\sigma_n^2}$$

将以上两式代入式(6-118)，可以得到

$$P(0/1)=P\{R_1<R_2\}=\int_0^{+\infty}f(R_1)\left[\int_{R_2=R_1}^{+\infty}f(R_2)\mathrm{d}R_2\right]\mathrm{d}R_1$$

$$=\int_0^{+\infty}\frac{R_1}{2\sigma_n^2}I_0\left(\frac{aR_1}{\sigma_n^2}\right)e^{-(2R_1^2+4a^2)/4\sigma_n^2}dR_1=\frac{1}{2}e^{-r} \tag{6-119}$$

同理，可以求得将“0”错判为“1”的概率，即

$$P(1/0)=P(0/1)=\frac{1}{2}e^{-r} \tag{6-120}$$

因此，2DPSK 信号差分相干解调系统的总误码率为

$$P_e=\frac{1}{2}e^{-r} \tag{6-121}$$

例 6-3 用 2DPSK 在某微波线路上传送二进制数字信息，已知传码率为 10^6B，接收机输入端的高斯白噪声的双边功率谱密度为 $n_0/2=10^{-10}$ W/Hz，若要求误码率 $P_e\leqslant 10^{-4}$，求：

(1) 采用相干解调-码变换法接收时，接收机输入端的最小信号功率。

(2) 采用差分相干解调法接收时，接收机输入端的最小信号功率。

解：(1) 相干解调-码变换法：

$$P_e=\text{erfc}\sqrt{r}=1-\text{erf}\sqrt{r}$$

有

$$\text{erf}\sqrt{r}=1-P_e\geqslant 0.9999$$

查 erfc(x)函数表，得$\sqrt{r}=2.75$，所以 $r=7.5625$。

因为

$$\sigma_n^2=n_0B=n_0\times 2R_B=2\times 10^{-10}\times 2\times 10^6=4\times 10^{-4}$$

$$r=\frac{a^2}{2\sigma_n^2}\geqslant 7.5625$$

所以

$$P=\frac{a^2}{2}\geqslant r\sigma_n^2=7.5625\times 4\times 10^{-4}=3.025\times 10^{-3}\text{ W}$$

(2) 采用差分法接收时：

$$P_e=\frac{1}{2}e^{-r}\leqslant 10^{-4}\text{S}$$

有

$$r=\frac{a^2}{2\sigma_n^2}\geqslant 8.5172$$

所以

$$P=\frac{a^2}{2}\geqslant r\sigma_n^2=8.5172\times 4\times 10^{-4}=3.407\times 10^{-3}\text{ W}$$

6.2.6 二进制数字调制系统的性能比较

本节以二进制数字调制系统的研究为基础，对各种二进制数字调制系统的性能进行总结、比较。其主要包括系统的频带宽度及频带利用率、误码率、对信道的适应能力、设备的复杂度等。

1. 频带宽度及频带利用率

假设 T_b 为传输码元的时间宽度，2ASK 系统和 2PSK(2DPSK)系统频带宽度相同，均为 $2/T_b$，是码元传输速率 $R_B=1/T_b$ 的 2 倍；2FSK 系统的频带宽度近似为 $|f_2-f_1|+2/T_b$，大于 2ASK 系统和 2PSK(2DPSK)系统的频带宽度。

频带利用率是数字传输系统的有效性指标，定义为

$$\eta=\frac{R_B}{B}\quad (\text{B/Hz})$$

由上述分析可知，2ASK 系统和 2PSK(2DPSK)系统频带利用率均为 1/2(B/Hz)；2FSK 系统的频带利用率为

$$\eta=\frac{R_B}{B}=\frac{f_b}{2f_b+|f_2-f_1|}\quad (\text{B/Hz})$$

因此，从频带利用率上看，2FSK 调制系统最差。

2. 误码率

在数字通信中，误码率是衡量数字通信系统最重要性能指标之一。表 6 - 1 列出了各种二进制数字调制系统误码率公式。

表 6 - 1　二进制数字调制系统误码率及信号带宽

调制方式	解调方式	误码率 P_e	$r\gg1$ 的近似误码率 P_e
2ASK	相干	$\frac{1}{2}\text{erfc}\sqrt{\frac{r}{4}}$	$\frac{1}{\sqrt{\pi r}}e^{-r/4}$
	非相干	$P_e=\frac{1}{4}\text{erfc}\left(\sqrt{\frac{r}{4}}\right)+\frac{1}{2}e^{-r/4}$	$\frac{1}{2}e^{-r/4}$
2FSK	相干	$\frac{1}{2}\text{erfc}\sqrt{\frac{r}{2}}$	$\frac{1}{\sqrt{2\pi r}}e^{-r/2}$
	非相干	$\frac{1}{2}e^{-r/2}$	同左
2PSK	相干	$\frac{1}{2}\text{erfc}\sqrt{r}$	$\frac{1}{2\sqrt{\pi r}}e^{-r}$
2DPSK	相干-码反变换	$\text{erfc}\sqrt{r}$	$\frac{1}{\sqrt{\pi r}}e^{-r}$
	差分相干	$\frac{1}{2}e^{-r}$	同左

应用表中这些公式时，需要注意的一般条件是：

(1) 接收机输入端出现的噪声是均值为 0 的高斯白噪声。

(2) 未考虑码间串扰的影响；采用瞬时抽样判决；当 $P=0.5$ 时，2ASK 的判决门限，$U_d^*=a/2$，2PSK、2DPSK 和 2FSK 的判决门限为 $U_d^*=0$。

(3) 所有计算误码率的公式都仅是 r 的函数。式中 $r=a^2/(2\sigma_n^2)$ 为解调器输入端的信噪比，$a^2/2$ 为信号功率，$\sigma_n^2=n_0B$ 为噪声功率。

对二进制数字调制系统的抗噪声性能，可从如下两个方面进行比较：

(1) 同一调制方式不同检测方法的比较。

可以看出，对于同一调制方式不同检测方法，相干检测的抗噪声性能优于非相干检测。但是，随着信噪比 r 的增大，相干与非相干误码性能的相对差别越不明显。另外，相干检测系统的设备比非相干的要复杂。

(2) 同一检测方法不同调制方式的比较。

相干检测时，在相同误码率条件下，对信噪比 r 要求是：2PSK 比 2FSK 小 3 dB，2FSK 比 2ASK 小 3 dB；

非相干检测时，在相同误码率条件下，对信噪比 r 要求是：2DPSK 比 2FSK 小 3 dB，2FSK 比 2ASK 小 3 dB。

反过来，若信噪比 r 一定，2PSK 系统的误码率低于 2FSK 系统，2FSK 系统的误码率低于 2ASK 系统。

因此，从抗加性白噪声上讲，相干 2PSK 系统性能最好，2FSK 系统次之，2ASK 系统最差。

3. 对信道的适应能力

信道特性变化的灵敏度对最佳判决门限有一定的影响。2FSK 系统是通过比较两路解调输出的大小来做出判决的，不需人为设置判决门限。2PSK 系统的判决器的最佳判决门限为 0，与接收机输入信号的幅度无关。因此，判决门限不随信道特性的变化而变化，接收机总能工作在最佳判决门限状态。对于 2ASK 系统，判决器的最佳判决门限为 $a/2$(当$P(1)=P(0)$时)，它与接收机输入信号的幅度 a 有关。当信道特性发生变化时，接收机输入信号的幅度将随之发生变化，从而导致最佳判决门限随之而变。这时，接收机不容易保持在最佳判决门限状态，误码率将会增大。因此，从对信道特性变化的敏感程度上看，2ASK 调制系统最差。

当信道有严重衰落时，通常采用非相干解调或差分相干解调，因为这时在接收端不易得到相干解调所需的相干参考信号。当发射机有严格的功率限制时，则可考虑采用相干解调，因为在给定的传码率及误码率情况下，相干解调所要求的信噪比比非相干解调小。

4. 设备的复杂程度

就设备的复杂度而言，2ASK、2PSK 及 2FSK 的发送端设备的复杂度相差不多，而接收端的复杂程度则和所用的调制和解调方式有关。对于同一种调制方式，相干解调时的接收设备比非相干解调的接收设备复杂；同为非相干解调时，2DPSK 的接收设备最复杂，2FSK 次之，2ASK 最简单。

通过从以上几个方面对各种二进制数字调制系统进行比较可以看出，在选择调制和解调方式时，要考虑的因素是比较多的。只有对系统要求做全面的考虑，并且抓住其中最主要的因素才能做出比较正确的选择。如果抗噪声性能是主要的，则应考虑相干 2PSK 和 2DPSK，而 2ASK 最不可取；如果带宽是主要的因素，则应考虑 2PSK、相干 2PSK、2DPSK 以及 2ASK，而 2FSK 最不可取；如果设备的复杂性是一个必须考虑的重要因素，则非相干方式比相干方式更为适宜。目前，在高速数据传输中，相干 2PSK 及 2DPSK 用得较多，而在中、低速数据传输中，特别是在衰落信道中，相干 2FSK 用得较为普遍。

6.3　数字信号的最佳接收

通信系统中，信道特性不理想及信道噪声的存在，直接影响接收系统的性能，而一个通信系统的质量优劣在很大程度上取决于接收系统的性能。

研究从噪声中如何最好地提取有用信号，且在某个准则下构成最佳接收机，使接收性能达到最佳，这就是最佳接收理论。

为什么在这里单独提出"数字"信号的"最佳接收"呢？这是由数字信号本身具有的特点决定的。即数字信号(以二进制为例)无论对信号如何变形，只要最终能恢复出正确的"1"和"0"就达到了通信的目的。所以只要不会引起误码，对信号进行一系列的处理是可行的。

实际上，研究最佳接收机的意义在于为人们提出一个理论上的模型，我们在实际中设计的接收机的努力方向就是"最佳接收"。

任何事情都没有绝对的"最佳"，因为衡量的标准不同。按这个标准得到的"最佳"，用另一个标准来看，则很可能不是最佳，因此这里所讲的"最佳"，是针对通信中公认的标准来衡量的，这些标准称为准则。

本节将介绍通信中最常用的最大输出信噪比准则、最小均方误差准则和最大后验概率准则，并在此基础上得出符合这些准则的最佳接收机结构，最后分析、比较其性能。

6.3.1　最佳接收准则

1. 最大输出信噪比准则

因为在数字通信系统中传输的是数字信号，所以人们所关心的并不是接收机输出的信号波形与原来的信号波形相比较有没有失真，或者是想知道误差有多大，而是希望从噪声影响中正确地接收和识别发送的信号是否存在，并将它们恢复成原来的信号波形。例如，在二进制数字传输系统中，接收机只要正确地判决出信号 1 和 0 来，再将它们生成原脉冲波形，就可以得到原来信号的复制品。如果在输入信噪比相同的情况下，希望接收机输出信噪比最大，从而可以得到最小误码率，这就是最大输出信噪比准则。为此，可以在接收机内采用一种滤波器，当使某一时刻 t_0 输出的瞬时功率与噪声平均功率之比达到最大，这种滤波器称为匹配滤波器，并由此可以构成在最大输出信噪比准则下的最佳接收机。

2. 最小均方误差准则

所谓最小均方误差准则，是指接收信号误差均方值$\overline{\varepsilon^2(t)}$最小，这里系统误差定义为

$$\varepsilon(t)=y(t)-y_0(t) \tag{6-122}$$

式中，$y_0(t)$是在没有噪声的理想情况下，接收机的输出；$y(t)$是在有噪声干扰时，接收机的实际输出。

若接收机的输入信号为 $S(t)$，在理想情况下，输入噪声为 0，输出信号应为 $y_0(t)=S(t)$。当有噪声时，接收机的输入端应是信号 $S(t)$和 $n(t)$噪声的混合波形 $X(t)$。

$$X(t)=S(t)+n(t) \tag{6-123}$$

显然，当有噪声存在时，接收机的实际输出 $y(t)$ 将会偏离 $y_0(t)$，它的偏离值就是接收机的系统误差，若 $X(t)$ 是一个平稳过程，接收机是一个线性系统，因而相应的 $y(t)$ 和 $\varepsilon(t)$ 也是平稳随机过程，可表示为

$$y(t)=\int_{-\infty}^{+\infty}X(t-\tau)h(\tau)\mathrm{d}\tau \tag{6-124}$$

式中，$h(\tau)$ 是接收机系统的冲激响应，由此可求得系统误差为

$$\varepsilon(t)=\int_{-\infty}^{+\infty}X(t-\tau)h(\tau)\mathrm{d}\tau-y_0(t) \tag{6-125}$$

于是，可求得均方误差为

$$\begin{aligned}\overline{\varepsilon^2(t)}&=\overline{\left[\int_{-\infty}^{+\infty}X(t-\tau)h(\tau)\mathrm{d}\tau-y_0(t)\right]^2}\\&=R_{y_0}(0)-2\int_{-\infty}^{+\infty}R_{Xy_0}(\tau)h(\tau)\mathrm{d}\tau+\int_{-\infty}^{+\infty}\int_{-\infty}^{+\infty}R_X(\tau-\eta)h(\tau)h(\eta)\mathrm{d}\tau\mathrm{d}\eta\end{aligned} \tag{6-126}$$

式中，$R_{y_0}(0)$ 是 $y_0(t)$ 的平均功率；$R_{Xy_0}(\tau)$ 是 $X(t)$ 和 $y_0(t)$ 的互相关函数；$R_X(\tau)X(t)$ 的自相关函数。

可以证明，当系统的冲激响应 $h(t)$ 满足下式时：

$$\int_{-\infty}^{+\infty}h(\eta)R_X(\tau-\eta)\mathrm{d}\eta=R_{Xy_0}(\tau) \tag{6-127}$$

系统的均方误差可达到最小值：

$$\overline{[\varepsilon^2(t)]_{\min}}=R_{y_0}(0)-\int_{-\infty}^{+\infty}R_{Xy_0}(\tau)h(\tau)\mathrm{d}\tau \tag{6-128}$$

满足式(6-128)的滤波器就是最小均方误差准则下的最佳线性滤波器，也称为维纳滤波器。根据此准则建立的最佳接收机提供了最大的互相关函数。由于互相关函数越大，误码的概率越小，因此这种接收机称为相关接收机。

3. 最大后验概率准则

先验概率是指发送信号本身出现的概率，可用 $P(s)$ 来表示。后验概率是指收到混合波形 $X(t)$ 后，判断发送信号 $S(t)$ 在接收端可能出现的概率，可用条件概率(S/X)表示。

若接收机能提供最大的后验概率，它就能获得更多的有用信息。根据最大后验概率准则建立起来的最佳接收机，称为理想接收机。

在数字通信系统中，最常用的准则是最大输出信噪比准则，下面着重讨论在此准则下获得的最佳线性滤波器，即匹配滤波器。

6.3.2 匹配滤波器

在数字通信的接收端要解决的问题是：有效地消除信号在传输过程中所受的干扰，正确判决、接收发送端所发送的信号。试想如果在接收的某个时刻有最大的信噪比，而也恰在此刻做判决，这对正确接收信号显然是非常有利的。本节就将介绍最大输出信噪比准则下的最佳接收。

在 6.3.1 节已提到，采用匹配滤波器能够在某一时刻 t_0 提供最大的输出信噪比。现在

对匹配滤波器的传输特性进行讨论。

1. 匹配滤波器的传输特性

假定在线性滤波器的输入端加入信号和噪声的混合波形 $X(t)$，即

$$X(t)=S(t)+n(t) \tag{6-129}$$

设输入信号 $S(t)$的频谱为 $S(\omega)$，信道噪声为白噪声，其功率谱为 $S_n(\omega)=\frac{n_0}{2}$，滤波器的传输函数为 $H(\omega)$，那么滤波器的输出为

$$y(t)=S_o(t)+n_o(t) \tag{6-130}$$

其中信号的输出为

$$S_o(t)=\frac{1}{2\pi}\int_{-\infty}^{\infty}S(\omega)H(\omega)e^{j\omega t}d\omega \tag{6-131}$$

而输出噪声的平均功率为

$$\overline{n_o^2(t)}=\frac{1}{2\pi}\int_{-\infty}^{+\infty}|H(\omega)|^2\frac{n_o}{2}d\omega=\frac{n_o}{4\pi}\int_{-\infty}^{+\infty}|H(\omega)|^2d\omega \tag{6-132}$$

设 t_0 为某一抽样时刻，此时滤波器的输出信号的瞬时功率为

$$|S_o(t_0)|^2=\left|\frac{1}{2\pi}\int_{-\infty}^{+\infty}H(\omega)S(\omega)e^{j\omega t_0}d\omega\right|^2 \tag{6-133}$$

于是线性滤波器输出信号瞬时功率与噪声平均功率之比为

$$\gamma_0=\frac{|S_o(t_0)|^2}{\overline{n_o^2(t)}}=\frac{\left|\frac{1}{2\pi}\int_{-\infty}^{+\infty}S(\omega)H(\omega)e^{j\omega t_0}d\omega\right|^2}{\frac{n_0}{4\pi}\int_{-\infty}^{+\infty}|H(\omega)|^2d\omega} \tag{6-134}$$

现在，我们要求出 γ_0 最大时，线性滤波器的传输函数 $H(\omega)$。一般来说，这是一个泛函求极值的问题。在这里可以利用许瓦尔兹不等式来求解。该不等式为

$$\left|\frac{1}{2\pi}\int_{-\infty}^{+\infty}X(\omega)Y(\omega)d\omega\right|^2\leqslant\frac{1}{2\pi}\int_{-\infty}^{+\infty}|X(\omega)|^2d\omega\cdot\frac{1}{2\pi}\int_{-\infty}^{+\infty}|Y(\omega)|^2d\omega \tag{6-135}$$

若使该不等式成为等式，需满足下列条件，即

$$X(\omega)=KY^*(\omega) \tag{6-136}$$

这里 $Y^*(\omega)$是 $Y(\omega)$的共轭函数，K 为任意常数。

如果设 $X(\omega)=H(\omega)$，$Y(\omega)=S(\omega)e^{j\omega t_0}$，并代入式(6-135)得

$$\left|\frac{1}{2\pi}\int_{-\infty}^{+\infty}S(\omega)H(\omega)e^{j\omega t_0}d\omega\right|^2\leqslant\frac{1}{2\pi}\int_{-\infty}^{+\infty}|H(\omega)|^2d\omega\cdot\frac{1}{2\pi}\int_{-\infty}^{+\infty}|S(\omega)|^2d\omega \tag{6-137}$$

将式(6-137)代入式(6-134)后，得

$$\begin{aligned}\gamma_0&\leqslant\frac{\frac{1}{4\pi^2}\int_{-\infty}^{+\infty}|H(\omega)|^2d\omega\cdot\int_{-\infty}^{+\infty}|S(\omega)|^2d\omega}{\frac{n_0}{4\pi}\int_{-\infty}^{+\infty}|H(\omega)|^2d\omega}=\frac{\frac{1}{2\pi}\int_{-\infty}^{+\infty}|S(\omega)|^2d\omega}{\frac{n_0}{2}}\\&=\frac{1}{n_0\pi}\int_{-\infty}^{+\infty}|S(\omega)|^2d\omega=\frac{2E}{n_0}\end{aligned} \tag{6-138}$$

这里

$$E=\frac{1}{2\pi}\int_{-\infty}^{+\infty}|S(\omega)|^2\mathrm{d}\omega \tag{6-139}$$

式中，E 是信号 $S(t)$的总能量。

由(6－138)可知，此线性滤波器能给出的最大输出信噪比为

$$\gamma_{0\max}=\frac{2E}{n_0} \tag{6-140}$$

为使 $\gamma_0=\gamma_{0\max}$，根据式(6－136)，即可求出其最佳线性滤波器的传输特性为

$$H(\omega)=K\cdot S^*(\omega)\mathrm{e}^{-\mathrm{j}\omega t_0} \tag{6-141}$$

式中，$S^*(\omega)$为 $S(\omega)$的共轭复数。

由式(6－141)可以看出，当线性滤波器的传输函数为输入信号频谱的共轭复数时，可输出最大信噪比，这种滤波器就是最大信噪比准则下的最佳线性滤波器，也称为匹配滤波器。所谓“匹配”，是指滤波器的传输函数与信号频谱之间的匹配，匹配的结果使输出信噪比最大。

2. 匹配滤波器的冲激响应

设 $K=1$，对式(6－141)进行傅里叶反变换可得匹配滤波器的冲击响应为

$$\begin{aligned}h(t)&=\frac{1}{2\pi}\int_{-\infty}^{+\infty}H(\omega)\mathrm{e}^{\mathrm{j}\omega t}\mathrm{d}\omega\\&=\frac{1}{2\pi}\int_{-\infty}^{+\infty}S^*(\omega)\mathrm{e}^{-\mathrm{j}\omega t_0}\mathrm{e}^{\mathrm{j}\omega t}\mathrm{d}\omega\\&=\frac{1}{2\pi}\int_{-\infty}^{+\infty}\left[\int_{-\infty}^{+\infty}S(\tau)\mathrm{e}^{-\mathrm{j}\omega\tau}\mathrm{d}\tau\right]^*\mathrm{e}^{-\mathrm{j}\omega(t_0-t)}\mathrm{d}\omega\\&=\int_{-\infty}^{+\infty}\left[\frac{1}{2\pi}\int_{-\infty}^{+\infty}\mathrm{e}^{\mathrm{j}\omega(\tau-t_0+t)}\mathrm{d}\omega\right]S(\tau)\mathrm{d}\tau\\&=\int_{-\infty}^{+\infty}S(\tau)\sigma(\tau-t_0+t)\mathrm{d}\tau\\&=S(t_0-t)\end{aligned} \tag{6-142}$$

由此可见，匹配滤波器的冲激响应是信号 $S(t)$的镜像函数 $S(-t)$在时间轴上向右平移 t_0。

为了获得物理可实现的匹配滤波器，要求在 $t<0$ 时，$h(t)=0$，故式(6－142)可写成为

$$h(t)=\begin{cases}S(t_0-t), & t\geqslant 0\\ 0, & t<0\end{cases} \tag{6-143}$$

由上式可知，输入信号 $S(t)$必须在 t_0 时刻之前消失，即

$$\begin{cases}S(t_0-t)=0, & t<0\\ S(t)=0, & t>t_0\end{cases} \tag{6-144}$$

这就是说，如果输入信号在 T 时刻消失，则只有当 $t_0\geqslant T$ 时，滤波器才是物理可实现的，一般总是选择 t_0 尽量小一些，以便迅速判决，通常取 $t_0=T$。

3. 输出响应

我们已经求出了匹配滤波器的冲击响应，那么信号通过此滤波器后的输出波形为

$$\begin{aligned} S_o(t) &= \int_{-\infty}^{+\infty} S(t-\tau)h(\tau)\mathrm{d}\tau \\ &= \int_{-\infty}^{+\infty} S(t-\tau)S(t_0-\tau)\mathrm{d}\tau \\ &= R(t-t_0) \end{aligned} \tag{6-145}$$

可见，匹配滤波器的输出信号波形是输入信号的自相关函数。当 $t=t_0$ 时，其值为输入信号的总能量 E，即有

$$R(t-t_0)=R(0)=E$$

例 6-4　设输入信号为单个矩形脉冲，求通过匹配滤波器后的输出波形。此单个矩形脉冲如图 6-31(a)所示，其表达式为

$$S(t)=\begin{cases}1, & 0\leqslant t\leqslant T \\ 0, & \text{其他}\end{cases}$$

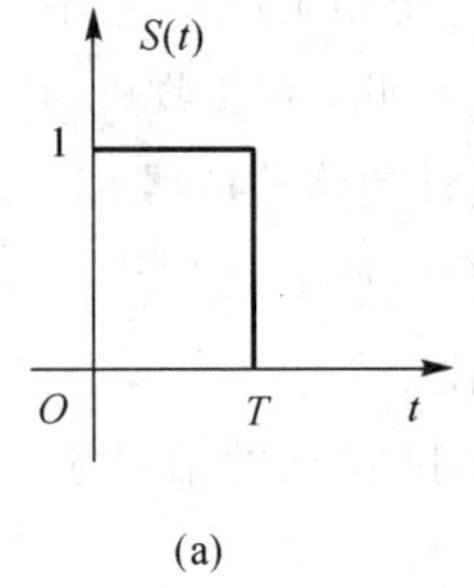

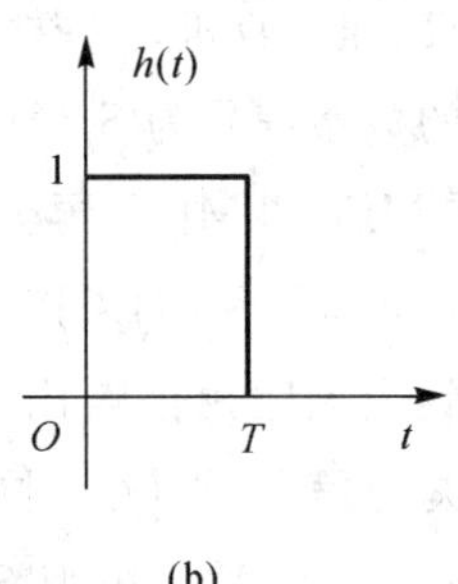

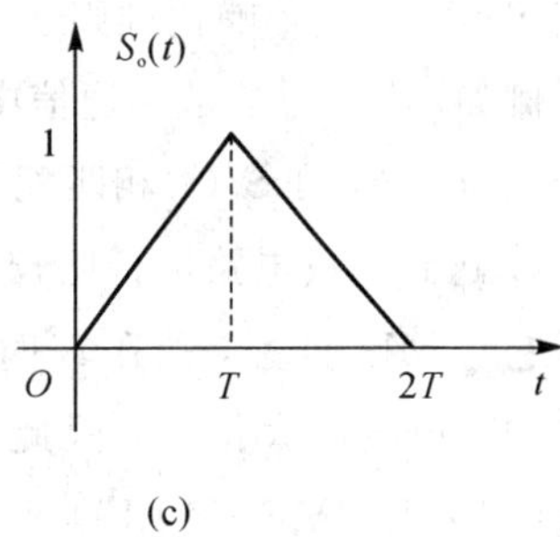

图 6-31　单个矩形脉冲通过匹配滤波器的波形

解：先求输入信号的频谱为

$$S(\omega) = \int_{-\infty}^{+\infty} S(t)\mathrm{e}^{-\mathrm{j}\omega t}\mathrm{d}t = \left(\frac{1}{\mathrm{j}\omega}\right)(1-\mathrm{e}^{-\mathrm{j}\omega T})$$

$$H(\omega) = S^*(\omega)\mathrm{e}^{-\mathrm{j}\omega\tau} = \left(\frac{1}{\mathrm{j}\omega}\right)(\mathrm{e}^{\mathrm{j}\omega T}-1)\mathrm{e}^{-\mathrm{j}\omega T}$$

$$h(t)=S(t_0-t)$$

若选 $t_0=T$，则有

$$H(\omega)=\left(\frac{1}{\mathrm{j}\omega}\right)(1-\mathrm{e}^{\mathrm{j}\omega T})$$

$h(t)$的波形如图 6-31(b)所示，匹配滤波器的输出波形为

$$S_o(t) = S(t) * h(t) = \int_{-\infty}^{+\infty} S(t-\tau)h(\tau)\mathrm{d}\tau$$

用作图法或直接计算，可求出匹配滤波器输出信号为

$$S_o(t)=\begin{cases} t, & 0\leqslant t\leqslant T \\ 2T-t, & T\geqslant t\geqslant 2T\end{cases}$$

其波形如图 6-31(c)所示。由图可见，当 $t=T$ 时，匹配滤波器输出幅度达到最大值，因此，在此时刻进行抽样判决，可以得到最大的输出信噪比。

根据

$$H(\omega)=\left(\frac{1}{\mathrm{j}\omega}\right)(1-\mathrm{e}^{-\mathrm{j}\omega T})$$

可以得到匹配滤波器的实现框图，如图 6-32 所示。

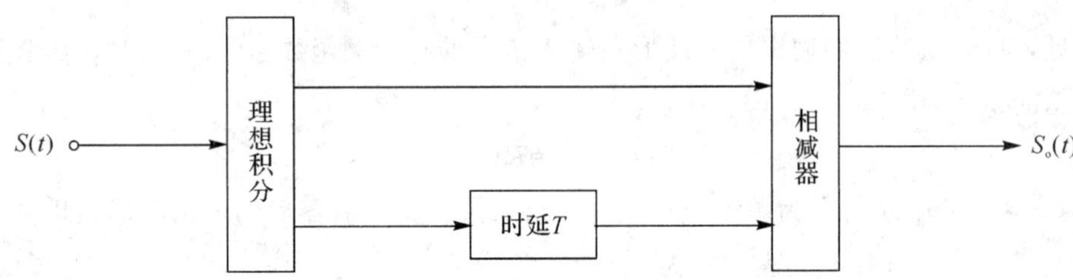

图 6-32　匹配滤波器的实现框图

由于匹配滤波器具有输出信噪比最大的特性，因此利用匹配滤波器构成的接收机，就是按照最大输出信噪比准则建立起来的最佳接收机，它在数字通信中得到了广泛应用。

例如，在二进制数字通信中，传输的数字信号为 $S_1(t)$和 $S_2(t)$。因此，在接收机内应具有分别与 $S_1(t)$和 $S_2(t)$相匹配的滤波器 MF_1 和 MF_2，再分别经过线性包络检波器 LED_1 和 LED_2，送到判决电路进行比较，如图 6-33 所示。如果接收到的混合波形中含有 $S_1(t)$，则由于它与 MF_1 匹配，故在 t_0 时刻可得到最大输出信噪比。检波后信号电压显然要比 MF_2 输出的噪声电压大得多，因此可以判决为信号 $S_1(t)$。同理，如果接收到的信号中含有 $S_2(t)$，则通过 MF_2 和 LED_2 后，$S_2(t)$信号大，故判决为 $S_2(t)$。

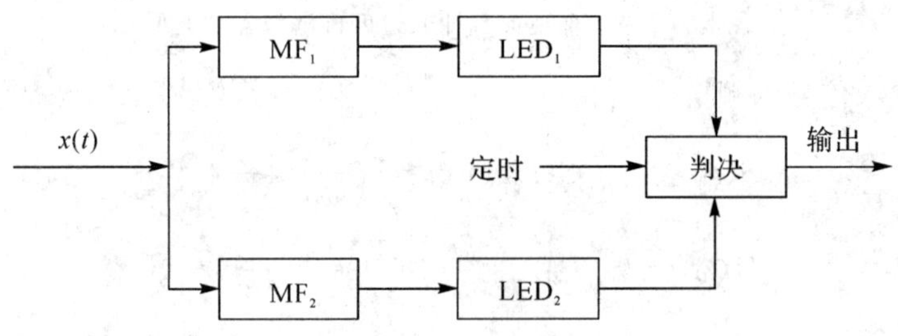

图 6-33　匹配滤波器接收机模型

6.3.3　相关法接收

根据最小均方误差准则的定义，要求在接收机内将所接收到的信号 $X(t)$和本地提供的信号样品 $S(t)$进行比较，计算两者之间的均方误差值$\overline{\varepsilon^2(t)}$。当$\overline{\varepsilon^2(t)}$值最小时，说明 $X(t)$和 $S(t)$之间最相似，因此可将 $X(t)$判决为 $S(t)$。其均方误差可表示为

$$\overline{\varepsilon^2(t)}=\frac{1}{T}\int_0^T[x(t)-S(t)]^2\,\mathrm{d}t \tag{6-146}$$

假设讨论的是二进制调制系统，那么发送端发送的信号为 $S_1(t)$和 $S_2(t)$，经过信道传

输后，分别为 $X_1(t)$和 $X_2(t)$，则接收到的信号 $X(t)$和这两个信号样品之间的均方误差为

$$\overline{\varepsilon_1^2(t)} = \frac{1}{T}\int_0^T [x(t) - S_1(t)]^2 \mathrm{d}t \tag{6-147}$$

$$\overline{\varepsilon_2^2(t)} = \frac{1}{T}\int_0^T [x(t) - S_2(t)]^2 \mathrm{d}t \tag{6-148}$$

然后，根据最小均方误差准则进行判决，当

$$\overline{\varepsilon_1^2(t)} < \overline{\varepsilon_2^2(t)}\text{，则判为 } S_1(t) \tag{6-149}$$

$$\overline{\varepsilon_1^2(t)} > \overline{\varepsilon_2^2(t)}\text{，则判为 } S_2(t) \tag{6-150}$$

根据式(6-149)和式(6-150)画出的数学模型，即为最小均方误差准则下的最佳接收机模型，如图 6-34 所示。

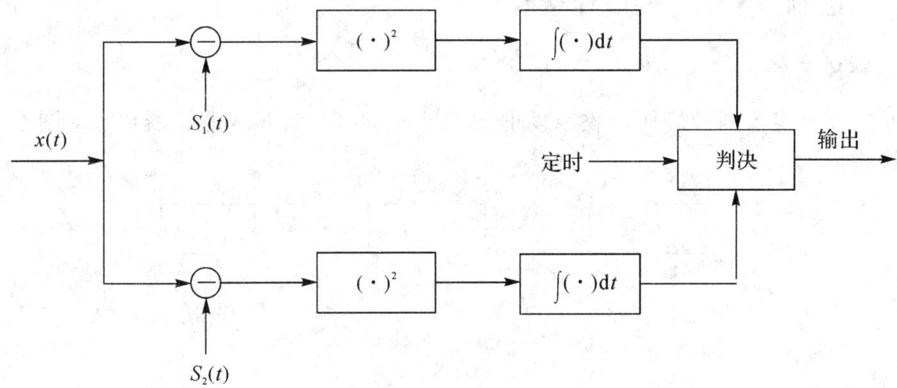

图 6-34　最佳接收机模型

将式(6-149)和式(6-150)进行化简，得

$$\overline{\varepsilon_1^2(t)} = \frac{1}{T}\int_0^T [X^2(t) - 2X(t)\cdot S_1(t) + S_1^2(t)]\mathrm{d}t \tag{6-151}$$

$$\overline{\varepsilon_2^2(t)} = \frac{1}{T}\int_0^T [X^2(t) - 2X(t)\cdot S_2(t) + S_2^2(t)]\mathrm{d}t \tag{6-152}$$

根据判决准则，若$\overline{\varepsilon_1^2(t)} < \overline{\varepsilon_2^2(t)}$，则判为 $S_1(t)$，即

$$\frac{1}{T}\int_0^T [X(t)^2 - 2X(t)\cdot S_1(t) + S_1^2(t)]\mathrm{d}t < \frac{1}{T}\int_0^T [X^2(t) - 2X(t)\cdot S_2(t) + S_2^2(t)]\mathrm{d}t \tag{6-153}$$

式中，假定

$$\frac{1}{T}\int_0^T S_1^2(t)\mathrm{d}t = \frac{1}{T}\int_0^T S_2^2(t)\mathrm{d}t = \frac{E}{T}$$

其中，E 为码元信号的能量，E/T 是它们的平均功率，则上式可简化为

$$\int_0^T X(t)S_1(t)\mathrm{d}t > \int_0^T X(t)S_2(t)\mathrm{d}t\text{，判为 } S_1(t) \tag{6-154}$$

$$\int_0^T X(t)S_1(t)\mathrm{d}t < \int_0^T X(t)S_2(t)\mathrm{d}t\text{，判为 } S_2(t) \tag{6-155}$$

由此可见，这时的最佳接收机可以用相关接收机来代替，其模型如图 6-35 所示。

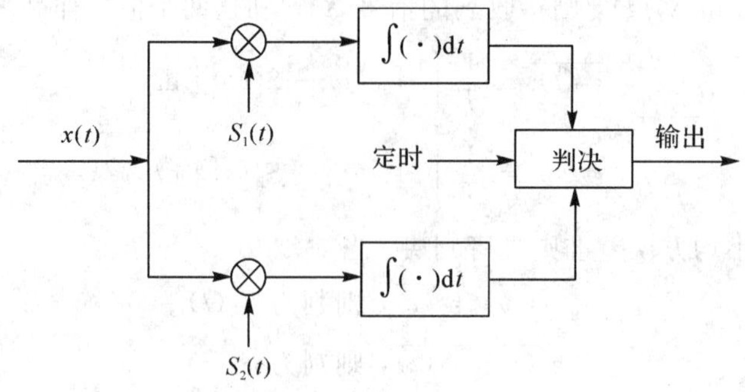

图 6-35　相关接收机模型

6.3.4　二进制数字信号的最佳接收

1. 2ASK 系统

图 6-36 给出了两种最佳接收原理框图，图 6-36(a)为匹配滤波器接收，图 6-36(b)为相关接收。

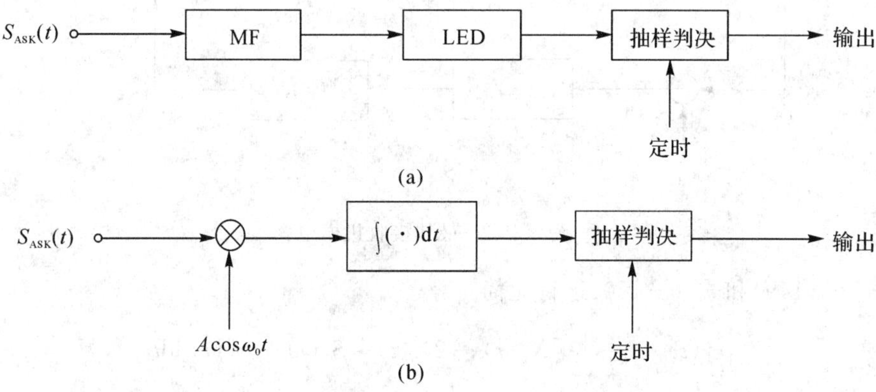

图 6-36　2ASK 系统的最佳接收原理框图

2. 2FSK 系统

匹配滤波器也叫动态滤波器，图 6-37 给出了用动态滤波器作为匹配滤波器的 2FSK 系统的最佳接收机模型。

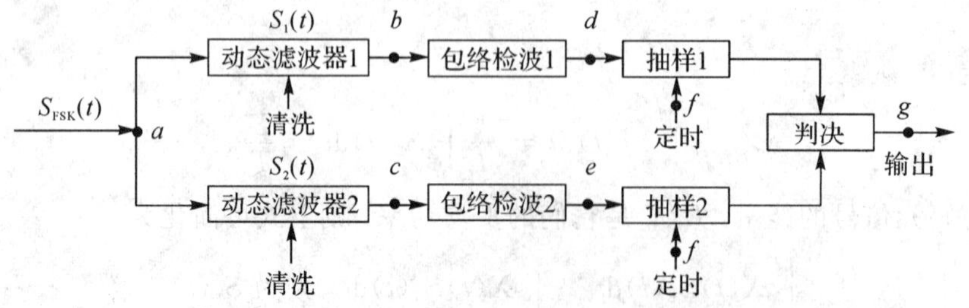

图 6-37　2FSK 系统的最佳接收机模型

图 6-38 给出了接收机解调器各点的波形。在输入 2FSK 信号后，动态滤波器(MF_1)将与相对应的频率 f_1 的波形相匹配，在其输出端得到一线性增长的振荡，在码元结束时刻

能得到最大的信噪比；而另一个动态滤波器在码元结束时刻输出为零。因此，在每个码元结束时刻进行抽样判决，便能解调出数字信息。同时，在码元结束后，将动态滤波器内存储的能量消除掉(清洗)，以便等待下一个码元信号的到来。

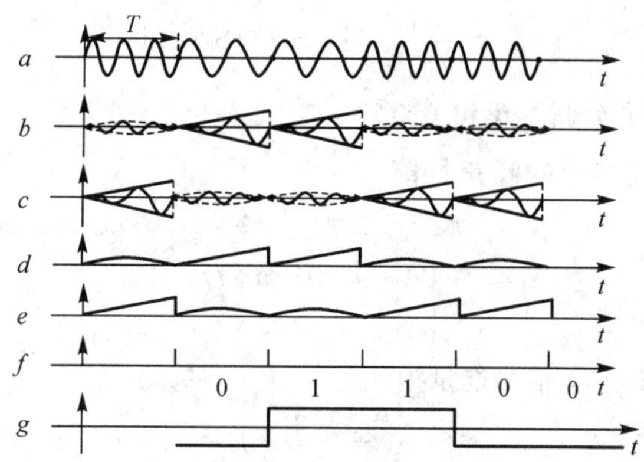

图 6-38　2FSK 最佳接收机解调器各点的波形

3. 2PSK 系统

2PSK 系统最佳接收原理框图，如图 6-39 所示。

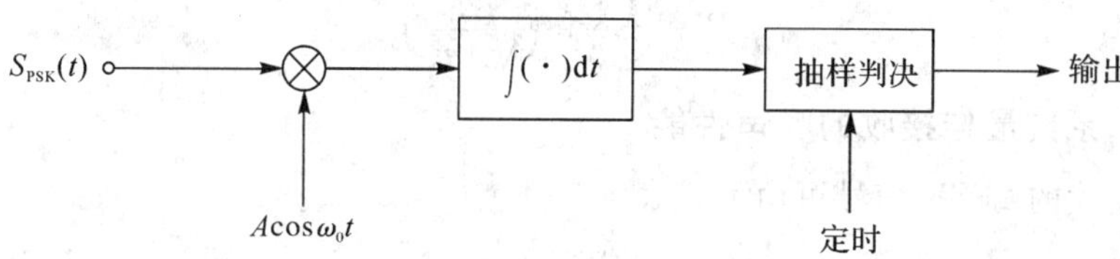

图 6-39　2PSK 系统的最佳接收原理框图

6.3.5　二进制最佳接收的噪声性能

因为匹配滤波器和相关接收两者是等效的，所以可以从两者中任选一种方法来分析计算最佳接收时的误码率，下面以相关接收为例进行讨论。

设二进制信号 $S_1(t)$ 和 $S_2(t)$ 的概率分别为 P_1 和 P_2，信道噪声为高斯白噪声，接收到的信号的波形为

$$X(t)=\begin{cases}S_1(t)+n_i(t)\\S_2(t)+n_i(t)\end{cases}\tag{6-156}$$

最佳接收机是在一个码元时间 T_s 内，通过 $X(t)$ 与发送波形的相关运算进行判决。若判决门限为 V_T 时，当

$$\int_0^{T_s}X(t)[S_2(t)-S_1(t)]\mathrm{d}t>V_T\tag{6-157}$$

时，判为 $S_2(t)$，否则判为 $S_1(t)$。当 $P_1=P_2=1/2$ 时，有

$$V_T=\frac{E_1-E_2}{2}\tag{6-158}$$

式中，$E_i(i=1, 2)$ 为接收信号的能量。

$$E_i=\int_0^{T_s}S_i^2(t)\mathrm{d}t$$

这时系统的平均误码率由下式决定：

$$P_e=\frac{1}{2}\text{erfc}\left(\sqrt{\frac{E_1+E_2-\rho\sqrt{E_1E_2}}{4n_0}}\right) \tag{6-159}$$

$$\rho=\frac{1}{\sqrt{E_1E_2}}\int_0^{T_b}S_1(t)S_2(t)\,\mathrm{d}t \tag{6-160}$$

式中，ρ 为 $S_1(t)$ 和 $S_2(t)$ 的归一化相关系数。

1. 2ASK 系统最佳接收的噪声性能

因其表达式为

$$X(t)=\begin{cases}A\cos\omega_0t+n_1(t), & \text{“1”}\\ n_1(t), & \text{“0”}\end{cases} \tag{6-161}$$

在一个码元时间 T_s 内，信号能量为

$$E_1=\frac{A^2T}{2}=E \tag{6-162}$$

相关接收时，在每一个码元结束时，对积分器的输出进行抽样并与门限电平 V_T 比较，如果抽样值大于 V_T，判为“1”，否则判为“0”。因为 $S_2(t)=0$，故 $E=0$，$\rho=0$。将它们代入式(6-159)得

$$P_e=\frac{1}{2}\text{erfc}\left(\sqrt{\frac{E}{4n_0}}\right) \tag{6-163}$$

2. 2FSK 系统最佳接收的噪声性能

相位不连续的 2FSK 信号可由下式表示：

$$X(t)=\begin{cases}A\cos\omega_1t, & \text{“1”}\\ A\cos\omega_2t, & \text{“0”}\end{cases} \tag{6-164}$$

每比特时间内的信号能量为

$$E_1=E_2=\frac{A^2T_s}{2} \tag{6-165}$$

设

$$\begin{aligned}\omega_1&=\omega_0+\Delta\omega\\ \omega_2&=\omega_0+\Delta\omega\end{aligned} \tag{6-166}$$

若 ω_1 和 ω_2 是码元速率 $\omega_s=2\pi/T_s$ 的整数倍，且 $\omega_1>\omega_2$，则 ω_0T_s 和$\Delta\omega T_s$ 是 π 的整数倍。这时，2FSK 信号中两个载波是正交的，则

$$\rho=0 \tag{6-167}$$

将式(6-165)和式(6-167)代入式(6-159)得

$$P_e=\frac{1}{2}\text{erfc}\left(\sqrt{\frac{E}{2n_0}}\right) \tag{6-168}$$

3. 2PSK 系统最佳接收的噪声性能

在 2PSK 系统中，代表不同消息的前、后两个码元的载波相位通常相差 π，所以 2PSK 信号可表示为

$$X(t)=\begin{cases}A\cos\omega_0t, & \text{“1”}\\ -A\cos\omega_0t, & \text{“0”}\end{cases} \tag{6-169}$$

假设消息信号是等概率出现的双极性二进制随机序列，则 $P(1)=P(0)=1/2$，$E_1=E_2=E$，$\rho=-1$，代入式(6-159)得

$$P_e=\frac{1}{2}\text{erfc}\left(\sqrt{\frac{E}{n_0}}\right) \tag{6-170}$$

4. 信噪比 r，E_b/n_0 和带宽 B 的关系

在对二进制最佳接收噪声性能的推导过程中，采用了 E_b/n_0 参数。E_b 为单位比特的平均信号能量，n_0 为噪声的单边功率谱密度，但人们在实际中能够直接测量到的是平均信号功率谱 S 和噪声的平均功率 N，并由此可得到信噪比 $r=S/N$。下面讨论 S/N 与 E_b/n_0 之间的关系。

假设每隔 T_b，发送一个码元，则传码率为 $R_B=1/T_b$(B)，对于二进制调制，$R_B=R_b$，R_b 信息传输速率对于 M 进制，有

$$R_b=R_B\text{lb}M \tag{6-171}$$

因此信号的平均功率为

$$S=\frac{E_B}{T_b}=E_BR_B=\frac{E_bR_b}{\text{lb}M} \tag{6-172}$$

这里，E_B 为平均信号能量。

在二进制时 $E_b=E_B$，即

$$S=E_bR_b \tag{6-173}$$

而在接收机带宽为 B 时，接收到的噪声功能为

$$N=n_0B \tag{6-174}$$

因此信噪比可表示为

$$\frac{S}{N}=\frac{E_bR_b}{n_0B}=\left(\frac{E_b}{n_0}\right)\left(\frac{R_b}{B}\right) \tag{6-175}$$

这里 R_b/B 为频带利用率。

式(6-175)给出了信噪比与 E_b/n_0 之间的关系，当信噪比一定时，E_b/n_0 随不同调制方式的频带利用率而变。反之，当 E_b/n_0 一定时，信噪比也随频带利用率的不同而不同。

6.4　多进制数字调制

所谓多进制数字调制，就是利用多进制数字基带信号去调制高频载波的某个参量，如幅度、频率或相位的过程。根据被调参量的不同，多进制数字调制可分为多进制幅度键控(MASK)、多进制频移键控(MFSK)以及多进制相移键控(MPSK 或 MDPSK)。也可以把载波的两个参量组合起来进行调制，如把幅度和相位组合起来得到多进制幅相键控(MAPK)或它的特殊形式多进制正交幅度调制(MQAM)等。

由于多进制数字已调信号的被调参数在一个码元间隔内有多个取值，因此，与二进制数字调制相比，多进制数字调制有以下特点：

(1) 在码元速率相同条件下，可以提高信息速率，使系统频带利用率增大。码元速率相同时，M 进制数据传输系统的信息速率是二进制的 lb$M$ 倍。在实际应用中，通常取 $M=2^k$，k 为大于 1 的正整数。

(2) 在信息速率相同条件下，可以降低码元速率，以提高传输的可靠性。信息速率相同时，M 进制的码元宽度是二进制的 lb$M$ 倍，这样可以增加每个码元的能量，并能减小码间串扰影响等。

正是基于这些特点，多进制数字调制方式得到了广泛的使用。不过，获得以上特点所付出的代价是信号功率需求增加和实现复杂度加大。

6.4.1 多进制数字幅移键控(MASK)

1. MASK 信号的波形及表示式

多进制数字幅移键控(MASK)又称为多进制数字幅度调制又称为多电平调制，它是二进制数字幅度调制方式的推广。M 进制幅度调制信号的载波振幅有 M 种取值，在一个码元期间 T_b 内，发送其中的一种幅度的载波信号。MASK 已调信号的表示式为

$$S_{\text{MASK}}(t)=S(t)\cos\omega_c t \tag{6-176}$$

这里，$S(t)$ 为 M 进制数字基带信号：

$$S(t)=\sum_{n\to-\infty}^{+\infty}a_n g(t-nT_b) \tag{6-177}$$

式中，$g(t)$ 是高度为 1、宽度为 T_b 的门函数；a_n 有 M 种取值：

$$a_n=\begin{cases}0, & \text{出现的概率为 } P_0\\ 1, & \text{出现的概率为 } P_1\\ 2, & \text{出现的概率为 } P_2\\ \cdots\cdots & \\ M-1, & \text{出现的概率为 } P_{M-1}\end{cases} \tag{6-178}$$

且 $P_0+P_1+P_2+\cdots+P_{M-1}=1$。

图 6-40(a)、(b)分别为四进制数字基带信号 $S(t)$ 和已调信号 $S_{\text{MASK}}(t)$ 的波形图。

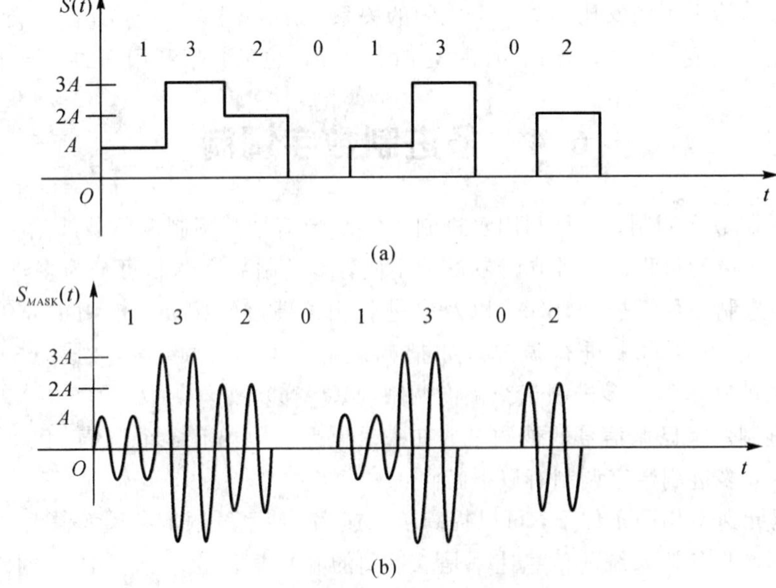

图 6-40 四进制数字幅度调制波形

可以看出，图 6-40(b)的波形可以等效为图 6-41 诸波形的叠加。

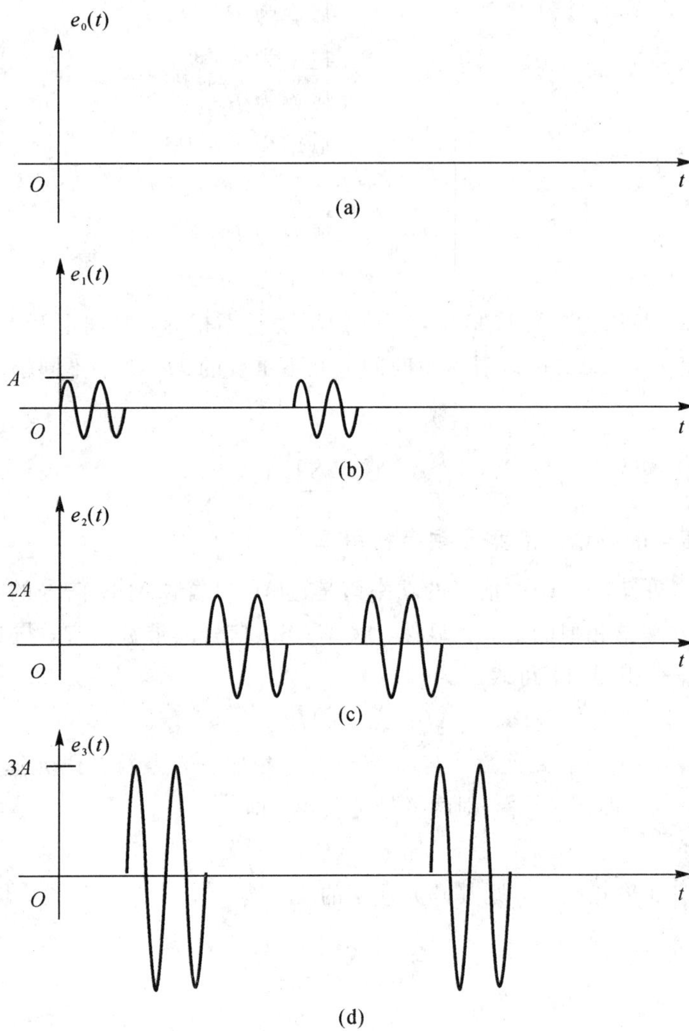

图 6-41　四进制数字幅度调制波形的分解

图 6-41 中的各个波形可表示为

$$\begin{cases} e_0(t) = \sum_n c_0 g(t-nT_b)\cos\omega_c t \\ e_1(t) = \sum_n c_1 g(t-nT_b)\cos\omega_c t \\ e_2(t) = \sum_n c_2 g(t-nT_b)\cos\omega_c t \\ \cdots\cdots \\ e_{M-1}(t) = \sum_n c_{M-1} g(t-nT_b)\cos\omega_c t \end{cases} \tag{6-179}$$

式中

$$\begin{cases} c_0 = 0, & \text{概率为 } 1 \\ c_1 = \begin{cases} 1, \\ 0, \end{cases} & \begin{matrix} \text{概率为 } P_1 \\ \text{概率为 } 1 - P_1 \end{matrix} \\ c_2 = \begin{cases} 2, \\ 0, \end{cases} & \begin{matrix} \text{概率为 } P_2 \\ \text{概率为 } 1 - P_2 \end{matrix} \\ \cdots\cdots \\ c_{M-1} = \begin{cases} M-1, \\ 0, \end{cases} & \begin{matrix} \text{概率为 } P_{M-1} \\ \text{概率为 } 1 - P_{M-1} \end{matrix} \end{cases} \tag{6-180}$$

$e_0(t)$，…，$e_{M-1}(t)$均为 2ASK 信号，但它们幅度互不相等，时间上互不重叠。$e_0(t)=0$可以不考虑。因此，$S_{MAKS}(t)$可以看做由时间上互不重叠的 $M-1$ 个不同幅度的 2ASK 信号叠加而成。即

$$S_{MASK}(t) = \sum_{i=1}^{M-1} e_i(t) \tag{6-181}$$

2. MASK 信号的频谱、带宽及频带利用率

由式(6-181)可知，MASK 信号的功率谱是这 $M-1$ 个 2ASK 信号的功率谱之和，因而具有与 2ASK 功率谱相似的形式。显然，就 MASK 信号的带宽而言，与其分解的任一个 2ASK 信号的带宽是相同的，可表示为

$$B_{MASK} = 2f_b \tag{6-182}$$

其中，$f_b=1/T_b$ 是多进制码元速率。与 2ASK 信号相比较，当两者码元速率相等(记二进制码元速率为 f'_b)时，即 $f_b=f'_b$，则两者带宽相等，即

$$B_{MASK} = B_{2ASK} \tag{6-183}$$

当两者的信息速率相等时，则其码元速率的关系为

$$f_b = \frac{f'_b}{k} \quad \text{或} \quad f'_b = kf_b \tag{6-184}$$

其中

$$k = \text{lb}M \tag{6-185}$$

把式(6-184)代入式(6-182)可得

$$B_{MASK} = \frac{1}{k} B_{2ASK} \tag{6-186}$$

可见，当信息速率相等时，MASK 信号的带宽只是 2ASK 信号带宽的 $1/k$。

通常是以信息速率来考虑频带利用率 η 的，按定义有

$$\eta = \frac{kf_b}{B_{MASK}} = \frac{kf_b}{2f_b} = \frac{k}{2}[\text{b/(s·Hz)}] \tag{6-187}$$

它是 2ASK 系统的 k 倍。这说明如果以信息速率来考虑频带利用率，MASK 系统的频带利用率高于 2ASK 系统的频带利用率。

3. MASK 信号的调制解调方法

M 进制幅度调制系统原理框图如图 6-42 所示，它与 2ASK 系统非常相似。不同的只是，基带信号由二电平变为多电平。为此，发送端增加了 2-M 电平变换器，将二进制信息

序列每 k 个分为一组($k=\text{lb}M$)，变换为 M 电平基带信号，再送入调制器。相应地，在接收端增加了 $M-2$ 电平变换器。多进制数字幅度调制信号的解调可以采用相干解调方式，也可以采用包络检波方式。其原理与 2ASK 的完全相同。

由于采用多电平，因而要求调制器为线性调制器，即已调信号幅度应与输入基带信号幅度成正比。

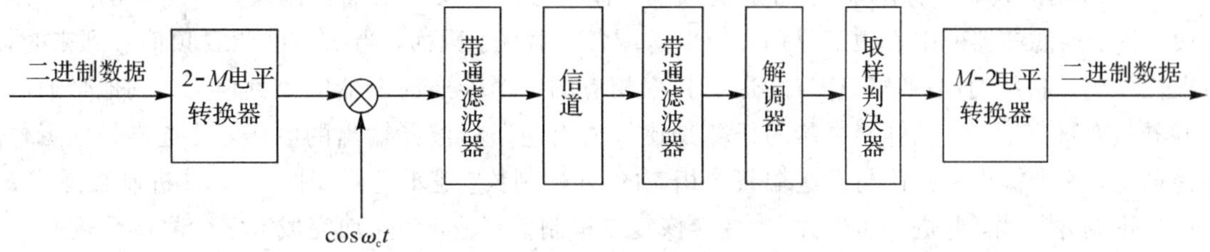

图 6-42　M 进制幅度调制系统原理框图

除了图 6-42 所示的双边带幅度调制外，多进制数字幅度调制还有多电平残留边带调制、多电平单边带调制等，其原理与模拟调制时完全相同。

MASK 调制中最简单的基带信号波形是矩形，为了限制信号频谱也可以采用其他波形，例如升余弦滚降波形、部分响应波形等。

6.4.2　多进制数字频移键控(MFSK)

1. MFSK 调制解调原理

多进制数字频移键控(MFSK)又称为多进制数字频率调制，简称多频制，是 2FSK 方式的推广。它是用 M 个不同的载波频率代表 M 种数字信息。

MFSK 系统的组成方框图如图 6-43 所示。发送端采用键控选频的方式，接收端采用非相干解调方式。

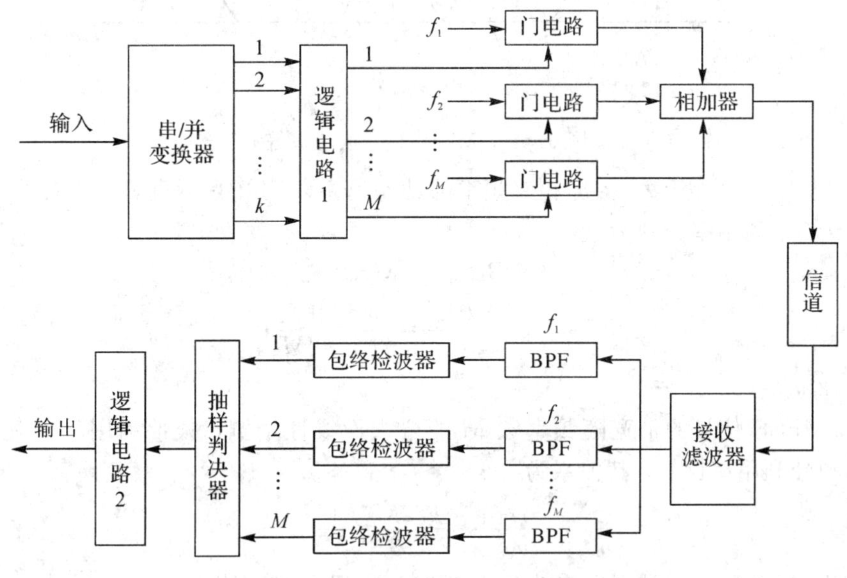

图 6-43　MFSK 系统的组成方框图

图 6-43 中，串/并变换器和逻辑电路 1 将一组组输入的二进制码(每 k 个码元为一组)对应地转换成有 $M(M=2^k)$种状态的一个个多进制码。这 M 个状态分别对应 M 个不同的载波频率(f_1、f_2、… 、f_M)。当某组 k 位二进制码到来时，逻辑电路 1 的输出一方面接通某个门电路，让相应的载频发送出去，另一方面同时关闭其余所有的门电路。于是当输入一组组二进制码元时，经相加器组合输出的便是一个 M 进制调频波形。

M 频制的解调部分由 M 个带通滤波器、包络检波器及一个抽样判决器、逻辑电路 2 组成。各带通滤波器的中心频率分别对应发送端各个载频。因而，当某一已调载频信号到来时，在任一码元持续时间内，只有与发送端频率相应的一个带通滤波器能收到信号，其他带通滤波器只有噪声通过。抽样判决器的任务是比较所有包络检波器输出的电压，并选出最大者作为输出，这个输出是一位与发送端载频相应的 M 进制数。逻辑电路 2 把这个 M 进制数译成 k 位二进制并行码，并进一步做并/串变换恢复二进制信息输出，从而完成数字信号的传输。

2. MFSK 信号的频谱、带宽及频带利用率

键控法产生的 MFSK 信号，可以看做由 M 个幅度相同、载频不同、时间上互不重叠的 2ASK 信号叠加的结果。设 MFSK 信号码元的宽度为 T_b，即传输速率 $f_b=1/T_b$(B)，则 M 频制信号的带宽为

$$B_{MASK}=f_M-f_1+2f_b \tag{6-188}$$

式中，f_M 为最高选用载频，f_1 为最低选用载频。

MFSK 信号的功率谱 $P(f)$如图 6-44 所示。

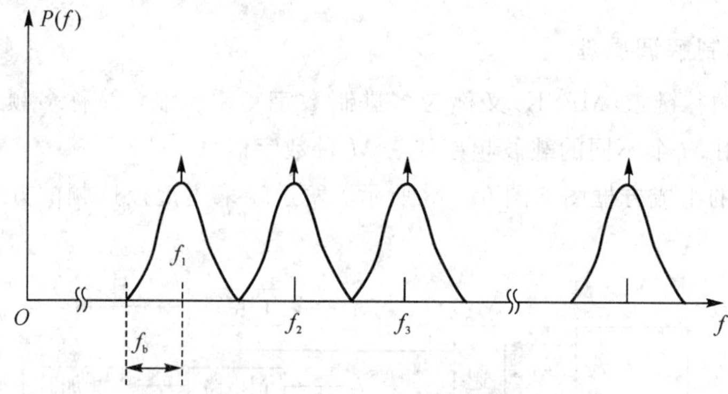

图 6-44　MFSK 信号的功率谱

若相邻载频之差等于 $2f_b$，即相邻频率的功率谱主瓣刚好互不重叠，这时的 MFSK 信号的带宽及频带利用率分别为

$$B_{MASK}=2Mf_b \tag{6-189}$$

$$\eta_{MASK}=\frac{kf_b}{B_{MASK}}=\frac{k}{2M}=\frac{\text{lb}M}{2M} \tag{6-190}$$

式中，$M=2^k$，$k=2$、3、…。

可见，MFSK 信号的带宽随频率数 M 的增大而线性增宽，频带利用率明显下降。与 MASK 的频带利用率比较，其关系为

$$\frac{\eta_{MFSK}}{\eta_{MASK}}=\frac{k/2M}{k/2}=\frac{1}{M} \tag{6-191}$$

这说明，MFSK 的频带利用率总是低于 MASK 的频带利用率。

6.4.3　多进制数字相移键控(MPSK)

1. 多相制信号表达式及相位配置

多进制数字相移键控(MPSK)又称为多进制数字相位调制，简称多相制，是二相制的推广。它是利用载波的多种不同相位状态来表征数字信息的调制方式。与二进制数字相位调制相同，多进制数字相位调制也有绝对相位调制(MPSK)和相对相位调制(MDPSK)两种。

设载波为 $\cos\omega_c t$，则 M 进制数字相位调制信号可表示为

$$\begin{aligned} s_{\mathrm{MPSK}}(t) &= \sum_n g(t-nT_b)\cos(\omega_c t+\varphi_n) \\ &= \cos\omega_c t\sum_n \cos\varphi_n g(t-nT_b) - \sin\omega_c t\sum_n \sin\varphi_n g(t-nT_b) \end{aligned} \tag{6-192}$$

式中，$g(t)$是高度为 1、宽度为 T_b 的门函数；T_b 为 M 进制码元的持续时间，亦即 $k(k=\mathrm{lb}M)$ 比特二进制码元的持续时间；φ_n 为第 n 个码元对应的相位，共有 M 种不同取值：

$$\varphi_n=\begin{cases} \theta_1, & 概率为 P_1 \\ \theta_2, & 概率为 P_2 \\ \cdots\cdots & \\ \theta_M, & 概率为 P_M \end{cases} \tag{6-193}$$

且

$$P_1+P_2+\cdots+P_M=1$$

由于一般都是在 $0\sim2\pi$ 范围内等间隔划分相位的(这样造成的平均差错概率将最小)，因此相邻相移的差值为 $\Delta\theta=\dfrac{2\pi}{M}$。

令 $a_n=\cos\varphi_n$，$b_n=\sin\varphi_n$，从而式(6 - 192)变为

$$\begin{aligned} S_{\mathrm{MPSK}}(t) &= \left[\sum_n a_n g(t-nT_b)\right]\cos\omega_c t - \left[\sum_n b_n g(t-nT_b)\right]\sin\omega_c t \\ &= I(t)\cos\omega_c t - Q(t)\sin\omega_c t \end{aligned} \tag{6-194}$$

其中

$$I(t) = \left[\sum_n a_n g(t-nT_b)\right]$$

$$Q(t) = \left[\sum_n b_n g(t-nT_b)\right]$$

分别为多电平信号。式(6 - 194)中第一项常称为同相分量，第二项称为正交分量。由此可见，MPSK 信号可以看成是两个正交载波进行多电平双边带调制所得两路 MASK 信号的叠加。这样，就为 MPSK 信号的产生提供了依据，实际中，常用正交调制的方法产生 MPSK 信号。

M 进制数字相位调制信号还可以用矢量图来描述，图 6 - 45 画出了 $M=2$、4、8 三种情况下的矢量图。具体的相位配置的两种形式，根据 ITU - T 的建议，图 6 - 45(a)所示的移相方式，称为 A 方式；图 6 - 45(b)所示的移相方式，称为 B 方式。图中注明了各相位状态及其所代表的 k 比特码元。以 A 方式 4PSK 为例，载波相位有 0、$\pi/2$、π 和 $3\pi/2$ 四种，分别对应信息码元 00、10、11 和 01。虚线为参考相位，对 MPSK 而言，参考相位为载波的初相，通常以 0°载波相位作为参考适量；对 MDPSK 而言，这个基准相位也就是前一个调制码元的相位。各相位值都是对参考相位而言的，正为超前，负为滞后。

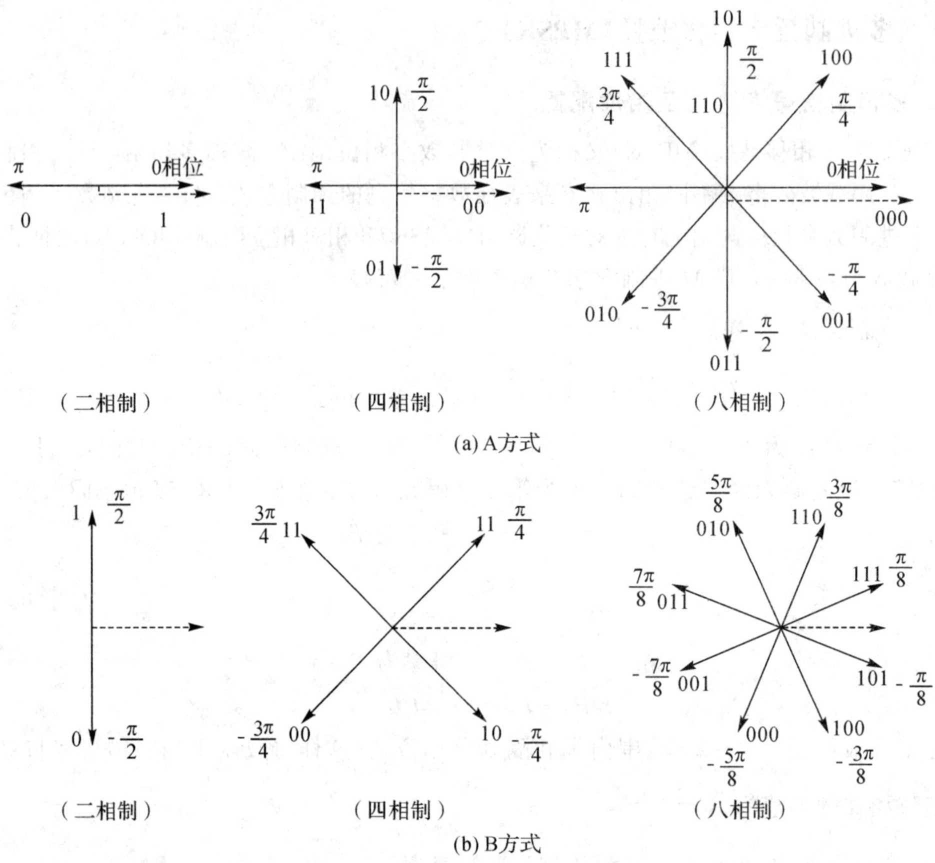

（二相制）（四相制）（八相制）

(a) A方式

（二相制）（四相制）（八相制）

(b) B方式

图 6-45　MPSK 相位配置矢量图

在 M 进制数字相位调制中，四进制绝对移相键控(4PSK，又称 QPSK)和四进制差分相位键控(4DPSK，又称 QDPSK)用的最为广泛。下面着重介绍多进制数字相位调制的这两种形式。

四相制用载波的四种不同相位来表征数字信息。由于四种不同相位可代表四种不同的数字信息，因此，输入的二进制数字序列应该先进行分组，将每两比特编为一组，有四种组合(00，10，01，11)，然后用载波的四种相位来分别表示它们。由于每种载波相位代表两比特信息，故每个四进制码元又称为双比特码元。表 6-2 是双比特码元与载波相位的对应关系。4PSK 的波形如图 6-46 所示。

表 6-2　双比特码元与载波相位的对应关系

双比特码	A 方式(π/2 相移系统)	B 方式(π/4 相移系统)
00	0	$-3\pi/4$
10	$\pi/2$	$-\pi/4$
11	π	$\pi/4$
01	$-\pi/2$	$3\pi/4$

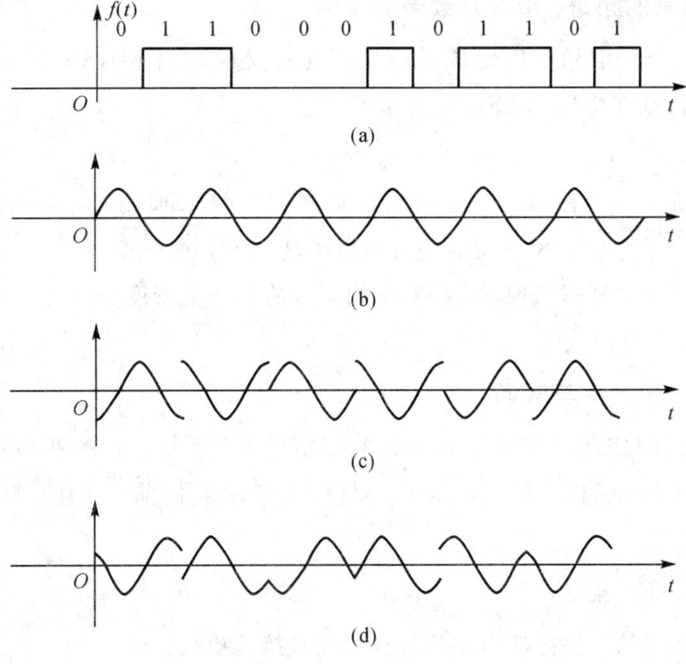

(a) 双比特码元；(b) 载波；(c) $\frac{\pi}{2}$ - 4PSK系统；(d) $\frac{\pi}{4}$ - 4PSK系统

图 6-46　4PSK 的波形图

MPSK 仍然同 2PSK 一样，在接收机解调时，由于相干载波的相位不确定性，使得解调后的输出信号不确定。为了克服这种缺点，在实际通信中通常采用多进制相对移相系统。下面仍以四进制相对移相信号 4DPSK 为例进行讨论。

四进制相对移相调制是利用前、后码元之间的相对相位变化来表示数字信息的。若以前一码元相位作为参考，并令 $\Delta\phi$ 作为本码元与前一码元相位的初相差，双比特码元对应的相位差 $\Delta\phi$ 的关系仍采用表 6-2 所列形式，它们之间的矢量关系也可用图 6-45 表示。4DPSK 的信号波形如图 6-47 所示。

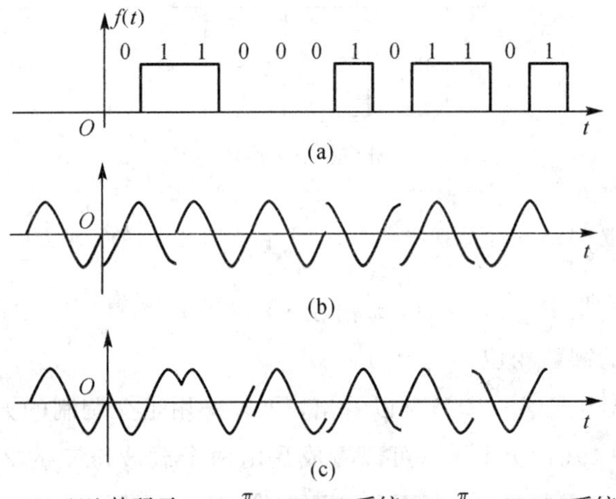

(a) 双比特码元；(b) $\frac{\pi}{2}$ – 4DPSK系统；(c) $\frac{\pi}{4}$ – 4DPSK系统

图 6-47　4DPSK 信号波形图

2. MPSK 信号的频谱、带宽及频带利用率

前已说过，MPSK 信号可以看成是载波互为正交的两路 MASK 信号的叠加，因此，MPSK 信号的频带宽度应与 MASK 时的相同。即

$$B_{MPSK}=B_{MASK}=2f_b \tag{6-195}$$

其中，$f_b=1/T_b$ 是 M 进制码元速率。此时信息速率与 MASK 相同，是 2ASK 及 2PSK 的 $\text{lb}M=k$ 倍。也就是说，MPSK 系统的频带利用率是 2PSK 的 k 倍。

当相对相位变化等概率出现时，相对调相信号的功率谱密度与绝对调相信号的功率谱密度相同，其带宽计算同式(6-195)。

3. 4PSK 信号的产生与解调

4PSK 利用载波的四种不同相位来表征数字信息。由于每一种载波相位代表两比特信息，故每个四进制码元又称为双比特码元，习惯上把双比特的前一位用 a 代表，后一位用 b 代表。

1) 4PSK 信号的产生

多相制信号常用的产生方法有相位选择法及直接调相法。

(1) 相位选择法。由式(6-192)可以看出，在一个码元持续时间 T_b 内，4PSK 信号为载波四个相位中的某一个。因此，可以用相位选择法产生 4PSK 信号，其原理方框图如图 6-48所示。四相载波发生器产生 4PSK 信号所需的四种不同相位的载波。输入的二进制数码经串/并变换器输出双比特码元。按照输入的双比特码元的不同，逻辑选相电路输出相应相位的载波。例如，B 方式情况下，双比特码元 ab 为 11 时，输出相位为 45°的载波；双比特码元 ab 为 01 时，输出相位为 135°的载波等。

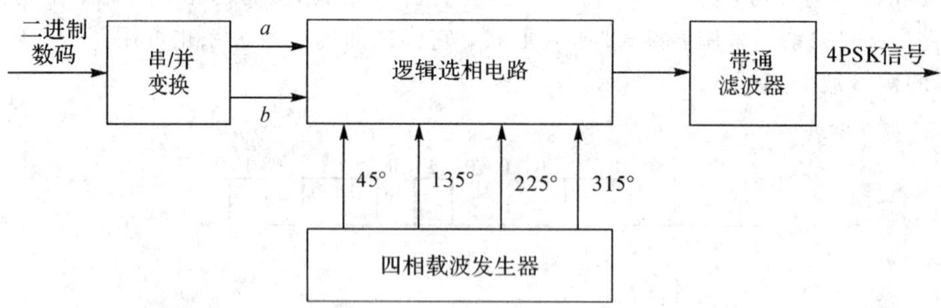

图 6-48　相位选择法产生 4PSK 信号(B 方式)的原理方框图

图 6-48 中产生的是 B 方式的 4PSK 信号。要想形成 A 方式的 4PSK 信号，只需调整四相载波发生器输出的载波相位即可。

(2) 直接调相法。由式(6-194)可以看出，可以采用正交调制的方式产生 4PSK 信号，其原理方框图如图 6-49(a)所示。它可以看成是由两个载波正交的 2PSK 调制器构成的，分别形成图 6-49(b)中的虚线矢量，再经加法器合成后，得图 6-49(b)中的实线矢量。显然，其为 B 方式下 4PSK 相位配置情况。

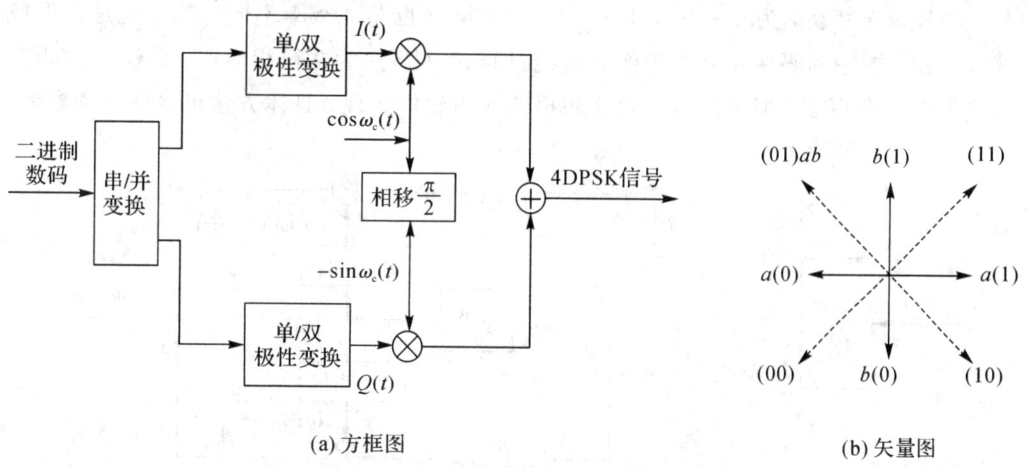

(a) 方框图　　(b) 矢量图

图 6-49　直接调相法产生 4PSK 信号的原理方框图

若要产生 4PSK 的 A 方式波形，只需适当改变振荡载波相位就可实现。

2）4PSK 信号的解调

由于 4PSK 信号可以看做是两个载波正交的 2PSK 信号的合成，因此，对 4PSK 信号的解调可以采用与 2PSK 信号类似的解调方法。图 6-50 是 B 方式 4PSK 信号的相干解调器的组成方框图。图中两个相互正交的相干载波分别检测出两个分量 a 和 b，然后，经并/串变换器还原成二进制双比特串行数字信号，从而恢复二进制信息。此法也称为极性比较法。

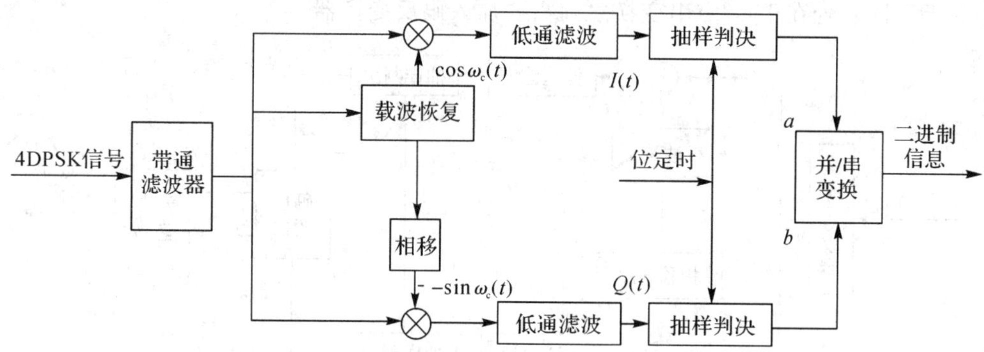

图 6-50　4PSK 信号的相干解调器的组成方框图

若解调 4PSK 信号（A 方式），只需适当改变相移网络。

在 2PSK 信号相干解调过程中会产生"倒 π"，即"180°相位模糊"现象。同样，对于 4PSK 信号，相干解调也会产生相位模糊问题，并且是 0°、90°、180°和 270°四个相位模糊。因此，在实际中更常用的是四进制相对相移调制，即 4DPSK。

4. 4DPSK 信号的产生与解调

1）4DPSK 信号的产生

与 2DPSK 信号的产生相类似，在直接调相的基础上加码变换器，就可形成 4DPSK 信号。图 6-51 所示为产生 4DPSK 信号（A 方式）的原理方框图。图中的单/双极性变换的规律与 4PSK 情况相反，为 0→+1，1→−1，相移网络也与 4PSK 不同，其目的是要形成 A 方式矢量图。图中的码变换器用于将并行绝对码 a、b 转换为并行相对码 c、d，其逻辑关系比二进制时复杂得多，但可以由组合逻辑电路或由软件实现，具体方法可参阅有关参考书。

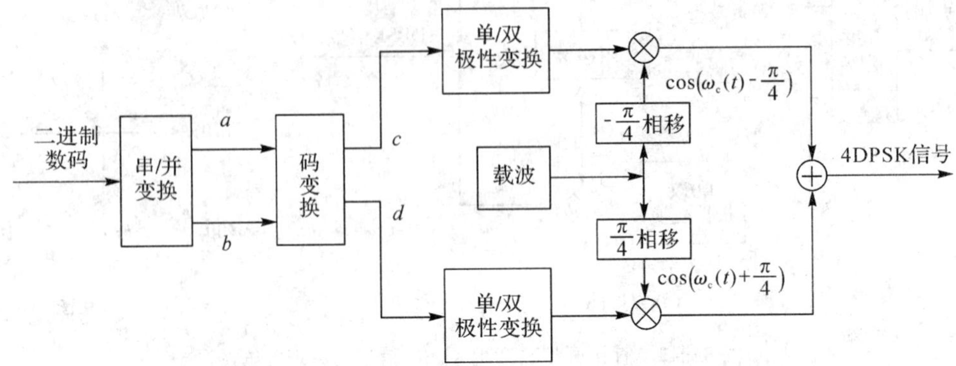

图 6-51　码变换-直接调相法产生 4DPSK 信号的原理方框图

也可采用相位选择法产生 4DPSK 信号，但同样应在逻辑选相电路之前加入码变换器。

2）4DPSK 信号的解调

4DPSK 信号的解调可以采用相干解调-码反变换器方式（极性比较法），也可采用差分相干解调（相位比较法）。

4DPSK 信号（B 方式）相干解调-码反变换器方式原理图如图 6-52 所示。与 4PSK 信号相干解调不同之处在于，并/串变换之前需要加入码反变换器。

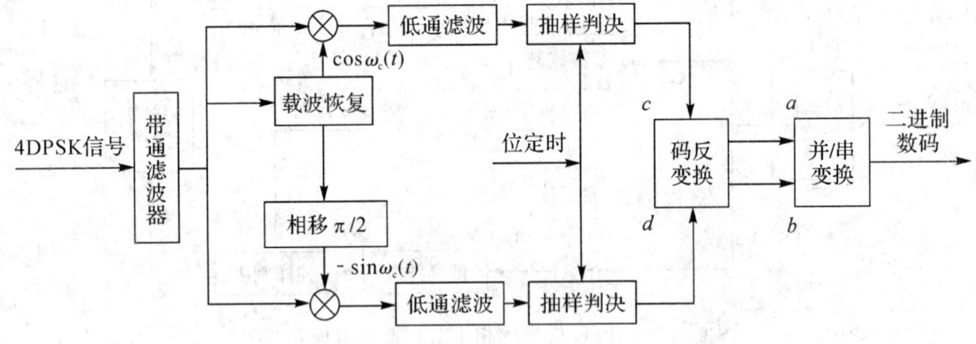

图 6-52　4DPSK 信号的相干解调-码反变换器解调

4DPSK 信号的差分相干解调方式原理图如图 6-53 所示。它也是仿照 2DPSK 差分检测法，用两个正交的相干载波，分别检测出两个分量 a 和 b，然后还原成二进制双比特串行数字信号。此法又称为相位比较法。

这种解调方法与极性比较法相比，主要区别在于：它利用延迟电路将前一码元信号延迟一码元时间后，分别作为上、下支路的相干载波。另外，它不需要采用码变换器，这是因为 4DPSK 信号的信息包含在前、后码元相位差中，而相位比较法解调的原理就是直接比较前、后码元的相位。

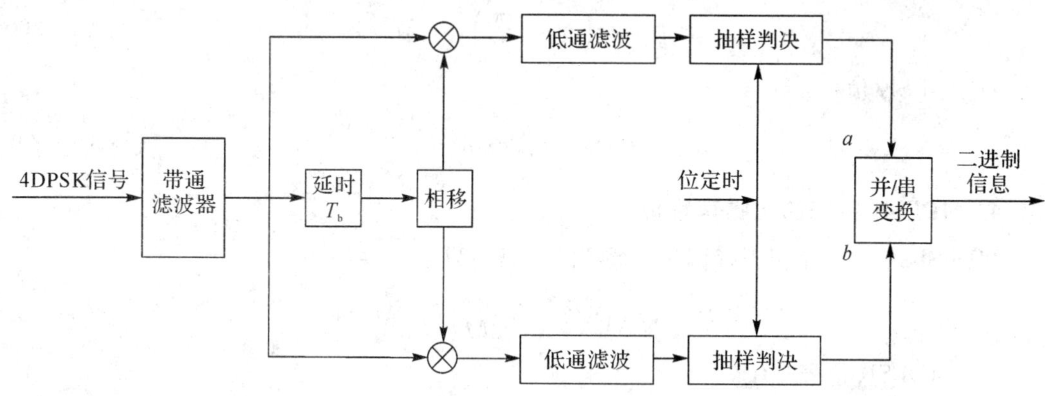

图 6－53　4DPSK 信号的差分相干解调方式原理图

6.4.4　多进制数字调制系统的误码率

在发射功率相同的条件下，多进制数字调制系统的误码率通常高于二进制数字调制系统的误码率。

1. MASK 系统的抗噪声性能

若 M 个双极性幅值的出现概率相等，并采用相干解调法和最佳判决门限电平，可以证明总的误码率为

$$P_e=\left(\frac{M-1}{M}\right)\text{erfc}\left(\sqrt{\frac{3r}{M^2-1}}\right) \tag{6-196}$$

若 M 为单极性幅值，则误码率为

$$P_e=\left(\frac{M-1}{M}\right)\text{erfc}\left(\sqrt{\frac{3r}{2(M-1)(2M-1)}}\right) \tag{6-197}$$

容易看出，为了得到相同的误码率 P_e，所需的信噪比 r 随电平数 M 增加而增大。例如，四电平系统比二电平系统所需信噪比约高 7 dB(5 倍)。

2. MFSK 系统的抗噪声性能

可以证明，MFSK 信号采用非相干解调时系统的误码率为

$$P_e\approx\left(\frac{M-1}{2}\right)e^{-\frac{r}{2}} \tag{6-198}$$

采用相干解调时系统的误码率为

$$P_e\approx\left(\frac{M-1}{2}\right)\text{erfc}\left(\sqrt{\frac{r}{2}}\right) \tag{6-199}$$

从式(6－198)和式(6－199)可以看出，MFSK 系统误码率随 M 增大而增加，但与多电平调制相比增加的速度要小得多。同时，MFSK 系统的主要缺点是信号频带宽、频带利用率低，但是其抗衰落和时延变化特性好。因此，MFSK 多用于调制速率较低及多径延时比较严重的信道，如短波信道等。

3. MPSK 系统的抗噪声性能

MPSK 信号采用相干解调时系统的误码率为

$$P_e \approx \text{erfc}\left(\sqrt{r}\sin\frac{\pi}{M}\right), \quad M \geqslant 4 \tag{6-200}$$

对于 4PSK 信号，有

$$P_e \approx \text{erfc}\left(\sqrt{r}\sin\frac{\pi}{4}\right) \tag{6-201}$$

4. MDPSK 系统的抗噪声性能

MDPSK 信号采用相干解调时，系统的误码率为

$$P_e \approx \text{erfc}\left(\sqrt{2r}\sin\frac{\pi}{2M}\right), \quad M \geqslant 4 \tag{6-202}$$

对于 4DPSK 信号，有

$$P_e \approx \text{erfc}\left(\sqrt{2r}\sin\frac{\pi}{8}\right) \tag{6-203}$$

上述各式中的 r 为接收带通滤波器输出的平均信噪比，即解调器输入端所需的信噪比。

6.5 本章 MATLAB 仿真实例

例 6-1 2ASK 信号调制与解调的 MATLAB 仿真。

以下程序实现了对 2ASK 信号调制与相干解调，并绘制了调制后的波形。仿真结果如图 6-54 所示。

```
clear all;
close all;
i=5;                              %5 个码元
j=5000;
t=linspace(0, 5, j);              %0~5 之间产生 5000 个点行矢量，即分成 5000 份
fc=2;                             %载波频率
fm=i/4;                           %码元速率
%产生基带信号
x=(rand(1, i))                    %rand 函数产生在 0~1 之间随机数，共 1~5 个
a=round(x);                       %随机序列，round 取最接近小数的整数
st=t;
for n=1:i

    if a(n)<1;
        for m=j/i*(n-1)+1:j/i*n
            st(m)=0;
        end
    else
        for m=j/i*(n-1)+1:j/i*n
            st(m)=1;
        end
    end
end
```

```
figure(1);
subplot(221);
plot(t, st);
axis([0, 5, -0.2, 1.2]);
title('基带信号');
s1=cos(2*pi*fc*t);                    %载波
subplot(222);
plot(t, s1);
axis([0, 5, -1, 1]);
title('载波信号');
e_2ask=st.*s1;                        %调制
subplot(223);
plot(t, e_2ask);
axis([0, 5, -1, 1]);
title('已调信号');

at=e_2ask.*cos(2*pi*fc*t);            %相干解调

at=at-mean(at);                       %因为是单极性波形，还有直流分量，应去掉

[f, af]=T2F(t, at);                   %通过低通滤波
[t, at]=lpf(f, af, 2*fm);
%抽样判决
for m=0:i-1;
    if at(1, m*1000+500)+0.5<0.5;
        for j=m*1000+1:(m+1)*1000;
            at(1, j)=0;
        end
    else
        for j=m*1000+1:(m+1)*1000;
            at(1, j)=1;
        end
    end
end
subplot(224)
plot(t, at);
axis([0, 5, -0.2, 1.2]);
title('相干解调后信号');
```

程序中需要用到脚本文件 T2F.m 和 lpf.m。2ASK 信号调制与解调的 MATLAB 仿真结果如图 6-54 所示。

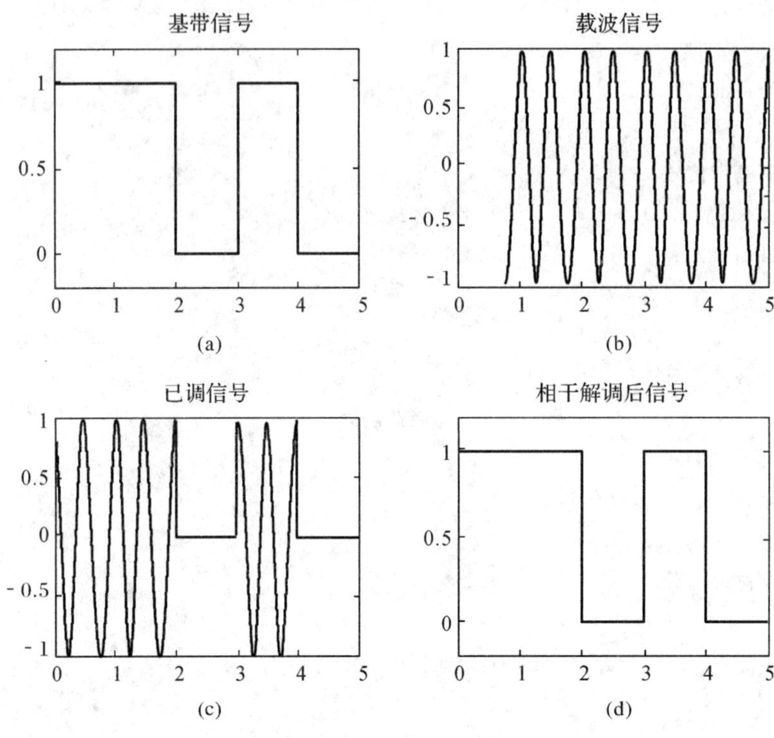

图 6-54　2ASK 信号仿真结果

```
%脚本文件 T2F.m 定义了函数 T2F，计算信号傅里叶变换
function[f, sf]=T2F(t, st)
dt=t(2)-t(1);
T=t(end);

df=1/T;
N=length(st);
f=-N/2*df:df:N/2*df-df;
sf=fft(st);
sf=T/N*fftshift(sf);

%脚本文件 lpf.m：定义了低通滤波函数
function[t, st]=lpf(f, sf, B)
df=f(2)-f(1);
T=1/df;
hf=zeros(1, length(f));
bf=[-floor(B/df/2):floor(B/df/2)]+floor(length(f)/2);
hf(bf)=1;
yf=hf.*sf;
[t, st]=F2T(f, yf);
st=real(st);
```

例 6-2　2FSK 信号调制与解调的 MATLAB 仿真。

以下程序实现了 2FSK 信号调制与相干解调，并绘制调制后的波形。仿真结果如图 6-55所示。

```
clear all
close all
i=5;                                    %基带信号码元数
j=5000;
a=round(rand(1, i));                    %产生随机序列
t=linspace(0, 5, j);
f1=10;                                  %载波 1 频率
f2=5;                                   %载波 2 频率
fm=i/5;                                 %基带信号频率
B1=2*f1;                                %载波 1 带宽
B2=2*f2;                                %载波 2 带宽
%产生基带信号
st1=t;
for n=1:i
if a(n)<1;
for m=j/i*(n-1)+1:j/i*n
st1(m)=0;
end
else
for m=j/i*(n-1)+1:j/i*n
st1(m)=1;
end
end
end
st2=t;
%基带信号求反
for n=1:j;
if st1(n)>=1;
st2(n)=0;
else
st2(n)=1;
end
end;
figure(1);
subplot(511);
plot(t, st1);
axis([0, 5, -1, 2]);
title('基带信号');
```

```
%载波信号
s1=cos(2*pi*f1*t)
s2=cos(2*pi*f2*t)
subplot(512), plot(s1);
title('载波信号 1');
subplot(513), plot(s2);
title('载波信号 2');
%调制
F1=st1.*s1;                                   %加入载波 1
F2=st2.*s2;                                   %加入载波 2

fsk=F1+F2;
subplot(514);
plot(t, fsk);
title('2FSK 信号')
%相干解调
st1=fsk.*s1;                                  %与载波 1 相乘
[f, sf1]=T2F(t, st1);                         %通过低通滤波器
[t, st1]=lpf(f, sf1, 2*fm);

st2=fsk.*s2;                                  %与载波 2 相乘
[f, sf2]=T2F(t, st2);                         %通过低通滤波器
[t, st2]=lpf(f, sf2, 2*fm);

for m=0:i-1;
%抽样判决
if st1(1, m*1000+500)<st2(1, m*1000+500);
for j=m*1000+1:(m+1)*1000;
at(1, j)=0;
end
else
for j=m*1000+1:(m+1)*1000;
at(1, j)=1;
end
end
end;
subplot(515)
plot(t, at);
axis([0, 5, -1, 2]);
title('抽样判决后波形')
```

源程序中也需要用到脚本文件 T2F.m 和 lpf.m。2FSK 信号调制与解调的 MATLAB 仿真结果如图 6-55 所示。

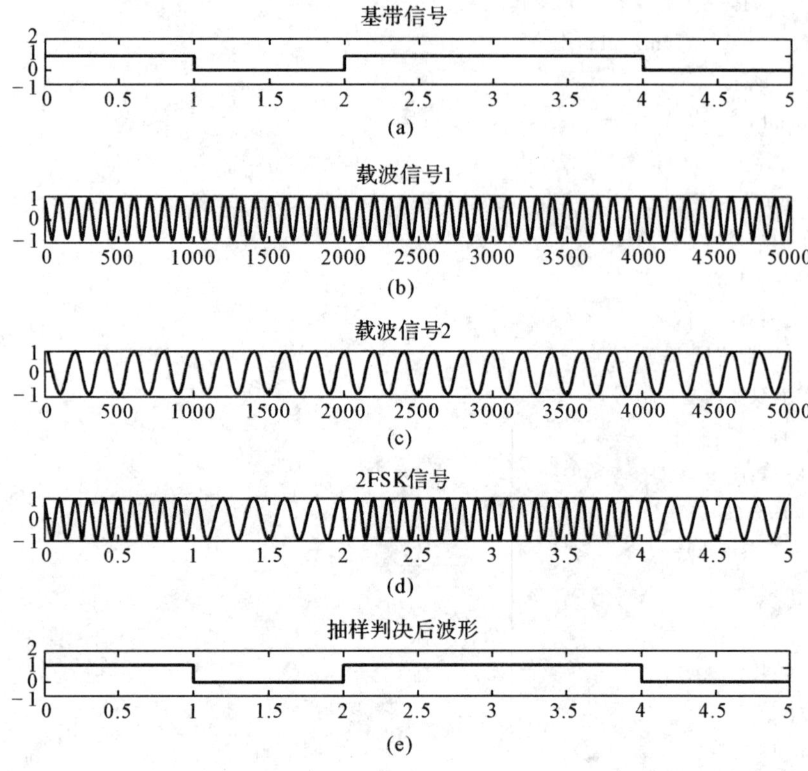

图 6－55　2FSK 信号仿真结果

例 6－3　2PSK 信号调制和解调的 MATLAB 仿真。

以下程序实现了对 2PSK 信号调制和相干解调，并绘制了各阶段的波形，仿真结果如图 6－56 所示。

```
clear all;
close all;
i=10;
j=5000;
fc=4;
fm=i/5;
t=linspace(0, 5, j);            %0~5之间产生5000个点行矢量，即分成5000份
%产生基带信号
x=(rand(1, i))
a=round(x);
st1=t;
for n=1:10
    if a(n)<1;
        for m=j/i*(n-1)+1:j/i*n
            st1(m)=0;
        end
    else
```

```
        for m=j/i*(n-1)+1:j/i*n
            st1(m)=1;
        end
    end
end
figure(1);
subplot(511);
plot(t, st1);
axis([0, 5, -1, 2]);
title('基带信号');
%产生双极性基带信号
st2=t;
for k=1:j;
    if st1(k)>=1;
        st2(k)=0;
    else
        st2(k)=1
    end
end;
st3=st1-st2;
%载波信号
s1=sin(2*pi*fc*t); %载波
subplot(512);
plot(s1);
title('载波信号');
%调制
psk=st3.*s1;
subplot(513);
plot(t, psk);
title('2psk信号');
%相干解调
psk=psk.*s1;
[f, af]=T2F(t, psk);
[t, psk]=lpf(f, af, 2*fm);
subplot(514);
plot(t, psk);
title('低通滤波后波形');
%抽样判决
for m=0:i-1;
    if psk(1, m*500+250)<0;
        for j=m*500+1:(m+1)*500;
            psk(1, j)=0;
```

```
            end
        else
            for j=m*500+1:(m+1)*500;
                psk(1, j)=1;
            end
        end
    end
    subplot(515)
    plot(t, psk);
    axis([0, 5, -1, 2]);
    title('相干解调后信号');
```

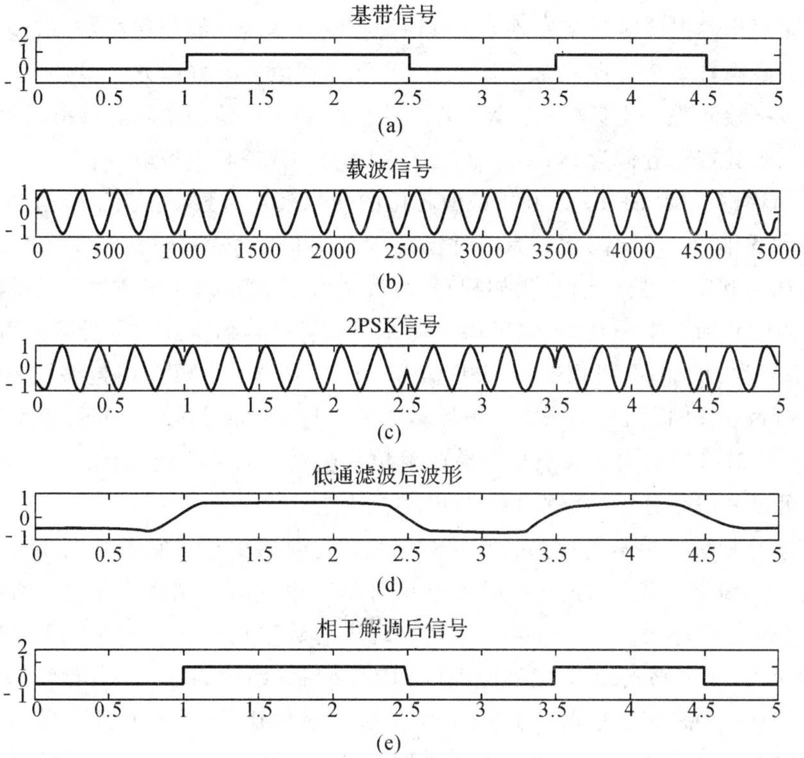

基带信号

(a)

载波信号

(b)

2PSK信号

(c)

低通滤波后波形

(d)

相干解调后信号

(e)

图 6 - 56　2PSK 信号仿真结果

本章小结

数字调制传输系统也称为数字频带传输系统，其核心是数字信号的调制与解调过程，这里的调制是指利用数字基带信号对载波波形的某些参量进行控制，使载波的这些参量随数字基带信号的变化而变化，而载波通常是正弦波，其参数为幅度、频率和相位。本章在重点介绍二进制数字调制系统(2ASK、2FSK、2PSK 和 2DPSK)的基础上，对其抗噪声性能进行分析和比较，并详解介绍了数字信号的最佳接收准则及相应的接收机，之后介绍了多进制数字调制系统的基本原理和实现方法，最后用 MATLAB 进行了数字调制系统的仿真。

数字幅度调制又称幅度键控(ASK)，二进制幅度键控记作 2ASK。2ASK 是利用代表数字信息“0”或“1”的基带矩形脉冲去键控一个连续的载波，使载波时断时续地输出。有载波输出时表示发送“1”，无载波输出时表示发送“0”。2ASK 信号的产生方法(调制方法)有两种：一种是模拟幅度调制方法；另一种是键控方法。2ASK 信号解调的常用方法主要有两种：包络检波法和相干检测法。2ASK 信号的功率谱是单极性基带信号功率谱 $P_s(f)$ 的线性搬移，所以 2ASK 信号的带宽是数字基带信号带宽的两倍：$B_{2ASK}=2f_b$，2ASK 系统的频带利用率为 $\eta=1/2$(B/Hz)

数字频率调制又称频移键控(FSK)，数字频移键控是用载波的频率来传送数字消息，即用所传送的数字消息控制载波的频率。设符号“1”对应于频率为 f_1 的载波，而符号“0”对应于频率为 f_2 的载波，2FSK 在形式上如同两个不同频率的 2ASK 信号相叠加。从原理上讲，数字调频可用模拟调频法来实现，也可用键控法来实现。键控法的特点是转换速度快、波形好、稳定度高且易于实现，故应用广泛。数字调频信号的解调方法很多，如鉴频法、相干检测法、包络检波法、过零检测法等。若以功率谱第一个零点之间的频率间隔计算 2FSK 信号的带宽，则其带宽近似为 $B_{2FSK}=|f_2-f_1|+2f_b$，频带利用率较低。

二进制相移键控(2PSK)，是利用载波相位的变化来传送数字信息。根据载波相位表示数字信息的方式不同，数字调相分为绝对相移(PSK)和相对(差分)相移(DPSK)两种。

绝对相移是利用载波的相位(指初相)直接表示数字信号的相移方式。二进制相移键控中，通常用相位 0 和 π 来分别表示“1”和“0”。2PSK 信号的调制方式包括模拟调制法、键控法。2PSK 信号类似于模拟调制中的 DSB 信号，它的解调不能再采用包络检测的方法，只能进行相干解调，2PSK 信号的带宽、频带利用率也与 2ASK 信号的相同，$B_{2PSK}=2f_b$，$\eta=1/2$(B/Hz)。绝对移相的主要缺点是容易产生相位模糊，造成反向工作。为了解决“0”“1”倒置问题，可以采用差分相移键控调制(DPSK)方式。

二进制差分相移键控常简称为二相相对调相，记作 2DPSK。它不是利用载波相位的绝对数值传送数字信息，而是用前、后码元的相对载波相位值传送数字信息。所谓相对载波相位，是指本码元初相与前一码元初相之差。首先对数字信号进行差分编码，即由绝对码表示变为相对码(差分码)表示，然后再进行 2PSK 调制(绝对调相)。2DPSK 信号的解调有两种解调方式：一种是相干解调-码变换法，又称为极性比较-码变换法。另一种是差分相干解调，又称为相位比较法。2DPSK 与 2PSK 信号有相同的功率谱，所以 2DPSK 与 2PSK 信号带宽相同，频带利用率也相同，为 $B_{2DPSK}=2f_b$，$\eta=1/2$(B/Hz)。

对二进制数字调制系统的抗噪声性能进行分析可以得出：对于同一调制方式不同检测方法，相干检测的抗噪声性能优于非相干检测。但是，随着信噪比 r 的增大，相干与非相干误码性能的相对差别越不明显。另外，相干检测系统的设备比非相干的要复杂。相干检测时，在相同误码率条件下，对信噪比 r 要求是：2PSK 比 2FSK 小 3 dB，2FSK 比 2ASK 小 3 dB；非相干检测时，在相同误码率条件下，对信噪比 r 要求是：2DPSK 比 2FSK 小 3 dB，2FSK 比 2ASK 小 3 dB。反过来，若信噪比 r 一定，2PSK 系统的误码率低于 2FSK 系统，2FSK 系统的误码率低于 2ASK 系统。因此，从抗加性白噪声上讲，相干 2PSK 性能最好，2FSK 次之，2ASK 最差。

当线性滤波器的传输函数为输入信号频谱的共轭复数时，可输出最大信噪比，这种滤波器就是最大信噪比准则下的最佳线性滤波器，也称为匹配滤波器。所谓“匹配”，是指滤波器的传输函数与信号频谱之间的匹配，匹配的结果使输出信噪比最大。

在最小均方误差准则下的最佳线性滤波器，也称为维纳滤波器。根据此准则建立的最佳接收机提供了最大的互相关函数。由于互相关函数越大，误码的概率越小，因此这种接收机称为相关接收机。

所谓多进制数字调制，就是利用多进制数字基带信号去调制高频载波的某个参量，如幅度、频率或相位的过程。根据被调参量的不同，多进制数字调制可分为多进制幅度键控(MASK)、多进制频移键控(MFSK)以及多进制相移键控(MPSK 或 MDPSK)。

多进制数字幅度调制(MASK)又称为多电平调制，它是二进制数字幅度调制方式的推广。M 进制幅度调制信号的载波振幅有 M 种取值，在一个码元期间 T_b 内，发送其中的一种幅度的载波信号。多进制数字幅度调制信号的解调可以采用相干解调方式，也可以采用包络检波方式。MASK 信号的带宽与其分解的任一个 2ASK 信号的带宽是相同的，可表示为 $B_{MASK}=2f_b$。

多进制数字频率调制(MFSK)简称多频制，是 2FSK 方式的推广。它是用 M 个不同的载波频率代表 M 种数字信息。其发送端可采用键控选频的方式，接收端可采用非相干解调方式。键控法产生的 MFSK 信号，可以看做由 M 个幅度相同、载频不同、时间上互不重叠的 2ASK 信号叠加的结果。设 MFSK 信号码元的宽度为 T_b，即传输速率 $f_b=1/T_b$(B)，则 M 频制信号的带宽为 $B_{MASK}=|f_M-f_1|+2f_b$，式中，f_M 为最高选用载频，f_1 为最低选用载频。

多进制数字相位调制又称多相制，是二相制的推广。它是利用载波的多种不同相位状态来表征数字信息的调制方式。与二进制数字相位调制相同，多进制数字相位调制也有绝对相位调制(MPSK)和相对相位调制(MDPSK)两种。

四相制是用载波的四种不同相位来表征数字信息的。由于四种不同相位可代表四种不同的数字信息，因此，输入的二进制数字序列应该先进行分组，将两比特编为一组，可以有四种组合(00，10，01，11)，然后用载波的四种相位来分别表示它们。由于每一种载波相位代表两比特信息，故每个四进制码元又称为双比特码元。四相相对相移调制是利用前、后码元之间的相对相位变化来表示数字信息的。MPSK 信号可以看成是载波互为正交的两路 MASK 信号的叠加，因此，MPSK 信号的频带宽度应与 MASK 时的相同。即 $B_{MPSK}=B_{MASK}=2f_b$，当相对相位变化等概率出现时，相对调相信号的功率谱密度与绝对调相信号的功率谱密度相同，其带宽计算公式也为 $B_{MDPSK}=B_{MPSK}=2f_b$。

4PSK 信号产生的常用方法有直接调相法及相位选择法，4DPSK 信号的产生与 2DPSK 信号的产生相类似，在直接调相的基础上加码变换器，就可形成 4DPSK 信号。我们可采用相位选择法产生 4DPSK 信号，但同样应在逻辑选相电路之前加入码变换器。4PSK 信号的解调采用相干解调，4DPSK 信号的解调可以采用相干解调-码反变换器方式(极性比较法)，也可采用差分相干解调(相位比较法)。

最后用 MATLAB 对 2ASK、2FSK 和 2PSK 进行了仿真，使学生对数字调制具有更深和更直观的理解。

习 题

6-1 设数字信息码流为1011011，画出以下情况的2ASK和2PSK的波形。

(1) 码元宽度与载波周期相同。

(2) 码元宽度是载波周期的两倍。

6-2 已知数字信号$\{a_n\}$=1011010，分别以下列两种情况画出2PSK、2DPSK及相对码b_n的波形(假定起始参考码元为1)。

(1) 码元速率为1200 B，载波频率为1200 Hz。

(2) 码元速率为1200 B，载波频率为2400 Hz。

6-3 已知某2ASK系统的码元传输速率为100 B，所用的载波信号为$A\cos(4\pi\times10^3 t)$。

(1) 设所传送的数字信息为011001，试画出相应的2ASK信号的波形；

(2) 求2ASK信号的带宽。

6-4 一个相位不连续的2FSK信号，发送"1"码时的波形为$A\cos(2000\pi t+\theta_1)$，发送"0"码时的波形为$A\cos(8000\pi t+\theta_0)$，码元速率为600 B，求系统的频带宽度最小为多少？

6-5 一个2FSK系统以1000 B的速率传输二进制数据。载波频率分别为3 kHz(对应"1"码)和1 kHz(对应"0"码)。

(1) 设发送的信息序列为1010，试画出相应的2FSK信号波形；

(2) 若采用包络检波方式进行解调，试画出其原理方框图和各点的时间波形；

(3) 2FSK信号的第一零点带宽为多少？

6-6 设某2DPSK系统的传输速率为1200 B，载波频率为2400 Hz。已知发送的绝对码序列为0110110。

(1) 画出一种2DPSK调制原理方框图；

(2) 画出相干解调-码反变换解调原理方框图及其各点波形；

(3) 画出差分相干解调原理方框图及其各点波形。

6-7 设计一2DPSK系统传送1011001，画出设计框图，并用各点波形证明所设计的系统能够不失真地传送信息。

6-8 采用2FSK方式传输二进制信息。已知传输速率为1000 b/s，发射信号的振幅A=10 V，信道衰减系数(每公里对信号功率的衰减量)L=1 dB/km，信道噪声的单边功率谱密度$n_0=1.5\times10^{-15}$ W/Hz。若要求系统误码率$P_e=10^{-4}$。试求：

(1) 相干2FSK系统的传输距离；

(2) 非相干2FSK系统的传输距离。

6-9 在二进制数字调制系统中，已知解调器输入信噪比r=10 dB。试分别求出相干解调2PSK、相干解调-码反变换2DPSK和差分相干解调2DPSK信号时的系统误码率。

6-10 在二进制数字调制系统中，已知码元速率$R_B=2\times10^6$ B，信道白噪声的单边功率谱密度$n_0=6\times10^{-18}$ W/Hz，接收端解调器输入信号的峰值振幅a=40 μV。试计算：

(1) 相干接收2ASK系统的误码率。

(2) 非相干接收2ASK系统的误码率。

6－11　求传码率为 200 B 的八进制 ASK 系统的带宽和信息速率。如果采用 2ASK 系统，其带宽和信息速率又为多少？

6－12　设 8FSK 系统的频率配置使得功率谱主瓣恰好不重叠，求传码率为 200 B 时系统的传输带宽及信息速率。

6－13　已知码元传输速率为 200 B，求 8PSK 系统的带宽及信息传输速率。

6－14　已知双比特码元为 101100100100，未调制载波周期等于码元周期，$\pi/4$ 相移系统的相位配置如题图(a)所示，试画出 $\pi/4$ 相移系统的 4PSK 和 4DPSK 的信号波形(参考码元波形如题图(b)所示)。

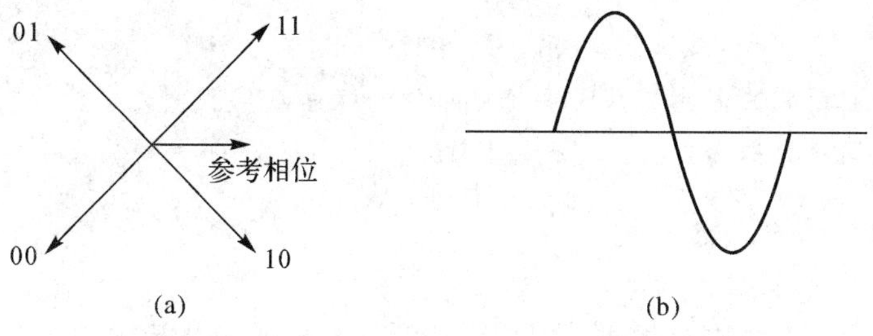

题图 6－14

6－15　在四进制数字相位调制系统中，已知解调器输入端信噪比 $r=20$，试求 4PSK 和 4DPSK 方式系统误码率。

6－16　若 PCM 信号采用 8 kHz 抽样，由 128 个量化级构成，则此种脉冲序列在 30/32 路时分复用传输时，占有理想基带信道带宽是多少？若改为 ASK、FSK 和 PSK 传输，带宽又各是多少？

6－17　在功率谱为 $n_0/2$ 的白噪声下，设计一个如题图所示的 $X(t)$ 匹配滤波器。

(1) 如何确定最大输出信噪比的时刻；

(2) 求匹配滤波器的冲激响应和输出波形，并绘出图形；

(3) 求最大输出信噪比的值。

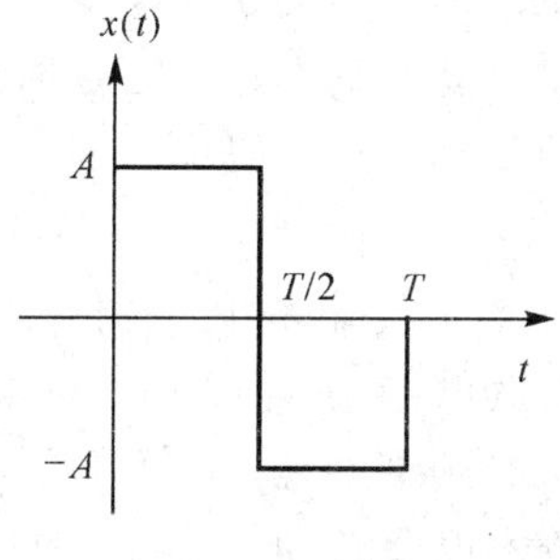

题图 6－17

6－18　若某二进制先验等概率 FSK 信号的最佳接收机，其输入信号能量与噪声功率密度之比为 14 分贝，试算其误码率。

6－19　已知二进制确知信号(先验等概率，且能量相等)输入信号能量与噪声功率密度之比为 9 dB，试计算最佳 PSK 接收机的误码率。

第7章　同步原理

基本要求

◆ 认识和理解同步的概念、作用、分类及应用。

◆ 熟悉并掌握载波同步、位同步、帧同步的概念及实现方法。

◆ 了解网同步的概念。

同步是数字通信系统以及某些采用相干解调的模拟通信系统中的一个重要问题。数字通信系统能否可靠地工作，在很大程度上依赖于有无良好的同步系统。

按照功能不同，同步可以分为4种类型：载波同步、位同步、帧同步和网同步。载波同步主要应用于在接收端采用相干解调的各种模拟和数字通信系统中，位同步、帧同步和网同步只在数字通信系统中应用。本章主要介绍这4种同步方式的基本原理和性能。

7.1　同步的实际应用

同步系统虽然不是信息传输的通路，但它却是各种通信系统必不可少的组成部分，是实现通信的必要前提，系统只有实现同步后才可能传输信息。

(1) 模拟通信系统中的AM、DSB、SSB、FM以及数字通信系统中的ASK、FSK、PSK等的解调方式如果选择相干解调时，都要用到载波同步。

(2) 在数字通信系统中，数字传输的基本过程是逐时隙地传输符号，接收系统在每个时隙上进行抽样，而后依据抽样值识别发送的是哪个符号，究竟在哪个时隙进行抽样就用到了位同步。

(3) 对于使用时分复用方式的数字传输系统，各信号的数据轮流占用不同时隙，各信号的时隙组成一个确定的结构，称为帧结构，简称帧。信号是以帧的方式进行传输的，为正确地放置或取出各路信号的数据，必须准确地定位各帧的起始位置，这样就用到了帧同步。

(4) 随着通信技术、计算机技术以及自动控制技术的不断发展和进一步融合，网络通信在数字通信的比例越来越大，通信方式也从两点之间发展成为点到多点和多点到多点之间。要实现这些信息的交换和复接等操作，保证网内各用户之间能够进行各种方式的可靠通信和数据交换等，必须要有一个能够控制整个网络的同步系统来进行统一协调，使全网按照一定的节奏有条不紊地工作，这个控制过程就是网同步。

目前，在各种数字通信系统数字移动通信系统(包括GSM、CDMA、WCDMA、CDMA 2000、TD-SCDMA、LTE)以及同步光纤通信系统中，同步技术都得到了广泛的应用。

7.2 载波同步

当采用相干解调或同步解调时，接收端需要提供一个与发射端调制载波同频同相的相干载波。这个相干载波的获取就称为载波提取，也称为载波同步。

相干载波信息通常是从接收到的已调信号中提取的。若已调信号本身存在载波分量，就可以从接收信号中直接提取载波同步信息；若已调信号中不存在载波分量，则需要使用插入导频的方法。因此，提取载波的方法一般分为两类：一类是在接收端直接从发送信号中提取载波，这类方法称为直接法；另一类是在发送有用信号的同时，在适当的频率位置上，插入一个(或多个)称为导频的正弦波，接收端就由导频提取出载波，这类方法称为插入导频法。

7.2.1 直接法

直接法又称自同步法，是设法从接收信号中直接提取同步载波的方法。其基本原理是对不含有载波分量的信号进行某种非线性变换，从而产生载波的谐波分量，再经滤波、分频就可以得到所需要的载波同步信号。

1. 平方变换法

平方变换法提取载波的原理框图如图 7－1 所示，这里的非线性变换用平方律器件实现。

图 7－1　平方变换法提取载波原理框图

此方法广泛用于 DSB 信号的载波同步信号提取。设 DSB 信号为 $S_{DSB}=f(t)\cos\omega_0 t$，若调制信号 $f(t)$是不含直流的模拟基带信号，则 DSB 信号里不含载波分量，利用平方律器件将该信号经过非线性变换后，得到

$$e(t)=[f(t)\cos\omega_0 t]^2=\frac{1}{2}f^2(t)+\frac{1}{2}f^2(t)\cos 2\omega_0 t \qquad (7-1)$$

由于 $f^2(t)$中含有直流分量，所以式(7－1)中第二项包含有载波的倍频分量($2\omega_0$)。用窄带滤波器将 $2\omega_0$ 频率分量滤出，再进行二分频，就可以得到所需的本地载波。

由于提取载波的方框图中用了一个二分频电路，故提取出的载波存在 180° 的相位模糊问题。对相移信号而言，解决这个问题的常用方法是采用前面已介绍过的相对相移。

2. 平方环法

在实际中，由于存在信道噪声，进入接收机的信号并不是单一的信号，因此利用平方变换法提取出来的载波也不纯。为了改善平方变换法的性能，可以将图 7－1 中的窄带滤波器用锁相环代替，构成平方环法，其基本原理框图如图 7－2 所示。由于锁相环具有良好的跟踪、窄带滤波和记忆性能，所以平方环法比一般的平方变换法性能更好。因此，利用平方环法提取载波应用的较为广泛。

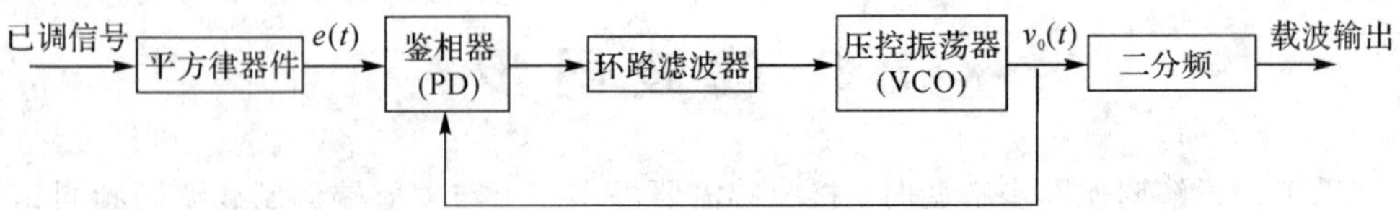

图 7-2 平方环法提取载波原理框图

以 2PSK 信号为例。设基带信号是幅度为 A 的双极性码，则平方律器件输出为

$$e(t)[f(t)\cos\omega_0 t]^2=\frac{1}{2}f^2(t)+\frac{1}{2}f^2(t)\cos 2\omega_0 t \tag{7-2}$$

假设环路锁定，压控振荡器(VCO)的频率锁定在 $2\omega_0$ 上，其输出信号为

$$v_0(t)=A\cos(2\omega_0 t+2\theta) \tag{7-3}$$

式中，θ 为相位差。经鉴相器(由乘法器和低通滤波器组成)后输出的误差电压为

$$v_d=K_d\sin 2\theta \tag{7-4}$$

式中，K_d 为鉴相灵敏度，是一个常数。v_d 仅与相位差相关，它通过环路滤波器去控制压控振荡器(VCO)的相位和频率。环路锁定后，θ 是一个很小的量。因此 VCO 的输出经过二分频后，就得到了所需的相干载波。

3. 科斯塔斯环法

科斯塔斯环(Costas)法又称为同相正交环法，它的原理框图如图 7-3 所示。由图可见，输入已调信号分为上、下两路，上支路称为同相支路，下支路称为正交支路。这两路信号分别同两个正交的本地载波信号相乘，各自的乘积再通过低通滤波器，而后输入到同一个乘法器中。乘法器的输出通过环路滤波器去控制压控振荡器(VCO)，VCO 的输出即为本地载波。如此形成锁相环路，使本地载波自动跟踪发送端调制载波的相位。在同步时，正交支路的输出为 0，同相支路的输出即为所需的解调信号。

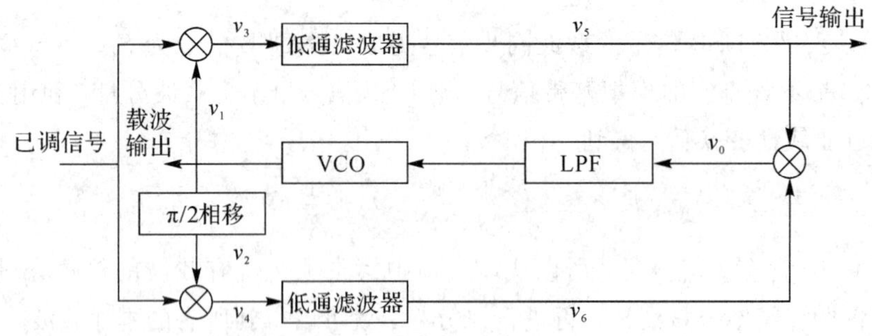

图 7-3 科斯塔斯环法原理框图

同样以 DSB 信号 $S_{DSB}(t)=f(t)\cos\omega_0 t$ 为例。设 VCO 的输出为 $\cos(\omega_0 t+\theta)$，则有

$$v_1=\cos(\omega_0 t+\theta) \tag{7-5}$$

$$v_2=\sin(\omega_0 t+\theta) \tag{7-6}$$

因此

$$v_3=f(t)\cos\omega_0 t\cos(\omega_0 t+\theta)=\frac{1}{2}f(t)[\cos\theta+\cos(2\omega_0 t+\theta)] \tag{7-7}$$

$$v_4=f(t)\cos\omega_0 t\sin(\omega_0 t+\theta)=\frac{1}{2}f(t)[\sin\theta+\sin(2\omega_0 t+\theta)] \tag{7-8}$$

经过低通滤波后有

$$v_5=\frac{1}{2}f(t)\cos\theta \tag{7-9}$$

$$v_6=\frac{1}{2}f(t)\sin\theta \tag{7-10}$$

v_5、v_6 相乘，所得误差信号为

$$v_0=\frac{1}{8}f^2(t)\sin 2\theta \tag{7-11}$$

当锁相环趋于锁定时，θ 会很小，有 $\sin 2\theta\approx 2\theta$，则误差信号近似为

$$v_0\approx\frac{\theta}{4}f^2(t) \tag{7-12}$$

$f^2(t)$可以分解为直流分量和交流分量两部分。当环路滤波器带宽很窄时，只允许直流分量通过，因此，通过环路滤波器后所得信号与 θ 成正比，且比例系数就是 $f^2(t)$的直流分量部分。用此信号去控制 VCO 的相位和频率，通过不断地反馈和调整，最终使稳态相位误差减小到很小的数值，几乎没有剩余频差(即频率与 ω_0 同频)。此时，VCO 的输出 v_1 即为所需的同步载波。

科斯塔斯环(同相正交环)的工作频率是载波频率本身，而平方环的工作频率是载波频率的两倍。显然当载波频率很高时，工作频率较低的科斯塔斯环路易于实现。

7.2.2　插入导频法

在某些载波系统中，已调信号中不含有载波分量或者含有载波分量但很难分离出来，如 DSB、VSB、SSB 和 2DPSK。为了获取载波同步信息，也可以采用插入导频的方法。

下面同样以 DSB 信号为例，介绍插入导频法。

DSB 信号的插入导频频谱示意图如图 7-4 所示。为了便于接收已调信号时提取导频信息，应使插入的导频与已调信号的频谱成分尽量分离。这时可以将导频的插入位置选取在已调信号频谱为零的位置，而且插入的导频并不是加入调制器的载波，而是将该载波移 $\pi/2$ 相的“正交载波”。

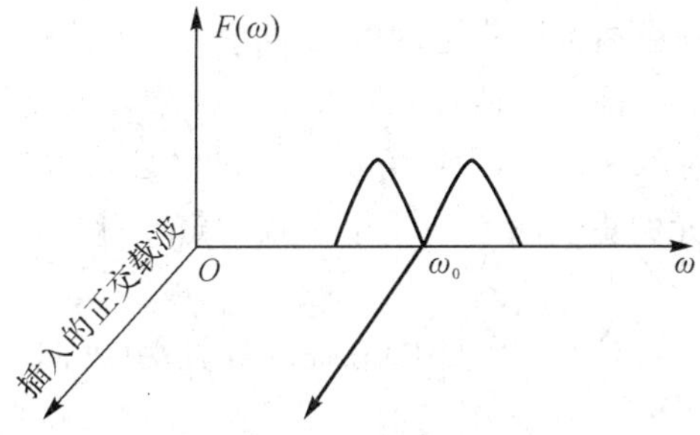

图 7-4　DSB 信号的插入导频频谱示意图

插入导频法的发送端原理框图如图 7-5 所示。

则发送端输出信号为

$$u_o(t)=Af(t)\cos\omega_0 t+A\sin\omega_0 t \tag{7-13}$$

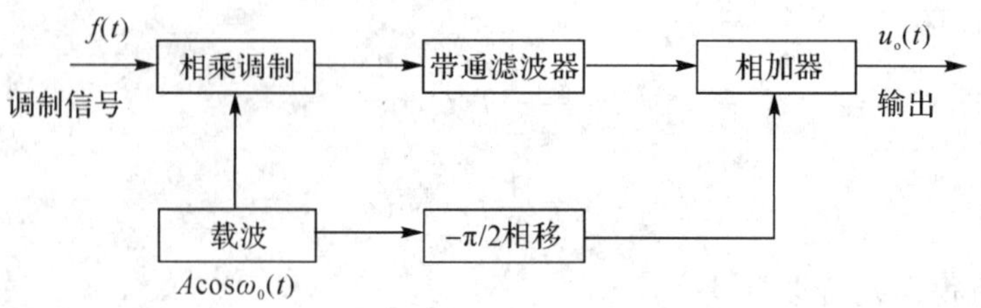

图 7-5　插入导频法的发送端原理框图

插入导频法的接收端原理框图如图 7-6 所示。

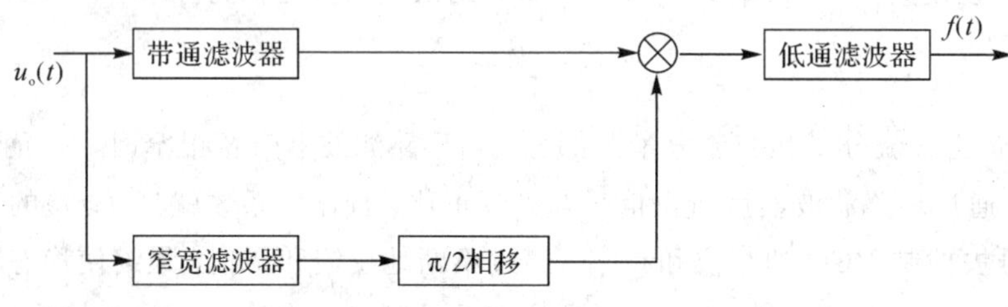

图 7-6　插入导频法的接收端原理框图

如果不考虑信道失真及噪声干扰，则接收端收到的信号与发送端的完全相同。此信号分为两路：一路通过带通滤波器滤除带外噪声；另一路通过中心频率为 ω_0 的窄带滤波器，获得导频 $A\sin\omega_0 t$，再将其进行 $\pi/2$ 相移，就能得到与调制载波同频同相的相干载波 $\cos\omega_0 t$。两路信号相乘后再通过低通滤波器即可获得原始信号。

接收端解调过程用公式表示为

$$\begin{aligned} u_o(t)\cos\omega_0 t &= [Af(t)\cos\omega_0 t + A\sin\omega_0 t]\cos\omega_0 t \\ &= \frac{A}{2}f(t) + \frac{A}{2}f(t)\cos 2\omega_0 t + \frac{A}{2}\sin 2\omega_0 t \end{aligned} \tag{7-14}$$

式(7-14)的信号通过低通滤波器之后，即可得到基带信号 $\frac{A}{2}f(t)$。

7.3　位　同　步

在数字通信系统中，发送端按照确定的时间顺序，逐个传输数码脉冲序列中的每个码元，以便在接收端正确判决所接收的码元，因此，接收端必须提供一个确定抽样判决时刻的定时脉冲序列。这个定时脉冲序列的重复频率和相位必须与发送的数码脉冲序列一致，把在接收端产生与接收码元的重复频率和相位一致的定时脉冲序列的过程称为位同步，或称码元同步。

位同步提取的方法有直接法(自同步法)和插入导频法(外同步法)。

7.3.1　直接法

直接法是发送端不专门发送导频信号，而直接从数字信号中提取位同步信号的方法。

1. 滤波法

在第 5 章的内容里已经知道，对于不归零的随机二进制序列，不能直接从中滤出位同步信号。但是，若对该信号进行某种变换，例如，变成归零脉冲后，则该序列中就有 $f=1/T$的位同步信号分量。经过窄带滤波器，可滤出此信号分量，再将它通过一个移相器调整相位后，就可以形成位同步脉冲。这种方法的原理图如图 7-7 所示。它的特点是先形成含有位同步信息的信号，再用滤波器将其滤出。

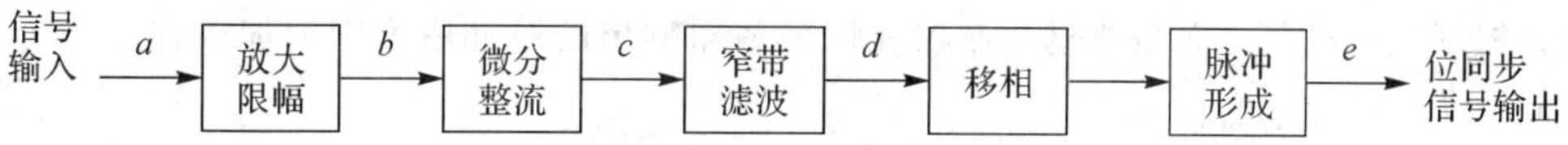

图 7-7　滤波法原理框图

另一种常用的波形变换方法是对带限信号进行包络检波，其原理框图如图 7-8 所示。在某些数字微波中继通信系统中，经常在中频上用对频带受限的二相移相信号进行包络检波的方法来提取位同步信号。频带受限的 2PSK 信号波形如图 7-9(a)所示。因频带受限，在相邻码元的相位变换点附近会产生幅度的平滑“陷落”。经包络检波后，可得图 7-9(b)所示的波形。可以看出，它是一直流和图 7-9(c)所示的波形相减而形成的，因此包络检波后的波形中包含有如图 7-9(c)所示的波形，而这个波形中已含有位同步信号分量。因此，将它经滤波器后就可提取出位同步信号。

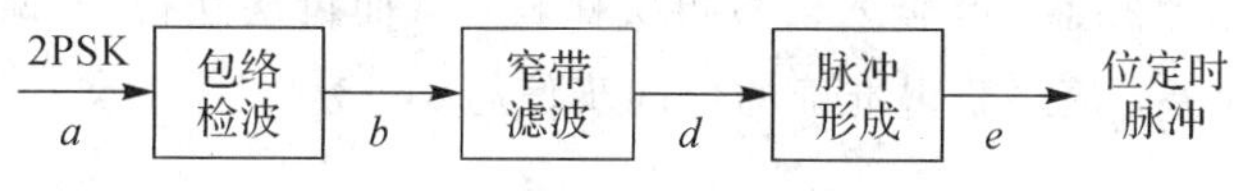

图 7-8　包络检波法原理框图

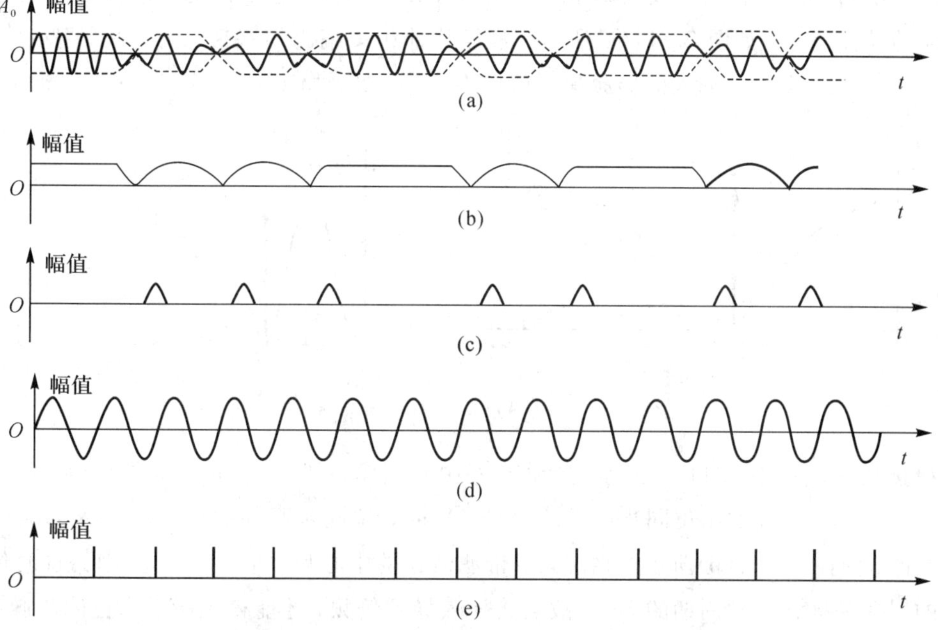

图 7-9　包络检波法各点波形图

2. 数字锁相法

数字锁相法的原理框图如图 7-10 所示。与带有锁相环的载波同步法类似，该方法也是利用鉴相器将反馈回来的误差信号同输入信号进行比较，然后不断调整。不同的是，它需要一个具有高稳定频率输出的信号钟(振荡器)，而且由数字滤波器输出的误差电压不是直接去控制该振荡器，而是通过控制器在该振荡器输出的脉冲序列中增加或扣除一个或几个脉冲，以达到调整的目的。

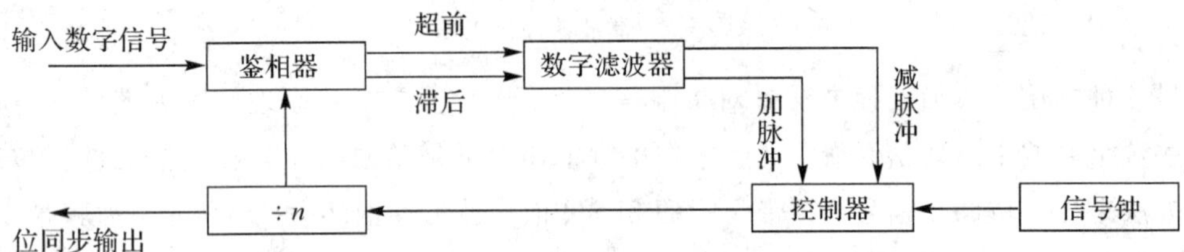

图 7-10　数字锁相法原理框图

具体而言，若输入信号码元速率为 $1/T$，则信号钟的频率就设计为 n/T。控制器在数字滤波器输出的加脉冲或减脉冲作用下，在信号钟输出脉冲基础上增加或减少脉冲，然后经过 n 分频电路反馈给鉴相器，与输入信号再次比较，从而再次获得加/减脉冲信号。这样不断反馈，不断缩小误差，最终获得准确的位同步信号。

7.3.2 插入导频法

位同步的插入导频法与载波同步时的插入导频法类似，它是在基带信号频谱的零点插入所需的导频信号，如图 7-11(a)所示。若经某种相关编码的基带信号，其频谱的第一个零点在 $f=1/2T$ 处时，插入的导频信号就应在 $1/2T$ 处，如图 7-11(b)所示。

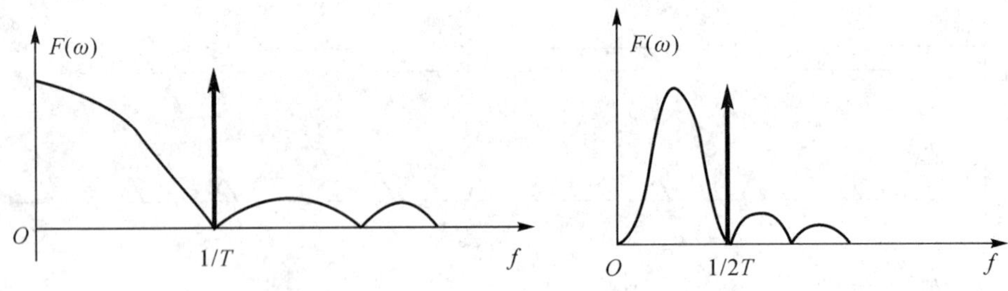

图 7-11　插入导频法频谱图

在接收端，对图 7-11(a)所示的情况，经中心频率为 $f=1/T$ 的窄带滤波器，就可从解调后的基带信号中提取出位同步所需的信号，这时，位同步脉冲的周期与插入导频的周期是一致的；对图 7-11(b)所示的情况，窄带滤波器的中心频率应为 $1/2T$，因为这时位同步脉冲的周期为插入导频周期的 1/2，故需将插入导频倍频，才能得到所需的位同步脉冲。

插入导频法的另一种形式是使数字信号的包络按位同步信号的某种波形变化。

在相移键控或频移键控的通信系统中，对已调信号进行附加的幅度调制后，接收端只要进行包络检波，就可以形成位同步信号。

设相移信号的表示式为

$$S_1(t)=\cos[\omega_0 t+\varphi(t)] \tag{7-15}$$

现在用某种波形的位同步信号对 $S_1(t)$ 进行幅度调制。若这种波形为升余弦波形，则其表示式为

$$f(t)=\frac{1}{2}(1+\cos\Omega t) \tag{7-16}$$

式中，$\Omega=2\pi/T$，T 为码元宽度。进行幅度调制后的信号为

$$S_2(t)=\frac{1}{2}(1+\cos\Omega t)\cos[\omega_0 t+\varphi(t)] \tag{7-17}$$

接收端对 $S_2(t)$ 进行包络检波。包络检波器的输出为 $\frac{1}{2}(1+\cos\Omega t)$，除去直流分量后，就可以得到位同步信号 $\frac{1}{2}\cos\Omega t$。

以上载波同步和位同步中所采用的导频插入法都是在频域内的插入。事实上，同步信号也可以在时域内插入，这时载波同步信号、位同步信号和数据信号分别被配置在不同的时间内传送。接收端用锁相环路提取出同步信号并保持，就可以对继之而来的数据进行解调。

7.4 帧　同　步

在时分多路传输系统中，各路信号是以帧的方式进行传输的，在接收端需有一个准确的时间标志，用以区分各帧的起始时刻，正确地识别出各路的时间、位置，从而正确地对各路信号进行区分，这个提取时间标准的过程称为帧同步。

帧同步的实现方法通常有两种：一种是在数字信息流中插入一些特殊码组作为帧的头、尾标记，接收端根据这些特殊码组的位置就可以实现帧同步；另一种方法不需要外加特殊码组，而是采用类似于载波同步和位同步中的自同步法，利用码组本身彼此之间不同的特性来实现帧同步。本节只介绍第一种方法，即插入特殊码组实现帧同步法。该方法又可分为两种：集中插入同步法和分散插入同步法。在介绍这两种方法之前，首先介绍一种基础性的起止式同步法。

7.4.1 对帧同步系统的要求

帧同步系统通常应满足下列要求：

(1) 帧同步的引入时间要短，设备开机后应能很快地进入同步，一旦系统失步，也能很快地恢复同步。

(2) 同步系统的工作要稳定可靠，具有较强的抗干扰能力，即同步系统应具有识别假失步和避免伪同步的能力。

(3) 在一定的同步引入时间要求下，同步码组的长度应最短。

下面结合具体的方法进行讨论。

7.4.2 起止式同步法

起止式同步法广泛应用于电传机中。其基本思想是：在由 5 位码元组成的一个码字的起始和终止位置分别加上一个 1 位码元宽度的低电平和一个 1.5 位码元宽度的高电平，这样就能确知码字的起始和终止位置，以实现帧同步。该方法简单、易实现；但由于码元宽度不一致，因而传输不便，而且传输 5 位信息码就同时要有 2.5 位同步码，效率比较低，如图 7-12 所示。

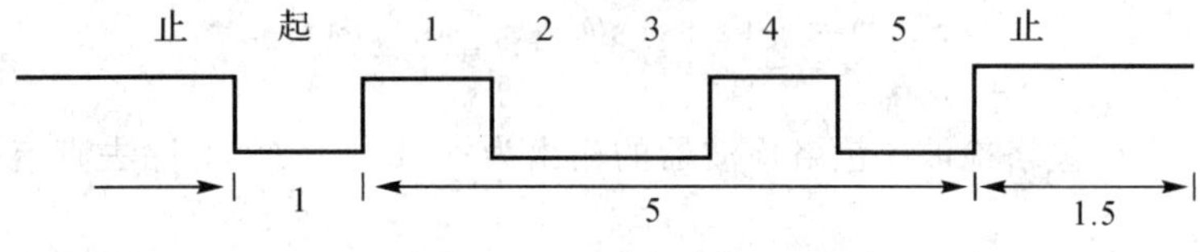

图 7-12 起止式同步法

7.4.3 集中插入同步法

集中插入同步法是指将帧同步码集中地插入到发送码组中的某个固定位置上。由于同步码都集中在一处，一旦发生误码就可能导致失步，因而该方法对于同步码的要求很高。在实际应用中，一般都选取具有尖锐自相关函数的巴克码。

1. 巴克码

巴克码是一种具有特殊规律的二进制码组，其码元的取值有两种：+1 或 -1。一个 n 位的巴克码 $\{x_1, x_2, x_3, \cdots, x_n\}$，其局部自相关函数为

$$R(j)=\sum_{i=1}^{n-j}x_i x_{i+j}=\begin{cases}n, & j=0\\ 0,\ 1,\ -1, & 0<j<n\end{cases} \tag{7-18}$$

该式表明：巴克码具有很强的自相关性。目前找到的所有巴克码码组如表 7-1 所示。

表 7-1 巴克码码组

码组中的码元位数 n	巴克码组
2	(++)(-+)
3	(++-)
4	(+++-)(++-+)
5	(+++-+)
7	(+++--+-)
11	(+++---+--+-)
13	(+++++--++-+-+)

2. PCM 30/32 路系统的帧同步码

PCM 30/32 路数字传输系统的帧同步就是采用集中插入同步法，它所使用的 7 位巴克码是 1110010。图 7-13(a)、(b)所示分别为该巴克码识别器原理图及其输入、输出波形。由图可知，识别器主要由 7 个移位寄存器、1 个加法器和 1 个判决器组成。每个移位寄存器都有 $Q(1)$ 和 $\overline{Q}(0)$ 两个互为反相的输出端。当输入某寄存器的码元为 1 时，它的 Q 端输出高电平＋1，$\overline{Q}$ 端输出低电平－1；反之，当输入码元为 0 时，它的 $\overline{Q}$ 端输出高电平＋1，Q 端输出低电平－1。每个移位寄存器都是只将一个输出端和加法器连接，加法器则将 7 个寄存器的相应输出电平值算术相加。各寄存器究竟选择 Q 端还是 $\overline{Q}$ 端与加法器相连是由被识别的巴克码决定的。即凡是巴克码为“＋”的那一位，其对应的寄存器输出点就选择 Q；凡是巴克码位为“－”的，就选择 $\overline{Q}$。对于 7 位巴克码 1110010，与加法器相连的移位寄存器输出端依次为 $QQQ\overline{Q}\,\overline{Q}Q\overline{Q}$(1110010)。

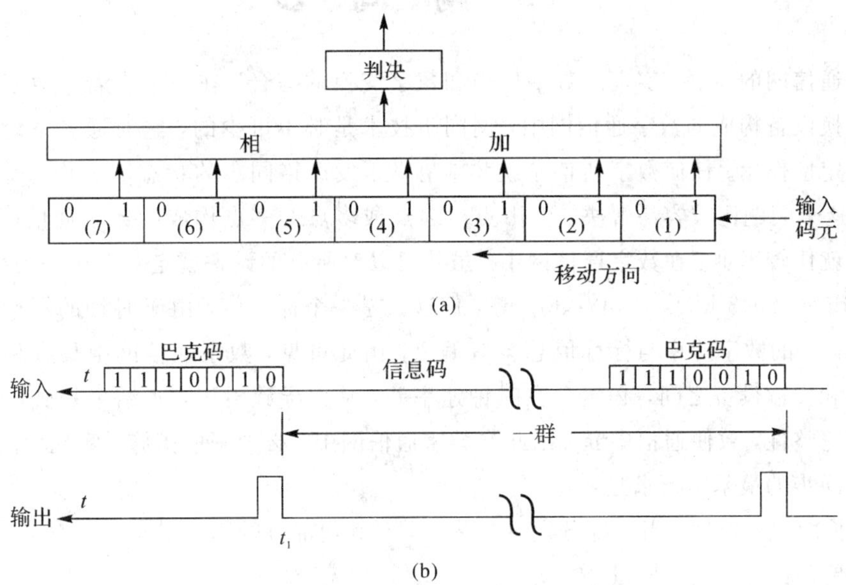

图 7-13 巴克码识别器及其输入、输出波形

当一帧信号到来后，帧同步码组首先进入识别器。只有当 7 位巴克码正好已全部进入 7 位移位寄存器时，每个寄存器送入加法电路的相应输出端都正好输出高电平“＋1”，相加器输出最大值“＋7”。如果将判决器的判决门限定为“＋6”，那么仅在 7 位巴克码的最后一位“－1”进入识别器的瞬间，加法器输出“＋7”，识别器才输出一个同步脉冲，表示新的一帧数据的开始。

7.4.4 分散插入同步法

分散插入同步法亦称为间歇插入同步法，是指将帧同步码元分散地插入发送码组中的某些固定位置上，即每隔一定数量的信息码元插入一个帧同步码字。其特点是：不用占用信息时隙，系统结构相对简单，但同步引入时间长。24 路 PCM 系统的帧同步即采用这种方法，其典型帧结构组成如图 7-14 所示。由图可见，其 1 帧数据由 24 个时隙加一个 1b 的帧同步码组成，每个时隙又包括 1 位铃流码和 7 位信息码。

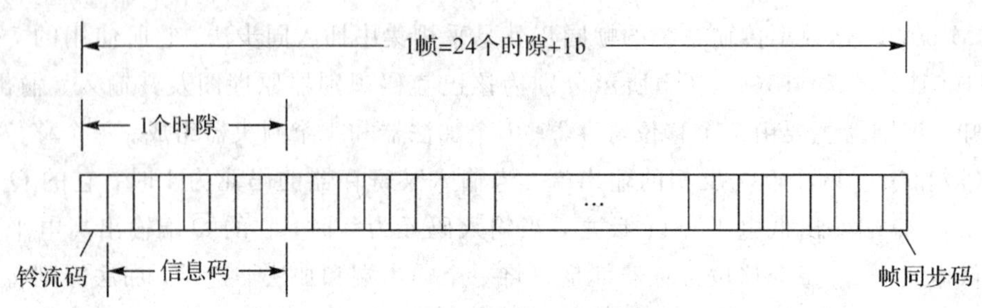

图 7-14　24 路 PCM 系统帧结构

接收端检测分散插入帧同步码的方法主要有逐码移位法和 RAM 帧码检测法。

7.5 网　同　步

数字通信网的发展，实现了数字传输和数字交换的综合。在一个由若干数字传输设备和数字交换设备构成的数字通信网中，网同步技术是必不可少的，它对通信系统的正常运行起着决定性作用。任何数字通信系统均应在收、发严格同步的状态下工作。就点对点通信而言，这个问题比较容易解决。但由点对多点或多点对多点构成的数字通信网，同步问题的解决就比较困难。在数字通信网中，虽然可以对所有的设备规定一个统一的数字速率，如 1024 kb/s、2048 kb/s、3448 kb/s 等，但这只是一个标称值，由于时钟的不精确性和不稳定性，实际的数字速率与标称值总会有偏离。由此可见，数字通信网中具有相同标称速率的交换和传输设备之间，必然存在时钟速率差，从而导致滑码，其结果是破坏接收系统帧结构的完整性，致使通信中断。因此在数字通信网中，必须采取措施，实现网同步。

对网同步的最基本要求是：

(1) 长期的稳定性。当一部分发生故障时，对其他部分的影响最小。

(2) 具有较高的同步质量。

(3) 适应于网络的扩展。

典型的网同步方式可以分为两大类：准同步方式和同步方式。

7.5.1 准同步方式

准同步方式中各交换节点的时钟彼此是独立的，但它们的频率精度要求保持在极窄的频率容差之中，各节点设立一个高精度的时钟。这样，滑动的影响就可以忽略不计，网络接近于同步工作状态。

准同步工作方式的优点：网络结构简单，各节点时钟彼此独立工作，节点之间不需要有控制信号来校准时钟精度；网络的增设和改动都很灵活。准同步方式的缺点：不论时钟的精度有多高，由于各节点是独立工作的，所以在节点入口处总是要产生周期性滑动(CCITT 规定滑动周期大于 70 天一次)；原子钟需要较大的投资和很高的维护费用。目前，国际网络采用准同步方式。

7.5.2　同步方式

同步方式分为主从同步、相互同步及主从相互同步三种。

1. 主从同步方式

主从同步方式是指数字网中所有节点都以一个规定的主节点时钟作为基准(一般为铯钟)，主节点之外的所有节点或者从直达的数字链路上接收主节点来的定时基准，或者是从经过中间节点转发后的数字链路上接收主节点来的定时基准，然后把交换节点的本地振荡器相位锁定到所接收的定时基准上，使节点时钟从属于主节点时钟。

其主要优点：能避免准同步网中固有的周期性滑动；只需要较低频率精度的锁相环路，降低了费用；控制简单，特别适用于星形或树形网。其主要缺点：系统采用单端控制，任何传输链路中的抖动及漂移都将导致定时基准的抖动和漂移。这种抖动将沿着传输链路逐段累积，直接影响数字网定时信号的质量。而且，一旦主节点基准时钟和传输链路发生故障，将造成从节点定时基准的丢失，导致全系统或局部系统丧失网同步能力。因此，主节点基准时钟须采用多重备份以提高可靠性。

2. 相互同步方式

相互同步技术是指数字网中没有特定的主节点和时钟基准，网中每一个节点的本地时钟，通过锁相环路受所有接收到的外来数字链路定时信号的共同加权控制。因此，节点的锁相环路是一个具有多个输入信号的环路，而相互同步网将多输入锁相环相互连接，构成了一个复杂的多路反馈系统。

其主要优点：当某些传输链路或节点时钟发生故障时，网络仍然处于同步工作状态；可以降低节点时钟频率稳定度的要求，降低设备成本。其主要缺点：由于系统稳定频率的不确定性，很难与其他同步方式兼容。而且，由于整个同步网构成一个闭路反馈系统，系统参数的变化容易引起系统性能变坏，甚至引起系统不稳定。

3. 主从相互同步方式

这种同步方式将数字网中所有节点分级，网中设立一个主基准时钟，级与级之间的同步方式采用主从同步方式，同级之间的节点通过传输链路连接，采用相互同步方式。全网各节点的时钟频率都锁定在主时钟频率上。这种方式具有主从和相互同步的优点，但控制技术的复杂程度和相互同步方式相当。

7.6　本章 MATLAB 仿真实例

例 7-1　采用平方环法恢复载波，构建 AM 调制/相干解调系统。系统模型如图 7-15 所示。

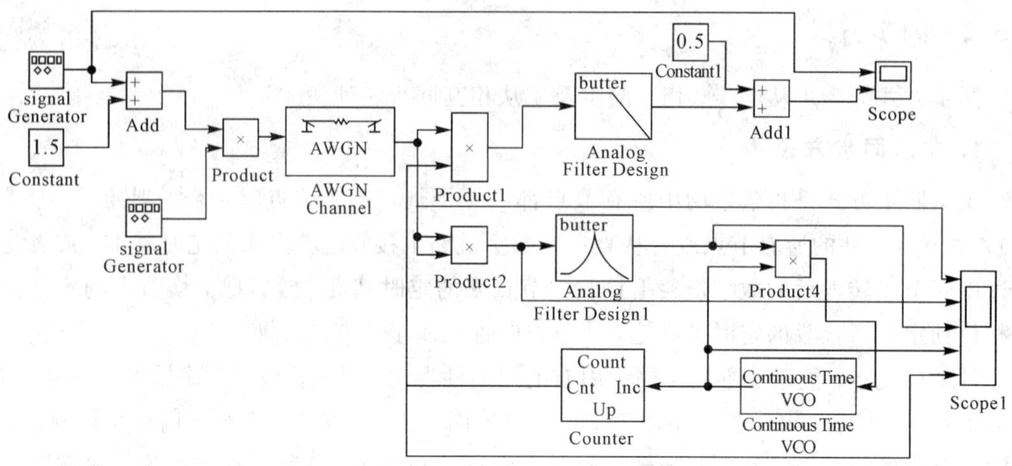

图 7-15 平方环法恢复载波系统模型

相关参数：

基带信号振幅 1 V，频率 1 kHz，正弦波；

载波频率 10 kHz，调幅指数为 2/3；

高斯信道噪声方差设为 0.01；

相干解调部分 LPF 截止频率为 1 kHz；

载波同步恢复部分 BPF 的下限截止频率为 19 kHz，上限截止频率为 21 kHz；

VCO 输出信号振幅为 1 V，中心频率可设为 20.3 kHz，压控灵敏度可设为 4000 Hz/V；

系统仿真步进设为 10^{-6} s。

运行仿真后，结果如图 7-16 和图 7-17 所示。

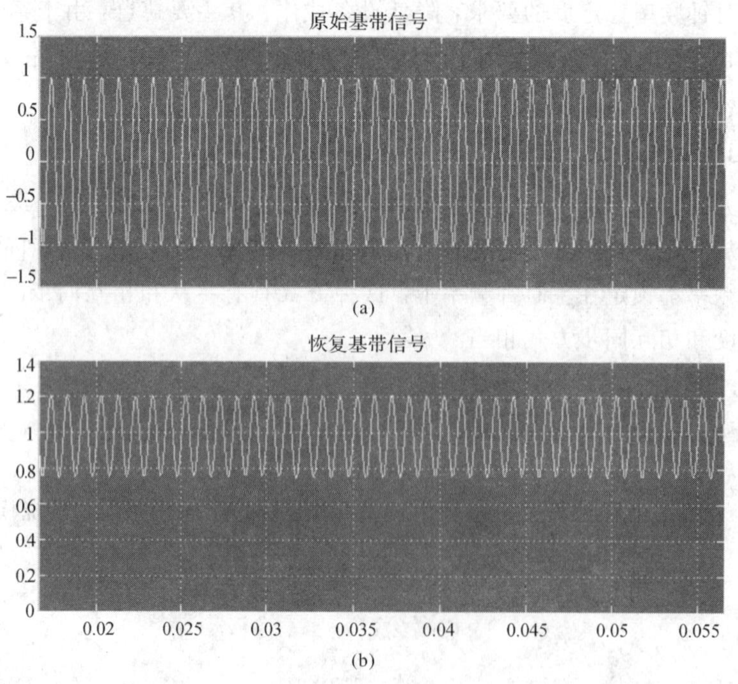

图 7-16 原始基带信号和恢复基带信号

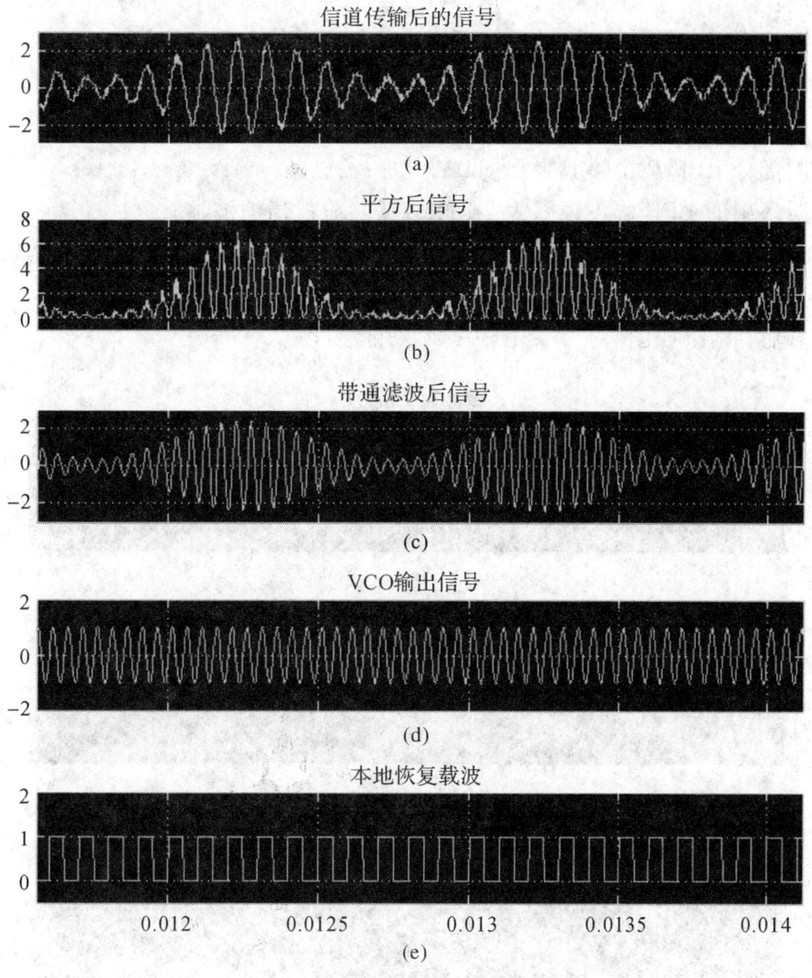

图 7-17　载波同步恢复部分各点信号波形

例 7-2　采用科斯塔斯环法恢复载波，构建 AM 调制/相干解调系统。系统模型如图 7-18 所示。

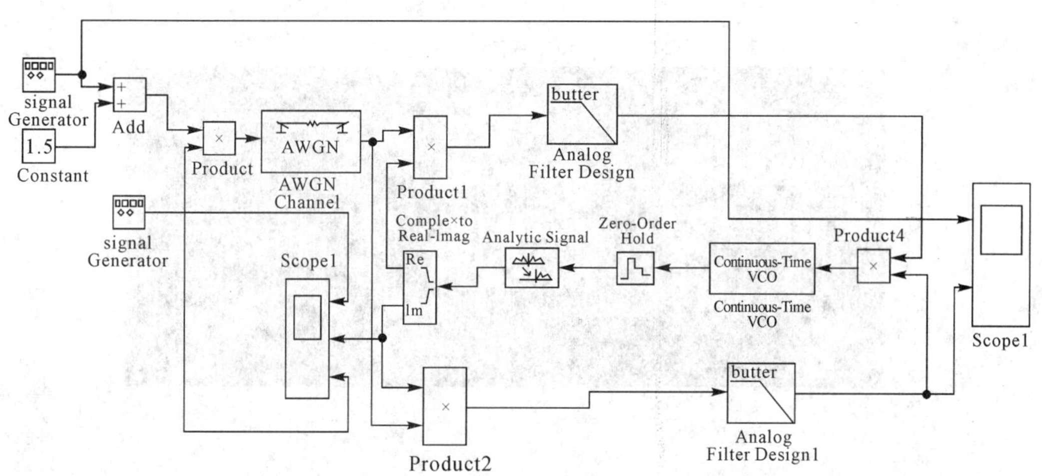

图 7-18　科斯塔斯环法恢复载波系统模型

相关参数：

基带信号振幅 1 V，频率 1 kHz，正弦波；

载波频率 10 kHz，调幅指数为 2/3；

高斯信道噪声方差设为 0.01；

相干解调部分 LPF 截止频率为 1 kHz；

科斯塔斯环中的 LPF 截止频率为 2 kHz，是二阶低通滤波器；

VCO 输出信号振幅为 1 V，中心频率可设为 10.15 kHz，压控灵敏度可设为 1000 Hz/V；

系统仿真步进设为 10^{-6} s。

运行仿真后，结果如图 7-19 和图 7-20 所示。

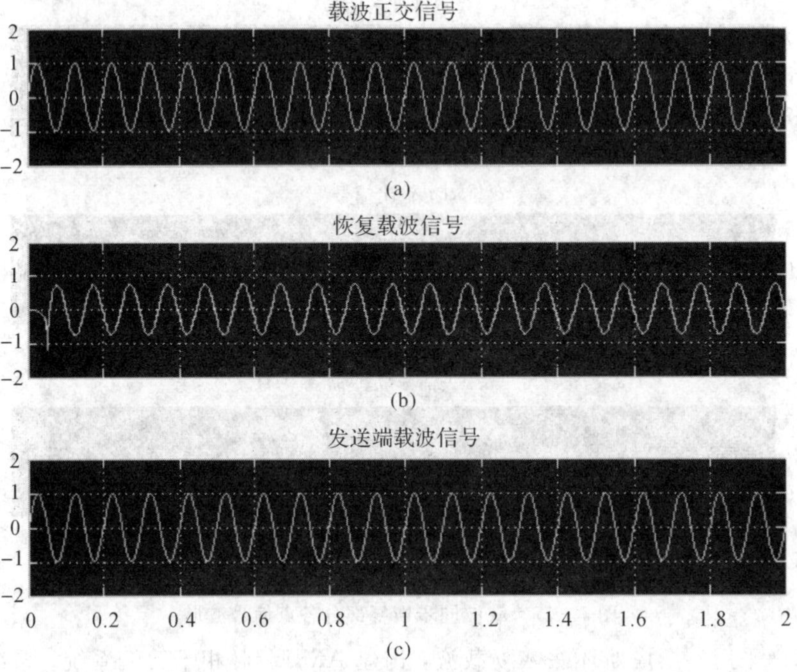

图 7-19 VCO 输出的载波正交信号和发送端载波信号

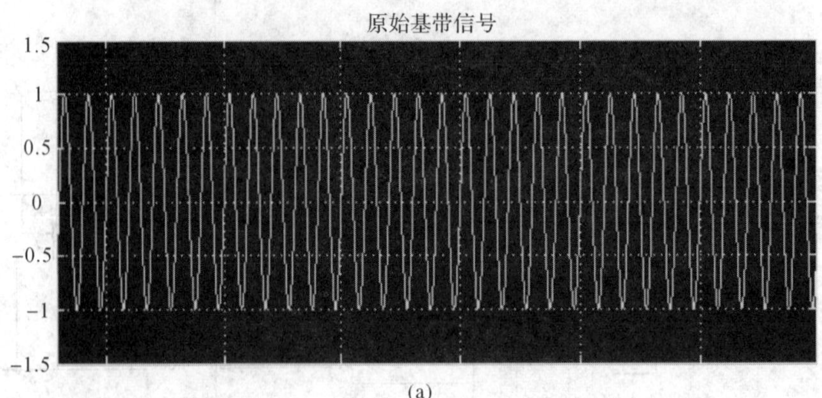

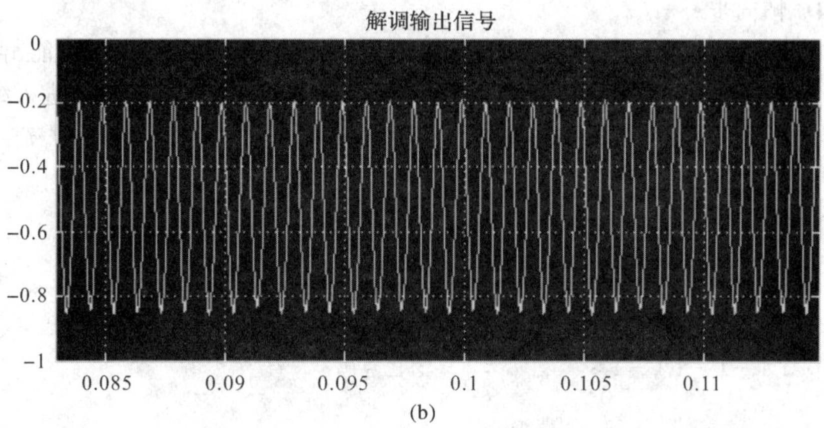

(b)

图 7-20 原始基带信号与解调输出信号

例 7-3 位同步。

在 MATLAB 环境下进行码元同步仿真，仿真模型如图 7-21 所示。运行结果如图 7-22所示。

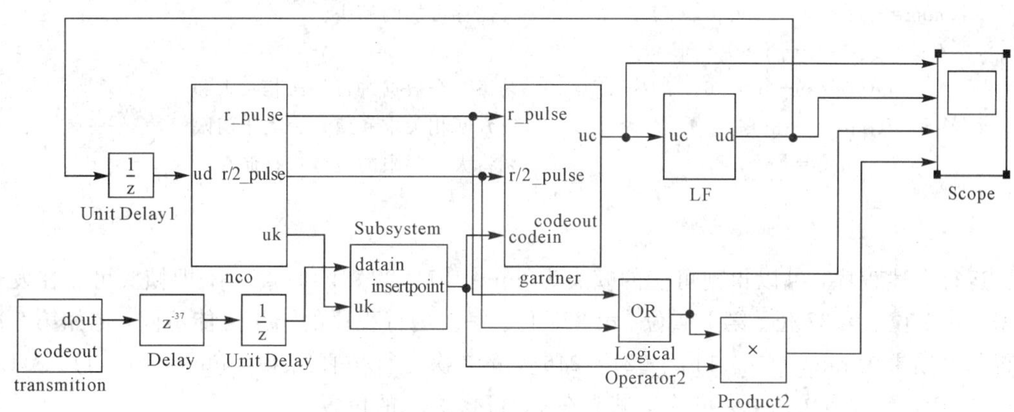

图 7-21 位同步仿真模型

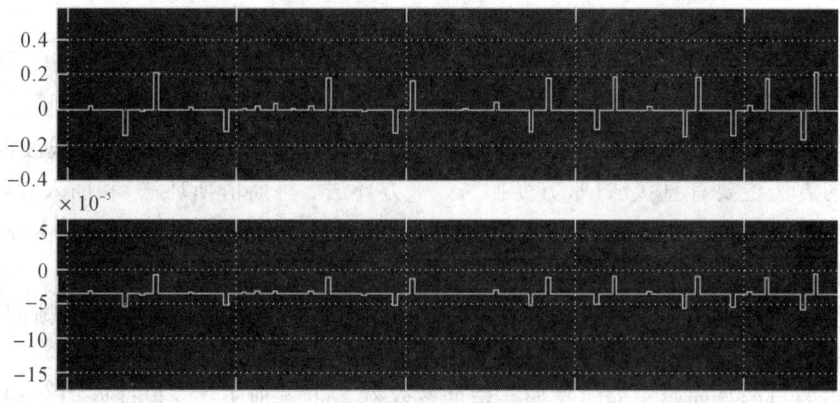

图 7-22 位同步仿真结果

例 7-4 帧同步。

使用MATLAB实现基于7位巴克码的集中插入式帧同步算法。由于可能出现信息序列与巴克码相同的情况，因此为了同步的准确性，系统在捕获到帧头后应该进入维持状态，即仍需逐帧比较下去，直到帧头的位置始终周期出现。

程序如下：

```
clear all;
clc;
len=100;                              %每帧的数据长度
n=3;                                  %进行仿真的帧数
c=[1 1 1 -1 -1 1 -1];                 %巴克码
for i=1:n
    s(i, :)=randsrc(1, len);          %产生每周期的信源数据
end
r=[c s(1, :) c s(2, :) c s(3, :)];    %将巴克码插入信源数据中
thr=6;                                %判决门限，这个数值可在实际系统中进行调整
out=zeros(1, length(r));
num=[];                               %储存可能的帧头
for i=7:n*len+n*7
    out(i)=sum(r(i-6:i).*c);          %每7个数据进行一次相关求和
    if(out(i)>thr)                    %判断相关求和值是否大于门限
        num=[num i];                  %将大于门限的位置进行储存
    end
end
```

运行上述程序，可以得到可能的帧头为num=[7 37 114 221]，即帧头可能在发送数据的第7位、第37位、第114位、第221位。每次运行程序的结果可能不同，例如第2次运行仿真结果为num=[7 114 221 246]，第3次运行仿真结果为num=[7 114 193 203 221]，经过多次仿真，可确定帧头在7、114、221的位置。

本章小结

本章讨论同步问题，主要介绍了通信系统中的载波同步、位同步和帧同步。

载波同步的目的是使接收端产生的本地载波和接收信号的载波同频同相。一般说来，对于不包含载频分量的接收信号，或采用相干解调法接收时，才需要解决载波同步问题。载波同步的方法主要有直接法(平方变换法、平方环法、科斯塔斯环法)和插入导频法。

位同步的目的是使每个码元得到最佳的解调和判决。位同步提取的方法主要包括直接法(滤波法、锁相法)和插入导频法。

帧同步的目的是确知一帧数据起、止时刻，以便正确地接收一组数据。帧同步的实现方法主要有集中插入同步法和分散插入同步法两种。

网同步的目的是使整个网络按照一定的节奏有条不紊地工作，保证网内各用户之间能够进行各种方式的可靠通信和数据交换等。网同步的方式主要包括准同步方式和同步方式(主从同步方式、相互同步方式、主从相互同步方式)。

习　题

7－1　已知单边带信号 $S_{SSB}(t)=f(t)\cos\omega_0 t+\hat{f}(t)\sin\omega_0 t$，试证明它不能用平方变换法提取载波。

7－2　有两个相互正交的双边带信号 $A_1\cos\Omega_1 t\cos\omega_0 t$ 和 $A_2\cos\Omega_2 t\sin\omega_0 t$ 送入如题图所示的电路解调。当 $A_1=2A_2$ 时，要求二路间的干扰和信号电压之比不超过 2%时，试确定 $\Delta\varphi$ 的最大值。

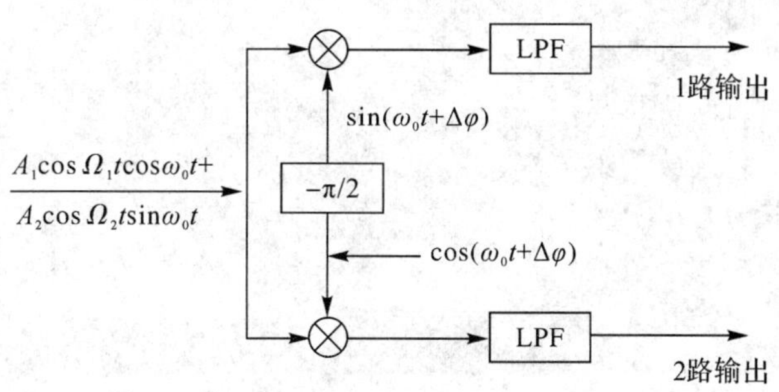

题图 7－2

7－3　若 7 位巴克码组的前后全为“0”序列，将它加入如图 7－13(a)所示的 7 位巴克码识别器的输入端，且各移位寄存器的初始状态均为零，试画出识别器中加法器和判决器的输出波形。

第8章 信道编码

基本要求

◆ 理解信道编码的基本概念。
◆ 理解几种常用的检错码。
◆ 掌握线性分组码的基本原理。
◆ 掌握循环码的基本原理。
◆ 了解卷积码的基本原理。
◆ 熟悉信道编码的仿真方法。

设计通信系统的目的就是把信源产生的信息有效可靠地传送到目的地。在数字通信系统中，为了提高数字信号传输的有效性而采取的编码称为信源编码；为了提高数字通信的可靠性而采取的编码，称为信道编码。

本章首先简单介绍了一下信道编码的实际应用，然后给出了差错控制编码的基本概念，介绍了几种常用简单分组码。在此基础上，对分组码、循环码和卷积码基本原理和性能进行了研究分析，并给出了MATLAB仿真。

8.1 信道编码的实际应用

数字信号在传输中往往由于各种原因，使得在传送的数据流中产生误码，从而使接收端产生图像跳跃、不连续、马赛克等现象。通过信道编码这一环节，对数码流进行相应的处理，使系统具有一定的纠错能力和抗干扰能力，可极大地避免码流传送中误码的发生。下面简单介绍一下信道编码的具体应用。

1. 数字电视系统中的信道编码

在数字电视系统中通常采用两次附加纠错码的前向纠错编码(FEC)。RS编码属于第一个FEC，188字节后附加16字节RS码，构成(204，188)RS码，这也可以称为外编码。第二个附加纠错码的FEC一般采用卷积编码，又称为内编码。外编码和内编码结合一起，称为级联编码。级联编码后得到的数据流再按规定的调制方式对载频进行调制。

前向纠错编码的码字是具有一定纠错能力的码型，它在接收端解码后，不仅可以发现错误，而且能够判断错误码元所在的位置，并自动纠错。这种纠错码信息不需要储存，不需要反馈，实时性好。所以，在广播系统(单向传输系统)都采用这种信道编码方式。

RS码即里德-所罗门码，它是能够纠正多个错误的纠错码，RS码为(204，188，$t=8$)，其中，t 是可抗长度字节数，对应 188 个符号，监督段为 16 字节(开销字节段)。实际中实施(255，239，$t=8$)的 RS 编码，即在 204 字节(包括同步字节)前添加 51 个全"0"字节，产生 RS 码后丢弃前面 51 个空字节，形成截短的(204，188)RS 码。RS 的编码效率是 188/204。

2. GSM 系统中的信道编码

GSM 系统把 20 ms 语音编码后的数据作为一帧，共 260 b，分成最重要的 50 b、重要的 132 b 和不重要的 78 b。

在 GSM 系统中，对语音编码后的数据既进行检错编码又进行纠错编码。首先对最重要的 50 b 进行循环冗余编码(CRC)，编码后为 53 b；再将该 53 b 与次重要的 132 b 一起进行约束长度为 $K=5$、编码效率为 $\eta=1/2$ 的卷积编码，编码后为 $2(53+132+4)=378$ b；最后再加上最不重要的 78 b，形成信道编码后，一帧共 456 b。

3. IS-95 系统中的信道编码

在 IS-95 系统中，正向链路上是以不同的沃尔什(Walsh)函数来区分不同的物理信道的。在用沃尔什函数进行直接扩频调制之前，要对语音数据或信令数据进行编码效率 $\eta=1/2$、约束长度为 $K=9$ 的信道编码。由于 CDMA 系统是受自身干扰的系统，各业务信道上的发射功率受到严格的限制。当系统中使用同一频率信道的用户较多时，对每个用户而言，接收信噪比就降低。所以，CDMA 系统的语音编码被设计为多速率的。当接收信噪比较高时，采用较高速率的语音编码，以获得较好的接收语音质量；当接收信噪比较低时，就采用较低的语音编码速率。较低速率的语音编码数据经卷积编码后，可进行字符重复。语音编码数据速率越低，卷积编码后，字符可重复的次数越多，使得在较差信道上传输的信号获得更多的保护。

在 IS-95 系统中，反向链路上是用不同的长伪随机序列来区分不同的物理信道的。在用长伪随机序列进行直接扩频调制之前，要对语音数据或信令数据进行编码效率 $\eta=1/3$(速率集 1)或 $R=1/2$(速率集 2)、约束长度为 $K=9$ 的信道编码。由于同样的原因，语音编码同样被设计为多速率的。当接收信噪比较低时，可采用较低的语音编码速率、字符重复的方法，提高在信道上传输时的抗干扰性能。

除了上面介绍的应用，信道编码还可应用于其他的实际通信系统中，比如，可用于深空通信与卫星通信、数据存储与数据传输、数字音频/视频输出、光纤通信等。

8.2　信道编码的基础

在实际信道传输数字信号的过程中，引起传输差错的根本原因在于信道内存在的噪声以及信道传输特性不理想所造成的码间串扰。为了提高数字传输系统的可靠性、降低信息传输的差错率，可以利用均衡技术消除码间串扰，利用增大发射功率、降低接收设备本身的噪声、选择好的调制和解调方法、加强天线的方向性等措施，提高数字传输系统的抗噪性能，但上述措施也只能将传输差错减小到一定程度。要进一步提高数字传输系统的可靠性，就需要采用差错控制编码，对可能或已经出现的差错进行控制。

差错控制编码是在信息序列上附加上一些监督码元，利用这些冗余的码元，使原来不规律的或规律性不强的原始数字信号变为有规律的数字信号；差错控制译码则利用这些规律性来鉴别传输过程是否发生错误，或进而纠正错误。

8.2.1 差错类型

若要进行差错控制编码，应首先了解差错产生的原因和差错种类。信息码元差错主要可以分成两类：一类称为随机差错，另一类称为突发差错。

1. 随机差错

随机差错一般由白噪声引起，表现为随机地出现。其特点是前、后码元差错没有任何关系，是相互独立的。产生这种差错的信道称为随机信道或无记忆信道。

2. 突发差错

这种差错的特点是前、后差错具有相关性，表现为差错成串地出现，我们把第一个错误与最后一个错误之间的长度称为突发长度，用 b 表示。

例如：若发送端传送的数字序列为 00000000，…由于干扰，接收端接收到的序列为 00101110，…因此突发长度为 $b=5$。

8.2.2 差错控制方式

常用的差错控制方式主要有三种：前向纠错（FEC）、检错重发（ARQ）和混合纠错（HEC），它们的结构如图 8-1 所示。图中有斜线的方框图表示在该端进行错误的检测。

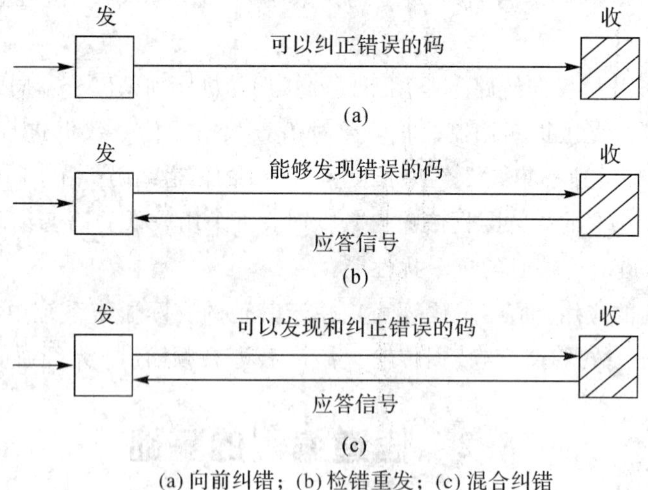

(a) 向前纠错；(b) 检错重发；(c) 混合纠错

图 8-1　差错控制方式

前向纠错方式中，发送端经信道编码后可以发出具有纠错能力的码字；接收端译码后不仅可以发现错误码，而且可以判断错误码的位置并予以自动纠正。然而，前向纠错编码需要附加较多的冗余码元，影响数据传输效率，同时其编、译码设备比较复杂。但是由于不需要反馈信道，实时性较好，因此，这种技术在单工信道中应用普遍，例如无线电寻呼系统中采用的 POGSAG 编码等。

检错重发方式中，发送端经信道编码后可以发出能够检测出错误能力的码字；接收端收到码字后，经检测如果发现传输中有错误，则通过反馈信道把这一判断结果反馈给发送端。然后，发送端把前面发出的信息重新传送一次，直到接收端认为接收正确为止。

基于上述分析，检错重发方式的优点主要表现在：

(1) 只需要少量的冗余码，就可以得到极低的输出误码率。

(2) 使用的检错码基本上与信道的统计特性无关，有一定的自适应能力。

(3) 与 FEC 相比，信道编、译码器的复杂性要低得多。

同时它也存在某些不足，主要表现在：

(1) 需要反向信道，故不能用于单向传输系统，并且实现重发控制比较复杂。

(2) 当信道干扰增大时，整个系统有可能处在重发循环当中，因而通信效率低，不大适合于严格实时传输系统。

混合纠错方式是前向纠错方式和检错重发方式的结合。在这种系统中，接收端不但具有纠正错误的能力，而且对超出纠错能力的错误有检测能力。遇到后一种情况时，系统可以通过反馈信道要求发送端重发一遍。混合纠错方式在实时性和译码复杂性方面是前向纠错和检错重发方式的折中。

在实际应用中，上述几种差错控制方式应根据具体情况合理选用。

8.2.3 差错控制编码分类

在差错控制系统中，信道编码存在着多种实现方式，同时信道编码也有多种分类方法。

(1) 按照信道编码的功能分类，它可以分为检错码和纠错码。检错码仅能检测误码，例如，在计算机串口通信中常用到的奇偶校验码等；纠错码可以纠正误码，当然同时具有检错的能力，当发现不可纠正的错误时可以发出出错指示。

(2) 按照信息码元和监督码元之间的约束方式分类，它可以分为分组码和卷积码。分组码是把信息序列以每 k 个码元进行分组，通过编码器用每组的 k 个信息码元产生 r 个附加码元，即监督码元或校验码元。编码器输出长为 $n=k+r$ 的一个码组(码字)。因此，每一码组的 r 个监督码元仅与本组的信息元有关，而与其他组的信息码元无关。分组码用 (n, k) 表示，n 表示码长，k 表示信息码元的数目。卷积码是把信源输出的信息序列以每 k (k 通常比较小)个码元分段，通过编码器输出长度为 $n(n\geqslant k)$ 的一段子码段。但是该子码段的 $n-k$ 个检验元不仅与本段的信息元有关，而且还与其前面 m 段的信息元有关，故卷积码用 (n, k, m) 表示。

(3) 按照信息码元和监督码元之间的检验关系分类，它可以分为线性码和非线性码。若信息码元与监督码元之间的关系为线性关系，即满足一组线性方程式，称为线性码；否则，称为非线性码。

(4) 按照信息码元在编码后是否保持原来的形式分类，它可以分为系统码和非系统码。在系统码中，编码后的信息码元保持原样不变，而非系统码中的信息码元则发生了变化。除了个别情况，系统码的性能大体上与非系统码相同，但是非系统码的译码较为复杂，因此，系统码得到了广泛的应用。

(5) 按照纠正错误的类型分类，它可以分为纠正随机错误码和纠正突发错误码两种。前者主要用于发生零星独立错误的信道，而后者用于对付以突发错误为主的信道。

(6) 按照信道编码所采用的数学方法分类，它可以分为代数码、几何码和算术码。其中代数码是目前发展最为完善的编码，线性码就是代数码的一个重要的分支。

除上述信道编码的分类方法以外，它还可以分为二进制信道编码和多进制信道编码等等。同时，随着数字通信系统的发展，可以将信道编码器和调制器统一起来综合设计，这就是所谓的网格编码调制(Trellis Coded Modulation，TCM)。

8.2.4 差错控制编码原理

在二进制编码中，一位二进制编码可表示两种不同的状态，两位二进制编码可表示 4 种不同的状态，三位二进制编码可表示 8 种不同的状态，n 位二进制编码可表示 2^n 种不同的状态。在 n 位二进制编码的 2^n 种不同的状态中，能表示有用信息的码组称为许用码组，不能表示有用信息的码组称为禁用码组。

以一组二进制码为例，假设要发送天气预报消息，而且天气只用两种状态表示：有雨和无雨。

第一种编码方法，采用一位二进制来编码，将有雨编为“1”，无雨编为“0”。两个码字只有一位差别。在信道噪声干扰下，如果“1”传为“0”或者“0”传为“1”，在接收端都不可能识别是否有错，更谈不上纠正错误了。

第二种编码方法，采用二位二进制来编码，将有雨编为“11”，无雨编为“00”。即给第一种编码再加一位冗余码元，这样两个码字之间有两位差别。增加的冗余码元称为监督码元。而原有的码元称为信息码元。在信道噪声干扰下，如果干扰使码字中仅一位发生错误，即接收端出现“10”或“01”码。这时接收端会发现在预先约定好的码字(许用码)中并不存在这样的码字(这就是禁用码)。出现了禁用码，接收端就可以判断必然是传输中出现了错误。

但是发送端原来所发的码字到底是“11”还是“00”，接收端还是难以判断。可见，这种两个码字之间的差别有两位时，可以检测出一位错，但不能纠正错误。如果两位同时出错，即“11”误传为“00”或者“00”误传为“11”，也不可能识别是否有错。因此，这种编码方法可以检查一位错误，但不能纠正错误。

第三种编码方法，采用三位二进制来编码，将有雨编为“111”，无雨编为“000”。即给第一种编码再加两位监督码元。“111”和“000”这两个码字之间有三位差别。传输过程中当码字受到干扰，将“111”或“000”错误地传输为“001”、“010”、“011”、“100”、“101”、“110”时，接收端都可以很容易地判断是传输出现了错误。因为这些码字都是禁用码字。同时，如果按经验判断，当收到“001”、“010”、“100”时，发送端最有可能发送的是“000”，而收到“011”、“101”、“110”时，发送端最有可能发送的是“111”。这实际使得这种信道编码过程具备了纠错能力。

因此，可以得到结论：合理地增加冗余码元数量，也就是增加许用码字之间的距离，可以使检错和纠错能力逐步加强。

8.2.5　码重、码距及检错、纠错能力

1. 差错控制编码的相关度量

码长：码字中码元的数目。

码重：码字中非 0 数字的数目。对于二进制码来讲，码重 w 就是码元中 1 的数目。例如码字 10100，码长 $n=5$，码重 $w=2$。

码距：两个等长码字之间对应码位上具有不同的二进制码元的个数，有时也称为这两个码字的汉明距离。例如码字 10100 与 11000 之间的码距 $d=2$。

最小码距：在码字集合中，全体码字之间距离的最小数值。

对于二进制码字而言，两个码字之间的模二相加，其不同的对应位必为 1，相同的对应位必为 0。因此，两个码字之间模二相加得到的码重就是这两个码字之间的距离。

2. 最小码距与检错、纠错能力的关系

纠错码的抗干扰能力完全取决于许用码字之间的距离，码字的最小距离越大，说明码字间的最小差别越大，抗干扰能力就越强。因此，码字之间的最小距离是衡量该码字检错和纠错能力的重要依据。最小码距是信道编码的一个重要的参数。在一般情况下，分组码的最小汉明距离 d_0 与检错和纠错能力之间满足下列关系。

(1) 当码字用于检测错误时，如果要检测 e 个错误，则

$$d_0 \geqslant e+1 \tag{8-1}$$

这个关系可以利用图 8-2(a)加以说明。在图中，用 A 和 B 分别表示两个码距为 d_0 的码字，若 A 发生 e 个错误，则 A 就变成以 A 为球心、e 为半径的球面上的码字，为了能分辨出这些码字，它们必须距离其最近的码字 B 有一位的差别，即 A 和 B 之间最小距离为 $d_0 \geqslant e+1$。

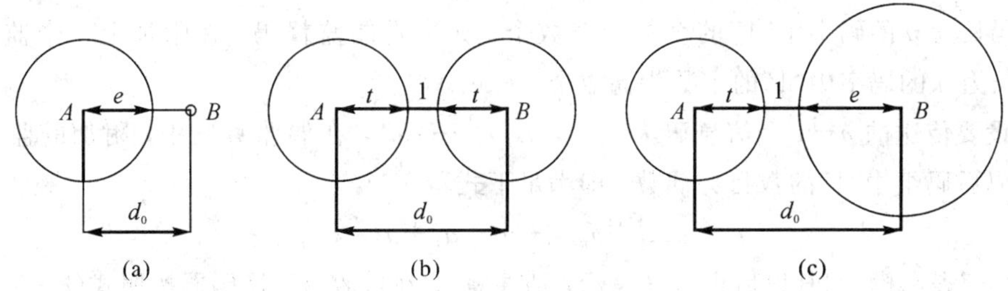

图 8-2　纠(检)错能力的几何解释

(2) 当码字用于纠正错误时，如果要纠正 t 个错误，则

$$d_0 \geqslant 2t+1 \tag{8-2}$$

这个关系可以利用图 8-2(b)予以说明。在图中，用 A 和 B 分别表示两个码距为 d_0 的码字，若 A 发生 t 个错误，则 A 就变成以 A 为球心、t 为半径的球面上的码字；B 发生 t 个错误，则 B 就变成以 B 为球心、t 为半径的球面上的码字。为了在出现 t 个错误之后，仍能够分辨出 A 和 B 来，那么，A 和 B 之间距离应大于 $2t$，最小距离也应当使两球体表面相距为 1，即满足不等式(8-2)。

(3) 若码字用于纠 t 个错误，同时检 e 个错误时($e>t$)，则

$$d_0 \geqslant t+e+1 \tag{8-3}$$

这个关系可以利用图 8-2(c)予以说明。在图中，用 A 和 B 分别表示两个码距为 d_0 的码字，当码字出现 t 个或小于 t 个错误时，系统按照纠错方式工作；当码字出现大于 t 个而小于 e 个错误时，系统按照检错方式工作；若 A 发生 t 个错误，B 发生 e 个错误时，既要纠 A 的错，又要检 B 的错，则 A 和 B 之间距离应大于 $t+e$，也就是满足式(8-3)。

3. 编码效率

通常，在信道编码过程中，监督位越多纠错能力就越强，但编码效率就越低。若码字中信息位数为 k，监督位数为 r，码长 $n=k+r$，则编码效率 η 可以用下式表示：

$$\eta=\frac{k}{n}=\frac{(n-r)}{n}=1-\frac{r}{n} \tag{8-4}$$

信道编码的任务就是要根据不同的干扰特性，设计出编码效率高、纠错能力强的编码。在实际设计过程中，需要根据具体指标要求，尽量简化编码实现的复杂度，节省设计费用。

8.3 几种常用的检错码

本节介绍几种简单的检错码，这些信道编码很简单，但有一定的检错能力，且易于实现，因此得到了广泛应用。

8.3.1 奇偶监督码

奇偶监督码是奇监督码和偶监督码的统称，是一种最基本的检错码。它是由 $n-1$ 位信息元和 1 位监督元组成的，可以表示成(n, $n-1$)。如果是奇监督码，在附加上一个监督元以后，码长为 n 的码字中“1”的个数为奇数个；如果是偶监督码，在附加上一个监督元以后，码长为 n 的码字中“1”的个数为偶数个。

假设要传送的 $n-1$ 个信息码为 a_{n-1}，a_{n-2}，…，a_1，在偶监督码中，附加的监督元 a_0 要使编码后码组中“1”的数目为偶数，即满足下式：

$$a_{n-1}+a_{n-2}+\cdots+a_1+a_0=0 \tag{8-5}$$

式中，“+”表示模二和(以后也这样表示，请注意)。在接收端，译码器按照式(8-5)将码组中各码元进行模二加，若相加的结果为“1”，说明码组存在差错，若为“0”，则认为无错。

奇监督码与偶监督码相类似，是使码组中“1”的数目为奇数，即满足下式：

$$a_{n-1}+a_{n-2}+\cdots+a_1+a_0=1 \tag{8-6}$$

奇偶监督码是一种有效地检测单个错误的方法，之所以将注意力集中在检(或纠)单个错，这主要是因为码字中发生单个错误的概率要比发生 2 个或多个错误的概率大得多。一般情况下，用上述偶监督码来检出单个错误，检错效果是令人满意的，不仅如此，奇偶监督码的编码效率很高，$\eta=(n-1)/n$，随 n 增大而趋近于 1。下面就给出以码长 $n=5$ 为例，利用表 8-1 列出全部偶监督码字。

表 8-1　码长为 5 的偶监督码字

序号	码字		序号	码字	
	信息码元 $a_4a_3a_2a_1$	监督元 a_0		信息码元 $a_4a_3a_2a_1$	监督元 a_0
0	0000	0	8	1000	1
1	0001	1	9	1001	0
2	0010	1	10	1010	0
3	0011	0	11	1011	1
4	0100	1	12	1100	0
5	0101	0	13	1101	1
6	0110	0	14	1110	1
7	0111	1	15	1111	0

在数字信息传输中，奇偶监督码的编码可以用软件实现，也可用硬件电路实现。图 8-3(a)就是码长为 5 的偶监督码编码器。从图中可以看到，长度为 4 的信息码，串行送入四级移位寄存器，同时经模二运算得到监督元，存入输出缓冲器末级，编码完成就可以串行输出码字。

接收端的检错电路如图 8-3(b)所示，当一个接收码字 B 完全进入 5 级移位寄存器内，开关 S 立即接通，从而得到检错信号 $M=b_4+b_3+b_2+b_1+b_0$。如果接收码字 B 无错，即 $B=A$，则 $M=0$；如果接收码字 B 有单个(或奇数个)错误，则 $M=1$。

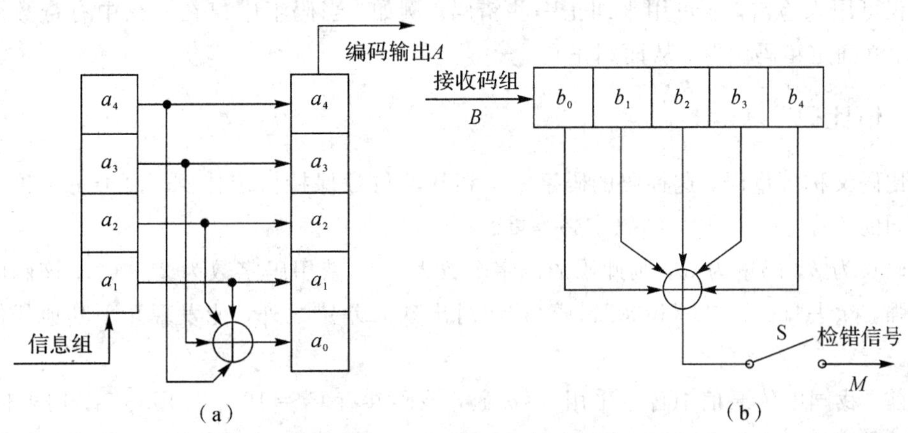

(a) n=5的偶监督码编码器；(b) 接收端的检错电路

图 8-3　奇偶监督码的硬件实现

8.3.2 二维奇偶监督码

二维奇偶监督码又称水平垂直一致监督码或行列监督码，有时还称为方阵码。它对水平(行)方向的码元和垂直(列)方向的码元实施奇偶监督。

图 8-4 中，“×”表示信息位，“○”表示监督位。这种码有可能检测到偶数个错码。当某一行(或某一列)出现偶数个错码时，该行的监督位虽然不能被用于检测这偶数个错误，但只要所在列(或行)不同时出现偶数个错码，这个错码仍可以被发现。二位奇偶监督码不能检测的错误是差错数正好为 4 的倍数，且差错位于构成矩形的四个角上，如图 8-4 中“⊗”所示的位置。

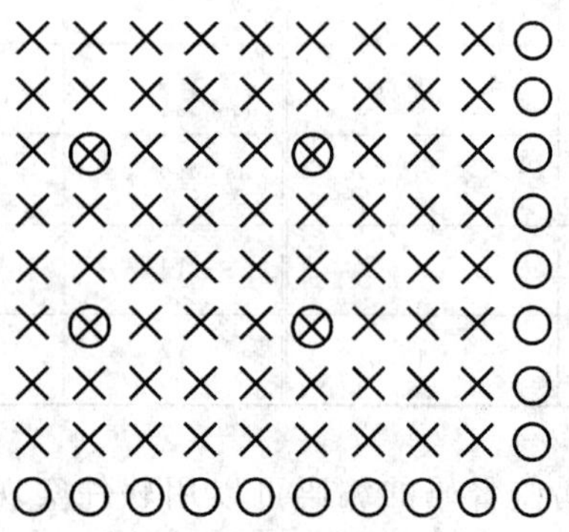

图 8-4 二维奇偶监督码的结构

这种二维奇偶监督码适于检测突发错码。因为这种突发错码常常成串出现，随后有较长一段无错区间，所以在某一行中出现多个奇数或偶数错码的机会较多，这种方阵码适于检测这类错码。前述的一维奇偶监督码一般只适于检测随机错误。

由于二维奇偶监督码编码简单，且检错能力强，所以应用十分广泛。此外，二维奇偶监督码不仅可用来检错，还可用来纠正一些错码。例如，当码组中仅在一行中有奇数个错误时，则能够确定错码位置，从而纠正它。

8.3.3 恒比码

恒比码又称等重码，这种码的码字中 1 和 0 的位数保持恒定比例。由于每个码字的长度是相同的，若 1、0 恒比，则码字必等重。

若码长为 n，码重为 w，则此码的码字个数为 C_n^w，禁用码字数为 $2^n - C_n^w$。该码的检错能力较强，除去“1”错成“0”和“0”错成“1”成对出现的差错之外，能发现几乎其他任何形式的错码。

目前，我国电传通信中普遍采用 3∶2 码，该码共有 $C_5^3=10$ 个许用码字，用来传送 10 个阿拉伯数字，如表 8-2 所示。这种码又称为 5 中取 3 恒比码。因为每个汉字是以四位十进制数来表示的，所以提高十进制数字传输的可靠性，就等于提高汉字传输的可靠性。实践证明，采用这种码后，我国汉字电报的差错率大为降低。

表 8－2　3∶2 数字保护码

数字	码　字
0	0 1 1 0 1
1	0 1 0 1 1
2	1 1 0 0 1
3	1 0 1 1 0
4	1 1 0 1 0
5	0 0 1 1 1
6	1 0 1 0 1
7	1 1 1 0 0
8	0 1 1 1 0
9	1 0 0 1 1

目前国际上通用的 ARQ(Automatic Repeat-reQuest，自动重传请求)电报通信系统中，采用 3∶4 码即 7 中取 3 码，这种码共有 $C_7^3=35$ 个许用码字，93 个禁用码字。35 个许用码字用来表示不同的字母和符号。实践证明，应用这种码，国际电报通信的误码率可保持在 10^{-6} 以下。

8.3.4　群计数码

在群计数码中，信息码元经分组之后，计算每个信息码组中“1”的数目，然后这个数目用二进制数表示，并作为监督码元附加在信息码元的后面一起传输。例如，信息码字为 11100110，其中有 5 个“1”，用二进制数表示为“101”，故群计数码码字为 11100110101。

这种码属于非线性分组系统码，检错能力很强，除了“1”错成“0”和“0”错成“1”成对出现的差错之外，能检测出所有形式的错误。

8.4　线性分组码

线性分组码是整个纠错编码中非常重要的一类码，它的概念清楚，易于理解，而且能方便地引出各类码中广泛适用的一些基本参数和基本定义。

8.4.1　基本概念

分组码是一组固定长度的码组，可表示为(n, k)，通常它用于前向纠错。在分组码中，监督位被加到信息位之后，形成新的码。在编码时，k 个信息位被编为 n 位码组长度，而 $n-k$ 个监督位的作用就是实现检错与纠错。当分组码的信息码元与监督码元之间的关系为线性关系时，这种分组码就称为线性分组码。

线性分组码是建立在代数群论基础之上的，各许用码的集合构成了代数学中的群，它们的主要性质如下：

(1) 任意两个许用码之和(对于二进制码这个和的含义是模二和)仍为许用码，也就是说，线性分组码具有封闭性。

(2) 码组间的最小码距等于非零码的最小码重。

在 8.3.1 节中介绍的奇偶监督码，就是一种最简单的线性分组码。由于只有一位监督位，通常可以表示为$(n, n-1)$，式(8-5)表示采用偶校验时的监督关系。在接收端解码时，实际上就是在计算：

$$S=b_{n-1}+b_{n-2}+\cdots+b_1+b_0 \tag{8-7}$$

其中，b_{n-1}、b_{n-2}、$\cdots b_1$ 表示接收到的信息位，b_0 表示接收到的监督位，若 $S=0$，就认为无错；若 $S=1$，就认为有错。式(8-7)称为监督关系式，S 是校正子。由于校正子 S 的取值只有“0”和“1”两种状态，因此，它只能表示有错和无错这两种信息，而不能指出错码的位置。

设想如果监督位增加一位，即变成两位，则能增加一个类似于式(8-7)的监督关系式，计算出两个校正子 S_1 和 S_2，S_1S_2 而共有四种组合：00，01，10，11，可以表示四种不同的信息。除了用 00 表示无错以外，其余三种状态就可用于指示三种不同的误码图样。

同理，由 r 个监督方程式计算得到的校正子有 r 位，可以用来指示 2^r-1 种误码图样。对于一位误码来说，就可以指示 2^r-1 个误码位置。对于码组长度为 n、信息码元为 k 位、监督码元为 $r=n-k$ 位的分组码(常记作(n, k)码)，如果希望用 r 个监督位构造出 r 个监督关系式来指示一位错码的 n 种可能，则要求：

$$2^r-1\geqslant n \quad \text{或} \quad 2^r\geqslant k+r+1 \tag{8-8}$$

下面通过一个例子来说明线性分组码是如何构造的。

设分组码(n, k)中，$k=4$，传输时仅有 1 位码元出现误码，接收端需要纠正此位错误。由式(8-8)可以看到，要求 $r\geqslant 3$，若取 $r=3$，则 $n=k+r=7$。因此，可以用 $a_6a_5a_4a_3a_2a_1a_0$ 表示这 7 个码元，用 S_1、S_2、S_3 表示三个监督关系式的输出，通过计算即能够得到校正子，并且假设 S_3、S_2、S_1 三位校正子与误码位置的关系如表 8-3 所示。

表 8-3　校正字与误码位置

$S_1S_2S_3$	误码位置	$S_1S_2S_3$	误码位置
001	a_0	101	a_4
010	a_1	110	a_5
100	a_2	111	a_6
011	a_3	000	无错

利用表 8-3 得到的 S_3、S_2、S_1，就能够指示(7，4)线性分组码中哪一位出现了错误，进而进行纠正。例如：当传输过程中，a_3 出现了错误，则 $S_3S_2S_1=011$。需要注意，表 8-3 仅给出了一种校正子与误码的对应关系，当然，也可以规定成另一种对应关系，但对表 8-3 的讨论并不影响其一般性。

由表 8-3 中的规定可以看出，仅当一错码位置在 a_2、a_4、a_5 或 a_6 时，校正子 S_1 为 1；否则 S_1 为 0。这就意味着 a_2、a_4、a_5 和 a_6 四个码元构成偶数监督关系：

$$S_1=a_6+a_5+a_4+a_2 \tag{8-9a}$$

同理，a_1、a_3、a_5 和 a_6 构成偶数监督关系：

$$S_2 = a_6 + a_5 + a_3 + a_1 \tag{8-9b}$$

以及 a_0、a_3、a_4 和 a_6 构成偶数监督关系：

$$S_3 = a_6 + a_4 + a_3 + a_0 \tag{8-9c}$$

在发送端编码时，a_6、a_5、a_4 和 a_3 是信息码元，它们的值取决于输入信号，因此是随机的。a_2、a_1 和 a_0 是监督码元，它们的取值由监督关系来确定，即监督位应使式(8-9)的三个表达式中的 S_3、S_2 和 S_1 的值为零(表示编成的码组中应无错码)。这样式(8-9)的三个表达式可以表示成下面的方程组形式：

$$\begin{cases} a_6 + a_5 + a_4 + a_2 = 0 \\ a_6 + a_5 + a_3 + a_1 = 0 \\ a_6 + a_4 + a_3 + a_2 = 0 \end{cases} \tag{8-10}$$

由上式经移项运算，能够计算出监督位：

$$\begin{cases} a_6 + a_5 + a_4 = a_2 \\ a_6 + a_5 + a_3 = a_1 \\ a_6 + a_4 + a_3 = a_0 \end{cases} \tag{8-11}$$

利用式(8-11)，可以得到 16 个许用码组，如表 8-4 所示。

表 8-4　许 用 码 组

信息位	监督位	信息位	监督位	信息位	监督位	信息位	监督位
$a_6a_5a_4a_3$	$a_2a_1a_0$	$a_6a_5a_4a_3$	$a_2a_1a_0$	$a_6a_5a_4a_3$	$a_2a_1a_0$	$a_6a_5a_4a_3$	$a_2a_1a_0$
0000	000	0100	110	1000	111	1100	001
0001	011	0101	101	1001	100	1101	010
0010	101	0100	011	1010	010	1100	100
0011	110	0111	000	1011	001	1111	111

接收端收到每个码组后，计算出 S_3、S_2 和 S_1，如不全为 0，则可按表 8-3 确定误码的位置，然后予以纠正。例如，接收码组为 0000011，可算出 $S_3S_2S_1 = 011$，由表 8-3 可知，在 a_3 位置上有一误码。

不难看出，上述(7，4)码的最小码距 $d_{\min} = 3$，因此，它能纠正一个误码或检测两个误码。如超出纠错能力，则会因“乱纠”而增加新的误码。

通过上述分析可以看出，利用线性方程组能够实现线性分组码的编码和解码过程，当然上述过程也可以矩阵形式来表述。

8.4.2　监督矩阵

式(8-10)所述(7，4)码的三个监督方程式可以重新改写为如下形式：

$$\begin{cases} 1\cdot a_6 + 1\cdot a_5 + 1\cdot a_4 + 0\cdot a_3 + 1\cdot a_2 + 0\cdot a_1 + 0\cdot a_0 = 0 \\ 1\cdot a_6 + 1\cdot a_5 + 0\cdot a_4 + 1\cdot a_3 + 0\cdot a_2 + 1\cdot a_1 + 0\cdot a_0 = 0 \\ 1\cdot a_6 + 0\cdot a_5 + 1\cdot a_4 + 1\cdot a_3 + 0\cdot a_2 + 0\cdot a_1 + 1\cdot a_0 = 0 \end{cases} \tag{8-12}$$

对于式(8-12)，可以用矩阵形式来表示：

$$\begin{bmatrix}1&1&1&0&1&0&0\\1&1&0&1&0&1&0\\1&0&1&1&0&0&1\end{bmatrix}\cdot\begin{bmatrix}a_6\\a_5\\a_4\\a_3\\a_2\\a_1\\a_0\end{bmatrix}=\begin{bmatrix}0\\0\\0\end{bmatrix} \tag{8-13}$$

上式可以记作：

$$\boldsymbol{HA}^{\mathrm{T}}=\boldsymbol{0}^{\mathrm{T}} \text{ 或 } \boldsymbol{AH}^{\mathrm{T}}=\boldsymbol{0}^{\mathrm{T}}$$

其中 $\boldsymbol{A}^{\mathrm{T}}$ 是 $\boldsymbol{A}=[a_6\quad a_5\quad a_4\quad a_3\quad a_2\quad a_1\quad a_0]$的转置，$\boldsymbol{0}^{\mathrm{T}}$ 是$[0\ 0\ 0]$的转置，$\boldsymbol{H}^{\mathrm{T}}$ 是 $\boldsymbol{H}$ 的转置。$\boldsymbol{H}$ 可以表示为

$$\boldsymbol{H}=\begin{bmatrix}1&1&1&0&1&0&0\\1&1&0&1&0&1&0\\1&0&1&1&0&0&1\end{bmatrix}=[\boldsymbol{P}\quad \boldsymbol{I}_3] \tag{8-14}$$

其中

$$\boldsymbol{P}=\begin{bmatrix}1&1&1&0\\1&1&0&1\\1&0&1&1\end{bmatrix},\ \boldsymbol{I}_3=\begin{bmatrix}1&0&0\\0&1&0\\0&0&1\end{bmatrix}$$

$\boldsymbol{A}$ 称为信道编码得到的码字，矩阵 $\boldsymbol{H}$ 称为(7，4)线性分组码的监督矩阵，它由 3 行、7 列组成，这 3 行是线性无关的。

将上面的结论推广到一般的情况，(n, k)线性分组码的监督矩阵 $\boldsymbol{H}$ 由 $r=n-k$ 行、n 列组成，可以表示为

$$\boldsymbol{H}=[\boldsymbol{P}\quad \boldsymbol{I}_r] \tag{8-15}$$

式中，$\boldsymbol{P}$ 为 $r\times k$ 阶矩阵，$\boldsymbol{I}_r$ 为 $r\times r$ 阶单位矩阵，具有这种特性的 $\boldsymbol{H}$ 矩阵称为典型监督矩阵。典型监督矩阵各行一定是线性无关的。如果监督矩阵不是典型矩阵形式，可将其通过初等变换转换为典型矩阵。

8.4.3 生成矩阵

若信息码元已知，通过监督矩阵可以求得监督码元，由式(8-11)，有

$$\begin{cases}a_2=a_6+a_5+a_4\\a_1=a_6+a_5+a_3\\a_0=a_6+a_4+a_3\end{cases} \tag{8-16}$$

用矩阵形式来表示，可以写成

$$\begin{bmatrix}a_2\\a_1\\a_0\end{bmatrix}=\begin{bmatrix}1&1&1&0\\1&1&0&1\\1&0&1&1\end{bmatrix}\cdot\begin{bmatrix}a_6\\a_5\\a_4\\a_3\end{bmatrix}=\boldsymbol{P}\cdot\begin{bmatrix}a_6\\a_5\\a_4\\a_3\end{bmatrix} \tag{8-17}$$

或者

$$[a_2 \quad a_1 \quad a_0] = [a_6 \quad a_5 \quad a_4 \quad a_3] \cdot \boldsymbol{P}^{\mathrm{T}} = [a_6 \quad a_5 \quad a_4 \quad a_3] \cdot \begin{bmatrix} 1 & 1 & 1 \\ 1 & 1 & 0 \\ 1 & 0 & 1 \\ 0 & 1 & 1 \end{bmatrix} \tag{8-18}$$

将式(8-18)扩展一下，可以由已知的信息码元求得整个码组(码字)$\boldsymbol{A}$，即有

$$[a_6 \quad a_5 \quad a_4 \quad a_3 \quad a_2 \quad a_1 \quad a_0] = [a_6 \quad a_5 \quad a_4 \quad a_3] \cdot \begin{bmatrix} 1 & 0 & 0 & 0 & 1 & 1 & 1 \\ 0 & 1 & 0 & 0 & 1 & 1 & 0 \\ 0 & 0 & 1 & 0 & 1 & 0 & 1 \\ 0 & 0 & 0 & 1 & 0 & 1 & 1 \end{bmatrix} \tag{8-19}$$

令

$$\boldsymbol{G} = \begin{bmatrix} 1 & 0 & 0 & 0 & 1 & 1 & 1 \\ 0 & 1 & 0 & 0 & 1 & 1 & 0 \\ 0 & 0 & 1 & 0 & 1 & 0 & 1 \\ 0 & 0 & 0 & 1 & 0 & 1 & 1 \end{bmatrix} = [\boldsymbol{I}_4 \quad \boldsymbol{P}^{\mathrm{T}}] = [\boldsymbol{I}_4 \quad \boldsymbol{Q}] \tag{8-20}$$

式中

$$\boldsymbol{I}_4 = \begin{bmatrix} 1 & 0 & 0 & 0 \\ 0 & 1 & 0 & 0 \\ 0 & 0 & 1 & 0 \\ 0 & 0 & 0 & 1 \end{bmatrix} \qquad \boldsymbol{Q} = \boldsymbol{P}^{\mathrm{T}} = \begin{bmatrix} 1 & 1 & 1 \\ 1 & 1 & 0 \\ 1 & 0 & 1 \\ 0 & 1 & 1 \end{bmatrix}$$

这里 $\boldsymbol{G}$ 称为生成矩阵，利用它可以产生整个码组：

$$\boldsymbol{A} = \boldsymbol{M} \cdot \boldsymbol{G} = [a_6 \quad a_5 \quad a_4 \quad a_3] \cdot \boldsymbol{G} \tag{8-21}$$

由式(8-20)表示的生成矩阵形式称为典型生成矩阵，利用式(8-21)产生的分组码必为系统码，也就是信息码元保持不变，监督码元附加在其后。

8.4.4 校验子

在发送端，信息码元 M 利用式(8-21)实现信道编码，产生线性分组码 $\boldsymbol{A}$，在传输过程中有可能出现误码，设接收到的码组为 $\boldsymbol{B}$，则收、发码组之差为

$$\begin{aligned} \boldsymbol{B} - \boldsymbol{A} &= [b_{n-1} \quad b_{n-2} \quad \cdots \quad b_0] - [a_{n-1} \quad a_{n-2} \quad \cdots \quad a_0] \\ &= \boldsymbol{E} = [e_{n-1} \quad e_{n-2} \quad \cdots \quad e_0] \end{aligned} \tag{8-22}$$

其中，

$$e_i = \begin{cases} 0, & b_i = a_i \\ 1, & b_i \neq a_i \end{cases}$$

$e_i=1$，表示第 i 位有错；$e_i=0$，表示第 i 位无错。

基于这样的原则，接收端利用接收到的码组 $\boldsymbol{B}$ 计算校正子：

$$\boldsymbol{S} = \boldsymbol{B}\boldsymbol{H}^{\mathrm{T}} = (\boldsymbol{A} + \boldsymbol{E})\boldsymbol{H}^{\mathrm{T}} = \boldsymbol{A}\boldsymbol{H}^{\mathrm{T}} + \boldsymbol{E}\boldsymbol{H}^{\mathrm{T}} = \boldsymbol{E}\boldsymbol{H}^{\mathrm{T}} \tag{8-23}$$

因此，校正子仅与 $\boldsymbol{E}$ 有关，而与发送的码字 $\boldsymbol{A}$ 无关。仅当 $\boldsymbol{E}$ 不为 $\boldsymbol{0}$ 时，即有误差时，$\boldsymbol{S}$ 不为 $\boldsymbol{0}$，否则 $\boldsymbol{S}$ 等于 $\boldsymbol{0}$，任何一个错误图样都有其相应的校正子，而校正子 $\boldsymbol{S}^{\mathrm{T}}$ 与 $\boldsymbol{H}$ 矩阵中数值相同的一列正是错误图样 $\boldsymbol{E}$ 中“1”的位置。所以译码器可以用校正子 $\boldsymbol{S}$ 来检错和纠错。

对于上述(7，4)码，校正子 $\boldsymbol{S}$ 与错误图样的对应关系可由式(8-23)求得，其计算结果见表 8-5。

表 8-5　(7，4)码校正子与错误图样的对应关系

序号	错误码位	E							S		
		e_6	e_5	e_4	e_3	e_2	e_1	e_0	S_3	S_2	S_1
0	/	0	0	0	0	0	0	0	0	0	0
1	b_0	0	0	0	0	0	0	1	0	0	1
2	b_1	0	0	0	0	0	1	0	0	1	0
3	b_2	0	0	0	0	1	0	0	/	0	0
4	b_3	0	0	0	1	0	0	0	0	1	1
5	b_4	0	0	1	0	0	0	0	1	0	1
6	b_5	0	1	0	0	0	0	0	1	1	0
7	b_6	1	0	0	0	0	0	0	1	1	1

8.4.5　汉明码

汉明码是一种能够纠正单个错误的线性分组码。它有以下特点：

(1) 最小码距 $d_{\min}=3$，可以纠正一位错误。

(2) 码长 n 与监督元个数 r 之间满足关系式：$n=2^{\gamma}-1$。

如果要产生一个系统汉明码，可以将矩阵 $\boldsymbol{H}$ 转换成典型形式的监督矩阵，进一步利用 $\boldsymbol{Q}=\boldsymbol{P}^{\mathrm{T}}$ 的关系，得到相应的生成矩阵 $\boldsymbol{G}$。通常二进制汉明码可以表示为

$$(n, k)=(2^{\gamma}-1,\ 2^{\gamma}-1-r) \tag{8-24}$$

根据上述汉明码定义可以看到，8.4.1 节构造的(7，4)线性分组码实际上就是一个汉明码，它满足汉明码的两个特点。

图 8-5 中给出(7，4)系统汉明码的编码器和译码器电路。

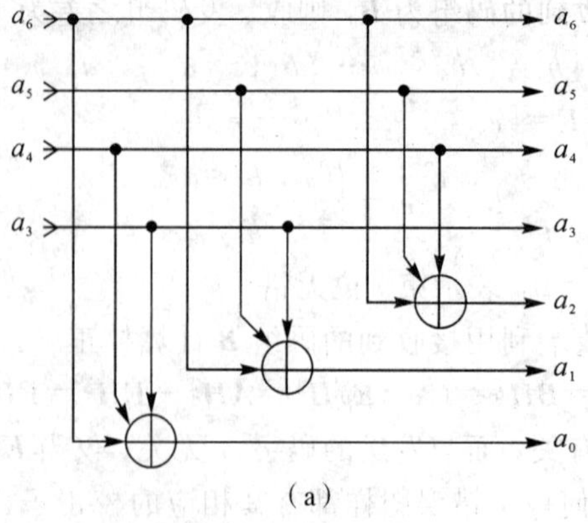

(a)

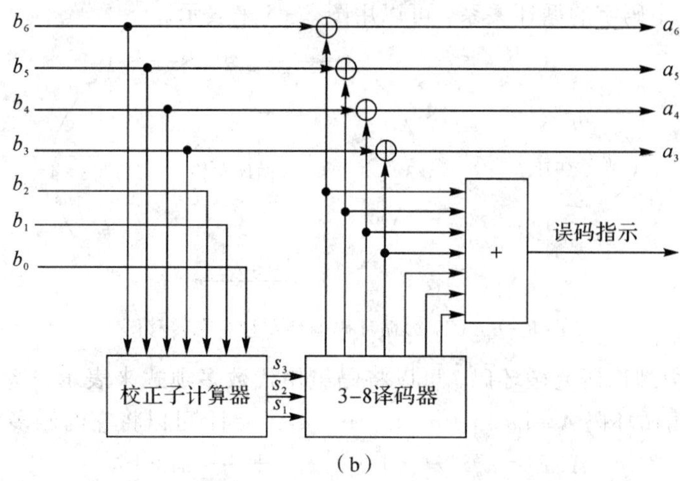

(b)

(a) 发送端编码器电路；(b) 接收端译码器电路

图 8-5　(7, 4)汉明码的编译码器

8.5 循　环　码

循环码是线性分组码的一个重要子集，是目前研究的最成熟的一类码。它有许多特殊的代数性质，这些性质有助于按所要求的纠错能力系统地构造这类码，且易于实现；同时循环码的性能也较好，具有较强的检错和纠错能力。

8.5.1 循环码的特点

循环码最大的特点就是码字的循环特性。所谓循环特性，是指循环码中任一许用码组经过循环移位后，所得到的码组仍然是许用码组。若$[a_{n-1} \quad a_{n-2} \quad \cdots \quad a_1 \quad a_0]$为一循环码组，则$[a_{n-2} \quad a_{n-3} \quad \cdots \quad a_0 \quad a_{n-1}]$、$[a_{n-3} \quad a_{n-4} \quad \cdots \quad a_{n-1} \quad a_{n-2}]$、…还是许用码组。也就是说，不论是左移还是右移，也不论移多少位，仍然是许用的循环码组。表 8-6 给出了一种(7, 3)循环码的全部码字。由此表可以直观地看出这种码的循环特性。例如，表 8-6 中的第 2 码字向右移一位，即得到第 5 码字；第 6 码字组向右移一位，即得到第 3 码字。

表 8-6　(7, 3)循环码的全部码字

序号	码字		序号	码字	
	信息位 $a_6a_5a_4$	监督位 $a_3a_2a_1a_0$		信息位 $a_6a_5a_4$	监督位 $a_3a_2a_1a_0$
0	0 0 0	0 0 0 0	4	1 0 0	1 0 1 1
1	0 0 1	0 1 1 1	5	1 0 1	1 1 0 0
2	0 1 0	1 1 1 0	6	1 1 0	0 1 0 1
3	0 1 1	1 0 0 1	7	1 1 1	0 0 1 0

对应表 8-6 中码字的循环关系，可以用图 8-6 来表示。

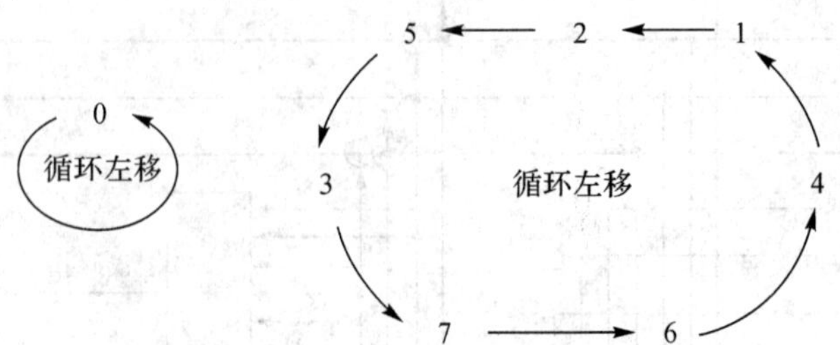

图 8-6 (7, 3)循环码循环左移状态转移图

为了利用代数理论研究循环码，可以将码组用代数多项式来表示，这个多项式称为码多项式。对于许用循环码 $\mathbf{A}=[a_{n-1}\quad a_{n-2}\quad \cdots\quad a_1\quad a_0]$，可以将它的码多项式表示为

$$A(x)=a_{n-1}x^{n-1}+a_{n-2}x^{n-2}+\cdots+a_1x+a_0 \tag{8-25}$$

对于二进制码组，多项式的每个系数不是 0 就是 1，x 仅是码元位置的标志。因此，这里并不关心 x 的取值，而表 8-6 中的任一码组可以表示为

$$A(x)=a_6x^6+a_5x^5+a_4x^4+a_3x^3+a_2x^2+a_1x+a_0 \tag{8-26}$$

例如，表中的第 7 码字可以表示为

$$\begin{aligned}A_7(x)&=1\cdot x^6+1\cdot x^5+0\cdot x^4+0\cdot x^3+1\cdot x^2+0\cdot x+1\\&=x^6+x^5+x^2+1\end{aligned} \tag{8-27}$$

在整数运算中，有模 n 运算。例如，在模二运算中，有 $1+1=2\equiv0$(模二)，$1+2=3\equiv1$(模二)，$2\times3=6\equiv0$(模二)等。因此，若一个整数 m 可以表示为

$$\frac{m}{n}=Q+\frac{p}{n},\quad p<n,\quad Q\text{ 是整数} \tag{8-28}$$

则在模 n 运算下，有 $m\equiv p$(模 n)。也就是说，在模 n 运算下，一整数 m 等于其被 n 除所得的余数。

在码多项式运算中也有类似的按模运算法则。若一任意多项式 $F(x)$ 被一个 n 次多项式 $N(x)$ 除，得到商式 $Q(x)$ 和一个次数小于 n 的余式 $R(x)$，也就是：

$$\frac{F(x)}{N(x)}=Q(x)+\frac{R(x)}{N(x)} \tag{8-29}$$

则可以写为

$$F(x)\equiv R(x)(\text{模 } N(x))$$

这时，码多项式系数仍按模二运算，即只取值 0 和 1，假设：计算 x_4+x_2+1 除以 x_3+1 的值可得

$$\frac{x^4+x^2+1}{x^3+1}=x+\frac{x^2+x+1}{x^3+1} \tag{8-30}$$

注意，在上述运算中，由于是模二运算，因此，加法和减法是等价的，在式子中通常用加法运算符，具体模二运算的规则定义见表 8-7。

表 8-7 模二运算的规则

模二加	0+0=0	0+1=1	1+0=1	1+1=0
模二乘	0×0=0	0×1=0	1×0=0	1×1=1

这样式(8-30)也可以表示为

$$x^4+x^2+1\equiv x^2+x+1(\text{模 } x^3+1) \tag{8-31}$$

在循环码中，可以证明：若 $A(x)$是一个长为 n 的许用码组，则 $x^i\cdot A(x)$在按模 x^n+1 运算下，亦是一个许用码组，也就是假如：

$$x^i\cdot A(x)\equiv A'(x)\quad(\text{模 } x^n+1)$$

则 $A'(x)$亦是一个许用码组，并且，$A'(x)$正是 $A(x)$代表的码组向左循环移位 i 次的结果。

例如，由式(8-27)表示的循环码，其码长 $n=7$，现给定 $i=3$，则

$$\begin{aligned}x^3\cdot A_7(x)&=x^3\cdot(x^6+x^5+x^2+1)=(x^9+x^8+x^5+x^3)\\&\equiv(x^5+x^3+x^2+x)\quad(\text{模 } x^7+1)\end{aligned} \tag{8-32}$$

其对应的码组为 0101110，它正是表 8-6 中第 2 码字。

8.5.2 循环码的生成多项式和生成矩阵

在循环码中，次数最低的码多项式(全 0 码字除外)称为生成多项式，用 $g(x)$表示。可以证明，生成多项式 $g(x)$具有以下特性：

(1) $g(x)$是一个常数项为 1 的 $r=n-k$ 次多项式；

(2) $g(x)$是 x^n+1 的一个因式；

(3) 该循环码中，其他码多项式都是 $g(x)$的倍式。

1. 生成矩阵

为了保证构成的生成矩阵 $\boldsymbol{G}$ 的各行线性不相关，通常用 $g(x)$来构造生成矩阵，这时，生成矩阵 $\boldsymbol{G}(x)$可以表示为

$$\boldsymbol{G}(x)=\begin{bmatrix}x^{k-1}\cdot g(x)\\x^{k-2}\cdot g(x)\\\vdots\\x\cdot g(x)\\g(x)\end{bmatrix} \tag{8-33}$$

其中，

$$g(x)=a_rx^r+a_{r-1}x^{r-1}+\cdots+a_1x+1$$

因此，一旦生成多项式 $g(x)$确定以后，该循环码的生成矩阵就可以确定了，进而该循环码的所有码字就可以确定了。显然，式(8-33)不符合 $\boldsymbol{G}=[\boldsymbol{I}_k\quad\boldsymbol{Q}]$形式，所以此生成矩阵不是典型形式，不过，可以通过简单的代数变换将它变成典型矩阵。

现在以表 8-6 的(7，3)循环码为例，来构造它的生成矩阵和生成多项式，这个循环码主要参数为 $n=7$，$k=3$，$r=4$。从表中可以看到，其生成多项式可以用第 1 码字构造：

$$G(x)=A_1(x)=x^4+x^2+x+1 \tag{8-34}$$

$$\boldsymbol{G}(x)=\begin{bmatrix}x^2g(x)\\xg(x)\\g(x)\end{bmatrix}=\begin{bmatrix}x^6+x^4+x^3+x^2\\x^5+x^3+x^2+x\\x^4+x^2+x+1\end{bmatrix} \tag{8-35}$$

$$\boldsymbol{G}=\begin{bmatrix}1&0&1&1&1&0&0\\0&1&0&1&1&1&0\\0&0&1&0&1&1&1\end{bmatrix}$$

在利用式(8-35)得到生成矩阵 $\boldsymbol{G}$ 以后，可以通过线性变化，使之成为典型矩阵，这时就可以采用类似式(8-14)和式(8-20)方法，得到监督矩阵 $\boldsymbol{H}$。

2. 生成多项式

在上面的例子中，是利用表 8-6 给出的(7，3)循环码的所有码字，构造它的生成多项式和生成矩阵的。但在实际循环码设计过程中，通常只给出码长和信息位数，这就需要设计生成多项式和生成矩阵，这时可以利用 $g(x)$所具有基本特性进行设计。

首先，生成多项式 $g(x)$是 x^n+1 的一个因式，其次 $g(x)$是一个 r 次因式。因此，就可以先对 x^n+1 进行因式分解，找到它的 r 次因式。下面仍以(7，3)循环码为例进行分析。

第一步：对 x^7+1 进行因式分解得

$$x^7+1=(x+1)\cdot(x^3+x^2+1)\cdot(x^3+x+1) \tag{8-36}$$

第二步：构造生成多项式 $g(x)$。

为了求(7，3)循环码的生成多项式 $g(x)$，要从式(8-36)中找到 $r=n-k$ 次的因子。不难看出，这样的因子有两个，即

$$(x+1)\cdot(x^3+x^2+1)=x^4+x^2+x+1 \tag{8-37}$$

$$(x+1)\cdot(x^3+x+1)=x^4+x^3+x^2+x+1 \tag{8-38}$$

以上两式都可作为生成多项式。不过，选用的生成多项式不同，产生出的循环码码组就不同。用式(8-37)作为生成多项式产生的循环码即为表 8-6 中所示。

8.5.3 循环码的编、译码方法

1. 编码过程

在编码时，首先需要根据给定循环码的参数确定生成多项式 $g(x)$，也就是从 x^n+1 的因子中选一个$(n-k)$次多项式作为 $g(x)$；然后，利用循环码的编码特点，即所有循环码多项式 $A(x)$都可以被 $g(x)$整除，来确定循环码的相关码字。

根据上述原理可以得到一个较简单的系统循环码编码方法：设要产生$(n，k)$循环码，$m(x)$表示信息多项式，则其次数必小于 k，而 $x^{n-k}\cdot m(x)$的次数必小于 n，用 $x^{n-k}\cdot m(x)$除以 $g(x)$，可得余数 $r(x)$，$r(x)$的次数必小于$(n-k)$，将 $r(x)$加到信息位后作监督位，就得到了系统循环码。下面就以上各步处理过程进行解释和说明。

(1) 用 x^{n-k}乘 $m(x)$。

这一运算实际上是把信息码后附加上$(n-k)$个“0”。例如，对于(7，3)循环码，如果信息码为 110，其相应的信息多项式为 $m(x)=x^2+x$。当 $n-k=7-3=4$ 时，$x^{n-k}\cdot m(x)=x^6+x^5$，它相当于 1100000。而希望得到的系统循环码多项式应当是

$$A(x)=x^{n-k}\cdot m(x)+r(x)$$

(2) 求 $r(x)$。由于循环码多项式 $A(x)$都可以被 $g(x)$整除，也就是：

$$\frac{A(x)}{g(x)}=Q(x) \tag{8-39}$$

式中，

$$A(x)=x^{n-k}\cdot m(x)+r(x)$$

则

$$\frac{x^{n-k}\cdot m(x)+r(x)}{g(x)}=\frac{x^{n-k}\cdot m(x)}{g(x)}+\frac{r(x)}{g(x)} \tag{8-40}$$

所以

$$Q(x)=\frac{x^{n-k}\cdot m(x)}{g(x)}+\frac{r(x)}{g(x)} \tag{8-41}$$

由于是对二进制循环码进行编码，因此，上式中的"+"为模二加，因此有

$$\frac{x^{n-k}\cdot m(x)}{g(x)}=Q(x)+\frac{r(x)}{g(x)} \tag{8-42}$$

从式(8-42)可以看出，用 $x^{n-k}\cdot m(x)$ 除以 $g(x)$，就得到商 $Q(x)$ 和余式 $r(x)$，这样就得到了 $r(x)$。

(3) 系统循环码。编码输出系统循环码多项式 $A(x)$ 为

$$A(x)=x^{n-k}\cdot m(x)+r(x) \tag{8-43}$$

例 8-1　对于(7, 3)循环码，若选用 $g(x)=x^4+x^2+x+1$，请对信息码元 110 进行循环编码。

解：信息码元 110 对应的信息码多项式为

$$m(x)=x^2+x$$

可以求得

$$m(x)x^{n-k}=x^4(x^2+x)=x^6+x^5=(x^2+x+1)\cdot(x^4+x^2+x+1)+(x^2+1)$$

所以，

$$r(x)=x^2+1$$

因而码多项式为

$$A(x)=m(x)x^{n-k}+r(x)=x^6+x^5+x^2+1$$

故对应的系统码字为 1100101。

上述三步编码过程，在硬件实现时，可以利用除法电路来实现。这里的除法电路由一些移位寄存器和模二加法器来构成。下面将以(7, 3)循环码为例，来说明其具体实现过程。

设该(7, 3)循环码的生成多项式为

$$g(x)=x^4+x^2+x+1$$

则构成的系统循环码编码器如图 8-7 所示，图中有 4 个移位寄存器，一个双刀双掷开关。当输入信息位时，开关位置接"2"，输入的信息码一方面送到除法器进行运算，一方面直接输出；在信息位全部输出后，开关位置接"1"，这时输出端接到移位寄存器的输出端，这时除法的余项，也就是监督位依次输出。当信息码为 110 时，编码器的工作过程如表 8-8 所示。

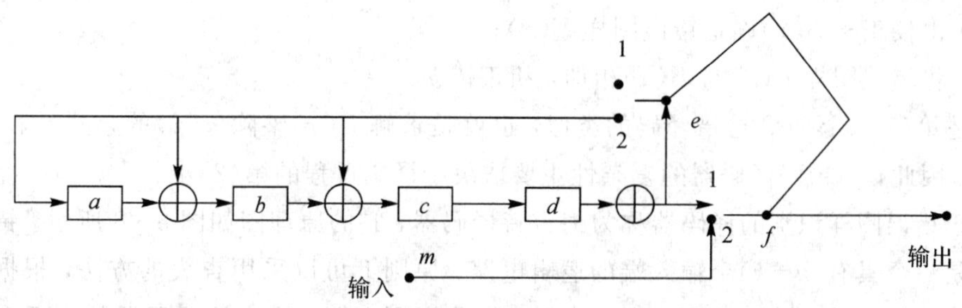

图 8-7　(7, 3)循环码编码器

顺便指出，由于数字信号处理器(DSP)和大规模可编程逻辑器件(CPLD 和 FPGA)的广泛应用，目前已多采用这些先进器件和相应的软件来实现上述编码。

表 8-8　编码器工作过程

输入 m	移位寄存器 a b c d	反馈 e	输出 f
0	0 0 0 0	0	0
1	1 1 1 0	1	1
1	1 0 0 1	1	1
0	1 0 1 0	1	0
0	0 1 0 1	0	0
0	0 0 1 0	1	1
0	0 0 0 1	0	0
0	0 0 0 0	1	1

2. 译码过程

对于接收端译码的要求通常有两个：检错与纠错。以检错为目的的译码十分简单，通过判断接收到的码组多项式 $B(x)$是否能被生成多项式 $g(x)$整除作为依据。当传输中未发生错误时，也就是接收的码组与发送的码组相同，即 $A(x)=B(x)$，则接收的码组 $B(x)$必能被 $g(x)$整除；若传输中发生了错误，则 $A(x)\neq B(x)$，$B(x)$不能被 $g(x)$整除。因此，可以根据余项是否为零来判断码组中有无错码。

需要指出的是，有错码的接收码组也有可能被 $g(x)$整除，这时的错码就不能被检出了。这种错误称为不可检错误，不可检错误中的错码数必将超过这种编码的检错能力。

在接收端为纠错而采用的译码方法自然比检错要复杂许多，因此，对纠错码的研究大都集中在译码算法上。我们知道，校正子与错误图样之间存在某种对应关系。如同其他线性分组码，循环码的译码可以分三步进行：

(1) 由接收到的码多项式 $B(x)$计算校正子(伴随式)多项式 $S(x)$；

(2) 由校正子 $S(x)$确定错误图样 $E(x)$；

(3) 将错误图样 $E(x)$与 $B(x)$相加，纠正错误。

上述第(1)步运算和检错译码的类似，也就是求解 $B(x)$整除 $g(x)$的余式，第(3)步也很简单。因此，纠错码译码器的复杂性主要取决于译码过程的第(2)步。

基于错误图样识别的译码器称为梅吉特译码器，它的原理图如图 8-8 所示。错误图样识别器是一个具有$(n-k)$个输入端的逻辑电路，原则上可以采用查表的方法，根据校正子找到错误图样，利用循环码的上述特性可以简化识别电路。梅吉特译码器特别适合于纠正 2 个以下的随机独立错误。

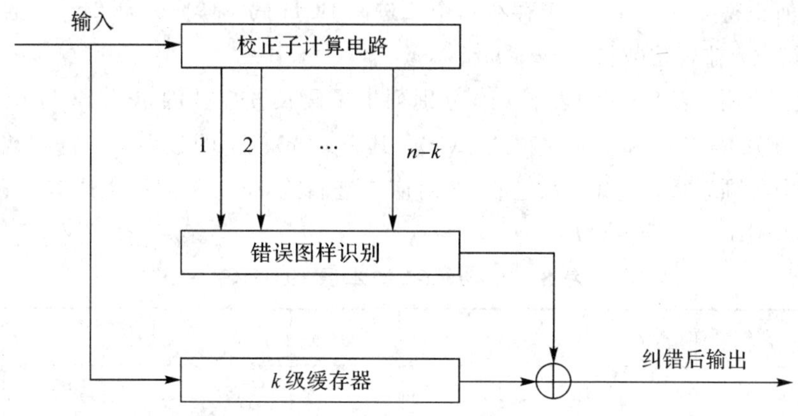

图 8-8 梅吉特译码器原理

图 8-8，k 级缓存器用于存储系统循环码的信息码元，模二加电路用于纠正错误。当校正子为 0 时，模二加来自错误图样识别电路的输入端为 0，输出缓存器的内容；当校正子不为 0 时，模二加来自错误图样识别电路的输入端在第 i 位输出为 1，它可以使缓存器输出取补，即纠正错误。

循环码的译码方法除了梅吉特译码以外，还有捕错译码、大数逻辑译码等方法。捕错译码是梅吉特译码的一种变形，也可以用较简单的组合逻辑电路实现，它特别适合于纠正突发错误、单个随机错误和两个错误的码字。大数逻辑译码也称为门限译码，这种译码方法也很简单，但它只能用于有一定结构的为数不多的大数逻辑可译码，虽然在一般情形下，大数逻辑可译码的纠错能力和编码效率比有相同参数的其他循环码(如 BCH 码)稍差，但它的译码算法和硬件比较简单，因此在实际中有较广泛的应用。

8.5.4 BCH 码

BCH 码是 1959 年发展起来的一种循环码。该码的生成多项式 $g(x)$ 与码的最小距离有直接的关系。利用这种关系，可以根据纠错能力的要求来选择 $g(x)$，确定码的构造，编出所需的码。该码纠错能力较强，编码较方便，译码也比较容易实现，是线性分组码中应用最为广泛的一类码，尤其是在卫星通信中。如在 IS—V 的 TDMA 系统中，用(127，112)的 BCH 码。BCH 码有严密的代数结构，也是目前研究最为透彻的一类码。

首先引入本原多项式的概念。若一个 n 次多项式 $f(x)$ 满足下列条件：

(1) $f(x)$ 为既约多项式(即不能分解因式的多项式)；

(2) $f(x)$ 可整除 (x^p+1)，$p=2^n-1$；

(3) $f(x)$ 除不尽 (x^p+1)，$q<p$，

则称 $f(x)$ 为本原多项式。

BCH 码可分为两种，即本原 BCH 码和非本原 BCH 码。若生成多项式 $g(x)$ 中，含有最高次数为 m 的一个本原多项式，且码长 $n=2^m-1$，则称这类码为本原 BCH 码。若 $g(x)$ 中不含有这种本原多项式，且码长 n 是 2^m-1 的因子，即码长 n 一定除得尽 2^m-1，则称这类码为非本原 BCH 码。

对于任何正整数 m 和 t，一定存在一个二进制 BCH 码，码长 n 是 2^m-1 的因子，能纠正 t 个随机错误，监督位数目 $n-k\leqslant mt$。

为了便于应用，表 8-9 和表 8-10 分别列出了码长 $n\leqslant 63$ 的本原 BCH 码，以及某些非本原 BCH 码的码长 n 和生成多项式 $g(x)$。其中 $g(x)$ 栏下的数字是八进制数，用来表示生成多项式中各项系数。例如，八进制 13 对应二进制数 01011，因而生成多项式为 $g(x)=x^3+x+1$。

表 8-9　$n\leqslant 63$ 的本原 BCH 码

n	k	t	$g(x)$	n	k	t	$g(x)$
7	4	1	13	63	36	5	1033500423
15	11	1	23	63	30	6	157464165547
15	7	2	721	63	24	7	1732326040
15	5	3	2467				4441
31	26	1	45	63	18	10	1363026512
31	21	2	3551			351725	
31	16	3	107657	63	16	11	6331141367
31	11	5	5423325				235453
31	6	7	313365047	63	10	13	4726223055
63	57	1	103				27250155
63	51	2	12471	63	7	15	5231045543
63	45	3	1701317				503271737
63	39	1	166623567				

表 8-10　部分非本原 BCH 码

n	k	t	$g(x)$	n	k	t	$g(x)$
17	9	2	727	47	24	5	43073357
21	12	2	1663	65	53	2	10761
23	12	3	5343	65	40	4	354300067
33	22	2	5145	73	46	4	1717773537
41	21	4	6647133				

8.6 卷 积 码

8.6.1 基本概念

在一个二进制分组码(n, k)当中，包含 k 个信息位，码组长度为 n，每个码组的$(n-k)$个校验位仅与本码组的 k 个信息位有关，而与其他码组无关。为了达到一定的纠错能力和编码效率($\eta=k/n$)，分组码的码组长度 n 通常都比较大。编、译码时，必须把整个信息码组存储起来，由此产生的延时随着 n 的增加而线性增加。

为了减少这个延迟，人们提出了各种解决方案，其中卷积码就是一种较好的信道编码方式。这种编码方式同样是把 kb 信息编成 nb 信息，但 k 和 n 通常很小，特别适宜于以串行形式传输信息，减小了编码延时。

与分组码不同，卷积码中编码后的 n 个码元不仅与当前段的 k 个信息有关，而且也与前面 m 段的信息有关。换句话说，各子码内的监督码元不仅对本子码有监督作用，而且对前面 m 个子码内的信息元也有监督作用。因此常用(n, k, m)表示卷积码，其中 m 称为编码记忆，它反映了输入信息元在编码器中需要存储的时间长短；$N=m+1$ 称为卷积码的约束度，单位是组，它是相互约束的子码的个数；$N\cdot n$ 称为约束长度，单位是位，它是相互约束的二进制码元的个数。

卷积码的纠错能力随着 N 的增加而增大，在编码器复杂程度相同的情况下，卷积码的性能优于分组码。另一点不同的是：分组码有严格的代数结构，但卷积码至今尚未找到如此严密的数学手段，把纠错性能与码的结构十分有规律地联系起来，目前大都采用计算机来搜索性能优越的卷积码。

8.6.2 编码原理

下面通过一个例子来简要说明卷积码的编码工作原理。正如前面已经指出的那样，卷积码编码器在一段时间内输出的 n 位码，不仅与本段时间内的 k 位信息位有关，而且还与前面 m 段规定时间内的信息位有关。图 8-9 就是一个卷积码的编码器，该卷积码的 $n=2$，$k=1$，$m=2$，因此，它的约束长度 $nN=n\times(m+1)=2\times3=6$。

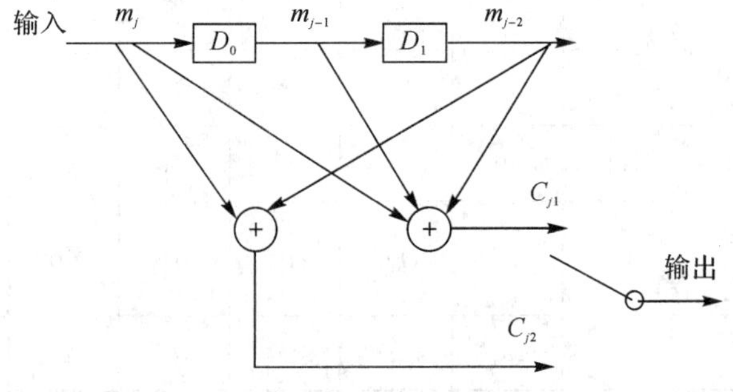

图 8-9　(2, 1, 2)卷集码编码器

在图 8-9 中，D_0 与 D_1 为移位寄存器，它们的起始状态均为零。C_{j1}、C_{j2} 与 m_j、m_{j-1}、m_{j-2}之间的关系如下：

$$\begin{aligned} C_{j1} &= m_j + m_{j-1} + m_{j-2} \\ C_{j2} &= m_j + m_{j-2} \end{aligned} \tag{8-44}$$

假如输入的信息序列为 11010，为了使信息全部通过移位寄存器，还必须在信息位后面加 3 个零。表 8-11 列出了对信息进行卷积编码时的状态。

表 8-11 对信息进行卷积编码时的状态

输入信息 m_j	1	1	0	1	0	0	0	0
$m_{j-2}m_{j-1}$	0 0	0 1	1 1	1 0	0 1	1 0	0 0	0 0
输出 $C_{j1}C_{j2}$	1 1	0 1	0 1	0 0	1 0	1 1	0 0	0 0

8.6.3 卷积码的图解表示

描述卷积码的方法有多种，其中比较有代表性的有两类，即图解表示法和解析表示法。由于解析表示法较为抽象难懂，通常采用图解表示法来描述卷积码，而常用的图解表示法包括码树图、网格图和状态图。

1. 码树图

由式(8-44)可以看出，编码器的输出与当前输入的码元 m_j 和先前输入的两个码元 $m_{j-2}m_{j-1}$ 取值有关，我们将编码器中寄存器内所存储的、先前输入的信息码元的可能取值称为编码器的状态。

对应图 8-9 的编码器，$m_{j-2}m_{j-1}$ 可能的取值有 4 种：00、01、10 和 11，我们分别用 a、b、c 和 d 表示。根据图 8-9，可以得到当前时刻寄存器值、下一时刻寄存器值、输入、输出的关系，如表 8-12 所示。

表 8-12 卷积码的各个状态

当前输入 m_j	1	0	1	0	1	0	1	0
当前寄存器状态 $m_{j-2}m_{j-1}$	00	00	01	01	10	10	11	11
	a	a	b	b	c	c	d	d
当前输出 $C_{j1}C_{j2}$	11	00	00	11	01	10	10	01
下一寄存器状态 $m_{j-2}m_{j-1}$	01	00	11	10	01	00	11	10
	b	a	d	c	b	a	d	c

根据表 8-12 可以画出如图 8-10 所示的树状图。

图 8－10 中每个节点“·”对应于一个输入码元。按照习惯，当输入为“0”时，走上分支；当输入为“1”时，走下分支，并将编码器的输出标在每个分支的上面。按此规则，就可以画出码树的路径。对于任意码元输入序列，其编码输出序列一定与码树中的一条特殊的路径相对应。因此，沿着码元输入序列，就可以获得相应的输出码序列。例如，如果输入的信息序列为 1101…输出编码序列为 11 01 01 00…如图 8－10 中虚线所示。

从码树上可以看到，从第四条支之路开始，码树的各节点从上而下开始重复出现 a、b、c、d 四种状态，并且码树的上半部分与下半部分完全相同，这意味着从第四位信息码元输入开始，无论第 1 位信息码是“0”还是“1”，对编码输出都没有影响，即输出码已经与第 1 位信息码元无关，这正是约束度 $N=3$ 的含义。

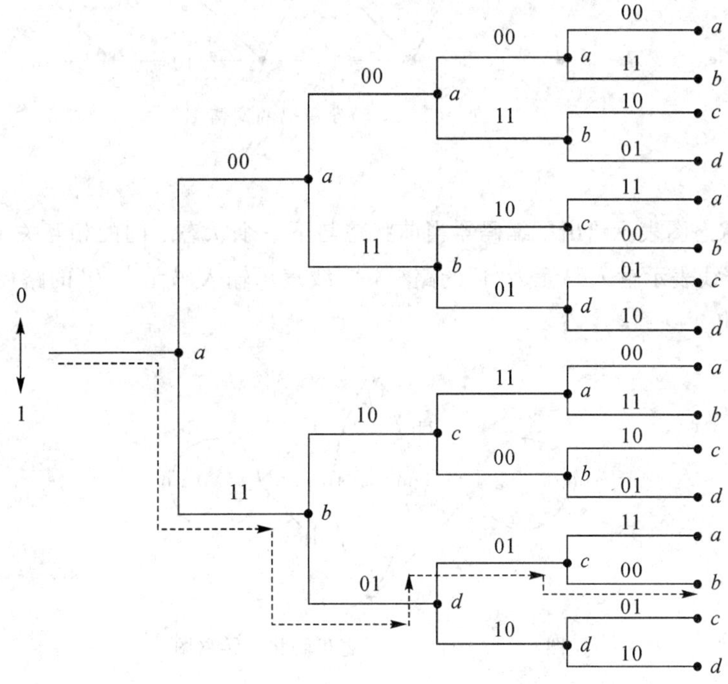

图 8－10　(2，1，2)卷积码的码树

2. 网格图

在码树中，从同一个状态节点出发的分支都相同，因此可以将状态相同的节点合并在一起，这样就得到了卷积码的另外一种更为紧凑的图形表示方法，即网格图。

在网格图中，将码树中的上分支(对应于输入码元“0”的情况)用实线表示，下支路(对应于输入码元“1”的情况)用虚线表示，并将编码输出标在每条支路的上方。网格图的每一行节点分别代表 a、b、c、d 四种状态。(2，1，2)卷积码编码器的网格图如图 8－11 所示。

与码树一样，任何可能更多的输入码元序列都对应着网格图上的一条路径。例如，若初始状态为 a，输入序列为 1101，对应的编码输出序列为 11 01 01 00…，如图 8－11 中粗线所示。

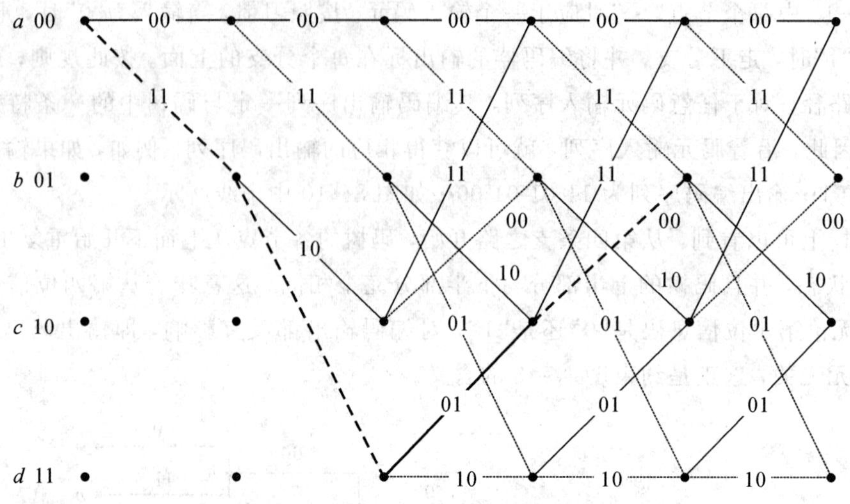

图 8-11 (2，1，2)卷积码的网格图

3. 状态图

卷积码的状态图表示给出了编码器当前状态与下一个状态之间的相互关系，如图 8-12 所示。图中，虚线表示输入码元为“1”的路径，实线表示输入码元为“0”的路径，路径上的数字表示编码输出。

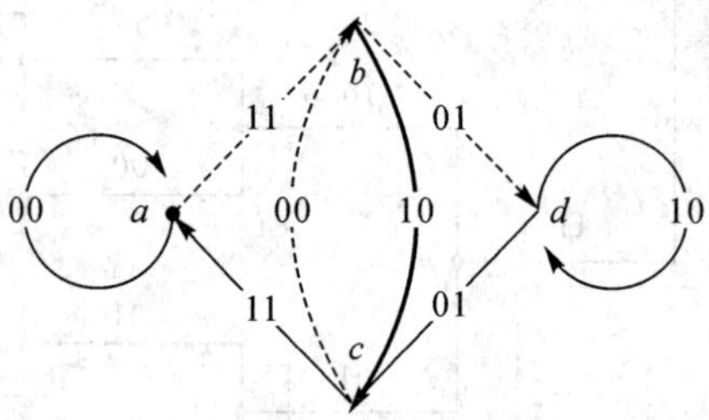

图 8-12 (2，1，2)卷积码状态转移图

8.6.4 维特比译码

卷积码的译码可分为代数译码和概率译码两大类。代数译码利用生成矩阵和监督矩阵来译码，最主要的方法是大数逻辑译码。概率译码中比较实用的有两种：维持比译码和序列译码。

比较卷积码的代数译码和概率译码方法，虽然代数译码所要求的设备简单，运算量小，但其译码性能(误码)要比概率译码方法的译码性能差许多。因此，目前在数字通信的前向纠错中广泛使用的是概率译码方法。这里将概要介绍作为概率译码的代表性方法，即卷积码的维特比译码算法。该算法简称 VB 算法，是 1967 年由 Viterbi 提出的，近年来有很大的发展，并在卫星通信中被作为标准技术广泛地使用。

为了理解 VB 算法的基本原理，有必要先了解一下最大似然译码算法。在众多卷积码解码方法中，有一类最大似然算法。它的基本想法是：把接收序列与所有可能的发送序列进行比较，选择一种码距最小的序列作为发送序列。如果发送一个 k 位序列，则有 $2k$ 种可能序列，计算机应存储这些序列，以便用做比较。当然，当 k 较大时，存储量的剧增使得这种方法的使用受到了限制。Viterbi 对最大似然译码算法作了简化，使之使用化，故而提出了 VB 算法。下面就利用 8.5.1 节的(2，1，2)编码器所编出的卷积码为例，来说明 VB 算法的思路。

当发送信息序列为 11010 时，为了使全部信息位能通过编码器，在发送信息序列后面加上了 3 个零，从而使输入编码器的信息序列变为 11010000，得到如表 8－10 所示的计算结果。这时编码器输出的序列为 1101010010110000，那么移位寄存器的状态转移路线为 $a—b—d—c—b—c—a—a$，信息全部离开编码器，因此，最后回到状态 a。

假设在接收端接收到的序列有差错，变成 0101011010010001。现对照图 8－11 的网格图来说明 VB 算法译码步骤和方法。

由于该卷积码的编码约束长度为 6，故先选前 3 段接收序列 010101 作为标准，与到达第 3 级的 4 个节点的 8 条路径进行对照，逐步算出每条路径与作为标准的接收序列 010101 之间的累计码距。由图 8－13 所示的网格图，可以得到：

(1) 达到第 3 级的情况：

到达节点 a 的 2 条路径是 000000 与 111011，它们与 010101 之间的码距分别是 3 和 4；

到达节点 b 的 2 条路径是 000011 与 111000，它们与 010101 之间的码距分别是 3 和 4；

到达节点 c 的 2 条路径是 001110 与 110101，它们与 010101 之间的码距分别是 4 和 1；

到达节点 d 的 2 条路径是 001101 与 110110，它们与 010101 之间的码距分别是 2 和 3。

每个节点保留 1 条码距较小的路径作为幸存路径，它们分别是 000000、000011、110101 和 001101。这些路径如图 8－13 中所示的到达第 3 级节点 a、b、c 和 d 的 4 条路径，累计码距分别用括号内的数字标出。

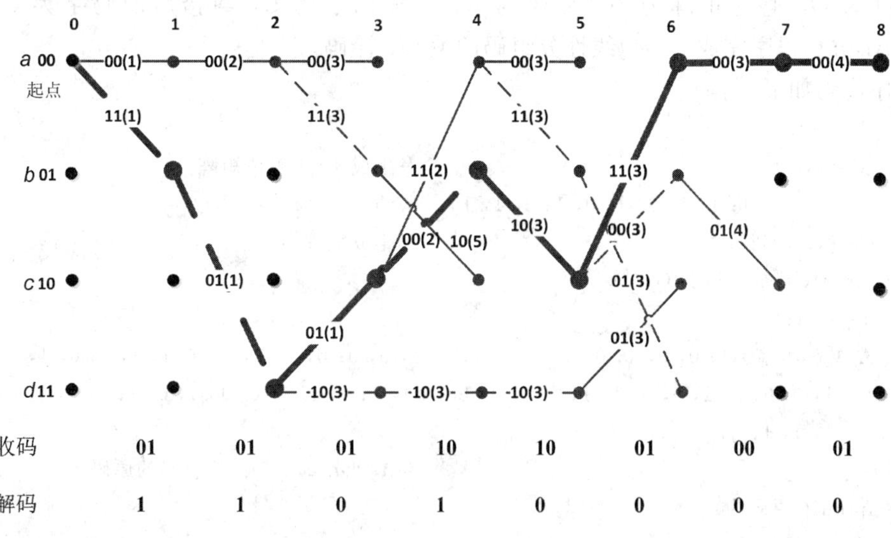

图 8－13　维特比译码格图

(2) 到达第 4 级的情况：

节点 a 的 2 条路径是 00000000 和 11010111；

节点 b 的 2 条路径是 00000011 和 11010100；

节点 a 的 2 条路径是 00001110 和 00110101；

节点 a 的 2 条路径是 00110110 和 11011010。

将它们与接收序列 01010110 对比求出累计码距，每个节点仅留下一条码距小的路径作为幸存路径，它们分别是 11010111、11010100、00001110 和 00110110。

逐步推进筛选幸存路径，到第 7 级时，只要选出到达节点 a 和 c 的 2 条路径即可，应为到达终点第 8 级 a，只可能从第 7 级的节点 a 或 c 出发。最后得到了到达终点 a 的 1 条幸存路径，即为译码路径，如图 8－13 中粗线所示。根据这条路径，对照图 8－11 可知，解码结果为 11010000，与发送信息序列一致。

从解码过程中可以看出，维特比译码算法的存储量仅为 2^{m+1}，对于 $m<10$ 时，其存储量较小，易于实现。如果编码约束长度较大，则应考虑采用其他编码方法。

8.7 本章 MATLAB 仿真实例

例 8－2 线性分组码的仿真。

假设有一个(7, 4)线性分组码，其码字可以写成 $C=[a_6, a_5, a_4, a_3, a_2, a_1, a_0]$，其中前 4 位 a_6、a_5、a_4、a_3 为信息码元，后 3 位 a_2、a_1、a_0 为监督码元，其信息位和监督位的约束关系如下：

$$\begin{cases} a_6+a_5+a_4=a_2 \\ a_6+a_5+a_3=a_1 \\ a_6+a_4+a_3=a_0 \end{cases}$$

生成矩阵为 $\boldsymbol{G}$，监督矩阵为 $\boldsymbol{H}$，原码为 $\boldsymbol{A}$，生成码字为 $\boldsymbol{C}$，纠错后的码字为 $\boldsymbol{C}_r$。采用MATLAB仿真程序完成(7, 4)线性分组码的编码、译码。

程序代码如下：

```
clear all;
G1=eye(4);                                   %生成 4×4 单位矩阵
G2=[1, 1, 1; 1, 1, 0; 1, 0, 1; 0, 1, 1];   %约束关系
G=[G1, G2];                                  %生成矩阵 G
fprintf('生成矩阵为 G=')
disp(G);
A=[0, 0, 0, 1; 0, 0, 1, 0; 0, 0, 1, 1; 0, 1, 0, 0; 0, 1, 0, 1; 0, 1, 1, 0; 0, 1, 1, 1;
   1, 0, 0, 0; 1, 0, 0, 1; 1, 0, 1, 0; 1, 0, 1, 1; 1, 1, 0, 0; 1, 1, 0, 1; 1, 1, 1, 0; 1,
   1, 1, 1; ];
                                             %A=[a1 a2 a3 a4]信息码的原码
fprintf('原码为')
display(A);
C1=A*G;
C=mod(C1, 2);                                %模二运算
```

```
fprintf('输出的编码为 C=')
disp(C);

H=gen2par(G)                               %生成监督矩阵
fprintf('监督矩阵为 H=')

%以下输入接收到的码字，译出原码
Rev=input('请输入 7 位接收码字，用空格隔开：', 's');
Rev=str2num(Rev)                           %接收到的码字
S1=Rev*(H');                               %S 为校正子
S=mod(S1, 2);
E=[1, 1, 1, 1, 1, 1, 1];
for i=1:7;                                 %取出 H 中每一列，与 S 相加
    Hi=H(:, [i]);
    Sum=S+Hi';
    Sum=mod(Sum, 2);
if(all(Sum(:)==0)); %如果 S 与 H 的第 i 列之和为零矩阵，则表示 Rev 中第 i 个码字有误
        fprintf('接收码字中错误码位是第:');
        disp(i)
    else
        E(1, i)=0;
    end;
end;
Cr=mod((Rev+E), 2);
fprintf('正确接收码字：Cr=');
disp(Cr);
```

程序运行结果如下：

```
生成矩阵为 G=
    1    0    0    0    1    1    1
    0    1    0    0    1    1    0
    0    0    1    0    1    0    1
    0    0    0    1    0    1    1
原码为
A=
    0    0    0    1
    0    0    1    0
    0    0    1    1
    0    1    0    0
    0    1    0    1
    0    1    1    0
    0    1    1    1
    1    0    0    0
```

```
    1    0    1    1
    1    1    0    0
    1    1    0    1
    1    1    1    0
    1    1    1    1
```

输出的编码为

```
C=
    0    0    0    1    0    1    1
    0    0    1    0    1    0    1
    0    0    1    1    1    1    0
    0    1    0    0    1    1    0
    0    1    0    1    1    0    1
    0    1    1    0    0    1    1
    0    1    1    1    0    0    0
    1    0    0    0    1    1    1
    1    0    0    1    1    0    0
    1    0    1    0    0    1    0
    1    0    1    1    0    0    1
    1    1    0    0    0    0    1
    1    1    0    1    0    1    0
    1    1    1    0    1    0    0
    1    1    1    1    1    1    1
H=
    1    1    1    0    1    0    0
    1    1    0    1    0    1    0
    1    0    1    1    0    0    1
监督矩阵为
H=请输入7位接收码字，用空格隔开：0 0 0 0 1 0 1
Rev=
0    0    0    0    1    0    1
接收码字中错误码位是第：    3
正确接收码字：Cr=
0    0    1    0    1    0    1
```

以上仿真通过生成矩阵 ***G***，可求出信息码字 ***A*** 对应的全部线性分组码 ***C***，通过监督矩阵 ***H***，矫正子 ***S***，当接收码字为 0000101 时，可以判断出其第三位发生错误，并译出正确的码字。

例 8－3 循环码的仿真。

下面程序完成(7，3)循环码的编码。代码中 cyclpoly(n，k，'all')返回(n，k)循环码的所有生成多项式(1 个生成多项式为返回矩阵的 1 行)；cyclgen(n，g)返回循环码的监督矩阵和生成矩阵，其中 g 是生成多项式向量；rem(Msg＊G，2)返回循环码的所有许用码组，其中 G 是生成矩阵，Msg 是信息矩阵。

程序代码如下：

```
clear all;
close all;
n=7;
k=3;
p=cyclpoly(n, k, 'all')                    %产生循环码的生成多项式
[H, G]=cyclgen(n, p(1, :))                 %产生循环码的生成矩阵和监督矩阵
Msg=[ 0 0 0; 0 0 1; 0 1 0; 0 1 1; 1 0 0; 1 0 1; 1 1 0; 1 1 1]
C=rem(Msg * G, 2)

p=
    1    0    1    1    1
    1    1    1    0    1
H=
    1    0    0    0    1    1    0
    0    1    0    0    0    1    1
    0    0    1    0    1    1    1
    0    0    0    1    1    0    1
G=
    1    0    1    1    1    0    0
    1    1    1    0    0    1    0
    0    1    1    1    0    0    1
Msg=
    0    0    0
    0    0    1
    0    1    0
    0    1    1
    1    0    0
    1    0    1
    1    1    0
    1    1    1
C=
    0    0    0    0    0    0    0
    0    1    1    1    0    0    1
    1    1    1    0    0    1    0
    1    0    0    1    0    1    1
    1    0    1    1    1    0    0
    1    1    0    0    1    0    1
    0    1    0    1    1    1    0
    0    0    1    0    1    1    1
```

例 8-4 卷积码传输性能的仿真。

下面采用(2，1，9)卷积码，程序利用 randint 函数产生信源序列，经过 convenc 卷积编码后，进行 BPSK 调制并在 AWGN 信道中传输；卷积码生成多项式为 G0=561(八进制)、G1=753(八进制)；接收端 BPSK 解调后利用软判决滑动窗维特比译码，译码深度为 40。

程序代码如下：

```
clear all;
close all;
SNRdB=0:0.5:3;                              %设置信噪比范围，0～3 dB
declen=40;                                  %译码深度
SNRnum=length(SNRdB);                       %信噪比数目
iter=10;                                    %每个信噪比下的迭代次数
for i=1:SNRnum                              %循环内计算每个信噪比下的误码率
        for j=1:iter                        %每一个信噪比下迭代计算误码率10次，再求
                                              平均误码率
        trel=poly2trellis(9, [561 753]);    %卷积码(2, 1, 9)网格图，约束长度为9
        siglen=1000000;                     %设置信号长度
        msg=randint(siglen, 1);             %生成0，1序列，长度同信号长度
        encode=convenc(msg, trel, 0);       %从0状态开始做卷积编码
        I=0.5*ones(siglen*2, 1);
        y=encode-I;
        bpsk=sign(y);                       %BPSK调制
        channelout=awgn(bpsk, SNRdB(i));    %添加高斯白噪声，AWGN信道
        debpsk=channelout*0.5+0.5;          %解调
        parti=0:.15:.9;                     %设置量化等级划分
        codebk=0:7;                         %设输出等级
        [x, qcode]=quantiz(debpsk, parti, codebk);  %量化，准备维特比软判决
%维特比译码，量化级数=2^3
        decode=vitdec(qcode', trel, declen, 'cont', 'soft', 3);
%计算本次BER
        [errorbit, errorrate(j)]=biterr(decode(declen+1:end), msg(1:end-declen));
    end
    BER(i)=sum(errorrate)/iter;             %求平均BER
end
semilogy(SNRdB, BER);                       %画不同信噪比下的误码率图形
xlabel('信噪比 SNR(dB)');
ylabel('误码率');
grid on;
```

图 8-14 为卷积码传输性能 MATLAB 仿真结果。从图中可以看出，接收端误码率随着信道信噪比的提高迅速降低。

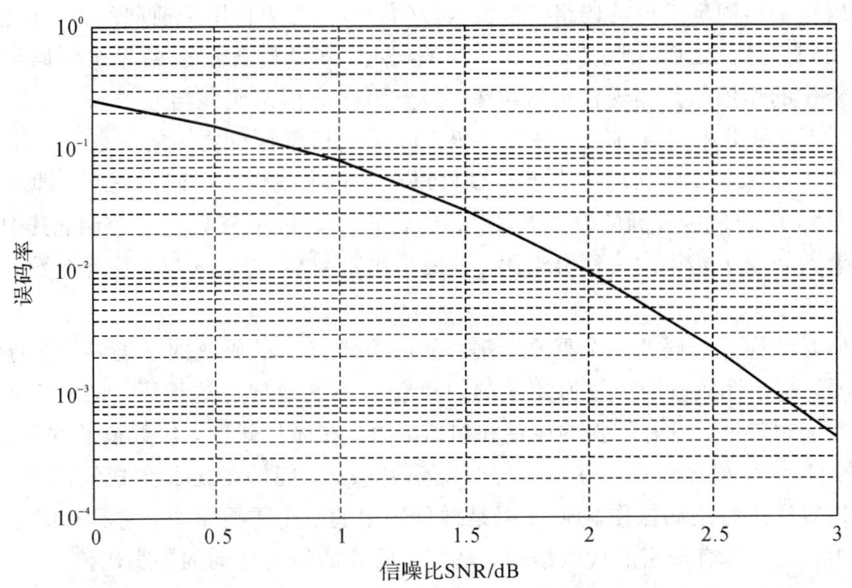

图 8－14　卷积码传输性能 MATLAB 仿真结果

本章小结

差错控制编码是在信息序列上附加上一些监督码元，利用这些冗余的码元，使原来不规律的或规律性不强的原始数字信号变为有规律的数字信号；差错控制译码则利用这些规律性来鉴别传输过程是否发生错误，进而纠正错误。

常用的差错控制方式主要有三种：前向纠错（FEC）、检错重发（ARQ）和混合纠错（HEC）。前向纠错方式中，发送端经信道编码后可以发出具有纠错能力的码字；接收端译码后不仅可以发现错误码，而且可以判断错误码的位置并予以自动纠正。检错重发方式中，发送端经信道编码后可以发出能够检测出错误能力的码字；接收端收到后，经检测如果发现传输中有错误，则通过反馈信道把这一判断结果反馈给发送端。然后，发送端把前面发出的信息重新传送一次，直到接收端认为正确为止。混合纠错方式是前向纠错方式和检错重发方式的结合。在这种系统中，发送端不但具有纠正错误的能力，而且对超出纠错能力的错误有检测能力。遇到后一种情况时，系统可以通过反馈信道要求发送端重发一遍。

最小码距 d_0 是信道编码的一个重要的参数，当码字用于检测错误时，如果要检测 e 个错误，则 $d_0 \geqslant e+1$；当码字用于纠正错误时，如果要纠正 t 个错误，则 $d_0 \geqslant 2t+1$；若码字用于纠正 t 个错误，同时检测 e 个错误时（$e>t$），则 $d_0 \geqslant t+e+1$。

常用的几种简单的检错码：奇偶监督码、二维奇偶监督码、恒比码、群计数码等。奇偶监督码是一种有效地检测单个错误的方法，其编、译码方法简单，编码效率高。二维奇偶监督码又称水平垂直一致监督码或行列监督码，有时还称为方阵码。它对水平（行）方向的码元和垂直（列）方向的码元实施奇偶监督。恒比码又称等重码，是目前国际电报通信系统中常用的差错控制编码方式。

分组码是一组固定长度的码组，可表示为(n, k)，通常它用于前向纠错。在分组码中，监督位被加到信息位之后，形成新的码。在编码时，k个信息位被编为n位码组长度，而$n-k$个监督位的作用就是实现检错与纠错。当分组码的信息码元与监督码元之间的关系为线性关系时，这种分组码就称为线性分组码。信息位和监督位之间的关系可以用监督矩阵$\boldsymbol{H}$和生成矩阵$\boldsymbol{G}$来表示。利用生成矩阵$\boldsymbol{G}$可以产生整个线性分组码的码字，即$\boldsymbol{A}=\boldsymbol{M}\cdot\boldsymbol{G}$；利用监督矩阵$\boldsymbol{H}$处理接收到的码字$\boldsymbol{B}$，得到的校正子$\boldsymbol{S}$能够实现差错控制。其中，汉明码是一种能够纠正单个错误的线性分组码，其最小码距为3，码长n与监督元个数r之间满足关系式：$n=2^r-1$。

循环码是线性分组码的一个重要子集，是目前研究的最成熟的一类码。它有许多特殊的代数性质，这些性质有助于按所要求的纠错能力系统地构造这类码，且易于实现；同时循环码的性能也较好，具有较强的检错和纠错能力。在循环码中，次数最低的码多项式(全0码字除外)称为生成多项式，用$g(x)$表示。利用$g(x)$能够确定其生成矩阵和监督矩阵，同时也可以直接进行编码操作。BCH码是循环码中的一个重要子类，它具有纠正多个随机错误的能力，而且具有严密的代数结构，是目前研究的较为透彻的一类码。

与分组码不同，卷积码中编码后的n个码元不仅与当前段的k个信息有关，而且也与前面m段的信息有关。换句话说，各子码内的监督码元不仅对本子码有监督作用，而且对前面m个子码内的信息元也有监督作用。因此常用(n, k, m)表示卷积码。描述卷积码的方法有多种，通常采用图解表示法来描述卷积码，而常用的图解表示法包括码树图、网格图和状态图。卷积码的译码方法可分为代数译码和概率译码，本章介绍了概率译码的代表性方法——维特比译码。

最后，针对线性分组码、循环码和卷积码进行了仿真，使学生对信道编码具有更深和更直观的理解。

习　题

8-1　已知信息码组m_1、m_2、m_3为000、001、010、011、100、101、110、111，试写出奇数监督码组和偶数监督码组。

8-2　已知8个码组为000000、001110、010101、011011、100011、101101、110110、111000。

(1) 求以上码组的最小距离；

(2) 将以上码组用于检错，能检测几位错码？若用于纠错，能纠正几位错码？

(3) 如果将以上码组同时用于检错与纠错，问纠错、检错能力如何？

8-3　已知两码组为0000和1111。若用于检错，能检出几位错码？若用于纠错，能纠正几位错码？若同时用于检错与纠错，问各能纠、检几位错码？

8-4　设一线性分组码的一致监督方程为

$$\begin{cases} a_4+a_3+a_2+a_0=0 \\ a_5+a_4+a_1+a_0=0 \\ a_5+a_3+a_0=0 \end{cases}$$

其中，a_5、a_4、a_3为信息码。

(1) 试求其生成矩阵和监督矩阵；

(2) 写出所有的码字；

(3) 判断下列码组是否为码字，$B_1=011101$、$B_2=101011$、$B_3=110101$。若非码字，如何纠错或检错？

8-5　令 $g(x)=x^3+x+1$ 为(7，4)循环码的生成多项式，

(1) 求出该循环码的典型生成矩阵和典型监督矩阵；

(2) 若两个信息码组分别为 1001 和 0110，求出这两个循环码组；

(3) 若接收码组为 1000001，试判断其正确与否？

(4) 画出其编码器原理框图。

8-6　已知(7，6)循环码的一个码字为 0000011，

(1) 试写出 8 个码字，并指出最小码距 d_0；

(2) 写出生成多项式 $g(x)$；

(3) 写出生成矩阵。

8-7　已知(7，3)循环码 $g(x)=x^4+x^3+x^2+1$，若接收到的码组为 $B(x)=x^6+x^3+x+1$，经过只有检错能力的译码器，接收端是否需要重发？

8-8　已知(3，1，4)卷积码编码器的输出与 m_1、m_2、m_3 和 m_4 的关系为

$$C_1=m_1$$

$$C_2=m_1\oplus m_2\oplus m_3\oplus m_4$$

$$C_3=m_1\oplus m_3\oplus m_4$$

试画出码树、网格图和状态图。当输入编码器的信息序列为 10110 时，求它的输出码序列。

8-9　一卷积编码器如题图所示，每次移入编码器一个消息码元。

(1) 试求出这个卷积码的约束长度和编码效率；

(2) 设寄存器的初始内容为零，试求与输入消息码组 110101 对应的输出卷积码码组。

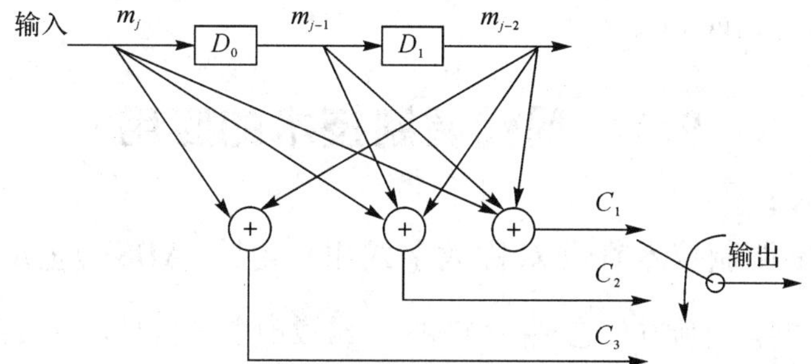

8-10　已知(2，1，2)卷积码编码器的输出与 m_1、m_2 和 m_3 的关系为

$$C_1=m_1\oplus m_2$$

$$C_2=m_1\oplus m_2\oplus m_3$$

当接收码序列为 1000100000 时，试用维特比译码方法求译码序列 M'。

第9章 现代数字调制技术

基本要求

- 掌握偏移四相相移键控(OQPSK)的基本原理。
- 熟悉 π/4 四相相移键控(π/4-QPSK)的基本原理。
- 掌握最小频移键控(MSK)及高斯最小频移键控(GMSK)的基本原理。
- 了解正交幅度调制(QAM)、正交频分复用(OFDM)。
- 熟悉现代数字调制技术的仿真。

第 6 章讨论了几种基本的数字调制技术原理。随着社会的发展，人们对通信的需求日益迫切，对通信的要求也越来越高。为了提高通信系统的性能，人们不断改进调制方法，提出多种性能良好的新型数字调制技术。

数字调制方式应考虑如下因素：抗干扰性、抗多径衰落的能力、已调信号的带宽以及成本等。好的调制方案应在低信噪比的情况下具有良好的误码性能，具有良好的抗多径衰落能力，占有较小的带宽，使用方便，成本低。

本章介绍几种较常用的具有代表性的新型调制体制。首先介绍几种恒定包络调制，包括偏移四相相移键控(OQPSK)、π/4 四相相移键控(π/4-QPSK)、最小频移键控(MSK)和高斯最小频移键控(GMSK)，然后介绍正交幅度调制(QAM)，最后引入多载波调制技术，重点介绍正交频分复用(OFDM)。

9.1 现代调制技术的应用

9.1.1 现代数字调制技术在非对称数字式用户电路(ADSL)上的应用

ADSL 调制解调器内所有信息是由“0”和“1”组成的数字信号，当然音、视频信息也不例外。而电话线上传递的却只能是模拟电信号，于是，当两台计算机要通过电话线进行音、视频信息传输时，就需要一个设备负责数字信号与模拟信号的转换。计算机在发送数据时，先由调制解调器把数字信号转换为相应的模拟信号。经过调制的信号通过电话载波传送到另一台计算机之前，也要经由接收方的调制解调器负责把模拟信号还原为计算机能识别的数字信号。正是通过这样一个“调制”与“解调”的数字信号与模拟信号的转换过程，从而实现了两台计算机之间的远程通信。

ADSL 是一种通过现有普通电话线为家庭、办公室提供宽带数据传输服务的技术。ADSL 调制解调器与传统的调制解调器一样，是使用电话网作为传输的媒介。当在一对电

话线的两端分别安置一个 ADSL 设备时，利用现代频分复用和编码调制技术，就能够在这段电话线上产生三个信息通道：高速的下传通道、中速的双工通道和普通的电话通道，这三个通道可以同时工作。也就是说，它能够在现有的电话线上获得最大的数据传输能力，这样用户在一条电话线上打电话、发送传真的同时，还可以享受因特网提供的多种服务，如视频点播、卡拉 OK 点播、网上游戏、交互电视、网上购物、异地办公、远程医疗、远程教学及实时观看体育比赛等。

在现有的较长的铜制双绞线(普通电话线)上传送数据，其对信号的衰减十分严重，而 ADSL 能够实现大的动态范围分离的通道，保持低噪声干扰，这是 ADSL 调制解调技术的一个奇迹。ADSL 的内部结构十分复杂，它主要采用了高级的数字信号处理技术和新的算法压缩数据，使大量的信息得以在网上高速传输，而它的连接方式却非常简单。一台计算机输出的数字音、视频信号，经 ADSL 调制解调器的调制，变成适合电话线传输的音、视频模拟信号，通过电话线传到电话交换网，再通过 ADSL 调制解调器的解调，还原出原有的数字音、视频信号，输送到另一台计算机中。目前被广泛采用的 ADSL 调制技术是 QAM(振幅正交调制)、CAP(无载波振幅/相位调制)和 DMT(离散多音频调制)。

9.1.2　数字调制技术在数字电视(DTV)上的应用

DTV 是将活动图像、声音和数据，通过数字技术进行压缩、编码、传输、存储，实时发送、广播，供观众接收、播放的视听系统。

数字高清晰度电视的图像信息速率接近 1 GB/s，要在实际信道中传输，除应采用高效的信源压缩编码技术、先进的信道编码技术之外，采用高效的数字调制技术来提高单位频带的数据传送速率也是极为重要的。

数字电视信号经信源编码及信道编码后，要进行信号传输，传输目的是最大限度地提高数字电视覆盖率，根据数字电视信道的特点，要进行地面信道、卫星信道、有线信道的编码调制后，才能进行传输。由于数字电视系统中传送的是数字电视信号，因此必须采用高速数字调制技术来提高频谱利用率，从而进一步提高抗干扰能力，以满足数字高清晰度电视系统的传输要求。

目前，国际上数字高清晰度电视传输系统中采用的调制技术主要有：四相移相键控(QPSK)、多电平正交幅度调制(MQAM)、多电平残留边带调制(MVSB)和正交频分复用调制(OFDM)。

9.2　偏移四相相移键控

恒定包络调制可以采用限幅的方法去除干扰引起的幅度变化，其具有较高的抗干扰能力。在数字调相中，若基带信号为矩形方波，则数字调相信号也具有恒定包络特性，但这时已调信号的频谱为无穷宽。而实际的信道总是有限的，为了对数字调相信号的带宽进行限制，先将基带信号经过成形滤波器，然后进行数字调相，再经过带通滤波器送入信道。通过带限滤波处理后的数字调相信号不再是恒包络，而且当码组的变化为 0→1，或者 1→0 时，会产生 π 的最大相位跳变。这种相位跳变会引起带限滤波后的数字调相信号包络起伏，甚至出现“0”包络现象，如图 9－1 所示。为了消除 π 的相位跳变，在 QPSK 的基础上提出 OQPSK。

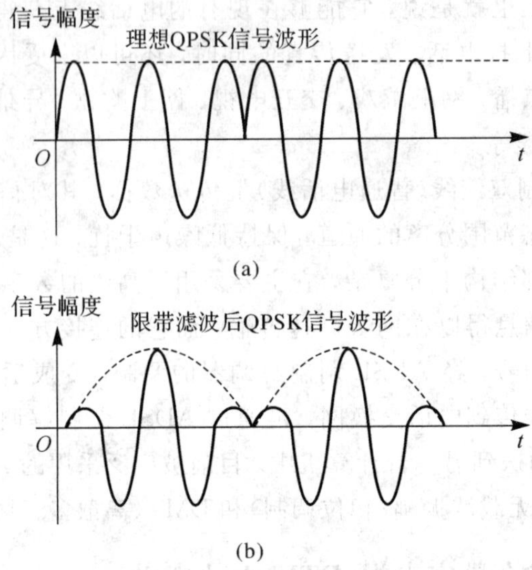

图 9－1　QPSK 信号限带滤波前、后的波形

QPSK 信号是利用正交调制方法产生的，其原理是先对输入数据做串/并变换，即将二进制数据每两比特分为一组，得到四种四进制码元：(1，1)、(1，－1)、(－1，1)和(－1，－1)，分别代表四种不同的相位。每个码元的前一比特为同相分量 $I(t)$，后一比特为正交分量 $Q(t)$，然后利用同相分量和正交分量分别对两个正交的载波进行 2PSK 调制，最后将两路调制结果叠加，得到 QPSK 信号。在当前任意相位，下一时刻的相位均有四种可能取值，因而相位跳变量可能为 0，$\pm\pi/2$ 或 π，如图 9－2(a)所示，当两个比特同时发生极性翻转时，将产生 π 的相移，经过带通滤波器之后所形成的包络起伏必然达到最大。

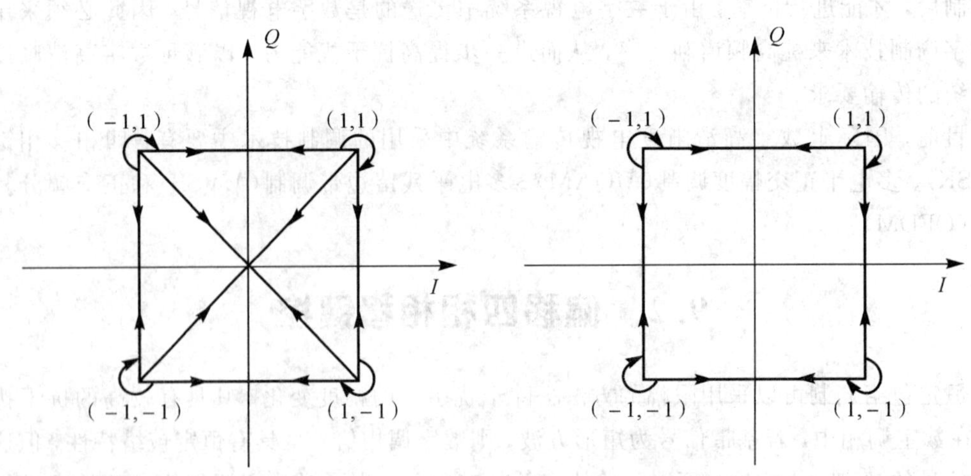

(a) QPSK信号的相位变化关系　　(b) OQPSK信号的相位变化关系

图 9－2　QPSK 和 OQPSK 信号的相位变化关系

为了减少包络起伏，需要对 QPSK 信号的产生进行改进。在对 QPSK 作正交调制前，将正交分量 $Q(t)$ 延后半个码元，使正交分量 $Q(t)$ 相对同相分量 $I(t)$ 在时间上相互错开半个码元，这种调制方法称为偏移四相相移键控（Offset Quadri-Phase Shift Keying，OQPSK）。OQPSK 信号的相位变化关系如图 9-2(b)所示。它的表达式为

$$S_{\mathrm{OQPSK}}(t)=I(t)\cos(\omega_c t)-Q\left(t-\frac{T_s}{2}\right)\sin(\omega_c t) \tag{9-1}$$

这样同相分量和正交分量不能同时发生变化，因而相邻码元也最多只有一比特发生变化，从而消除了 π 相的相位突变。经带通滤波器后，OQPSK 信号中包络的最大值与最小值之比约为 $\sqrt{2}$，不再出现比值无限大的现象，这也是 OQPSK 信号在实际信道中的功率谱特性优于 QPSK 信号的主要原因。

OQPSK 信号的调制与解调原理框图如图 9-3 所示。由于 OQPSK 信号也可以看做是同相支路和正交支路的 2PSK 信号的叠加，OQPSK 信号的功率谱与 QPSK 信号的功率谱形状相同。

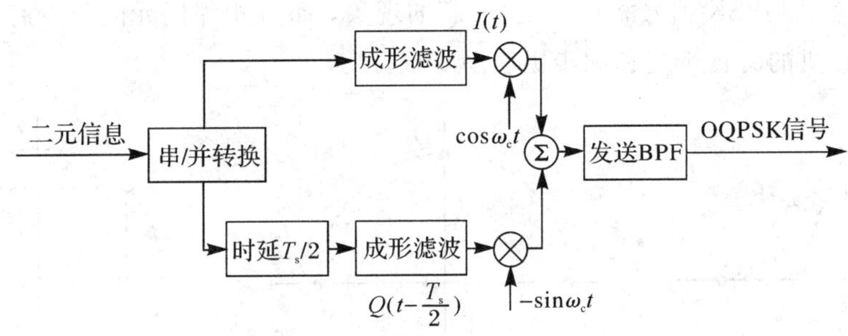

（a）调制原理框图

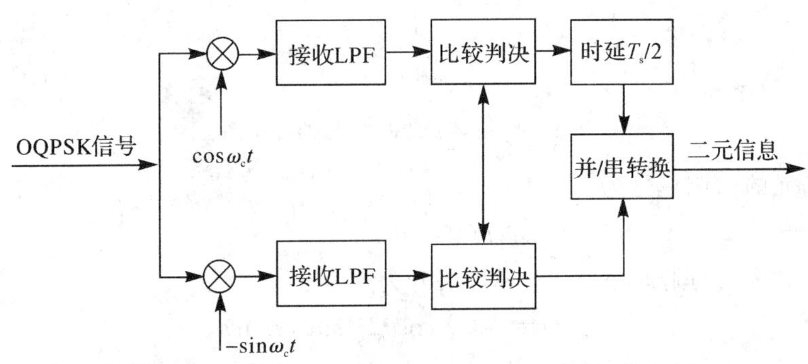

（b）解调原理框图

图 9-3　OQPSK 信号的调制与解调原理框图

OQPSK 信号和 QPSK 信号一样，均只能采取相干解调，理论上，它们的误码性能相同。由于频带受限的 OQPSK 信号包络起伏比频带受限的 QPSK 信号小，经限幅放大后功率谱展宽少，所以 OQPSK 的性能优于 QPSK。在实际中，OQPSK 比 QPSK 应用更广泛。另外，同 QPSK 信号一样，OQPSK 信号也不能采取差分相干解调，因而接收机的设计比较复杂，且存在相位模糊现象。

9.3 π/4四相相移键控

OQPSK虽然避免了π的相位跳变，但只能采取相干解调，接收机的设计复杂且存在相位模糊现象。π/4-QPSK调制对QPSK调制进行了两方面的改进。改进之一是将QPSK的最大相位跳变±π降为±3π/4，从而改善了信号的功率谱特性。改进之二是解调方式，π/4-QPSK在发送端采用差分编码，因而可以采用差分相干解调，避免了QPSK信号和OQPSK信号相干解调中的"倒π现象"，同时大大简化接收机的设计，π/4-QPSK又称π/4-DQPSK。π/4-QPSK已应用于美国的IS-136数字蜂窝系统、日本的数字蜂窝系统(PDC)和美国的个人接入通信系统(PACS)中。

与OQPSK只有4个相位点不同，π/4-QPSK已调信号的相位被均匀地分配为相距π/4的8个相位点。8个相位点被分为两组，分别用"•"和"∘"表示，如图9-4所示。如果能够使已调信号的相位在两组之间交替跳变，则相位跳变值就只能有"±π/4"和"±3π/4"四种取值，这样就避免了QPSK信号相位突变"±π"的现象，而且相邻码元间至少有±π/4相位变化，从而使接收机的时钟恢复和同步更容易实现。

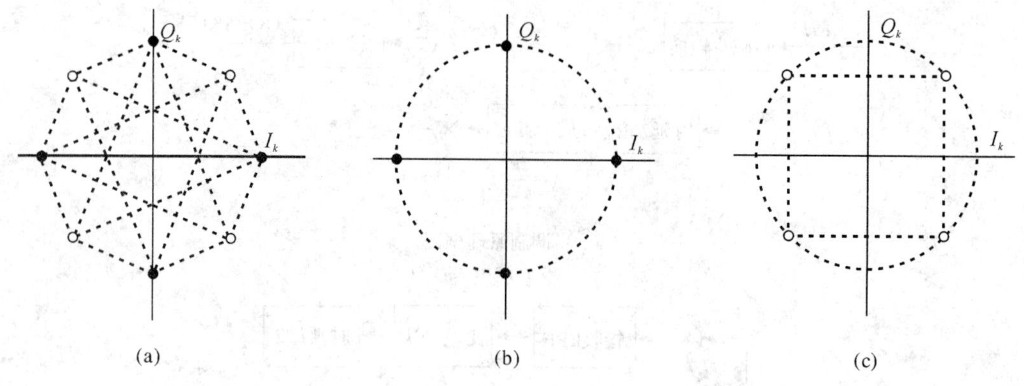

图9-4　π/4-QPSK信号的星座图

设第k码元的已调信号为

$$s_k(t)=\cos(\omega_c t+\theta_k) \tag{9-2}$$

式中，θ_k是第k码元的附加相位。上式可展开为

$$s_k(t)=\cos\omega_c t\cos\theta_k-\sin\omega_c t\sin\theta_k \tag{9-3}$$

当前码元的附加相位θ_k是前一码元附加相位θ_{k-1}与当前码元相位跳变量$\Delta\theta_k$之和，即

$$\theta_k=\theta_{k-1}+\Delta\theta_k \tag{9-4}$$

设当前码元的两个正交信号分别表示为

$$\begin{aligned}I_k&=\cos\theta_k=\cos(\theta_{k-1}+\Delta\theta_k)\\&=\cos\theta_{k-1}\cos\Delta\theta_k-\sin\theta_{k-1}\sin\Delta\theta_k\end{aligned} \tag{9-5}$$

$$\begin{aligned}Q_k&=\sin\theta_k=\sin(\theta_{k-1}+\Delta\theta_k)\\&=\sin\theta_{k-1}\cos\Delta\theta_k+\cos\theta_{k-1}\sin\Delta\theta_k\end{aligned} \tag{9-6}$$

令前一码元的两个正交信号为$I_{k-1}=\cos\theta_{k-1}$，$Q_{k-1}=\sin\theta_{k-1}$，则上面两式可以写成如

下递推关系：

$$I_k = I_{k-1}\cos\Delta\theta_k - Q_{k-1}\sin\Delta\theta_k \tag{9-7}$$

$$Q_k = Q_{k-1}\cos\Delta\theta_k + I_{k-1}\sin\Delta\theta_k \tag{9-8}$$

式(9-7)和式(9-8)是 π/4-QPSK 的基本关系式，它们表明当前码元的两正交信号(I_k，Q_k)与前一码元两正交信号(I_{k-1}，Q_{k-1})之间的关系。它们取决于当前码元的相位跳变量 $\Delta\theta_k$，而 $\Delta\theta_k$ 又取决于差分编码器的输入码组(S_I，S_Q)，它们的关系如表 9-1 所示。

表 9-1　I_k 和 Q_k 与 $\Delta\theta_k$ 的对应关系

I_k	Q_k	$\Delta\theta_k$	$\cos\Delta\theta_k$	$\sin\Delta\theta_k$
1	1	$\pi/4$	$1/\sqrt{2}$	$1/\sqrt{2}$
−1	1	$3\pi/4$	$-1/\sqrt{2}$	$1/\sqrt{2}$
−1	−1	$-3\pi/4$	$-1/\sqrt{2}$	$-1/\sqrt{2}$
1	−1	$-\pi/4$	$1/\sqrt{2}$	$-1/\sqrt{2}$

π/4-QPSK 调制器原理框图如图 9-5 所示。输入数据经过串/并变换之后得到同相通道和正交通道的两种非归零脉冲序列 S_I 和 S_Q。通过差分编码得到同相分量 I_k 和正交分量 Q_k。I_k 和 Q_k 通过脉冲成形滤波器后，对两个相互正交的载波调制，两路信号合成为 π/4-QPSK 信号。

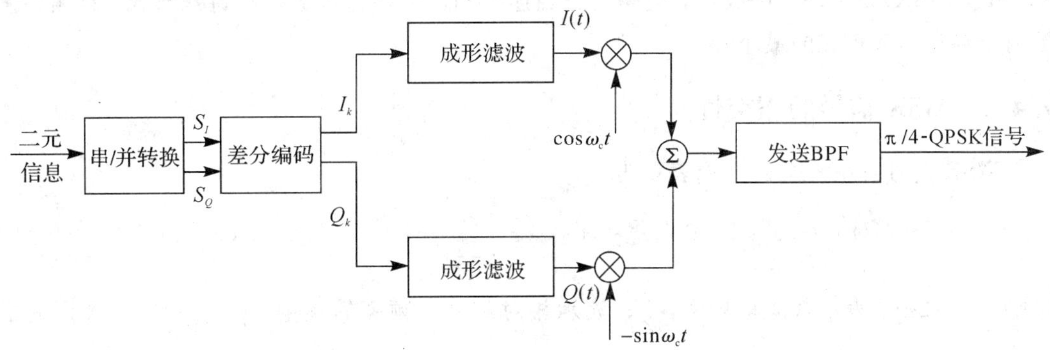

图 9-5　π/4-QPSK 调制器原理框图

π/4-QPSK 信号既可以采用非相干解调，也可以采用相干解调。如果采用相干解调，π/4-QPSK信号的抗噪声性能和 QPSK 信号的相同。但是，带限后的 π/4-QPSK 信号保持恒定包络的性能比带限后的 QPSK 好，但不如 OQPSK，这是因为三者中 OQPSK 的最大相位变化最小，π/4-QPSK 其次，QPSK 最大。

如果采用非相干差分延迟解调，则不需要提取载波，大大简化了接收机的设计，如图 9-6所示。在非移动环境(静态条件)下，与相干解调相比误码率特性约差 2 dB。但是通过研究发现，在存在多径衰落时，π/4-QPSK 的性能优于 OQPSK。

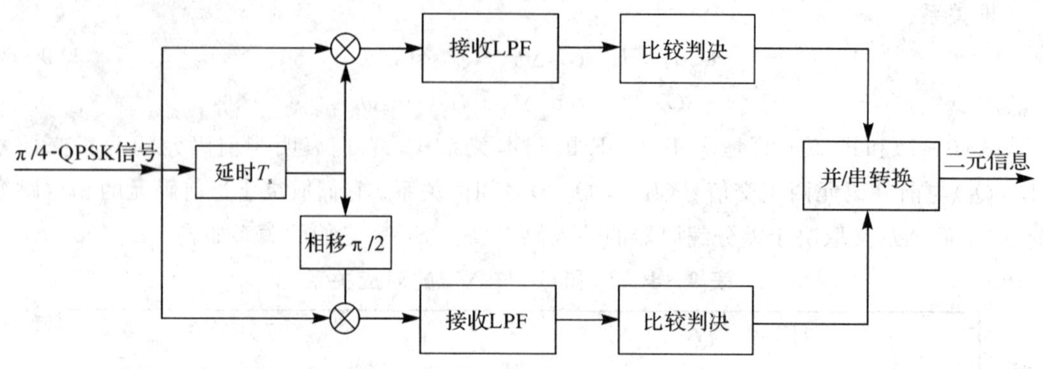

图 9－6　π/4-QPSK 信号解调原理框图

实践证明，π/4-QPSK 信号具有频谱特性好、功率效率高、抗干扰能力强等特点。由于能有效地提高频谱利用率，增大系统容量，因而在数字移动通信系统，特别是小功率系统中得到了应用。

9.4　最小频移键控与高斯最小频移键控

OQPSK 和 π/4-QPSK 因为避免了 QPSK 信号相位突变 π 的现象，所以改善了包络起伏，但并没有完全解决这一问题。由于包络起伏的原因在于相位的非连续变化，如果采用相位连续变化的调制方式就能从根本上解决包络起伏问题。最小频移键控(Minimum Shift Keying，MSK)是 2FSK 的改进，它是二进制连续相位频移键控的一种特殊形式，且频差满足两个频率相互正交的最小频差。

9.4.1　MSK 信号的正交性

MSK 信号在第 k 个码元内表示为

$$S_{\mathrm{MSK}}(t)=\cos[\omega_c t+\theta_k(t)]=\cos\left(\omega_c t+\frac{\pi a_k}{2T_b}+\varphi_k\right),\ kT_s\leqslant t\leqslant(k+1)T_s \tag{9-9}$$

式中，$\omega_c=2\pi f_c$ 表示载波角频率，$\frac{\pi a_k}{2T_b}$表示相对载波角频率的频偏，φ_k 表示第 k 个码元的初始相位，$\alpha_k=\pm1$ 是第 k 个码元的数字基带信号，$\theta_k(t)$表示相对载波角频率相位的附加相位，

$$\theta_k(t)=\frac{\pi a_k}{2T_b}t+\varphi_k \tag{9-10}$$

当 $a_k=-1$ 时，信号频率为

$$f_1=f_c-\frac{1}{4T_b} \tag{9-11}$$

当 $a_k=+1$ 时，信号频率为

$$f_2=f_c+\frac{1}{4T_b} \tag{9-12}$$

因此频差为

$$\Delta f=|f_2-f_1|=\frac{1}{2T_b} \tag{9-13}$$

对应的调制指数为

$$\beta=\frac{\Delta f}{f_s}=\Delta f\times T_b=0.5 \tag{9-14}$$

f_1 和 f_2 的频差是 2FSK 的两信号正交的最小频率间隔，所以称为最小频移键控。

9.4.2　MSK 信号的相位连续性

根据相位的连续性，要求 $\theta_k(t)$ 在 $t=kT_b$ 时，满足

$$\theta_{k-1}(kT_b)=\theta_k(kT_b)$$

即

$$\frac{\pi a_k}{2T_b}KT_b+\varphi_k=\frac{\pi a_{k-1}}{2T_b}KT_b+\varphi_{k-1} \tag{9-15}$$

可得

$$\varphi_k=\varphi_{k-1}+(a_{k-1}-a_k)\frac{\pi k}{2}=\begin{cases}\varphi_{k-1}, & a_{k-1}=a_k\\ \varphi_{k-1}\pm k\pi, & a_{k-1}\neq a_k\end{cases} \tag{9-16}$$

可见，MSK 信号在第 k 个码元的起始相位不仅与当前码元 a_k 有关，还与前面的 a_{k-1} 和 φ_{k-1} 有关。为简便，设第一个码元的起始相位为 0，则

$$\varphi_k=0 \text{ 或 } \pi \tag{9-17}$$

由式(9-10)，$\theta_k(t)$ 是时间的线性方程，斜率为 $\pi a_k/2T_b$。在一个码元间隔内，当 $a_k=1$ 时，$\theta_k(t)$ 增大 $\pi/2$；当 $a_k=-1$ 时，$\theta_k(t)$ 减小 $\pi/2$。$\theta_k(t)$ 随 t 的变化规律如图 9-7 所示。图中正斜率直线表示传“1”码时的相位轨迹，负斜率直线表示传“0”码时的相位轨迹，这种由相位轨迹构成的图形称为相位网格图，如图 9-7 所示。

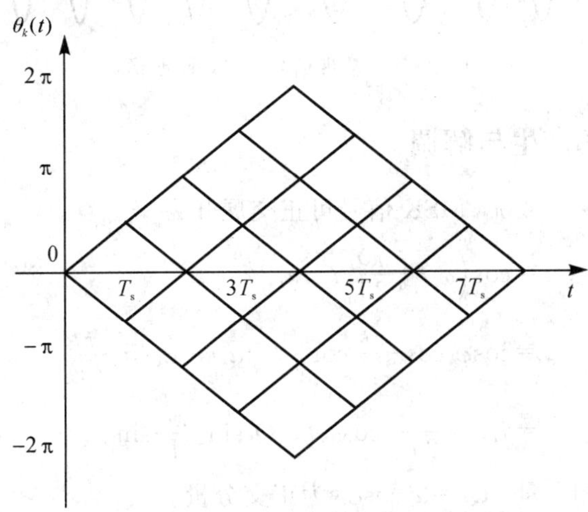

图 9-7　MSK 相位网格图

例 9-1　已知载波频率 $f_c=1.75/T_b$，初始相位 $\varphi_0=0$。

(1) 当数字基带信号 $a_k=\pm1$ 时，MSK 信号的两个频率 f_1 和 f_2 分别是多少？

(2) 对应的最小频差及调制指数是多少？

(3) 若基带信号为+1 −1 −1 +1 +1 +1，画出相应的相位变化图和 MSK 信号波形。

解：(1) 当 $a_k=-1$ 时，信号频率 f_1 为

$$f_1=f_c-\frac{1}{4T_b}=\frac{1.75}{T_b}-\frac{1}{4T_b}=\frac{1.5}{T_b}$$

当 $a_k=+1$ 时，信号频率 f_2 为

$$f_2=f_c+\frac{1}{4T_b}=\frac{1.75}{T_b}+\frac{1}{4T_b}=\frac{2}{T_b}$$

(2) 最小频差 Δf 为

$$\Delta f=f_2-f_1=\frac{1}{2T_b}$$

调制指数 β 为

$$\beta=\frac{\Delta f}{f_s}=\frac{1}{2T_s}\times T_b=\frac{1}{2}$$

(3) 根据以上计算结果，可以画出相应的 MSK 波形，如图 9-8 所示。“+1”和“−1”对应 MSK 波形相位在码元转换时刻是连续的，而且在一个码元期间所对应的波形恰好相差 1/2 载波周期。

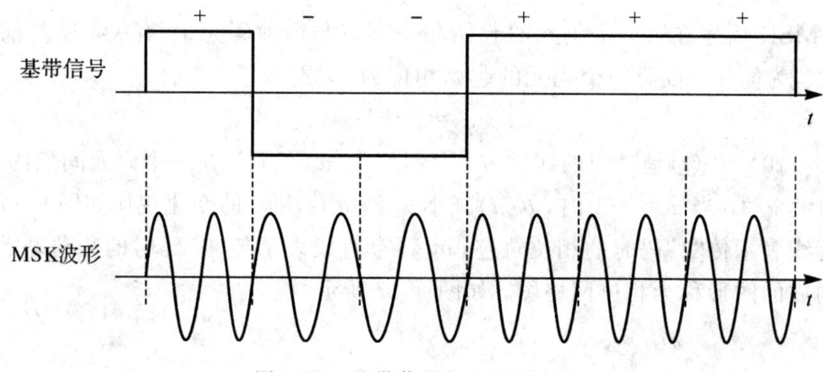

图 9-8　基带信号与 MSK 波形

9.4.3　MSK 信号的产生与解调

考虑 $a_k=\pm1$，$\varphi_k=0$ 或 π，MSK 信号可正交展开为

$$\begin{aligned}S_{\rm MSK}(t)&=\cos\left(\omega_c t+\frac{\pi a_k}{2T_b}t+\varphi_k\right)\\&=\cos\varphi_k\cos\frac{\pi t}{2T_b}\cos\omega_c t-a_k\cos\varphi_k\sin\frac{\pi t}{2T_b}\sin\omega_c t\\&=I_k\cos\frac{\pi}{2T_b}t\cos\omega_c t-Q_k\sin\frac{\pi t}{2T_b}\sin\omega_c t\end{aligned}\qquad(9-18)$$

式中，$I_k=\cos\varphi_k$ 为同相分量，$Q_k=a_k\cos\varphi_k$ 为正交分量。

由式

$$\varphi_k=\varphi_{k-1}+(a_{k-1}-a_k)\frac{\pi k}{2}$$

$$\cos\varphi_k=\cos\left[\varphi_{k-1}+(a_{k-1}-a_k)\frac{\pi k}{2}\right]$$

$$=\cos\varphi_{k-1}\cos\left[(a_{k-1}-a_k)\frac{\pi k}{2}\right]-\sin\varphi_{k-1}\sin\left[(a_{k-1}-a_k)\frac{\pi k}{2}\right] \quad (9-19)$$

由于

$$\sin\varphi_{k-1}=0$$

$$a_{k-1}-a_k=0、\pm 2$$

$$\sin\left[(a_{k-1}-a_k)\frac{\pi k}{2}\right]=0$$

$$\cos\left[(a_{k-1}-a_k)\frac{\pi k}{2}\right]=\begin{cases}+1, & a_k=a_{k-1}\\ -1, & a_k\neq a_{k-1}\text{且 } k \text{ 为奇数}\\ +1, & a_k\neq a_{k-1}\text{且 } k \text{ 为偶数}\end{cases}$$

所以上式可以写成

$$\begin{cases}\cos\varphi_{2m}=\cos\varphi_{2m-1}\\ a_{2m+1}\cos\varphi_{2m+1}=a_{2m}\cos\varphi_{2m+1}\end{cases} \quad (9-20)$$

由此可以看出，I 支路数据（$I_k=\cos\varphi_k$）和 Q 支数据（$Q_k=a_k\cos\varphi_k$）并不是每隔 T_b 就改变符号，而是每隔 $2T_b$ 才有可能改变符号，并且 I_k 和 Q_k 不可能同时改变。当 k 为奇数时，I_k 才可能改变；当 k 为偶数时，Q_k 才可能改变。若输入数据 d_k 经过差分编码后得 a_k，再进行 MSK 调制，则只需对 I_k 和 Q_k 交替取样就可以恢复输入数据 d_k。

根据式(9-18)和式(9-20)，MSK 信号调制原理框图如图 9-9 所示。图中输入数据序列为 d_k，它经过差分编码后变成序列 a_k，经过串/并转换，将一路延迟 T_b 得到相互交错一个码元宽度的两路信号 I_k 和 Q_k，再分别对 $\frac{\pi}{2T_s}$ 和 ω_c 两种频率的正交载波进行调制，调制后相加再经过带通滤波器就得到 MSK 信号。

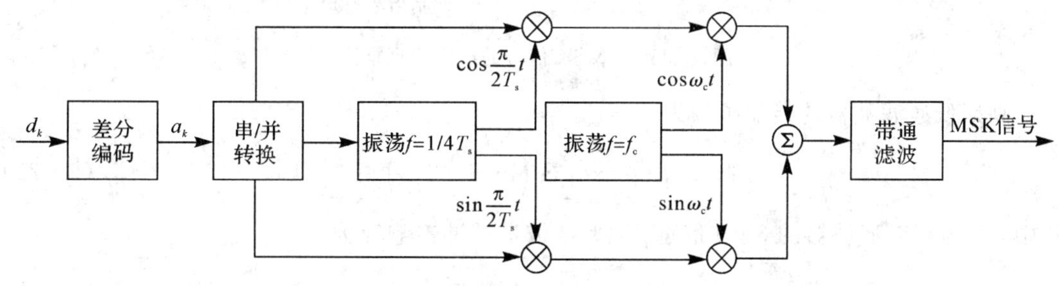

图 9-9　MSK 信号调制原理框图

也可以将非归零的二进制序列直接送入 FM 调制器来产生 MSK 信号，FM 调制器的调制指数为 0.5。

因为 MSK 信号是一种 FSK 信号，所以它可以采用相干解调和非相干解调，其中相干解调器原理框图如图 9-10 所示。MSK 信号经带通滤波器滤除带外噪声，然后借助正交的相干载波与输入信号相乘，将 I_k 和 Q_k 两路信号区分开，再经低通滤波后输出。同相支路在 $2kT_s$ 时刻抽样，正交支路在 $(2k+1)T_s$ 时刻抽样，判决器根据抽样后的信号极性进行判决，大于 0 判为"1"，小于 0 判为"0"，经并/串变换，变为串行数据。与调制器相对应，因在发送端经差分编码，故接收端输出需经差分译码后，即可恢复原始数据。

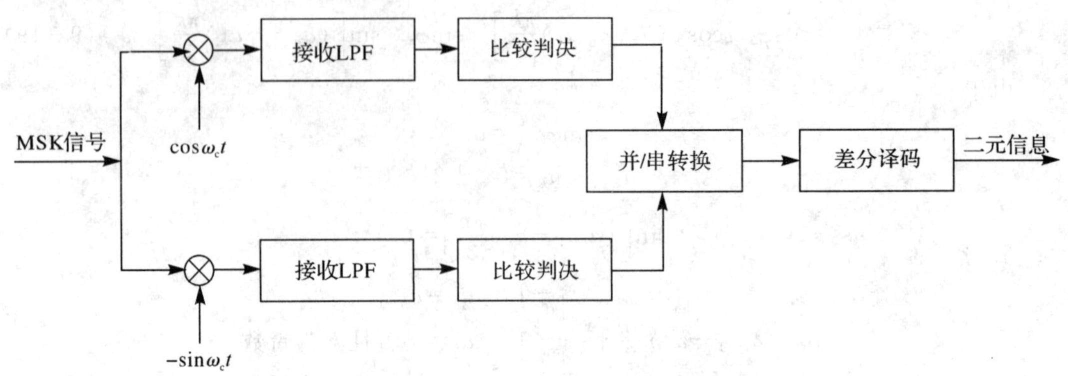

图 9-10　MSK 相干解调原理框图

9.4.4　高斯最小频移键控

MSK 信号虽然包络恒定，带外功率谱密度下降快，但在一些通信场合，例如在移动通信中，MSK 所占带宽和频谱的带外衰减速度仍不能满足需要，以至于在 25 kHz 信道间隔内传输 1 Gb/s 的数字信号时，会产生邻道干扰，因此应对 MSK 的调制方式进行改进。在频率调制之前，用一个高斯型低通滤波器对基带信号进行预滤波，滤除高频分量，使得功率谱更加紧凑，这样的调制称为高斯最小频移键控(GMSK)，GMSK 信号的产生原理框图如图 9-11 所示。

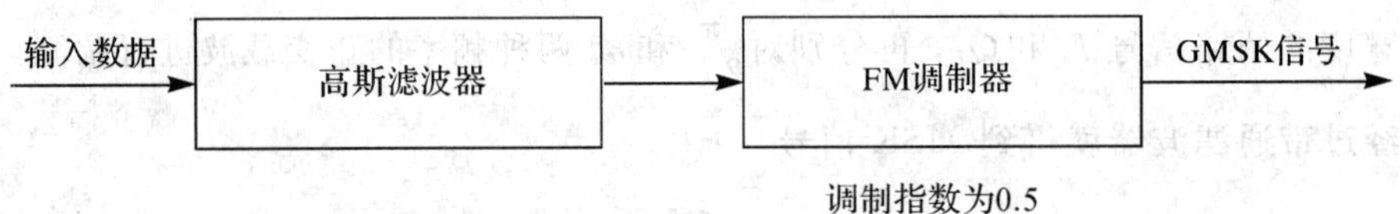

图 9-11　GMSK 信号的产生原理框图

高斯低通滤波器的传输函数为

$$H(f)=\exp\left[-\left(\ln\frac{2}{2}\right)\left(\frac{f}{B}\right)^2\right] \tag{9-21}$$

式中，B 为高斯滤波器的 3 dB 带宽。因此滤波器的冲击响应为

$$h(t)=\frac{\sqrt{\pi}}{\alpha}\exp\left(-\frac{\pi^2}{\alpha^2}t^2\right) \tag{9-22}$$

式中，$\alpha=\sqrt{\ln 2/2}/B$。由于 $h(t)$ 为高斯型特性，故称此滤波器为高斯型滤波器。

习惯上，使用 BT_b 来作为 GMSK 的重要指标，其中 B 为带宽，T_b 为二进制码元间隔。BT_b 表明了滤波器的 3 dB 带宽与码元速率的关系，例如，$BT_b=0.5$ 表示滤波器的 3 dB 带宽是码元速率的 0.5 倍。

9.5　正交幅度调制

从多进制键控体制讨论可知，MPSK 调制在带宽和功率占用方面都具有优势，即带宽

占用和比特信噪比要求低。但随着进制数 M 的增加，相邻相位的距离逐渐减小，使噪声容限随之减少，误比特率难以保证。如果采用正交载波技术传输 ASK 信号，可使得频带利用率提高一倍。若再把多进制与其他技术结合起来，还可进一步提高频带利用率，并改善 M 较大时的抗噪声性能，由此发展出了正交幅度调制(QAM)技术。它是一种幅度和相位联合键控的调制方式。它可以提高系统可靠性，且能获得较高的频带利用率，是目前应用较为广泛的一种数字调制方式。

在 QAM 调制中，载波的幅度和相位两个参量同时受基带信号调制，一个码元中的信号可以表示为

$$S_k(t)=A_k\cos(\omega_c t+\theta_k),\ kT_b<t\leqslant(k+1)T_b \tag{9-23}$$

式中，A_k 和 θ_k 表示第 k 个码元的振幅和相位，可以取多个离散值。式(9－22)可展开为

$$S_k(t)=A_k\cos\omega_c t\cos\theta_k-A_k\sin\omega_c t\sin\theta_k \tag{9-24}$$

令 $I_k=A_k\cos\theta_k$，$Q_k=-A_k\sin\theta_k$，则式(9－23)变为

$$S_k(t)=I_k\cos\omega_c t+Q_k\sin\omega_c t \tag{9-25}$$

I_k 和 Q_k 也是可以取多个离散值的变量。从式(9－25)可以看出，正交幅度调制是两个正交的振幅键控信号之和。

在式(9－23)中，若 θ_k 取 $\pm\pi/4$，A_k 取 $\pm A$，则此时 QAM 信号就成为 QPSK 信号，记为 4QAM，如图 9－12(a)所示。有代表性的 QAM 是十六进制的，记为 16QAM，它的矢量图如图 9－12(b)所示。图中的黑点表示每个码元的位置。

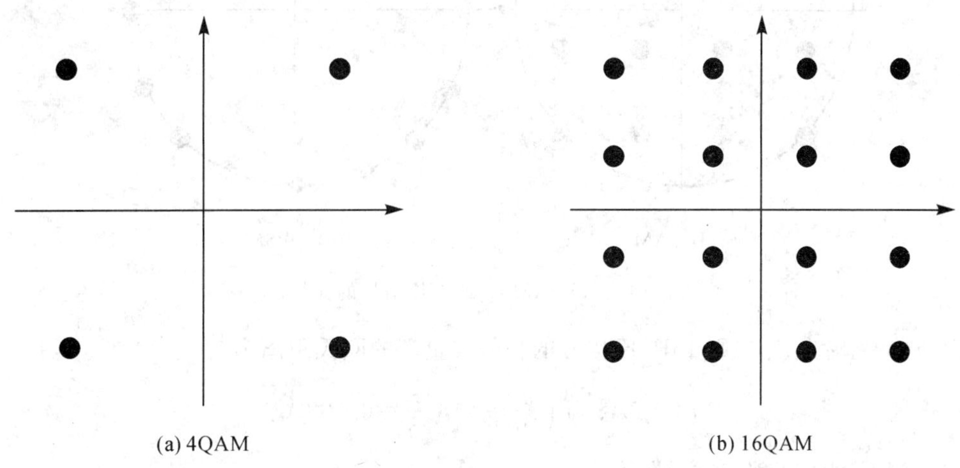

图 9－12　QAM 信号矢量图

下面以 16QAM 信号为例作进一步分析。

16QAM 信号的产生方法主要有两种。第一种是正交调幅法，即用两路独立的正交 4ASK 信号叠加，形成 16QAM 信号，如图 9－13(a)所示。第二种方法是复合相移法，它用两路独立的 QPSK 信号叠加，形成 16QAM 信号，如图 9－13(b)所示。图中大圆虚线上的小圆圈表示第一个 QPSK 信号矢量位置，在这 4 个位置上叠加上第二个 QPSK 矢量，后者的位置用小圆虚线上的 4 个黑点表示。

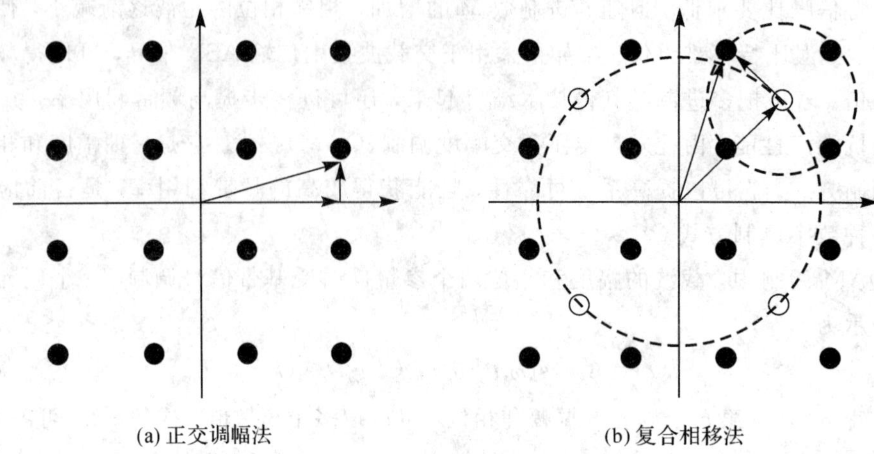

(a) 正交调幅法　　(b) 复合相移法

图 9-13　16QAM 信号的产生方法

现在将 16QAM 信号和 16PSK 信号的性能作一比较。在图 9-14 中，按最大振幅相等，画出这两种信号的星座图。

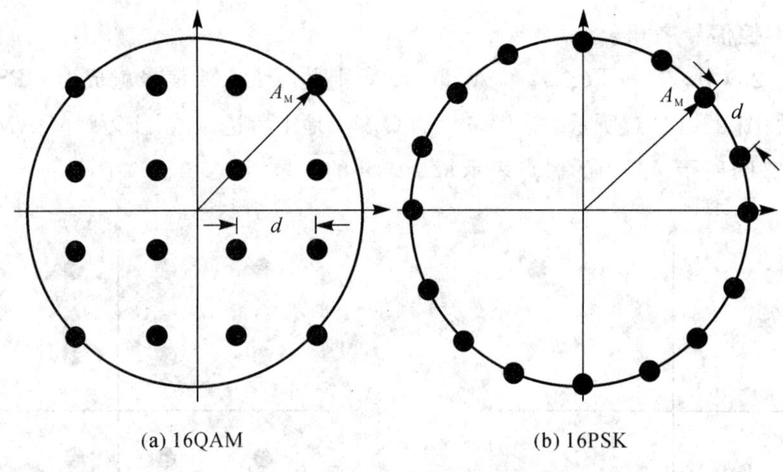

(a) 16QAM　　(b) 16PSK

图 9-14　16QAM 和 16PSK 信号的矢量图

设最大振幅为 A_M，则 16PSK 信号的相邻矢量端的欧氏距离为

$$d_1=2A_M\sin\left(\frac{\pi}{16}\right)\approx A_M\ \frac{\pi}{8}=0.393A_M \tag{9-26}$$

而 16QAM 信号的相邻点欧氏距离为

$$d_2=\frac{\sqrt{2}}{3}A_M=0.471A_M \tag{9-27}$$

此距离代表噪声容限的大小。按式(9-26)和式(9-27)，d_2 超过 d_1 约 1.57 dB。这是在最大功率相等的条件下比较的，没有考虑这两种体制的平均功率差别。16PSK 信号的平均功率就等于最大功率。而 16QAM 信号在等概率出现条件下，可以计算出其最大功率与平均功率之比等于 1.8 倍，即 2.55 dB。因此在平均功率相等条件下，16QAM 信号比 16PSK 信号的噪声容限大 4.12 dB。

QAM 调制与相干解调框图如图 9－15 所示。图中低通滤波器的作用是对调制前的基带信号作限带处理。由于 QAM 信号采用相干解调方式，故系统误码率性能与 QPSK 系统相同。

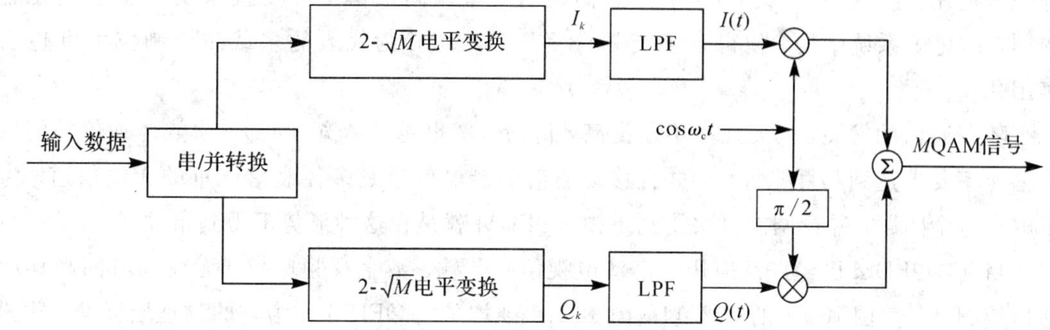

(a)

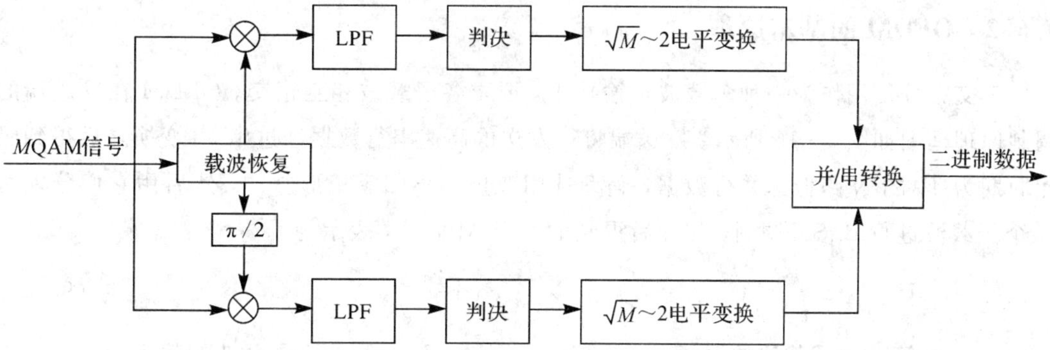

(b)

图 9－15　QAM 调制和解调原理框图

QAM 的频谱效率极高，在有线电视、无线局域网、卫星和蜂窝电话系统中使用相当广泛，它可以在带宽有限的情况下产生最高的数据速率。

9.6　正交频分复用

9.6.1　概述

前面介绍的调制系统都是采用一个正弦波作为载波，当信道状态不理想时，在已调信号频带上很难保持理想传输特性，会造成信号的严重失真和码间串扰。尤其在无线移动通信环境下，即使传输低速码流，也会产生严重的码间串扰。解决这个问题的途径除了采用均衡器之外，还可以采用多载波传输技术，把信道分成若干个子信道，将基带码元均匀分散到每个子信道上对载波进行调制传输。

多载波调制技术并不是当今才发展起来的新技术，早在 1957 年就出现了使用 20 个子载波并行传输低速率(15 B)码元的多载波系统，称为 Kineplex 系统。系统总信息传输速率达 3 kb/s，克服了短波信道上严重多径衰落的影响。

早期的多载波技术主要用于军用的无线高频通信系统，由于实现复杂而限制了它的进一步应用。直到 20 世纪 80 年代，人们提出了采用离散傅里叶变换来实现多个载波的调制，简化了系统结构，使得以正交频分复用(OFDM)为代表的多载波调制技术更趋于实用化。

随着通信的发展，码元速率不断提高，传输带宽也越来越宽。如今，多媒体通信的信息传输速率要求达到几百兆每秒，并且移动通信的传输信道是多径衰落严重的无线信道。为了解决这个问题，并行调制再次受到重视，OFDM 就是在这种形势下得到了发展。

目前，OFDM 已经广泛应用于高清电视信号传输、数字视频广播、无线局域网和移动通信等领域。美国 IEEE 的 802.11a/g、802.16a 均采用 OFDM 作为它的物理层标准。欧洲的 ETSI 的 HiperLAN/2 也把 OFDM 定为它的调制技术。4G 蜂窝通信网也把 OFDM 列为关键技术。

9.6.2 OFDM 的基本原理

正交频分复用作为一种多载波传输技术，要求各子载波相互正交。OFDM 在发送端的调制原理框图如图 9-16 所示。发送端将待发送的高速串行数据经过串/并变换之后得到码元周期为 T_b 的 N 路低速并行数据，码型选用双极性不归零矩形脉冲，然后用它们分别对 N 个子载波进行 BPSK 调制，相加后得到的 OFDM 信号，表示为

$$S(t) = \sum_{n=0}^{N-1} A_n \cos\left(\frac{2\pi}{f_n t}\right) \tag{9-28}$$

式中，A_n 为第 n 个子载波的振幅，受基带码元调制，f_n 为第 n 个子载波的频率。

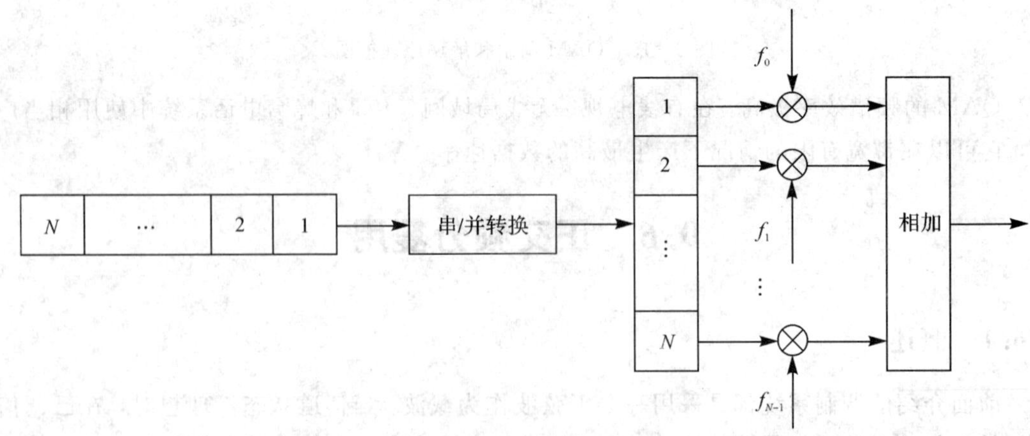

图 9-16　OFDM 在发送端的调制原理框图

由于每路的数据速率是原来的 $1/N$，符号周期扩大为原来的 N 倍，远大于信道的最大延迟扩展，从而将高速频率选择性信道转换为窄带平坦衰落信道，因而其具有很强的抗多径衰落的能力，适合于高速无线传输的场合。

为了保证 N 个子载波相互正交，也就是在信道传输符号的持续时间内的乘积的积分为 0，即

$$\int_0^{T_s} \cos(2\pi f_m t)\cos(2\pi f_n t)\,dt = \begin{cases} 0, & m \neq n \\ \pi, & m = n \end{cases} \tag{9-29}$$

因此，要求子载波的频率间隔满足：

$$\Delta f = f_n - f_{n-1} = \frac{1}{T_s},\ n=1,\ 2,\ \cdots,\ N-1 \tag{9-30}$$

OFDM 信号由 N 个信号叠加而成的，每个信号的频谱都是以子载波频率为中心频率的 sinc 函数，相邻信号频谱之间有 $1/T_s$ 宽度的重叠，OFDM 信号的频谱结构示意图如图 9-17所示。

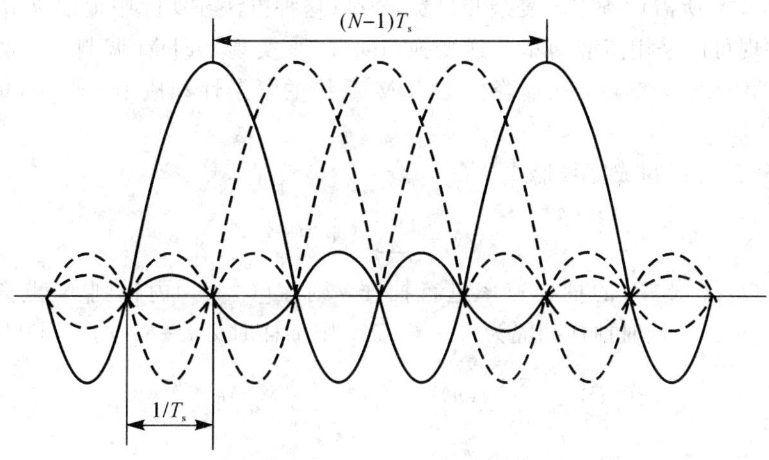

图 9-17　OFDM 信号的频谱结构示意图

忽略旁瓣的功率，由图 9-17 可知，OFDM 的频谱宽度为

$$B=(N-1)\frac{1}{T_s}+\frac{2}{T_s}=\frac{N+1}{T_s} \tag{9-31}$$

由于信道中每 T_s 内传 N 个并行的码元，所以码元速率为

$$R_B=\frac{N}{T_s} \tag{9-32}$$

因此 OFDM 系统码元频带利用率为

$$\eta=\frac{R_B}{B}=\frac{N}{N+1} \tag{9-33}$$

可见当 $N\gg1$ 时，η 趋近于 1。如果使用二进制符号传输，与用单个载波的串行体制相比，OFDM 频带利用率提高近一倍。

在接收端，对 $S(t)$用频率为 f_n 的正弦波在$[0,\ T_s]$进行相关运算，就可以得到各子载波上携带的信息 A_n，然后通过并/串转换，恢复出发送的二进制数据序列。OFDM 的解调原理框图如图 9-18 所示。

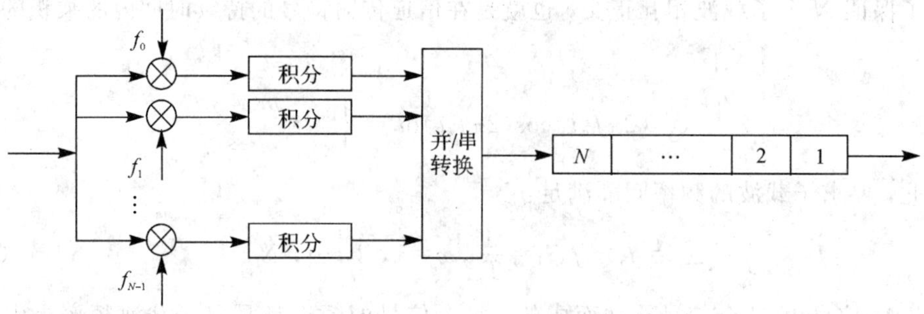

图 9-18　OFDM 的解调原理框图

图 9-16 和图 9-18 中的实现方法需要 N 套正弦波发生器、调制器和相关解调器等设备，当 N 很大时，所需设备十分复杂和昂贵，所以这种方法在实际中很难应用。20 世纪 80 年代，人们发现可以采用离散傅里叶逆变换(IDFT)来实现 OFDM 调制，接收端用离散傅里叶变换(DFT)来实现解调，从而降低 OFDM 系统的复杂性和成本，使得 OFDM 技术更趋于实用化。

式(9-28)还可以写成复数形式：

$$S(t)=\sum_{n=0}^{N-1}A_n e^{j2\pi f_n t} \qquad (9-34)$$

如果对 $S(t)$ 以 N/T_s 的抽样速率进行抽样，则在$[0, T_s]$内得到 N 点离散序列 d_n，$n=0, 1, \cdots, N-1$。这时抽样间隔为 $T=T_s/N$，则抽样时刻 $t=kT$ 的 OFDM 信号为

$$S(kT)=\sum_{n=0}^{N-1}d(n)e^{j2\pi f_n kT}=\sum_{n=0}^{N-1}d(n)e^{j2\pi f_n kT_s/N} \qquad (9-35)$$

为简便起见，设 $f_n=\dfrac{n}{T_s}$，则上式为

$$S(kT)=\sum_{n=0}^{N-1}d(n)e^{j2\pi k_n/N} \qquad (9-36)$$

式(9-36)是离散傅里叶逆变换形式。在接收端 OFDM 信号的解调过程是其调制的逆过程，即是一个离散傅里叶变换，这里不再赘述。可见，OFDM 信号可以用 DFT 或 FFT 实现。用 DFT 或 FFT 实现 OFDM 的原理框图如图 9-19 所示。

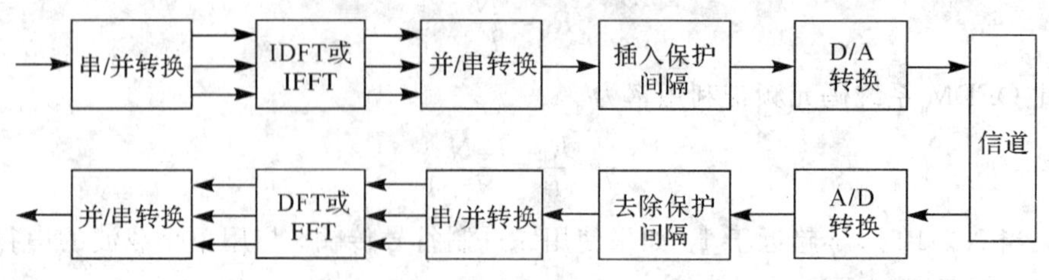

图 9-19　用 DFT 或 FFT 实现 OFDM 的原理框图

9.7　本章 MATLAB 仿真实例

例 9-1　MSK 仿真。

建立 Simulink 模型，得出 MSK 调制和 BT 值分别为 100、1、0.5 和 0.15 的 GMSK 调

制输出信号的功率谱估计曲线对比图。

Simulink 模型如图 9－20 所示。MSK 和 GMSK 调制输出信号用 Mux 模块复用后送入频谱仪做功率谱计算和显示。为了得到较为准确的功率谱估计，频谱仪的 FFT 平均帧数可以取较大值，例如 1024。仿真结果如图 9－21 所示，GMSK 功率谱随 BT 值减小，其功率谱带宽变窄，旁瓣功率下降很快。BT＝100 的功率谱接近于 MSK 的功率谱，在图 9－21 中两条曲线重合。

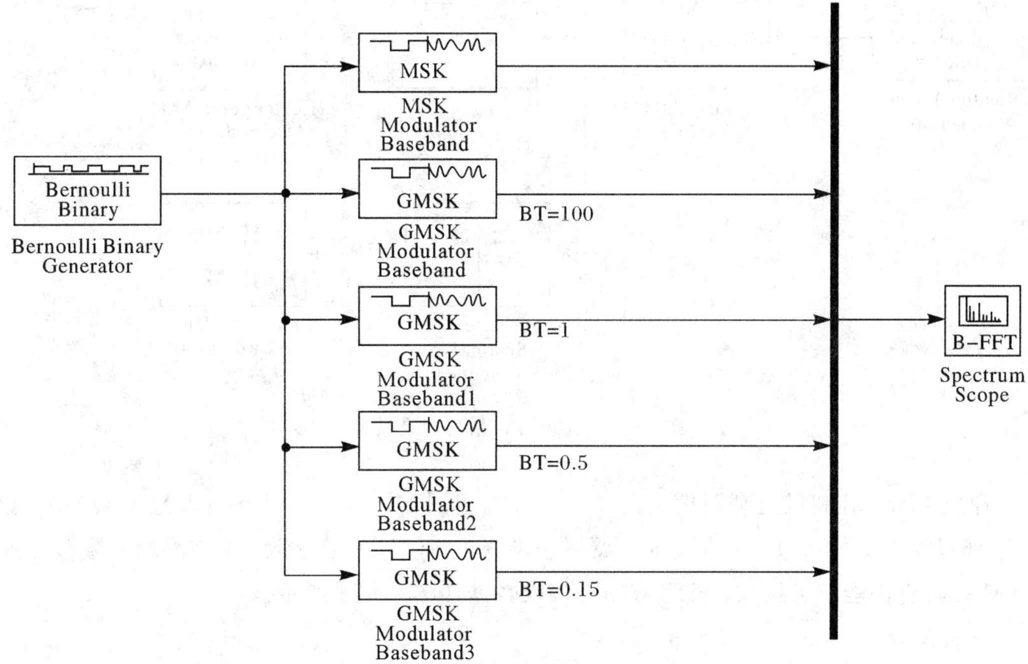

图 9－20　MSK 和不同 BT 取值的 GMSK 信号的功率谱估计模型

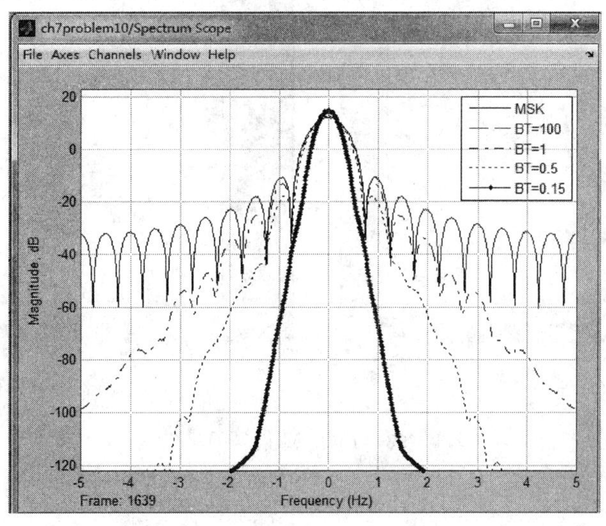

图 9－21　MSK 和 BT 取值为 100、1、0.5 和 0.15 的 GMSK 信号的功率谱估计

例 9－2　QAM 仿真。

仿真 1：建立 16QAM 的 Simulink 模型，观察星座图和输入、输出数据。

建立如图 9－22 的 16QAM 系统仿真模型，数据速率为 10^{-5} b/s，数据调制采用 16QAM 方式，采样频率间隔为 1 Hz。仿真时间为 1 s，信道设为 AWGN 信道。

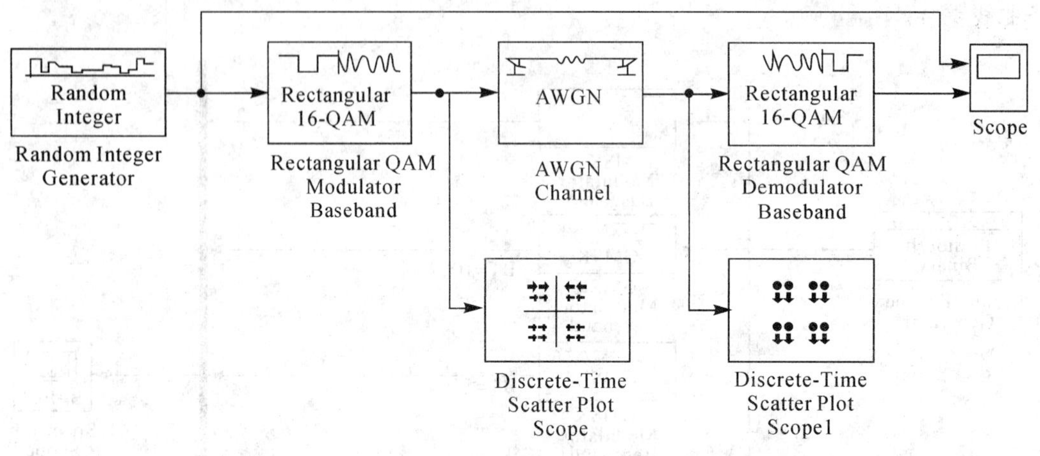

图 9－22　16QAM 系统仿真模型

理想 16QAM 和经过高斯信道的 16QAM 星座图如图 9－23 所示。理想 16QAM 星座只有 16 个矢量，但通过高斯信道后，受噪声的影响，信号矢量分散，但在噪声容限范围内，QAM 接收机仍能正确接收，发送数据与接收数据如图 9－24 所示。

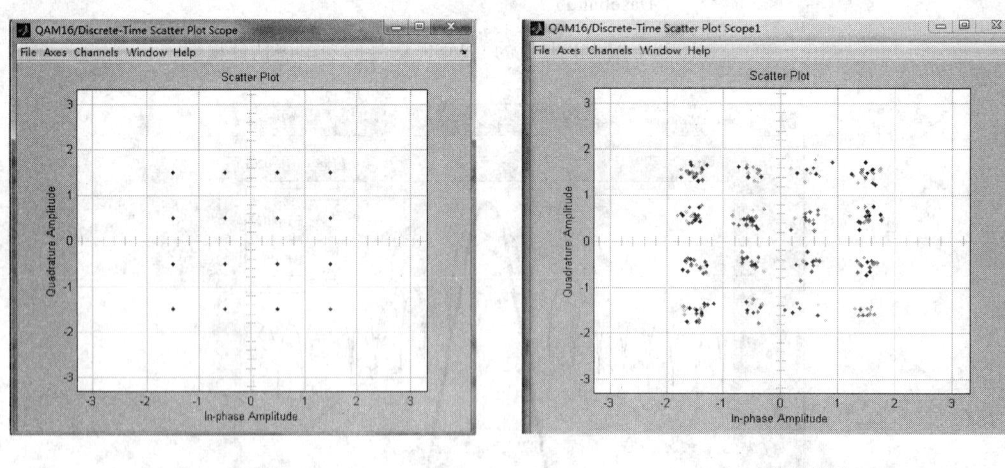

(a) 理想　　(b) 经过高斯信道

图 9－23　16QAM 信号的星座图

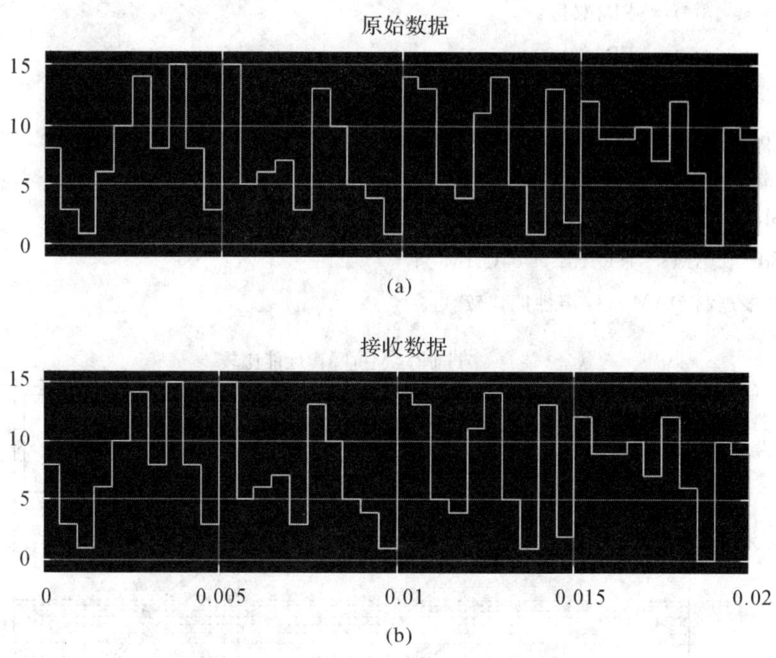

图 9-24 发送数据与接收数据

仿真 2：比较不同进制 QAM 的误码性能。

建立 16QAM 误码率估计仿真模型，如图 9-25 所示，分别采用四进制、十六进制和六十四进制，编写程序，得到不同进制下的误码率曲线如图 9-26 所示。从图 9-26 可看出，随着进制的增加，QAM 信号的抗噪声性能降低。

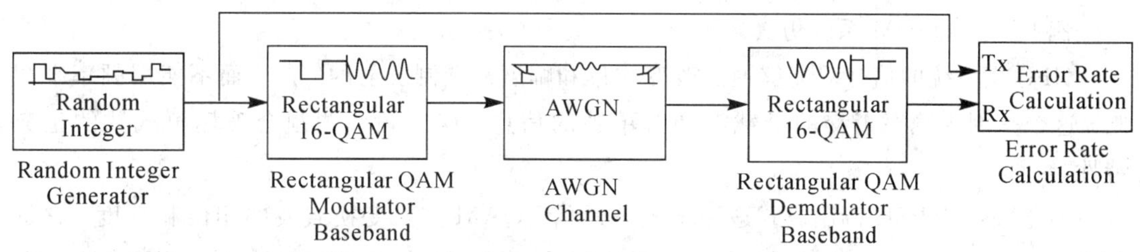

图 9-25 16QAM 误码率估计仿真模型

主程序代码：

```
clear all
EsNo=0:2:18
for i=1:length(EsNo)
SNR=EsNo(i);
        sim('QAM4');
        sim('QAM16');
        sim('QAM64');
        ser4(i)=SER4(1);
```

```
    ser16(i)=SER16(1);
    ser64(i)=SER64(1);
end
semilogy(EsNo, ser4, '-ko', EsNo, ser16, '-r*', EsNo, ser64, '-b^');
grid on;
ylabel('SER'); xlabel('E/N_0(dB)');
legend('4QAM', '16QAM', '64QAM');
title('多进制 QAM 抗噪声性能比较');
```

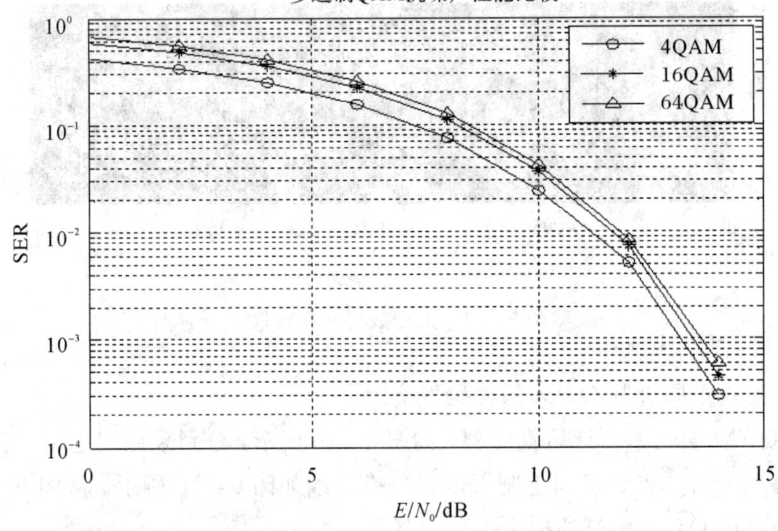

图 9-26　多进制 QAM 抗噪声性能比较

例 9-3　OFDM 系统仿真。

OFDM 系统的信号只能够通过改变相位和幅度来调制发射的信号，而不能用频率来调制，这个是因为频率正交的子载波拥有单独的信息，使用频率调制会破坏子载波的正交特性。

MQAM、MPSK 调制方式适用于短波通信。QAM 需要变换载波的相位和幅度，它是 PAK 与 ASK 的合成。矩形 QAM 信号星座容易产生。另外，它们解调简单。矩形 QAM 有 64QAM、16QAM 和 4QAM 等，所以每一个星座点的比特数分别为 6、4、2。应用该调制方式的步长一定要为 2，而用 MPSK 调制可以传输随意比特数，像 1、2 和 3 对应的分别是 2PSK、4PSK 和 8PSK，并且 MPSK 调制还可以等能量调制。下面以 QPSK 调制为例，简要地讨论 OFDM 的实现方法。

从 OFDM 系统的实现模型可以看出，输入是经过基带调制的复信号，经过串/并转换之后，进行 IFFT 或 IDFT 调制，再进行并/串转换后插入保护间隔，经过 D/A 变化之后形成了 OFDM 调制信号 $S(t)$。该信号经过多径传播后，接收信号 $r(t)$经过 A/D 变换，去除 GI，恢复了子载波间的正交性，再经过串/并变换和 DFT 或 FFT 之后，恢复出调制的 OFDM 信号，再通过并/串变换之后还原出初始的符号。

QPSK 调制下，OFDM 系统的仿真模型如图 9－27 所示。信源采用的是伯努利二进制信号发生器；系统流程如下：二进制数据→QPSK 映射→OFDM 调制→加高斯白噪声信道→OFDM 解调→信道估计→QPSK 解调→性能分析。

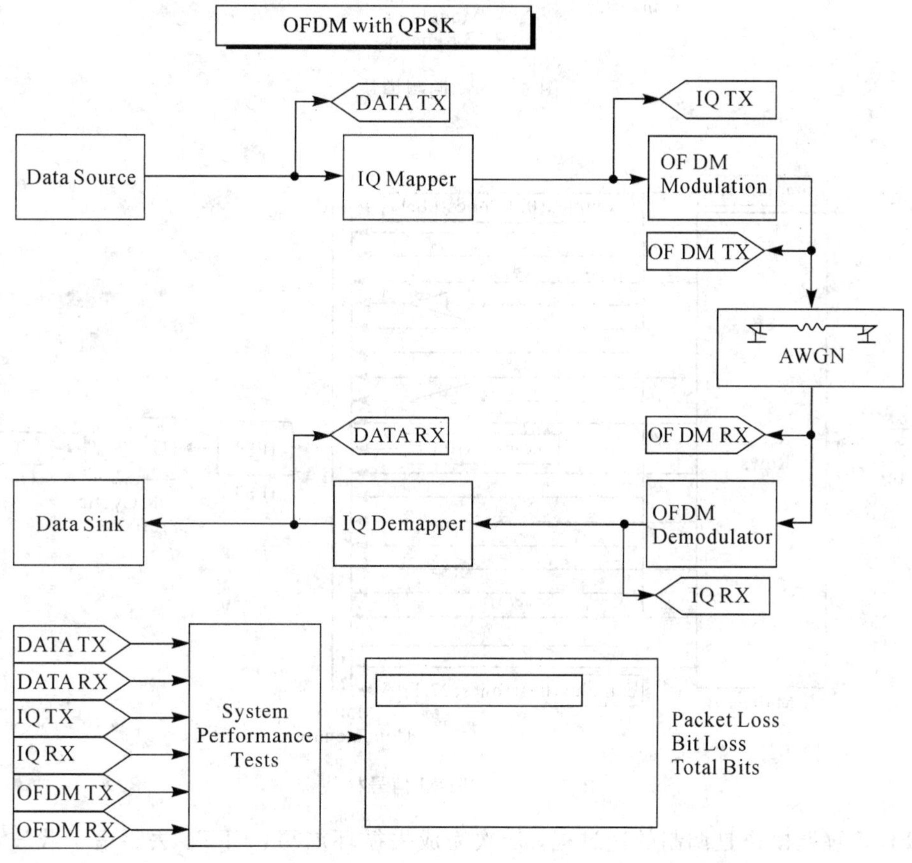

图 9－27　QPSK 调制下 OFDM 系统的仿真模型

信源用随机整数信号发生器产生四进制整数，Sample time 为 1/192，一帧包含 192 比特，即一帧的时间为 1 s，再转换为二进制数，如图 9－28 所示。

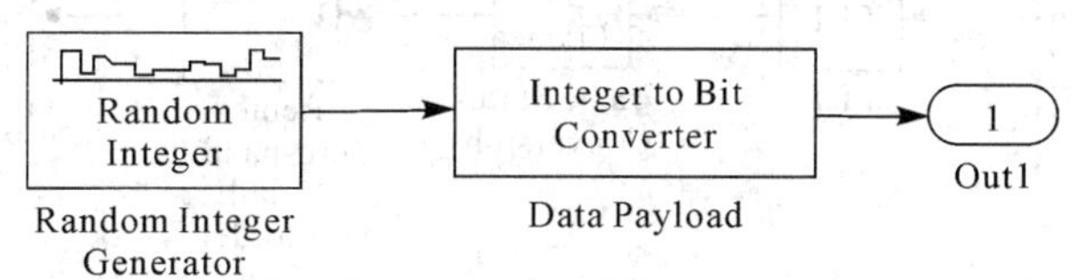

图 9－28　数据源模块

二进制转换模块将二进制转换为四进制后进行 QPSK 调制，调制模块如图 9－29 所示。

OFDM 信号模块如图 9－30 所示，在传输数据中插入训练序列和虚子载波，进行长度为 256 的 IFFT，再插入长度为 64 的循环前缀。

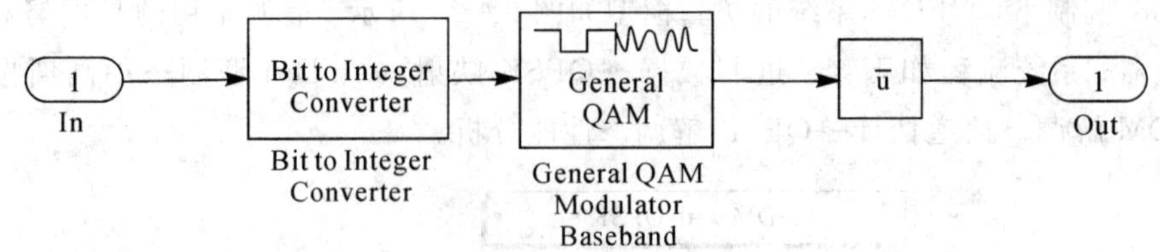

图 9-29 调制模块

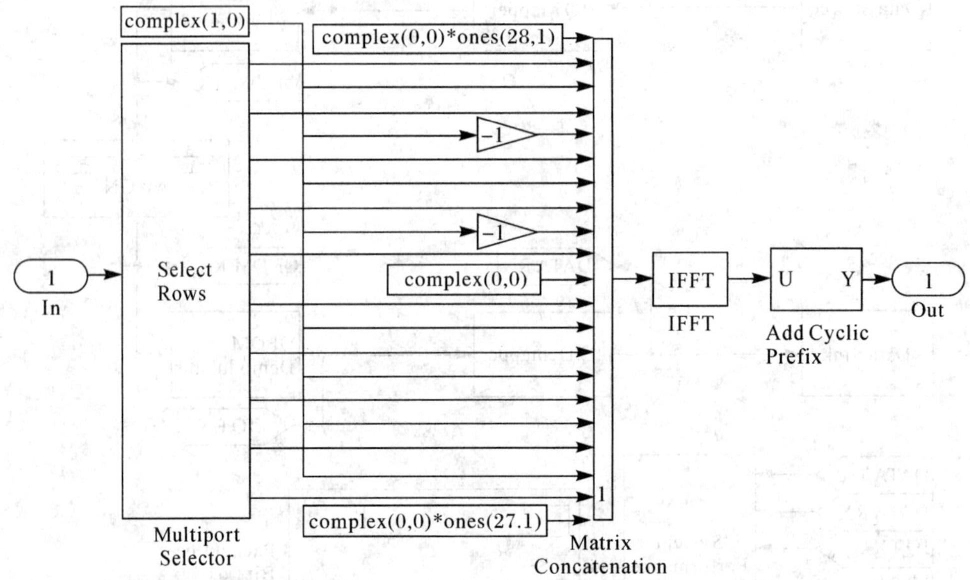

图 9-30 OFDM 信号模块

OFDM 解调模块是调制的逆过程，依次完成去循环前缀、FFT、去除虚子载波和导频序列，如图 9-31 所示。

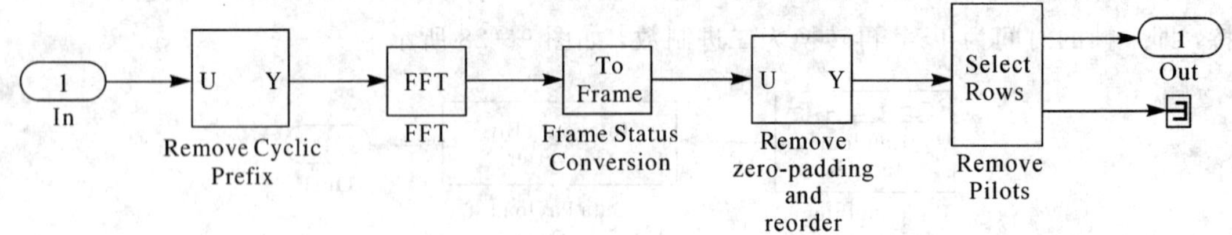

图 9-31 OFDM 解调模块

最后进行误码率计算、星座图和功率谱的分析，如图 9-32 所示。在信道噪声为 15 dB 的情况下，系统误码率约为 2.5×10^{-4}，如图 9-33 所示；OFDM 调制前和 OFDM 解调后的 QPSK 星座图如图 9-34 所示；另外，可观察发送 OFDM 信号和接收 OFDM 信号的功率谱。当采用信道编码和适合的信道估计、补偿算法能获得更好的系统性能。

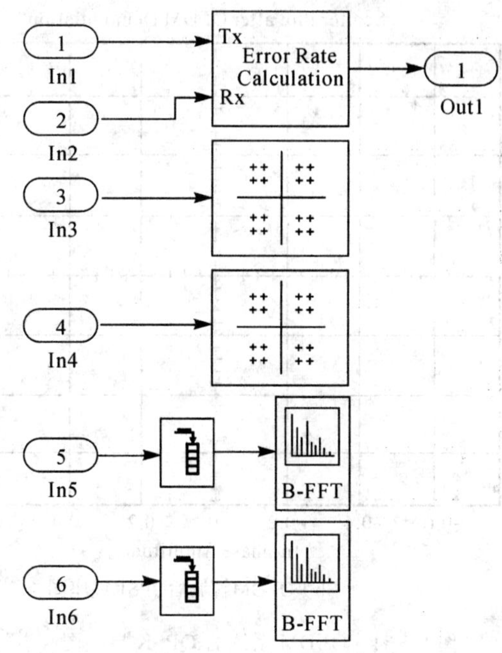

图 9 - 32　性能分析模块

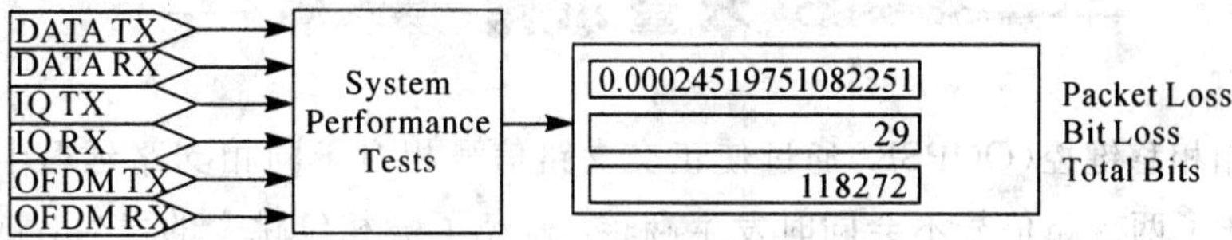

图 9 - 33　15 dB 下的系统误码率

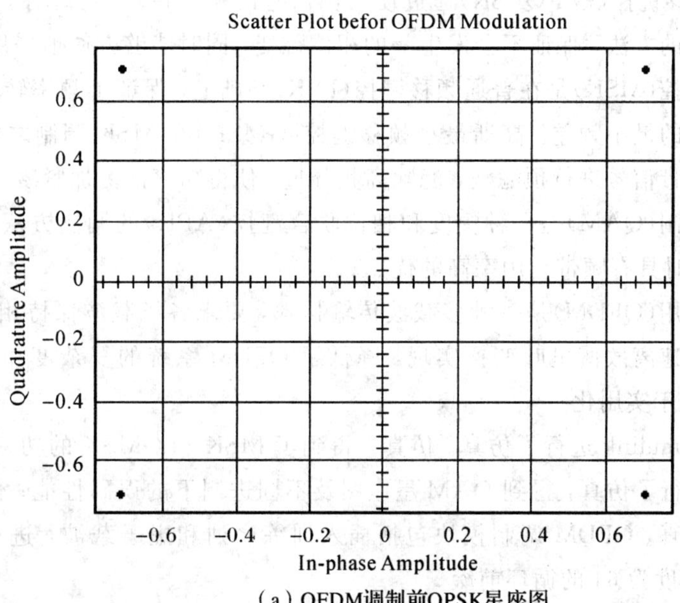

（a）OFDM调制前QPSK星座图

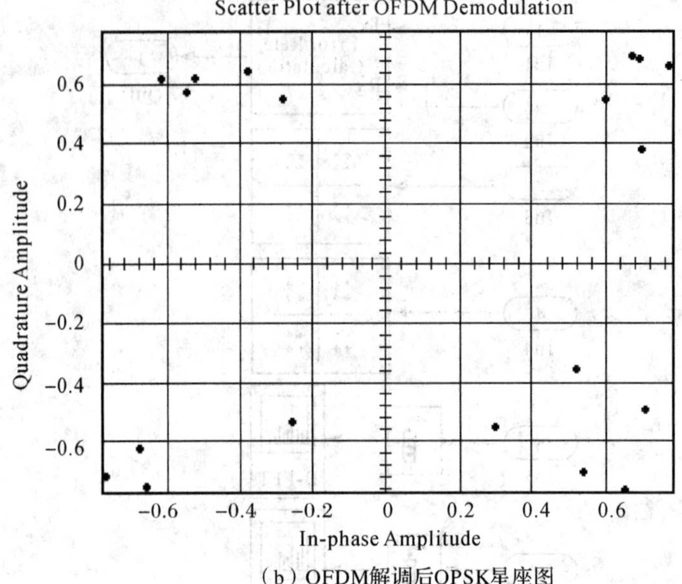

（b）OFDM解调后QPSK星座图

图 9-34　OFDM 系统的 QPSK 星座图

本章小结

偏移四相相移键控(OQPSK)通过使正交支路信号相对于同相支路延迟半个符号周期的方法，保证了两支路信号不会同时发生翻转，避免了 π 相位跳变的发生，进而保证了包络的近似恒定不变。

π/4 四相相移键控(π/4-QPSK)通过使已调信号的相位在均匀分割的 8 个相位点构成的两组之间跳变的方法，保证不会发生 π 的相位跳变，同时能够方便地采用差分相干解调。

最小频移键控(MSK)是在普通频移键控(FSK)基础上，保证了频率转换处相位的连续性和两频率正交的最小频差。高斯最小频移键控(GMSK)在 MSK 调制之前用一个高斯型低通滤波器对基带信号进行预滤波，滤除高频分量，使得功率谱更加紧凑。

正交幅度调制(QAM)是一种幅度和相位联合键控(APK)的调制方法，提高了信号的抗干扰能力，同时具有频带利用率高的优点。

正交频分复用(OFDM)是一种多载波传输技术，要求各子载波保持相互正交。OFDM 信号可以采用快速离散傅里叶变换实现，降低了 OFDM 系统的复杂度和成本，从而使得 OFDM 技术更趋于实用化。

最后利用 Simulink 进行了仿真。仿真 1 得到了 MSK 和 GMSK 的功率谱估计；仿真 2 对 QAM 系统进行了仿真，得到 QAM 星座图及不同进制下的误码性能；仿真 3 对 OFDM 系统进了完整仿真，OFDM 调制模块包括插入训练序列和虚子载波，进行长度为 256 的 IFFT，再插入长度为 64 的循环前缀。

习　题

9-1　已知二元信息序列为 1100100010，采用 MSK 调制，画出同相分量和交分量波形以及 MSK 波形。

9-2　设一数字信息序列为{−1，+1，+1，−1，+1，+1，+1，−1，−1，−1，+1}，试分别作出 MSK 信号和 OQPSK 信号，并比较它们的相位变化。

9-3　根据 QAM 及 QPSK 发送系统框图，若传送的二元基带信号为 1001101001001010。

(1) 试画出 QAM 发送系统中同相与正交支路中的乘法器前、后的波形及发送信号 QAM 波形；

(2) 改为 QPSK，重做(1)。

附　录

附录一　常用三角公式

两角和差公式：$\sin(x\pm y)=\sin x\cos y\pm\cos x\sin y$

$\cos(x\pm y)=\cos x\cos y\mp\sin x\sin y$

积化和差公式：$\sin x\sin y=\frac{1}{2}[\cos(x-y)-\cos(x+y)]$

$\cos x\cos y=\frac{1}{2}[\cos(x+y)+\cos(x-y)]$

$\sin x\cos y=\frac{1}{2}[\sin(x+y)+\sin(x-y)]$

和差化积公式：$\sin x+\sin y=2\sin\frac{x+y}{2}\cos\frac{x-y}{2}$

$\sin x-\sin y=2\sin\frac{x-y}{2}\cos\frac{x+y}{2}$

$\cos x+\cos y=2\cos\frac{x+y}{2}\cos\frac{x-y}{2}$

$\cos x-\cos y=-2\sin\frac{x+y}{2}\sin\frac{x-y}{2}$

二倍角公式：$\sin 2x=2\sin x\cos x$

$\cos 2x=\cos^2 x-\sin^2 x=2\cos^2 x-1=1-2\sin^2 x$

半角公式：$\sin^2\frac{x}{2}=\frac{1-\cos x}{2}$

$\cos^2\frac{x}{2}=\frac{1+\cos x}{2}$

其他公式：$\sin(-x)=-\sin x$

$\cos(-x)=\cos x$

$e^{jx}=\cos x+j\sin x$

附录二　傅里叶变换

1. 定义

正变换：$F(\omega)=\int_{-\infty}^{+\infty}f(t)e^{-j\omega t}dt$

反变换：$f(t)=\frac{1}{2\pi}\int_{-\infty}^{+\infty}F(\omega)e^{-j\omega t}d\omega$

2. 性质

性质	函数	傅里叶变换
线性	$af_1(t)+bf_2(t)$	$aF_1(\omega)+bF_2(\omega)$
对称性	$F(t)$	$2\pi f(-\omega)$
尺度变换	$f(at)$	$\frac{1}{\|a\|}F\left(\frac{\omega}{a}\right)$
时移性	$f(t-t_0)$	$f(\omega)\mathrm{e}^{-\mathrm{j}\omega t_0}$
频移性	$f(t)\mathrm{e}^{\mathrm{j}\omega_0 t}$	$F(\omega-\omega_0)$
时域微分	$\frac{\mathrm{d}^n f(t)}{\mathrm{d}t^n}$	$(\mathrm{j}\omega)^n F(\omega)$
频域微分	$(-\mathrm{j})^n t^n f(t)$	$\frac{\mathrm{d}^n F(\omega)}{\mathrm{d}\omega^n}$
时域积分	$\int_{-\infty}^{t} f(\tau)\mathrm{d}\tau$	$\frac{1}{\mathrm{j}\omega}F(\omega)$
频域积分	$\frac{f(t)}{-\mathrm{j}t}$	$\int_{-\infty}^{\omega} F(\omega)\mathrm{d}\omega$
时域卷积	$f_1(t) * f_2(t)$	$F_1(\omega)F_2(\omega)$
频域卷积	$f_1(t)f_2(t)$	$\frac{1}{2\pi}[F_1(\omega) * F_2(\omega)]$

3. 常用傅里叶变换

函数名称	函数	傅里叶变换
余弦函数	$\cos\omega_0 t$	$\pi[\delta(\omega+\omega_0)+\delta(\omega-\omega_0)]$
正弦函数	$\sin\omega_0 t$	$\mathrm{j}\pi[\delta(\omega+\omega_0)-\delta(\omega-\omega_0)]$
常数	K	$2\pi K\delta(\omega)$
冲激函数	$\delta(t)$	1
阶跃函数	$u(t)$	$\pi\delta(\omega)+\frac{1}{\mathrm{j}\omega}$
抽样函数	$\mathrm{Sa}(\omega_0 t)=\frac{\sin\omega_0 t}{\omega_0 t}$	$\begin{cases}\frac{\pi}{\omega_0}, & \|\omega\|<\omega_0 \\ 0, & \|\omega\|>\omega_0\end{cases}$
矩形脉冲	$\begin{cases}A, & \|t\|<\frac{\tau}{2} \\ 0, & \|t\|\geqslant\frac{\tau}{2}\end{cases}$	$A\tau\mathrm{Sa}\left(\frac{\omega\tau}{2}\right)$
复指数函数	$\mathrm{e}^{\mathrm{j}\omega_0 t}$	$2\pi\delta(\omega-\omega_0)$
脉冲序列	$\sum_{n=-\infty}^{+\infty}\delta(t-nT)$	$\frac{2\pi}{T}\sum_{n=-\infty}^{+\infty}\delta(\omega-\frac{2\pi n}{T})$
周期脉冲序列	$\frac{1}{T}\sum_{n=-\infty}^{+\infty}\mathrm{e}^{\mathrm{j}n\omega t}$	$\frac{2\pi}{T}\sum_{n=-\infty}^{+\infty}\delta(\omega-n\omega_0)$

附录三　误差函数、互补误差函数表

误差函数：$\mathrm{erf}(x)=\dfrac{2}{\sqrt{\pi}}\int_0^x \mathrm{e}^{-t^2}\mathrm{d}t$

互补误差函数：$\mathrm{erfc}(x)=1-\mathrm{erf}(x)=\dfrac{2}{\sqrt{\pi}}\int_x^{\infty} \mathrm{e}^{-t^2}\mathrm{d}t$

$x\leqslant 5$ 时，erf(x)，erfc(x)与 x 的关系表

x	erf(x)	erfc(x)	x	erf(x)	erfc(x)
0.05	0.056 37	0.943 63	1.65	0.980 37	0.019 63
0.10	0.112 46	0.887 45	1.70	0.983 79	0.016 21
0.15	0.167 99	0.832 01	1.75	0.986 67	0.013 33
0.20	0.222 70	0.777 30	1.80	0.989 09	0.010 91
0.25	0.276 32	0.723 68	1.85	0.991 11	0.008 89
0.30	0.328 62	0.671 38	1.90	0.992 79	0.007 21
0.35	0.379 38	0.620 62	1.95	0.994 18	0.005 82
0.40	0.428 39	0.571 63	2.00	0.995 32	0.004 68
0.45	0.475 48	0.524 52	2.05	0.996 26	0.003 74
0.50	0.520 50	0.479 50	2.10	0.997 02	0.002 98
0.55	0.563 32	0.436 68	2.15	0.997 63	0.002 37
0.60	0.603 85	0.396 15	2.20	0.998 14	0.001 86
0.65	0.642 03	0.357 97	2.25	0.998 54	0.001 46
0.70	0.677 80	0.322 20	2.30	0.998 86	0.001 14
0.75	0.711 15	0.288 85	2.35	0.999 11	0.000 89
0.80	0.742 10	0.257 90	2.40	0.999 31	0.000 69
0.85	0.770 66	0.229 34	2.45	0.999 47	0.000 53
0.90	0.796 91	0.203 09	2.50	0.999 59	0.000 41
0.95	0.820 89	0.179 11	2.55	0.999 69	0.000 31
1.00	0.842 70	0.157 30	2.60	0.999 76	0.000 24
1.05	0.862 44	0.137 56	2.65	0.999 82	0.000 18
1.10	0.880 20	0.119 80	2.70	0.999 87	0.000 13
1.15	0.899 12	0.103 88	2.75	0.999 90	0.000 10
1.20	0.910 31	0.089 69	2.80	0.999 925	0.000 075
1.25	0.922 90	0.077 10	2.85	0.999 944	0.000 056
1.30	0.934 01	0.065 99	2.90	0.999 959	0.000 041
1.35	0.943 76	0.056 24	2.95	0.999 970	0.000 030
1.40	0.952 28	0.047 72	3.00	0.999 978	0.000 022
1.45	0.959 69	0.040 31	3.50	0.999 993	0.000 000 70
1.50	0.966 10	0.033 90	4.00	0.999 999 984	0.000 000 016
1.55	0.971 62	0.028 38	4.50	0.999 999 999 8	0.000 000 000 20
1.60	0.976 35	0.023 65	5.00	0.999 999 999 998 5	0.000 000 000 001 5

参考文献

[1] 曹志刚，钱亚生．现代通信原理[M]．北京：清华大学出版社，2012.
[2] 樊昌信，曹丽娜．通信原理[M]．北京：国防工业出版社，2013.
[3] 蒋青，范馨月，陈善学．通信原理[M]．北京：科学出版社，2014.
[4] 王素珍，贺英，汪春梅，等．通信原理[M]．北京邮电大学出版社，2010.
[5] 王友村．现代通信原理[M]．电子科技大学出版社，2013.
[6] 黄小虎．现代通信原理[M]．北京理工大学出版社，2008.
[7] 文元美．现代通信原理[M]．科学出版社，2005.
[8] (德)Meyer M．现代通信原理[M]．机械工业出版社，2010.
[9] 唐朝京．现代通信原理[M]．电子工业出版社，2010.
[10] 迈尔．现代通信原理[M]．机械工业出版社，2011.
[11] 苗长云．现代通信原理[M]．人民邮电出版社，2012.
[12] 王秉钧．现代通信原理[M]．人民邮电出版社，2006.
[13] 陶亚雄．现代通信原理[M]．电子工业出版社，2013.
[14] 孙学军．通信原理[M]．电子工业出版社，2011.
[15] 孙青华，郑艳萍，张星．数字通信原理[M]．北京邮电大学出版社，2007.
[16] 冯穗力．数字通信原理[M]．电子工业出版社，2012.
[17] 李白萍．数字通信原理[M]．西安电子科技大学出版社，2012.
[18] 郭文彬，桑林．通信原理：基于 Matlab 的计算机仿真[M]．北京邮电大学出版社，2006.
[19] 沈保锁，侯春萍．现代通信原理[M]．北京：国防工业出版社，2002.
[20] 南利平．通信原理简明教程[M]．清华大学出版社，2000.
[21] 邓华．MATLAB 通信仿真及应用实例详解[M]．人民邮电出版社，2003.
[22] 刘敏．MATLAB 通信仿真与应用[M]．国防工业出版社，2001.
[23] 王立宁．MATLAB 与通信仿真[M]．人民邮电出版社，2000.
[24] 邵玉斌．Matlab/Simulink 通信系统建模与仿真实例分析[M]．清华大学出版社，2008.
[25] 李贺冰．Simulink 通信仿真教程[M]．国防工业出版社，2006.
[26] 刘学勇．详解 MATLAB/Simulink 通信系统建模与仿真[M]．电子工业出版社，2011.
[27] 邵佳．MATLAB/Simulink 通信系统建模与仿真实例精讲[M]．电子工业出版社，2009.
[28] 张水英，徐伟强．通信原理及 MATLAB/Simulink 仿真[M]．人民邮电出版社，2012.

[29] 曹雪虹，杨洁，童莹. Matlab/System View 通信原理实验与系统仿真[M]. 清华大学出版社，2015.

[30] 赵静，张瑾，高新科. 基于 MATLAB 的通信系统仿真[M]. 北京航空航天大学出版社，2007.

[31] 达新宇，陈树新，王瑜，林家薇. 通信原理教程[M]. 2 版. 北京：北京邮电大学出版社，2009.

[32] 曹丽娜，张卫刚. 通信原理大学教程[M]. 北京：电子工业出版社，2012.

[33] 张辉，曹丽娜. 现代通信原理与技术[M]. 2 版. 西安：西安电子科技大学出版社，2008.